情報処理技術者試験学習書

対応試験 **DB**

うかる！
データベース
スペシャリスト

2023年版

ITのプロ46
三好康之 著

JN172866

本書内容に関するお問い合わせについて

このたびは翔泳社の書籍をお買い上げいただき、誠にありがとうございます。弊社では、読者の皆様からのお問い合わせに適切に対応させていただくため、以下のガイドラインへのご協力をお願い致しております。下記項目をお読みいただき、手順に従ってお問い合わせください。

●ご質問される前に

弊社 Web サイトの「正誤表」をご参照ください。これまでに判明した正誤や追加情報を掲載しています。

　　　　正誤表　https://www.shoeisha.co.jp/book/errata/

●ご質問方法

弊社 Web サイトの「書籍に関するお問い合わせ」をご利用ください。

　　　　書籍に関するお問い合わせ　https://www.shoeisha.co.jp/book/qa/

インターネットをご利用でない場合は、FAX または郵便にて、下記"翔泳社 愛読者サービスセンター"までお問い合わせください。
電話でのご質問は、お受けしておりません。

●回答について

回答は、ご質問いただいた手段によってご返事申し上げます。ご質問の内容によっては、回答に数日ないしはそれ以上の期間を要する場合があります。

●ご質問に際してのご注意

本書の対象を越えるもの、記述個所を特定されないもの、また読者固有の環境に起因するご質問等にはお答えできませんので、予めご了承ください。

●郵便物送付先および FAX 番号

送付先住所　〒 160-0006　東京都新宿区舟町 5
FAX 番号　　03-5362-3818
宛先　　　　（株）翔泳社 愛読者サービスセンター

※著者および出版社は、本書の使用による情報処理技術者試験の合格を保証するものではありません。
※本書の出版にあたっては正確な記述につとめましたが、著者や出版社などのいずれも、本書の内容に対してなんらかの保証をするものではなく、内容やサンプルに基づくいかなる運用結果に関してもいっさいの責任を負いません。
※本書の内容は著者の個人的見解であり、所属する組織を代表するものではありません。
※本書に記載されたURL等は予告なく変更される場合があります。
※本書に記載されている会社名、製品名はそれぞれ各社の商標および登録商標です。
※本書では、™、®、©は割合させていただいている場合があります。

はじめに

　情報処理技術者試験が，先端技術（AI, IoT, ビッグデータ）とアジャイル開発などの「デジタルトランスフォーメーション（DX）」関連を強化するという方向に向かってから早3年。令和4年の試験では次のような傾向が見られました。

【令和4年の出題傾向】

・午前Ⅱ：例年通りだったが，通過率が92%で突出して高かった

・午後Ⅰ：例年通りだったが，SQLでウィンドウ関数やトリガーなどが定着

　　　　　※自己採点よりも10点から20点高いという受験生が多い

・午後Ⅱ：定番の問題の割合が低く，業務知識と読解力が必要だった

　　　　　※簡単だったという受験生と難しかったという受験生に二極化

　出題傾向の詳細は本紙の中を見ていただくとして，これからのデータベーススペシャリスト試験対策は，定番の問題と解法を覚えておけばいいという考えを捨て，定番の問題を押さえつつ，業務知識と読解力を高めてどのような問題が出題されても対応できるだけの柔軟性を身に着けることが重要になると思います。そこで本書では，こうした傾向変化を踏まえて次のような改訂を行いました。

【本書の特徴】

・序章の学習の仕方を修正

・午後Ⅱの解説に「速く解くための考え方」を充実

　※例年通り，圧倒的なページ数（令和4年度の解説：各40〜60ページ）

・「第1章　SQL」に，ウィンドウ関数，トリガーを加える

・本紙に掲載の基本的な販売管理業務・生産管理業務以外の業務や業種は，一覧表に掲載。過去21年分の問題の中から知らない業務に目を通しておくことができる

　定番の問題が無くなるのかどうかわからないのが厄介ですが，そんな時こそ数多くの過去問題を解いてみることが重要になります。勉強しても出題されないことがあるのも当然だと考えて，幅広い知識を獲得しましょう。

　最後になりますが，**「受験生に最高の試験対策本を提供したい」**という想いを共有し，企画・編集面でご尽力いただいた翔泳社の皆さんに御礼申し上げます。

令和5年2月

著者　ITのプロ46代表　三好康之

目次

序章

| 試験対策（学習方法と解答テクニック） | 1 |

学習方針　　3

1	出題傾向	4
2	初受験，又は初めて本書を使われる方	6
3	連続受験する人の学習方針	8
4	応用情報試験を受験する人の学習方針	10

午前対策　　11

| 午前対策 | 12 |

午後Ⅰ対策　　17

| 午後Ⅰ対策の考え方（戦略） | 18 |

午後Ⅱ対策　　23

1	午後Ⅱ対策の考え方（戦略）	24
2	長文読解のテクニック	28
	1. DB 事例解析問題の文章構成パターンを知る	30
	2. 第 2 章の熟読と「問題文中で共通に使用される表記ルール」の暗記	37
	3. RDBMS の仕様の暗記	40
	4. 制限字数内で記述させる設問への対応	52
3	午後Ⅱ問題（事例解析）の解答テクニック	55
	1　未完成の概念データモデルを完成させる問題 ーその 1 ーエンティティタイプを追加する	56
	2　未完成の概念データモデルを完成させる問題 ーその 2 ーリレーションシップを追加する	62
	3　未完成の関係スキーマを完成させる問題	67
	4　新たなテーブルを追加する問題	72
	5　データ所要量を求める計算問題	80
	6　テーブル定義表を完成させる問題	82
	7　SQL の処理時間を求める問題	86

第1章

SQL 87

1.1 SELECT 90
- 1.1.1 選択項目リスト 94
- 1.1.2 ウィンドウ関数（分析関数）......96
- 1.1.3 SELECT 文で使う条件設定（WHERE）......103
- 1.1.4 GROUP BY 句と集約関数 110
- 1.1.5 整列（ORDER BY 句）......120
- 1.1.6 結合（内部結合）......122
- 1.1.7 結合（外部結合）......128
- 1.1.8 和・差・直積・積・商 138
- 1.1.9 副問合せ 148
- 1.1.10 相関副問合せ 154

1.2 INSERT・UPDATE・DELETE 163
- 1.2.1 INSERT 163
- 1.2.2 UPDATE 164
- 1.2.3 DELETE 165

1.3 CREATE 166
- 1.3.1 CREATE TABLE 167
- 1.3.2 CREATE VIEW 186
- 1.3.3 CREATE ROLE 196
- 1.3.4 DROP 197
- 1.3.5 CREATE TRIGGER 198

1.4 権限 202
- 1.4.1 GRANT 202
- 1.4.2 REVOKE 205

1.5 プログラム言語における SQL 文 206

1.6 SQL 暗記チェックシート 213

第2章

概念データモデル 215

2.1 情報処理試験の中の概念データモデル 216

2.2 E-R 図（拡張 E-R 図）......218
- 2.2.1 試験で用いられる E-R 図 218
- 2.2.2 多重度 220
- 2.2.3 スーパタイプとサブタイプ 231

2.3 様々なビジネスモデル 241
- 2.3.1 マスタ系 242
- 2.3.2 在庫管理業務 252
- 2.3.3 受注管理業務 259

	2.3.4	出荷・物流業務	266
	2.3.5	売上・債権管理業務	280
	2.3.6	生産管理業務	288
	2.3.7	発注・仕入（購買）・支払業務	295

第3章

関係スキーマ 303

3.1 関係スキーマの表記方法 304

3.2 関数従属性 305

3.3 キー 314

3.4 正規化 328

	3.4.1	非正規形	330
	3.4.2	第1正規形	331
	3.4.3	第2正規形	332
	3.4.4	第3正規形	334
	3.4.5	ボイス・コッド正規形	346
	3.4.6	第4正規形	350
	3.4.7	第5正規形	352
	3.4.8	更新時異状	358

第4章

重要キーワード 365

1 データベーススペシャリストの仕事 366

2 ANSI/SPARC3層スキーマアーキテクチャ 367

3 トランザクション管理機能 368

	(1)	トランザクションとACID特性	368
	(2)	コミットメント制御	370
	(3)	排他制御（同時実行制御）	371
	(4)	隔離性水準（ISOLATION LEVEL）	376

4 障害回復機能 380

	(1)	障害の種類	380
	(2)	障害回復に必要な機能とファイル	380
	(3)	障害回復処理	381
	(4)	障害回復の手順	382
	(5)	バックアップとリストア	384
	(6)	ディザスタリカバリ（Disaster Recovery：略称DR）	386

5 分散データベース 387

	(1)	分散データベース機能	387
	(2)	分散問合せ処理	388
	(3)	分散トランザクション	390

| | (4) | レプリケーション | 392 |

6	索引（インデックス）	393
	(1)	B木インデックス	396
	(2)	B＋木インデックス	398
	(3)	ビットマップインデックス	399
	(4)	ハッシュ	400

7	表領域	402
	(1)	表領域とは	402
	(2)	テーブルのデータ所要量見積り	403
	(3)	バッファサイズ	405

過去問題

令和4年度秋期 本試験問題・解答・解説　　407

午後Ⅰ問題	408
問1	410
問2	417
問3	424

午後Ⅰ問題の解答・解説	431
問1	431
問2	463
問3	483

午後Ⅱ問題	504
問1	506
問2	520

午後Ⅱ問題の解答・解説	535
問1	535
問2	575

索引	633

試験問題・解説などのダウンロード

翔泳社の Web サイトでは，過去 21 年分の試験問題と解答・解説をはじめ，学習を支援するさまざまなコンテンツを入手できます。なお，これらのコンテンツはすべて PDF ファイルになっています。

- ・令和 4 年度試験の「午前 I，午前 II の問題と解答・解説」
- ・過去 21 年分（平成 14 〜令和 3 年）の「全試験問題と解答・解説」
- ・平成 14 〜令和 3 年度試験 全試験の「解答用紙」
- ・試験に出る用語を集めた「用語集」

コンテンツを配布している Web サイトは次のとおりです。記事の名前をクリックすると，ダウンロードページへ移動します。ダウンロードページにある指示に従ってアクセスキーを入力し，ダウンロードを行ってください。アクセスキーとは，本書各章の最初のページに記載されているアルファベットまたは数字 1 文字のことです。

配布サイト：https://www.shoeisha.co.jp/book/present/ 9784798179919
配布期間　：2024 年 12 月末まで

<注意>
- ・会員特典データ（ダウンロードデータ）のダウンロードには，SHOEISHA iD（翔泳社が運営する無料の会員制度）への会員登録が必要です。詳しくは，Web サイトをご覧ください。
- ・提供開始は 2023 年 3 月末頃の予定です。
- ・会員特典データ（ダウンロードデータ）に関する権利は著者および株式会社翔泳社が所有しています。許可なく配布したり，Web サイトに転載することはできません。
- ・会員特典データ（ダウンロードデータ）の提供は予告なく終了することがあります。あらかじめご了承ください。

本書の使い方

本書は以下の内容で，皆さんの学習をサポートします。

序章

データベーススペシャリスト試験の対策として，学習方法と解答テクニック，過去問題の分析と出題傾向などをまとめています。これにより，学習の効率と効果を大幅に高めます。

第1章～第4章

SQLから，解答力の基礎となる概念データモデル，関係スキーマ，重要キーワードまでをわかりやすく解説します。

令和4年度 秋期 本試験問題・解答・解説（午前I，午前IIは Web 提供）

実際の試験問題で解答力を高めます。特に午後I・IIについての解説は，設問の読み解き方から解答の導き出し方までしっかり学習することができます。

本文中，及び欄外には，次のアイコンがあります。

欄外	用語解説	用語や略語について解説	間違えやすい	誤解や混乱を招きやすいポイント
	参考	その解説の参考となる事項	Memo	更に理解しておくとよい事項
	試験に出る	過去（平成14～令和4年度）の出題例と出題ポイント		
本文中	POINT	試験で正解するために覚えておかなければならない事柄		
	スキルUP!	補足的な説明や知っておくと役に立つ事柄		
	Tips	解説の理解や問題を解く上のコツ		

序章

試験対策
（学習方法と解答テクニック）

学習方針
- ①出題傾向
- ②初受験，又は初めて本書を使われる方
- ③連続受験する人の学習方針
- ④応用情報試験を受験する人の学習方針

午前対策

午後Ⅰ対策

午後Ⅱ対策

アクセスキー **P** （大文字のピー）

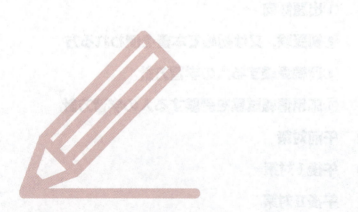

学習方針

序

1

2

3

4

学習方針

1. 出題傾向

　最初に，出題傾向をチェックしておこう。年々傾向は変わってきているが，何年も前の知識が不要になったわけではないのが厄介だ。

● 令和 4 年度試験の感想

　今から 10 年ぐらい前までのデータベーススペシャリスト試験は，データベースの特性上，数学の試験のように解答パターン（公式）をいくつか覚えて，そのパターンに当てはめて解くだけで合格できる試験区分だった。そのため，高度系の区分でも比較的合格しやすいと噂されていた。しかし，今はもうその考えでは通用しない。出題がバラエティに富んでいて的を絞りにくく，唯一的を絞れる**「概念データモデルと関係スキーマを完成させる問題」**も，その比率が少なかったり，（これは以前からだけど）圧倒的な分量で時間が足りなかったりするようになってきた。**一言でいえば実務者に有利な問題になってきたと思う。**実務で日常 RDBMS と格闘していたり，SQL を駆使したりしている受験生にとっては比較的易しかったのではないだろうか。これが本来の姿だといえばそれまでになるが，もはやテクニックだけで乗り切るのは難しくなってきたと考える必要がある。

● 午前Ⅱ

　午前Ⅱ試験は，**「午前対策」（P.11）**にも書いている通り，特に大きな変化はなかった。対策が難しい新規問題も例年通りの割合だった。午前Ⅱの通過率（60 点以上でクリアした人の割合）は 92% だったので逆に難易度が下がったともいえる。令和 3 年が 86%，令和 2 年も 86%，平成 31 年はさらに低い 67% なのでこの数字は突出している。**令和 5 年は難しくなる（新規問題や正答率が低い問題が増える）可能性が高い。**

● 午後Ⅰ

　令和 4 年の午後Ⅰ試験は，問 1 が**「データベース設計」**，問 2 が**「SQL」**，問 3 が**「データベースの実装や性能」**というラインナップだった。**この点は，すべて例年通りである。**問 1 の"データベース設計"は問われていることも例年通りのパターンで，令和 3 年より時間的にも余裕があった。解きやすかったと思う。**問 2 の SQL は，トリガーやウィンドウ関数（分析関数）など新しい問題が中心**になっていた。これは，IPA が DX 重視に舵を切っているためだろう。ウィンドウ関数は午後Ⅰの問 3，午後Ⅱ問 1 にも登場しているので，この傾向は今後も続くと思う。問 3 は，再編成とデッドロックがメインの問題だった。題材自体は特に目新しいものでもなく難易度も高かったわけではないが，**ほぼすべての設問が 30 字や 40 字で解答す**

4　序章　試験対策（学習方法と解答テクニック）

る記述式だった。慣れているかどうかで差が出たと思う。ただ，1点気になったことがある。それは，筆者の周囲でも「午後Ⅰは自己採点よりも10～20点高い結果になっていた。」という声が多かったことだ。特に，問3を選択した人だ。真相はわからないが，記述式だったので幅広く正解にしてくれたのかもしれない。午後Ⅰの突破率は53%だった。例年と変わらないので調整が入ったのかもしれないが，IPAは以前から「国語の問題ではない」と言っているので，幅広く正解にしてくれているとしたらいい傾向だと思う。

● 午後Ⅱ

令和4年の午後Ⅱ試験は，問1が「データベースの実装・運用」，問2が「データベース設計」で，午後Ⅱもその部分は変わっていなかった。ただ，実際に受験した人に感想を聞くと「例年よりも簡単だった」という人と，「難しかった」という人に顕著に分かれる結果になっている。これはどういうことなのだろう。問1も問2も，何か新しいことが問われていたわけではない。機械的に解答できる問題が極端に減っていたことから問題文の読解力の差が出たのだと思う。また，業務知識の差も出たのだろう。問1が宿泊管理業務，問2がフェリーの予約業務で，ネットで利用者として予約をしている人有利な問題だったと思う。特に，問2の「データベース設計」で，定番の未完成の概念データモデルと関係スキーマを完成させる問題だけに絞り込んでいた人にとっては厳しかったと思う。今年は，約8年ぶりの低比率（50%ぐらい）の年だったからだ（この7年間，同比率は70～90%）。残りの設問は，問題文に書かれている状況や業務要件を考慮して解答させる設問だった。加えて，今年は関係スキーマではなく，それを実装したテーブルになっていた。関係スキーマと（それを実装した）テーブルの違いをイメージできていないと混乱したかもしれない。

● 令和5年の合格を目指して

このような令和4年の傾向を踏まえて，令和5年の合格に向けた対策を考えてみよう。まず必要になるのは，定番中の定番「データベース設計（未完成の概念データモデルと関係スキーマを完成させる問題）」と「SQL」だろう。ある程度予測できるのはここだけだ。後は，今年の出題を教訓に，できれば業務知識を身に着け，短時間で正確に読解できる力を身に付けるようにしておきたい。

問題は，過去に出題されていた上記以外の"定番の問題"をどうするかだ。2章や3章に含めている「候補キーをすべて挙げよ」という問題や，序章に含めている「データ所要量の計算」などだ。序章の「RDBMSの仕様」なども，いつどこが出題されるかわからないので目を通しておきたいところではある。このあたりが出題されなくなったというのなら無視できるのだが，令和3年のように忘れたころに出題されることがあるからだ。優先順位は落としてもいいが，できれば一つでも多く押さえておきたい。

学習方針　5

2. 初受験，又は初めて本書を使われる方

　データベーススペシャリスト試験を始めて受験される人，もしくは初めて本書を使って試験対策を行われる人は，前述の**「出題傾向」**を読んでから，ここで"課題"を設定しよう。課題は「"合格に必要な知識"と"自分の現在の知識"との差」。その差が正確にわかれば，いよいよ学習計画が立てられる。使える時間は人によって違う。自分が使える時間の中で，合格に最も近づけるように学習計画を立てなければならない。重要な部分から優先的に準備できるように，まずは自分の課題を見極めよう。

STEP-1 概念データモデルと関係スキーマに関する知識（必須）

　まずは「概念データモデルと関係スキーマを作成するための知識」を確認しよう。データベースの実装の前段階で，RDBMSに依存しない概念的な設計の部分になる。本書の第2章と第3章の内容で，ここ数年は，午後Ⅰで1問，午後Ⅱで1問出題されている。

　合格に必要なレベルは，（午後Ⅱ対策を想定しているので）過去の午後Ⅱの問題を2時間で解答して60点以上取れるレベル。具体的には，①E-R図の表記ルール，②関数従属性，③キー，④正規化などの知識と，長文読解力や解答速度を高めるノウハウが必要になる。できれば，⑤基本的な業務知識も欲しいところだ。そのあたりのアセスメント（評価）と対策をまとめると，次のような手順になる。

STEP1-1. E-R図の表記ルールを知っている（第2章で確認）

STEP1-2. 関数従属性，キー，正規化に関する知識がある（第3章で確認）

STEP1-3. 午後Ⅱ過去問題が2時間で解答できる（60点以上）（過去問題で確認）

STEP1-4. 午後Ⅱ過去問題の中に出てくる多くのパターンに対応できる（〃）

STEP1-5. さらに短時間で解答するために，頻出分野の業務知識がある（第2章で確認）

STEP-2 SQLに関する知識（必須）

　次に，SQL関連の知識について確認しよう。SQLに関する問題は，午前Ⅱ，午後Ⅰ，午後Ⅱの全ての時間区分で出題され，なおかつその比率はどんどん高まっている。今では必須の問題で，年度によっては3問中2問出題されることもある。

　合格に必要なレベルは，SELECT文で複数のテーブルを外結合できたり，副問合せができたりすること。他にはINSERT，UPDATE，DELETE，CREATEなどに関する知識も必要になる。最近では，ウィンドウ関数やトリガーなども必須だろう。プログラミングなど実務の仕事で使っている人や，昔の基本情報技術者試験や応用情報技術者試験を受験する

時に，時間を割いて勉強した人は問題ないかもしれないが，自分の今頭の中にある知識で，合格点が取れるかどうかは突き合わせチェックをしないとわからない。具体的には，次のような手順でチェックして確認しよう。

> STEP2-1. 基本的な構文や使用例を覚えている（第1章で確認）
> STEP2-2. 午前問題が解ける（第1章で確認）
> STEP2-3. 午後Ⅰや午後Ⅱ問題で出題された時に解答できる（過去問題で確認）

STEP-3 データベースの物理設計等に関する知識（必須）

　3つ目は，データベースの物理設計等になる。データ所要量を求める計算，テーブル定義表を完成させる問題，性能に関する問題，索引や制約に関する問題などだ。これらの知識があるかどうかを確認しよう。

　と言うのも，午後Ⅰ試験ではほぼ必須，午後Ⅱ試験でも選択した方がいいケースがあるかもしれないからだ。優先順位は3番目ではあるが，その優先順位の中でしっかりと準備はしておきたい。範囲が広く，どこが出題されるか的を絞りにくいため，幅広く準備しておくところがポイントになる。

> STEP3-1. 基礎知識の確認（第4章で確認）
> STEP3-2. 午後Ⅰや午後Ⅱ問題で出題された時に解答できる
> 　　　　　（過去問題と本書の「午後Ⅰ対策」のところで確認）

STEP-4 午前Ⅱ（データベース分野）の知識（必須）

　最後は，午前Ⅱ対策である。優先順位は低いが，絶対に対策をしておかないといけないところになる。過去問題がそのまま再出題されることが多く，かつその割合もそこそこ高いので，練習中に何度か間違えておけば本番では間違わなくなる。ある意味問題がわかっているのに，間違うというのはすごくもったいない。

　当然だが，午前Ⅱをクリアしないと合格できないし，午前Ⅱでアウトだと午後Ⅰも午後Ⅱも採点されないため何点だったのかさえわからない。そういうことなので，まずは過去問題を使ってデータベース分野の午前問題から仕上げていこう。

> STEP4-1. 本書序章の「午前対策」を熟読する。
> STEP4-2. 上記の対策案に沿って過去問題を解いて覚えていく

3. 連続受験する人の学習方針

連続受験する人は，前回学習したことを"資産"として蘇らせて，その上に今回学習する部分を積み重ねることを考えよう。それを可能にするため，ここでは今回改訂した部分を中心に説明する。

STEP-1 令和4年度試験の解説をチェック！

まずは令和4年度試験の解説をチェックしよう。本書の午後Ⅰと午後Ⅱの解説は，単に「なぜその答えになるのか？」という解答の根拠を示すだけではなく，その問題を解くときの思考や解答手順，着眼点なども説明している。したがって，圧倒的な情報量になるが，**まずは自分の解いた問題を，当時の"時間の使い方"と"どう考えて，どういう手順で解答したのか"を思い出しながら，解説に書いてあることと比較して自分自身の課題を見つけよう。**ある程度自分で気づいている要因もあるだろうが，思いもよらない（知らなかった）着眼点に出会うかもしれない。特に，午後Ⅱの解説は100ページ近い内容になっている。じっくりと目を通して課題を見つけよう。

STEP-2 第1章のSQLを仕上げておく！

毎年，少しずつ傾向も変化してきているが，中でもSQLの問題が重視されてきている。昔は，午後の問題で"SQL"を避けても合格できていたが，今年の試験でそれが可能かどうかはわからなくなってきている。それに，いずれにせよ午前問題には出題される。プログラム経験の無い人は，多少は時間がかかるかもしれないが，試験本番までの残り時間がたっぷりあるのなら，早い段階で仕上げておくのもいいだろう。

STEP-3 前回，時間を計測して解いた問題を見直す（午後Ⅰ，午後Ⅱ）

次に，前回，試験対策として時間を計測して解いた問題を見直そう。午後Ⅰと午後Ⅱだ。改めて時間を計測して解く必要はない。**どれだけ記憶に残っているのか？それを確認する。**

これは，筆者が実施している試験対策講座でも必ず説明していることだが，午後Ⅰを1問45分で解いたり，午後Ⅱを120分で解いたりする練習も必要だが，問題を解いている時間というのは自分自身の知識が増え合格に近づいているわけではない。ただのアセスメント（評価）に過ぎない。本当に力が付くのは，解いた後にどうするのか？それを考えている時だ。そういう意味で，本書では，過去問題の量（21年分）だけではなく，他の参考書にはない次のような視点で解説している。

8　序章　試験対策（学習方法と解答テクニック）

・時間内に速く解くための解答手順（解答にあたっての考え方）
・仮説−検証プロセスの推奨と，仮説の立て方

「なぜその答えになるのか？」が理解できても，それだけでは時間内で解けない可能性がある。**合格に必要なのは「『なぜその答えになるのか？』をどうすれば短時間で気付くか？」**だ。特に，本番試験で時間が足りなかった人は，解説の中に記載している**「どうすれば速く解答できるのか？」**という部分を中心にチェックしていこう。

STEP-4 前回，まだ解いていない問題を，時間を計測して解く

本書の序章にある「午後Ⅰ対策の考え方（戦略）」もしくは「午後Ⅱ対策の考え方（戦略）」では，本書で解説を読むことのできる**平成14年から令和4年にいたるまでの過去問題に優先順位をつけている**。午後Ⅰで70問，午後Ⅱで42問もあるわけだから，いくら合格したいからと言っても，なかなか全問題に目を通す時間が取れないからだ。

絶対に目を通しておいた方がいい問題は**"濃い網掛け"**で，目を通しておくとより合格率が高まる問題は**"薄い網掛け"**で，それらの問題を全部解いてしまった後に時間があれば目を通しておくといい問題には**"網掛けなし"**で，三つのレベルに分類している。まだ，時間内に解くことが不安な人は，その優先順位で過去問題を解いていくといい練習になる。

また，今回始動が早い人は，前回"捨てた分野"から着手するのも一つの手だ。最近は複合問題が多くなってきているし，少しずつ傾向が変化してきていることもある。そのため，幅広い知識を持っておいて損はない。特に前回，十分な学習時間が確保できずに中途半端な学習で受験した人は，今回，早い段階から"捨てた分野"を押さえていこう。特に，物理設計やSQLは，今や避けて通れないので，苦手な人は是非。

まとめ 前回受験した人が有利なのは間違いない

情報処理技術者試験の高度区分にもなると，一発合格はなかなか難しい。ある程度，過去問題を解いた数と合格率に相関関係があることを考えれば，今回初受験組よりも，前回受験した人の方が有利なのは間違いない。しかし，それは**1年目の上に2年目の知識が積み上げられている場合の話で，"仕切り直し"をしてしまうと初受験組との差は無くなる。**そう考えて，連続受験する人は，その上に知識を積み重ねていくことを考えよう。

学習方針　9

4. 応用情報試験を受験する人の学習方針

　応用情報技術者試験を受験される方で，昔の基本情報技術者試験の学習でSQLが仕上がっていない場合には，まずは第1章のSQLだけを仕上げる。この点に関しては，前述の通りだ。

応用情報技術者試験こそ，充実したテキストが無い！

　もしもあなたが今，応用情報技術者試験の参考書を手にしているのなら，その参考書のデータベースのページを確認してみるといい。何ページぐらいあるだろうか？しかもそこから基本情報技術者試験で学んだ"SQL"を除いた場合，何ページぐらい残るだろうか。それで点数が取れればいいが，それだと何もしなくてもいいことになる。

　昔の基本情報技術者試験の場合は，おそらく，専門学校や大学での利用が見込めるだろうから分野ごとの参考書が市販されていた。しかし，応用情報技術者試験の参考書では，分野ごとのテキストは見たことが無い。需要が無いのだろう。筆者の知識不足でどこかが出しているのならそれを使えばいいが，そもそも1冊で応用情報技術者試験の試験範囲をカバーすることは不可能だ。

データベーススペシャリスト試験を受験する時に楽になるように

　良いテキストが無いのであれば，ここは一番，応用情報技術者試験でのポイントゲット科目として，より高度な学習をしたらどうだろう？学習を，点ではなく，線や面でつなげていくことで，学習効率がすごくよくなる。応用情報を受験するというより，1～2年かけてデータベーススペシャリスト試験の準備をするイメージだ。**「応用情報技術者試験よりも高度な内容を知ってしまったから不合格になった！」**ということは無いので，どうせなら，本書を参考書代わりに使うことをお勧めする。試験センターから無料でダウンロードできる過去問題と併用すれば，データベースの問題は点数が取りやすいだろう。

　本書を使って学習する場合には，ぜひ序章の「解答テクニック」も含めて覚えるようにしよう。というのも，応用情報技術者試験では記述式の解答も少なくないからだ。過去にも更新時異状について答えさせる設問があった。応用情報技術者試験の参考書を使って勉強していると超難問になるのだろうが，高度系の勉強をしていたら**「それは定型文を覚えて，中身を変える」**という方法が定着しているから普通の問題になる。もちろん，次のデータベーススペシャリスト試験にも有効だ。

10　序章　試験対策（学習方法と解答テクニック）

午前対策

●午前Ⅰ

　午前Ⅰ試験は，応用情報の午前問題 80 問から 30 問が抜粋されて出題される。免除制度もあるのでそれを狙うのが一番だが，受験しないといけない場合，そこそこやっかいだ。非常に範囲が広いからだ。本格的に対策を取ろうとすると応用情報技術者試験の勉強をしなければならない。対策としては，**午前Ⅰ試験専用の過去問題集を使って，ひたすら過去問題を繰り返し解く方法がベスト**。自分の弱点を熟知していて，その弱点が限定的な場合は，時間の許す範囲で応用情報技術者のテキストを読んで理解を深めればいいだろう。

●午前Ⅱ（令和 4 年度も過去問題が 11 問）

　令和 3 年度の午前Ⅱ試験は，全 25 問中 **18 問**がデータベース分野の問題だった。その 18 問のうち，過去問題がほぼそのまま出題されているのが半数以上の **11 問**。この比率は例年通りである。この傾向がいつまで続くかわからないが，突然大きく変わるということはないだろうし，仮に変わったとしても誰も対策はできないはずだ。そう考えれば，**まずは過去に出題された問題を確実に解けるようにしておくことが午前Ⅱ対策の基本戦略になる。**

　そこで本書では，ダウンロードサイト（P.viii）からダウンロードできる付録の**「午前問題全 226 問完全版」**を用意している。次頁の**「午前対策」**を参考にして対策を進めていこう。この**「午前問題全 226 問完全版」**は，繰り返し出題されている重複を排除した上で，本書の並びに体系化して整理している（DB 分野のみ）。特に SQL（第 1 章）は，本書にも問題を掲載し，余白を取って書き込めるようにしている。本書と併用して万全に仕上げておこう。

　なお，興味深いのは，**過去問題がほぼそのまま出題された 11 問のうち 8 問は平成 30 年以後に出題された問題だった。**直近 5 年以内の問題は重点問題だと考えて対策を進めよう。

　データベース分野以外の問題は，セキュリティ分野が 3 問，コンピュータシステムとシステム開発の分野から 4 問出題されていた。ここは，データベーススペシャリスト試験の午前Ⅱの過去問題だけでは不十分なところ。問題数のわりに範囲が広い（問題の種類が多い）ので優先順位は低くなるが，ここまで手が回るか，長期的戦略として考えていこう。対策としては午前Ⅰと同じ。当該分野のレベル 3 の過去問題を解けるようにしておく。

午前対策

ここで，午前対策の最も効率のいい方法を紹介しておこう(データベース分野226問の例)。

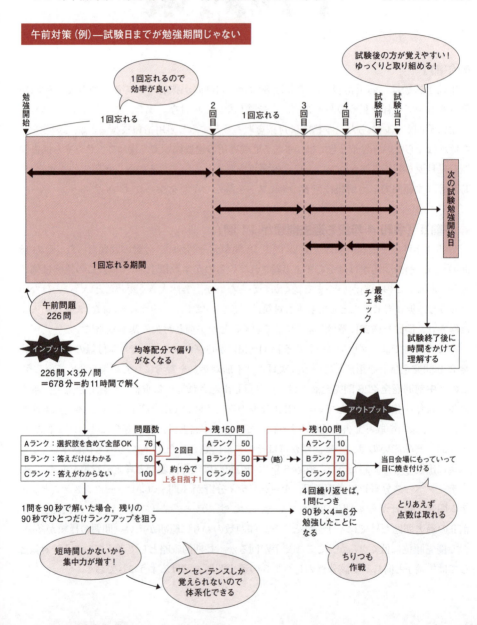

その手順はこうだ。

①解答する問題を集める。

②"1問にかける時間は3分"と決める。その3分の中で問題を解き，答えを確認して解説を読む。

③その後，その問題を下記の基準で3段階に分ける。

ランク	判断基準
Aランク	正解。選択肢も含めてすべて完全に理解して解けている
Bランク	正解。但し，選択肢を等完全に理解しているとは言えない
Cランク	不正解

④全問題を一通り解いてみたあと，Aランク，Bランク，Cランクが，それぞれ何問だったのかを記録しておく。

⑤試験日までのちょうど中間日に再度②から繰り返す。この時，Aランクは対象外とし，BランクとCランクを対象とする。

⑥試験前日に，最後まで残ったB・Cランクの問題について，もうワンサイクル繰り返す。この時には問題文に答えやポイントを書き込む。

⑦試験当日に，⑥で書き込んだ問題を試験会場に持っていき，最後に目に焼き付ける。見直すだけなので，1時間あれば100問ぐらいは見直せる。

　最大のポイントは，午前対策の発想を変えること。**「試験当日にどうしても覚えられない100問を持っていく。その100問を試験日までに絞り込むんだ」**という考え方であったり，1問に3分しかかけられない（問題を解くのに1分30秒ぐらい必要なので，解答確認や解説を読むのも1分30秒ぐらいしかない）ので，**「CランクはBランクに，Bランクは選択肢のひとつでも覚えることを最大の目的とする」**ことであったり。そのためには，**「正解するためのひとこと」**だけを覚えようとすることだったり。いろいろな意味で，考え方を変える必要があるだろう。

　但し，このような方法を紹介すると，常に「点数を取るためだけの技術」と揶揄され，「そんな方法で合格しても実力が付くわけない」とか，「結局，仕事で使えない」とか言われるだろう。筆者にはその光景が目に浮かぶ。しかし，実際はそうではない。以下に列挙しているように，様々な理由でこの方法は秀逸だと考えている。もちろん仕事で使える知識としても。

● とにもかくにも点数が取れる

　これが一番の目的だろう。受験する限りは合格を目指さないと意味がない。カンニング等の不正行為で合格することに意味はないが，ルールを守って合格を目指すのは至極当然のこと。「実力がないのに合格しても意味がない」という言葉を，逃げ道にするのはやめよう。サッカーでもそうだろう。勝利のために，強豪チームは常にあたりが激しい。それを「乱暴だ！」というお上品な弱小チームに価値はない。勝利に貪欲になる姿の方が美しいと思う。

● 3分という時間が集中力を増す！

　加圧トレーニングや，高地トレーニングなどと同じように，人が厳しい制約の中におかれると，無意識にその環境に順応しようとする。その環境下でのベストな方法をチョイスする。そういう意味で，"3分しかない"という状況を作れば，自ずと集中力が増す。そして，その時間でできるベストなことを選択することになるだろう。Cランクだったものは次はBランクになるように，ワンセンテンスでのつながりを覚えることに集中したり，Bランクだったものは次はAランクになるように選択肢の意味をワンセンテンスで覚えることに集中したりである。

● ワンセンテンスで覚える＝体系化の第一歩

　「"共通フレーム"といえば，"共通の物差し"」などのように，ワンセンテンスで覚えることを，学習の弊害のように見る人もいるが，それは大きな誤りである。知識を体系化して頭の中に整理しておくということは，第一レベルは「一言でいうと何？」ってなるということ。「一言でいうと何？」という質問に答えられる方がいいのか，それができない方がいいのか，考えればわかるだろう。

● 均等配分で偏りがなくなる

　午前対策の勉強時間が10時間だとした場合，3分／問で約200問に目を通すのか，それとも30分／問で20問をじっくりやるのか，どちらが合格に近くなるだろうか？　答えは，その10時間を使う前の仕上がり具合による。

　すでに半分ぐらいは点数が取れる状況で，かつ自分の弱点がわかっていて，弱い部分から20問を選択できるのなら，「30分／問で20問をじっくりやる」方が効果的だろう。しかし，どんな問題が出題されているのかもわからず，どの部分が弱いかもわからない場合には，20問しかやらないまま受験するのはあまりにもリスキーだ。そういう状況では，少なくとも1回は「3分／問で約200問」をやってみたほうがいいだろう。そのうえで，弱点部分が絞り込めて時間的余裕があるのなら，別途時間を捻出して，じっくりと取り組めばいいだろう。

●1回忘れる時間を持てるので効率が良い

　筆者は，脳科学に詳しいわけではない。あくまでも筆者の経験則が前提になるが，こういう理屈は"アリ"だと考えている。

> 「これまで1ヶ月以上覚えていたことは
> 　（今再確認したら，）今後1か月は記憶が持つはずだ」

　20歳をすぎると脳細胞は毎日恐ろしいほど死んでいくって，聞いたことがあるようなないような…。でも，だからといって，普通はそんな急激に記憶力が劣化することはないだろう。仮に，この"三好理論"が正しいとしたら，"今"から試験日までの期間の半分ごとに再確認をするのが最も効率よく，しかもAランクを外していける根拠になる。

　勉強で最も効率が悪いのは，忘れてもいないのに覚えているかどうか不安になって，覚えていることだけを確認するという方法。時間が無尽蔵にあればそういう方法もありだと思うが，学生じゃあるまいし，そんなのあるわけない。

　それに副次的効果もある。「忘れてもいいんだ」という意識が，ゆとりを生む。

●試験後の方が覚えやすい。ゆっくりと取り組める

　人の記憶というものは，インパクトに比例して強くなる。感動した記憶は，いつまでも色あせずに残っているのと同じだ。そう考えれば，"試験当日"というのは，（合格してもそうでなくても）最もインパクトのある日だから，その直後の"調査"は，理解を深めて実力をアップするにはもってこいの時間になる。記憶に定着しやすいし，試験が終わって時間的にも余裕があるので，腰を据えてじっくり取り組めるだろう。「試験日までが勉強時間」という既成概念を打破して，もっともっと長期的に考えれば，このやり方は単に点数を取るためだけの試験テクニックではないことが理解できるだろう。

午前対策　15

午後Ⅰ対策

令和4年の出題

問1 データベース設計（概念データモデル・関係スキーマの完成他）

問2 SQL（トリガー他）

問3 データベースの実装と性能（デッドロック）

午後Ⅰ対策の考え方（戦略）

令和5年の試験対策は，次のような考え方で進めて行こう。

前提 午後Ⅱ対策（P.23 参照）

データベーススペシャリスト試験対策では，**午後Ⅱ対策を進めれば，それが午後Ⅰ対策の一部にもなっている**。データベース設計の問題（概念データモデル・関係スキーマを完成させる問題）と，データベースの実装（物理設計等）の問題は，午後Ⅰと午後Ⅱで同じような設問が多いからだ。

例年，**"データベース設計の問題"** は，午後Ⅰ・午後Ⅱの両方で必ず出題されている。どちらの出題も **"解答テクニック"** は同じなので，午後Ⅱが解けるようになっていれば，自ずと午後Ⅰの問題も解けるようになっている。また，**"データベースの実装（物理設計等）"** に関する問題も両方で必ず出題されている。データベース設計の問題とは違って出題パターンがバラエティに富んでいるので，様々な種類の午後Ⅱの問題が解けるようになっていることが前提だが，こちらも午後Ⅱが解けるようになっていれば，自ずと午後Ⅰの問題も解けるようになっている。

したがって，午後Ⅱ対策をしっかりとやることが，（午後Ⅰ対策にもなっているので）合格するための基本的な戦略になる。

前提 午前Ⅱ対策（P.11 参照）

午後Ⅰ試験ではSQLの問題も出題される。午後Ⅱ試験でも出題されるが，これまでは概念データモデル・関係スキーマを完成させる問題では出題されていないので，避けることはできていた。**しかし，今は午後Ⅰでは3問中2問がSQLの問題になっているので，避けては通れない。**

そこで，SQL対策が必要になるわけだが，まずは午前対策だ。第1章に掲載しているSQLの構文や例を使って基礎知識を習得し，第1章に掲載している午前問題を解けるようにしておこう。もちろん，後述する午後Ⅰの過去問題を使ったSQL対策と並行して行っても構わない。

18　序章　試験対策（学習方法と解答テクニック）

STEP-1 データベースの基礎理論

　ここ 3 年ほど出題されていなかったが，令和 3 年に復活している。これは**「今後も出題するよ」**という IPA からのメッセージだろう。そもそも，これらの基礎理論に関する問題（関数従属性の完成，候補キーの洗い出し，正規化，主キー，外部キーに関する問題など）は，**"ここ 3 年ほど出題されていなかった"**と言っても，それは直接的に設問になっていなかっただけで，**知らないと解けない問題は数多く出題されている**。午後Ⅰでも午後Ⅱでも普通に**"基礎の基礎"**になっているからだ。基礎からきちんと押さえておくという意味でも重要になるので，まずは本書の第 3 章を熟読し，**「参考」**として掲載している下記の記事（各基礎理論に関する設問の解き方）にも目を通しておこう。特に**"速く解く"**ためには必須になる。しっかりと習得しておこう。

タイトル	掲載ページ
関数従属性を読み取る設問	P.308
候補キーを（すべて）列挙させる設問	P.318
主キーや外部キーを示す設問	P.324
第○正規形である根拠を説明させる設問	P.340
第 3 正規形まで正規化させる設問	P.344
更新時異状の具体的状況を指摘させる設問	P.361

STEP-2 SQL 対策（午後Ⅰ過去問題を使った演習：次頁参照）

　午前対策と並行して，午後Ⅰ対策も進めなければならない。しかし，午後Ⅰ試験で，SQLを中心にした問題は全部で 27 問もある（本書の過去問題の解説がある平成 14 年以後の全70 問の中で 27 問。平成 7 年～平成 13 年は除く）。

　時間があれば，片っ端から全部目を通しておくのがベストなのだが，それも時間的に難しいと思う。そこで本書では，その 27 問の中から，事前に解き方を知っておいた方がいい問題を**"最重要問題"**，時間があれば目を通しておいた方がいい問題を**"重要問題"**としてピックアップした（次頁参照）。自分の使える時間と相談しながら，できる範囲でベストを尽くせるようにと考えて。但し，出題予想ではないので，その点はご理解いただきたい。

STEP-3 SQL と物理設計の複合問題（午後Ⅰ過去問題を使った演習：次頁参照）

　SQL の問題は，物理設計の問題とともに出題されることが多い。性能（索引，アクセスパス，オプティマイザ等）をテーマにした問題，トランザクションの同時実行制御やデッドロックをテーマにした問題だ。もちろん，それぞれが単独で出題される場合もある。ここを押さえておけば，かなり広範囲をカバーできる。

知識の確認＆補充		Check！
本書の第1章を熟読し，構文を覚え，午前問題を解けるようにしておく		
最重要問題（SQLと物理設計）：厳選8問！ →過去問題を使った解答手順の確認。解くか，熟読する問題		Check！
①令和04年問2	**「トリガ」が中心の問題** ※平成31年以後，トリガの問題がよく出題されている。トリガに関する知識を整理するのに良い問題である。	
	→ 第1章の「トリガ」を再確認する	
②平成30年問2	**「参照制約」に特化した問題** ※過去問題で，参照制約が問われることは非常に多いが，その中でもおそらく最も詳しく参照制約を取り上げている問題。平成18年問3も参照制約の問題なので，不得意な人はそちらも確認しよう。	
	→ 第1章の「参照制約」を再確認する	
③平成19年問3	**「セキュリティと監査」の問題** ※セキュリティは平成26年以後全区分で重視されるようになった。午後Iでは過去2問しか出題されていないが，常に最重要であることは間違いない。出題されるとしたら新規の切り口で来るだろうが，最低でも過去に出題されたものは解けるようにしておきたい。なお，こちらの問題を選んだのは，設問3で監査の視点の問題が出ているからだ。	
	→ 第1章の「1.4 権限」を再確認する	
④平成23年問3	**「性能・索引」に関する問題** ※性能をテーマにした問題は多い。少なくとも8問出題されている。索引とアクセスパス，オプティマイザなどをRDBMSの仕様として説明したものだ。その中でこの問題を選択したのは，クラスタ索引，非クラスタ索引，ユニーク索引，非ユニーク索引に分かれていて，それとSQLを絡めているからだ。不得意だと感じたら他の問題も確認しよう。	
	→ 序章の〔RDBMSの仕様〕を再確認	
⑤令和03年問2	**「SQLの処理時間」を求める問題** 同期データ入出力処理と非同期データ入出力処理に分けて，それぞれを次のような手順で算出して求めている。	
	→ 序章の「3.午後II問題（事例解析）の解答テクニック」を参照	
⑥平成29年問2	**「トランザクション制御（同時実行制御，デッドロック）」の問題** ※トランザクション制御の問題もよく出題されている。メインテーマとしている問題でも3問出題されている。不得意な人は他の問題にも目を通しておこう。	
	→ 第4章の「ISOLATION LEVEL」を再確認する	
⑦平成31年問1	**「決定表」に関する設問** ※これは論理設計が最重要問題に入れた。したがって逆に午後II対策でもある。決定表は点数を取りやすいが，規則性を見抜くのに時間がかかる。事前に解き方を知っていれば短時間で正確に解ける。	
⑧平成26年問1	**「関係代数」に関する設問** ※これも決定表と同じ考え。時間短縮のために一度目を通しておくことをお勧めしたい。	
重要問題（SQLと物理設計） →過去問題を使った解答手順の確認。解くか，熟読する問題		Check！
①平成26年問3	**「各種制約」に関する問題。サブタイプの切り出しもある。** ※参照制約以外の制約と，索引やデッドロックも問われている複合問題。各種制約に関しては，原則，午前問題が解ければ大丈夫だが，念のため目を通しておいても損はない問題。	
	→ 第1章の各種制約を合わせて再確認する	
②平成28年問2	**「バックアップ」に関する問題。** ※運用設計。バックアップと回復に関する問題も過去3問出題されている。平成15年問4と同じ構成の問題。	
③平成24年問3	**「データウェアハウス」の問題** ※スタースキーマ，サマリテーブルなどDWH特有のワードが使われている。	
④平成16年問4	**「性能と索引設計」に関する問題** ※ユニーク索引／非ユニーク索引，クラスタ索引／非クラスタ索引の違いを問題文で説明している。時間を計って解く必要はないが，問題文を熟読しておけば，これらの索引の違いについてイメージできる。	
重要問題（データベースの基礎理論）		Check！
①平成25年問1	**「データベースの基礎理論」の問題** ※昔の定番の基礎理論だが，この問題は第3正規形に関して少し難易度の高い切り口で出題されている。正規化の基礎を押さえるのにいい。問1の定番の最後の問題でもある。	
②平成16年問1	**「ボイスコッド正規形・第4正規形」に関する問題** ※第3章で説明しているが，それでイメージが湧かない人は（解く必要はないが），問題文と解答，解説を読んでおこう。	

20 序章 試験対策（学習方法と解答テクニック）

【参考】過去の午後Ⅰの問題（平成14年〜令和3年の20年間の全67問）

H14			
問1	問2	問3	問4
基礎理論	物理設計	SQL	DB設計
基礎理論	性能 ・索引設計 （ユニーク／非ユニーク）	DWH	テーブル設計

H15			
問1	問2	問3	問4
基礎理論	SQL	DB設計	運用設計
基礎理論		テーブル設計	バックアップ

H16			
問1	問2	問3	問4
基礎理論	SQL	DB設計	物理設計
基礎理論 ・ボイスコッド正規形 ・第4正規形			性能 ・索引設計 （ユニーク／非ユニーク） （クラスタ／非クラスタ）

H17			
問1	問2	問3	問4
基礎理論	DB設計	SQL	SQL＆物理
基礎理論 ・関係代数	テーブル設計	集計表 ・CASE ・3表以上の外結合	トランザクション制御 ・同時実行制御 ・デッドロック ・カーソル（SQL）

H18			
問1	問2	問3	問4
基礎理論	DB設計	SQL	物理＆SQL
基礎理論	テーブル設計	参照制約	性能 ・処理回数

H19			
問1	問2	問3	問4
基礎理論	DB設計	SQL	物理設計
基礎理論	概念デ・関係ス （オプショナリティ）	セキュリティ	性能 ・アクセスパス

H20			
問1	問2	問3	問4
基礎理論	DB設計	SQL	物理設計
基礎理論	概念デ・関係ス		性能 ・アクセスパス ・オプティマイザ

H21

問1	問2	問3
基礎理論	DB 設計	SQL
基礎理論	概念デ・関係ス	

H22

問1	問2	問3
基礎理論	DB 設計	運用設計 & SQL
基礎理論 ・メタ概念	概念デ・関係ス ・決定表	バックアップ

H23

問1	問2	問3
基礎理論	DB 設計	物理 & SQL
基礎理論 ・第 4 正規形	概念デ・関係ス ・決定表	性能 ・アクセスパス ・オプティマイザ

H24

問1	問2	問3
基礎理論	DB 設計	SQL
基礎理論 ・関係代数	・基礎理論 ・概念デ・関係ス ・移行	DWH

H25

問1	問2	問3
基礎理論	DB 設計	物理 & SQL
基礎理論 ・第 3 正規形(難)	・基礎理論 ・概念デ・関係ス (オプショナリティ)	性能 ・アクセスパス ・オプティマイザ

H26

問1	問2	問3
DB 設計	物理 & SQL	物理 & SQL
・基礎理論 ・概念デ・関係ス ・関係代数	トランザクション制御 ・同時実行制御 ・デッドロック	・各制約 ・サブタイプの実装 ・索引 ・デッドロック

H27

問1	問2	問3
DB 設計	DB 設計 & SQL	物理 & SQL
・基礎理論 ・概念デ・関係ス	概念デ・関係ス	・バッチ処理の性能 ・カーソル(SQL)

H28

問1	問2	問3
DB 設計	運用設計	SQL
・基礎理論 ・概念デ・関係ス	バックアップ	セキュリティ

H29

問1	問2	問3
DB 設計	物理 & SQL	物理 & SQL
・基礎理論 ・概念デ・関係ス (オプショナリティ)	トランザクション制御 ・同時実行制御 ・デッドロック ・カーソル(SQL)	縦持ち・横持ち

H30

問1	問2	問3
DB 設計	SQL	物理設計
概念デ・関係ス	参照制約	・所要量の計算 ・アクセスパス

H31

問1	問2	問3
DB 設計	物理 & SQL	物理 & SQL
概念デ・関係ス ・決定表	・トリガ ・デッドロック	

R2

問1	問2	問3
DB 設計	物理	SQL
概念デ・関係ス	レプリケーション	DWH

R3

問1	問2	問3
DB 設計	物理	SQL
・基礎理論 ・概念デ・関係ス	性能	

R4

問1	問2	問3
DB 設計	SQL	物理設計
概念デ・関係ス	・トリガ	・デッドロック

午後Ⅱ対策

令和4年の出題

問1　データベースの実装・運用
問2　データベース設計

1. 午後Ⅱ対策の考え方（戦略）

　午後Ⅱ試験の問題は，例年次のようになっている。予告なく変更される可能性もゼロではないが，実装寄りの問1と概念寄りの問2になると考えていて問題はないだろう。

問題番号	内容
問1	物理設計，データベースの設計，実装，運用
問2	概念データモデル，関係スキーマ

　午後Ⅱ対策を始める前に，後述する **「それぞれの問題の特徴」** を読んで，どちらを本命にするのか，どちらから仕上げていくのかを決めよう。特に初めて受験する人（対策する人）は，その方がいい。もちろん，どちらか片方だけをやっておけばいいというわけではない。午後Ⅰのことを考えれば両方解けるようになっておく必要がある。しかし，午後Ⅱ試験では，結局どちらか1問を選ばないといけないわけだ。両方50点取れる実力よりも，片方で60点以上取る実力の方が必要になる。

● それぞれの問題の特徴

　物理設計，データベースの設計，実装，運用の問題は，一言でいうと "雑多" だ。RDBMS の仕様に基づく物理設計からテーブル操作をする SQL までバラエティに富んでいる。問われることが年度によって異なるので的を絞りにくい。そのため，対応できる設問を増やしていく必要があるが，勉強しても出題されないものも少なくないし，過去問題で出題されていても目を通していなければ難しく感じるだろう。そういう特性を考えれば，普段から RDBMS や SQL を駆使して幅広い知識をすでに持っている人や，過去問題を大量に解く意思のある人の選択対象になると思う。未経験者や，あまり時間をかけて勉強したくない人は選択しないのが無難だろう。

　一方，**概念データモデル，関係スキーマの問題**は，おおよそ出題されることは決まっている。概念データモデルや関係スキーマの完成や，それにまつわる問題だ。したがって的を絞り込むことができる。ただ，毎回，時間との闘いになる。速く解くための技術を身に付けないと時間内に終わらないだろう。加えて，短時間で解こうとすると業務知識が必要になる。そういう特徴があるので，様々な業務に精通している人や，読解が速い人（状況把握が速い人）も向いている。さらに，未経験者や，あまり時間をかけて勉強したくない人が一発を狙うのもこちらの方になる（もちろん，あくまでも運が良ければの話になるが）。**業務要件は，年月を経ても陳腐化しない（10年前，20年前と必要な知識はさほど変わらない）ので，古い問題も役に立つ。**本書にも21年分の過去問題の解説がついているので，いくらでも学習できるだろう。

● 令和 4 年の傾向や特徴

　令和 4 年の試験を受けた人に午後Ⅱの話を聞くと，**「傾向が変わっていてすごく難しかった」** という意見と，**「これまでよりも簡単だった」** という意見に二極分化していた。それぞれの理由は次のようなものだった。

【令和 4 年　午後Ⅱ　共通】

　・**業務知識**に強い人は簡単だった，そうじゃない人は難しかった（特に問 2）

【問 1】

　・**SQL** が得意な人は簡単だった，そうじゃない人は難しかった

【問 2】

　・概念データモデル・関係スキーマを完成させる設問が少なかった

　　→速く解くことができた人，読解力のある人は簡単だった，そうじゃない人は難しかった

　・関係スキーマではなく，テーブルだった

　　→サブタイプをスーパータイプに集約する形で実装

　もちろん，筆者の周囲限定の意見なので母数も少なく，IPA の採点講評のように全体を総括する意見ではないのだが，問題を見て筆者も共感できる。端的にいえば，どちらの問題も**「例年通り（もしくは例年以上に）分量が多くて時間との闘いになっていることに加えて，短時間で機械的に処理できる設問が少なく，業務を理解して考えないといけない設問が多かった。それゆえ，業務知識に対する知見の有無によって難易度が変わっていた」**ということだろう。

　ちなみに，令和 4 年の題材は，問 1 が**「ホテルの予約・宿泊管理業務」**で，問 2 が**「フェリーの乗船予約〜下船手続きに関する業務」**だ。両問ともオーソドックスな販売管理や生産管理ではなかったが，普段からネットでホテルを予約したり，（フェリーを頻繁に利用している人は少ないと思うので）新幹線の予約をしたりしているベテランのビジネスパーソンや出張の多い人にとっては，解きやすかったのではないだろうか。筆者もホテルや新幹線を利用することが多いので，問題文に掲載されている業務要件を把握するのに時間はかからなかったし，難易度も上がっているとは思わなかった。

　今後，この傾向が続くかどうかまではわからない。ただ，**DX やアジャイルを推進するには業務知識が不可欠**だという点と，**IPA が DX やアジャイルを爆推ししている**という点を合わせて考えれば，これからも**「業務要件を把握して解答しなければならない問題」**が増える可能性は高いのではないだろうか。他の試験区分でも，DX 重視によって傾向が変わってきている。データベースも同じかもしれない。

● 令和5年に向けた対策

次の STEP-1 と STEP-2 は，どちらを優先するのかによって逆転させてもいい。

STEP-1 概念データモデル・関係スキーマの完成の問題への対策

① 本書の2章，3章を熟読する。

② 本書の「序章　午後Ⅱ解答テクニック」（この後）を熟読する

③ 令和4年午後Ⅱ問2，令和3年午後Ⅱ問2を解くか，解説を熟読する

④ 特徴のある過去問題に目を通しておく

令和4年の問題は，未完成の概念データモデルと関係スキーマを完成させる問題の比率が低かったので，令和3年や令和2年の問題にも目を通しておく必要がある。それで，問題文の表現に対して，リレーションシップが必要なケースや関係スキーマの完成の仕方を習得していく。後は，下表のような癖のある問題にも目を通しておこう。合計5年分くらいには目を通して，あるいは練習しておきたい。

問題番号	理由
平成25年問2	リレーションシップの対応関係にゼロを含むか否かを区別する
平成24年問2	ボトムアップアプローチ，スーパータイプとサブタイプの整理

STEP-2 物理設計，データベースの設計，実装，運用の問題への対策

① 本書の1章，4章を熟読する。

② 本書の「序章　午後Ⅱ解答テクニック」（この後）を熟読する

③ 令和4年午後Ⅱ問1含む過去5年分の「問1」を解くか，解説を熟読する

SQLや物理設計等の問題はバラエティに富んでいるので，どうしても目を通しておく過去問題が多くなる。個々の設問パターンに対しては，解き方がわからなくても問題文をじっくり読んで理解すれば解答できるものが多いが，解答パターンを知っていれば速く解くことが可能になる。一切出題されない可能性はあるが，傾向が変わって出題されなくなったわけではない。久しぶりの出題に面食らわないようにしたい。なお，SQLの比率が年々上がってきているので，SQLに自信があればかなり有利になる。

STEP-3 業務知識を身に付ける

令和4年度の午後Ⅱの問1や問2が難しく感じた人や，業務知識に不安を感じている人は，過去問題で業務知識を身に付けていくことをお勧めする。まずは，本書の第2章の**「2.3 様々なビジネスモデル」**を熟読しよう。（業種に特化しない基本的な業務として）販売管理業務と生産管理業務から押さえていこう。ただ，そこには紙面の都合もあって頻出の業務しか

掲載していない。そこで，時間的に余裕があれば，表の中のイメージがわきにくい業種や業務にも触れておこう。赤字は，オーソドックスな販売管理業務や生産管理業務以外の業務になる。ホテルや銀行，証券会社，病院などを題材にした年度もある。

表：午後Ⅱ過去問題で取り上げられた業種と業務または管理システム

年度	問題番号	業種	取扱業務又は管理システム	概念・関係割合(%)
平成14年	1	総合電機メーカ	販売計画システム	0
	2	ビジネスホテルチェーン	ホテル予約システム	30
平成15年	1	オフィスじゅう器メーカ	物流システム	50
	2	衣料品小売業	販売管理システム	0
平成16年	1	人材派遣会社	受注管理システム	65
	2	コンビニストアチェーン	商品配送業務	95
平成17年	1	メンテナンス専門会社	機械式駐車場設備のメンテナンス業務システム	50
	2	建設機材レンタル会社	建設機材レンタル業務システム	100
平成18年	1	情報処理サービス	業務管理システム	75
	2	オフィスじゅう器メーカ	在庫管理，部品調達業務	75
平成19年	1	情報処理サービス	勤務実績／稼働実績管理システム	15
	2	AV機器メーカ	販売から施行までの管理業務	10
平成20年	1	施設運営会社	アミューズメント機器管理システム	30
	2	しょうゆメーカ	食品製造業務，トレーサビリティ管理システム	90
平成21年	1	銀行	届出印管理システム	30
	2	カタログ通販	カタログの企画から送付までの業務	100
平成22年	1	オフィスサプライ商品販売	販売管理システム	0
	2	組立て家具メーカ	受注・入出庫・出荷業務	90
平成23年	1	ソフトウェア開発	案件管理システム，PJ収支管理システム	30
	2	オフィスじゅう器メーカ	在庫管理システム	90
平成24年	1	自動車ディーラ	販売促進用物品及び展示車を管理するシステム	80
	2	ホテル	食材管理システム	80
平成25年	1	OA周辺機器メーカ	部品購買管理業務	70
	2	スーパーマーケット	特売業務，販売業務，商品管理業務	90
平成26年	1	証券会社	株式取引管理システム	0
	2	ホテル	宿泊管理システム	40
平成27年	1	地方自治体（県，病院）	地域医療情報システム	0
	2	産業用機械メーカ	倉庫管理システム	80
平成28年	1	銀行	顧客情報管理システム	0
	2	太陽光発電設備メーカ	アフターサービス業務支援システム	95
平成29年	1	家具・日用雑貨の小売業	販売管理・顧客管理業務	10
	2	自動車用ケミカル製品メーカ	販売物流システム	90
平成30年	1	精密電子機器メーカ	経費精算システム	0
	2	製菓ラインメーカ	受注，製造指図，発注，入荷業務	90
平成31年	1	銀行	窓口業務	0
	2	ホテル	製パン業務	85
令和2年	1	住宅設備メーカ	節電支援システム	0
	2	機械メーカ	調達業務，調達物流業務	75
令和3年	1	不動産会社	商談管理システム	0
	2	市販薬メーカ	量販店チェーン専用システム	95
令和4年	1	ホテル	宿泊管理システム	0
	2	フェリー会社	乗船予約システム	50

午後Ⅱ対策　27

2. 長文読解のテクニック

　最初に，情報処理技術者試験全般を苦手としている人，高度系試験区分を苦手としている人，ひいては長文読解を苦手としている人は，自身の長文読解方法について再確認しておくことが必要かもしれない。

● どこに何が書いてあるのかを探す読み方

　問題文のストーリーを短時間で正確に把握するためには，あらかじめ **「どこに，何が書いてあるのか」** を推測し，それを"探す"読み方をしなければならない。問題文を読み終わったときに，「あ，そういう話なのか」と感心するような（小説を読むような）読み方では，時間がいくらあっても足りないだろう。必要な情報を能動的に（意思を持って），自ら探しに行く…そんな"読み方"が必要になってくる。

　そのためには，過去問題を参考にして問題文のパターンをストックしていかなければならない。単に過去問題を解いて終わりではなく，その文章構造を解析するような視点でチェックしてみよう。すると，**毎回説明されていることや，似通った表現パターンがとても多いことに気付くだろう。** そのパターンを頭にインプットできれば，次から解析できるようになる。

● 問題文の全体構成を把握

　「どこに何が書いてあるのか？ それを探す読み方」，その第一歩は，問題文の全体構成を把握することから始まる。問題文は通常，①問題タイトル，②背景，③〔 〕で囲まれた見出しを持つ各段落で構成されている。他に，④図表も多い。この四つの要素を先に読むだけで，ストーリー（全体の流れ）を"体系的に"把握できるし，過去の問題文の構成パターンに当てはめて考えることもできる。これなら，10ページを超える午後Ⅱの問題文でもそう時間はとられない。加えて，図のように段落ごとに線を引くことによって，長文を短文の集合体へと変換することができ，焦点を絞り込みやすくなる。特に，長文が苦手な人には非常に有効である。

　なお，午後Ⅱ攻略のキーになる概念データモデルと関係スキーマを完成させる問題の全体構成の把握方法を例に右ページにまとめてみた。具体的にはこれ以後に詳細にまとめているので参考にしてほしい。

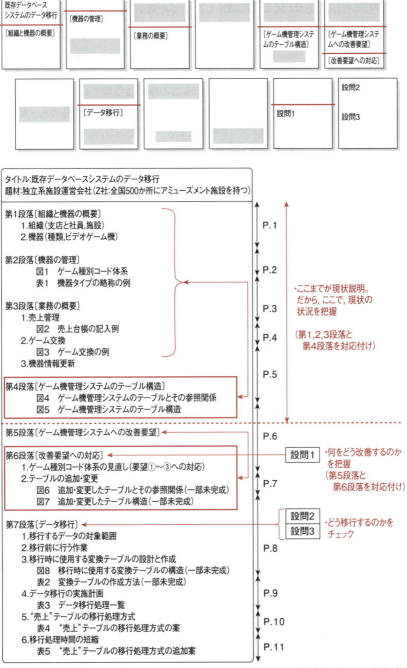

図：全体構成を把握する例（データベースの概念データモデルの完成等に関する問題の場合）

1. DB 事例解析問題の文章構成パターンを知る

　基本的な解答戦略を把握したら，続いて，午後Ⅱ事例解析問題の文章構成パターンを把握しておこう。

　午後Ⅱ試験で問われるのは"データベース設計"である。具体的には「概念データモデルと関係スキーマを完成させる問題」と「データベースの物理設計等」に関する問題になる。問われることが決まっていれば，自ずと問題文の構成も似通ってくる。もちろん"絶対"というわけではないが，"よくあるパターン"を知っておいて"損"にはならないだろう。少なくとも本番中に戸惑わないようにはなるはずだ。

(1) 全体イメージと設問の確認

　概念データモデルと関係スキーマを完成させる問題では，10数ページにわたる問題文のほとんどが"業務の説明"になる。「業務の概要」とか，「～業務」，「業務要件」など，段落タイトルや表現はその時々によって異なるが，いずれも"業務の説明"であることに変わりはない。そして，その業務の"概念データモデル"と"関係スキーマ"が途中まで作成されていて，それを完成させる設問がある。これが最もよくある標準パターンだ。

　なお，業務の説明は，段落タイトルを見れば一目瞭然のものがほとんどだが，既にシステムを利用して行う業務については，システムの説明になっていることもある。単純に"業務の説明"といっても，その説明は"業務の内容を記述した文章"だけではない。様々なパターンがあるので，予めどんなパターンがあるのかを把握しておこう。そうすることで，それぞれのパターンごとの読み方ができるだろう。

- 業務フロー（図＋文章）
- 現行システムの概要（システムを含めて現行業務だと考える）
- 現行システムの"入力画面"
- 現時点で利用している"帳票"

　あと，よくあるパターンは，業務改善や現行システムの改善（設計中の追加要件を含む）になる。そのパターンが来たら，設問ごとに「改善前と改善後のどちらが問われているのか？」を逐一明確にした上で取り組むことを忘れないようにしよう。改善前のことが問われているのに，勝手に改善後のものだと判断して誤った解答をするのは本当にもったいない。

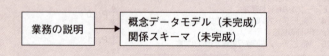

一方，データベースの物理設計に関する問題では，データベースの概念設計や論理設計の話から始まる。具体的には，業務の概要，概念データモデル，関係スキーマ，それを実装したテーブルなどだ。この部分の解析は，前述の概念データモデルと関係スキーマを完成させる問題と同じだ。

　その後，〔**RDBMS の仕様**〕の段落がある。ここは，設問に対する解答を考える時に必要な制約条件や前提条件が含まれているので，すごく重要な部分になる。ただ，この段落に書かれていることは，過去問題とよく似たパターンが多い。そのため，本書でも解説しているので，そこを読んで過去問題に出題された時のパターンを把握しておくといいだろう。

　その〔**RDBMS の仕様**〕の後は，テーブルへの実装（スーパータイプ，サブタイプのテーブルへの実装），性能計算，索引の定義，SQL 文で書かれた処理などの説明へと続いていく。

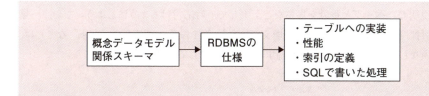

(2) 解答戦略（2 時間の使い方）立案

　全体の構成と設問が把握できたら，解答戦略を立案しよう。2 時間をどのように使うか，時間配分を決める。

　概念データモデルと関係スキーマを完成させる問題は，その割合を確認する。そして，おおよそでも構わないので，そこに費やして構わない時間を計算する。割合が 100％ なら，120 分を問題の総ページ数で割るだけでも構わないが，"他の設問" もあるのなら，その "他の設問" に，ある程度時間を割り当てないといけない。配点は非公表なので，明確な判断基準はないが，設問の数や解答用紙のエリアなどを参考に，比例配分したらいいだろう。それを最初に行い，その後に，問題文の最初から順番に処理していく。漏れがないように注意しながら，じっくりと読み進めていく。具体的なプロセスは，午後Ⅱ過去問題の解説で説明しているので参考にしてほしい。どういう手順で処理して（設計を進めて）いけばいいのかにも重点をおいて解説しているからだ。

　データベースの物理設計の問題は，設問単位で時間の割り当てを行う。設問 1 に何分使おうっていう感じだ。問題文を前から順番に読み進めながら解答する戦略よりも，最初に全体構造を把握して（どこに何が書いているのかを把握して），設問を解く都度，必要な部分だけを読むのがいいだろう。

(3) 概念データモデル・関係スキーマを完成させる問題の処理の方法

　設問を見て，典型的なパターン（概念データモデルと関係スキーマを完成させる問題）中心だと判断したら，その後，問題文を最初から順番に処理していくことになる。このとき，頭の中で（もしくは可能なら明示的に関連付けて），以下の三つを対応付ける。

① 問題文（問題文中の"業務の説明"）
② 概念データモデル
③ 関係スキーマ

　具体的には下図のように，上記①～③の三つの要素の対応付けをすることになる。もちろん，ページをまたがってバラバラに位置しているので，図のように"線"で結ぶことはできないが，頭の中でイメージしたり，概念データモデルと関係スキーマにそれぞれ問題文の（業務の説明の）ページと番号を振るなど工夫して，対応付けるようにしよう。なお，一見して対応付けられないところ（図の問題文でいうと，第1段落の6,7,8や"在庫"など）は，"対応箇所なし"として，問題文を精読するまで保留にしておけば良い。

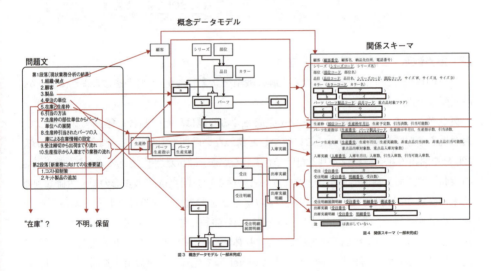

この対応付けのときにも，いくつか使えるテクニックがある。今後，変わる可能性もゼロではないが，これまでの問題では次のような傾向がある。

---

① 関係スキーマは，問題文や概念データモデルに合わせて，わかりやすい順番に配置してくれている。だから図のように「ここからここまでが「3. 製品」に対応付けられるところ」というような"線引き"が可能になる。

② サブタイプは1文字下げて記述されている。これは空欄も同じ。図でいうと，空欄 b，e，f，g など。

そして，その対応付けが完了したら，"商品"や"在庫"といったトピックごとに，問題文に書かれている業務要件が満たされているかどうかをチェックし，未完成の概念データモデル，関係スキーマを完成させていく。

こうして概念データモデルや関係スキーマを完成させていく方法をトップダウンアプローチということがある。本来，トップダウンアプローチは，モデリングをするときに使われる用語。上流工程からデータモデルのあるべき姿を描き，それを実現させるというアプローチだ。わかりやすくいうと，対象業務の説明から概念データモデルを作成するというアプローチになる。

業務概要には，既存システムの入力画面や帳票を用いて説明されている箇所がある。その"図"を使えば，短時間で解答に必要な要素を抽出することができる可能性がある。"図表は最大のヒント"といわれる所以だ。そこで，ここでは次頁の図を使って，入力画面や帳票の"読み方"について説明する。

入力画面や帳票は単独で放置されることはない。設問に絡んでくるところで意図的に説明をしていないところもあるが，それを除けば，必ず問題文の中で"文章"で説明されているところがある。そこで"必ず，この図の説明箇所があるはず"と考えて，問題文の該当箇所を探し出そう。そして，見つけ出せたときには，その文章と図の該当箇所を矢印でリンクしておけば良いだろう。ご存知のとおり，図は瞬時に視覚に訴求するためにある。したがって，（設問を解くために）再度問題文に戻ろうと考えたときに，文章よりも図の方が瞬時に戻ることができる。まずは図に戻って，そこからリンクをたどって文章にたどり着ければ効率が良い。今回の例では，属性の説明箇所とのリンクは割愛しているが，実際は属性の説明箇所とリンクを張ったほうが良い。また，問題によっては属性を一覧表にして説明していることがある。そういうケースでは，図（入力画面や帳票）と表（属性の内容説明）を対応付けておくと良い。

問題文との対応付けが完了したら，概念データモデルと関係スキーマに対応付ける。普段，業務でシステム設計を行っているエンジニアなら，その入力画面や帳票を作成するのに，どのようなテーブルを利用しているのか，おおよそ推測が付くだろう。今回の例のように，"受

注入力画面"，"受注テーブル"，"受注明細テーブル"のように，名称も似たものが付けられている。そこで，想像の付く範囲で良いので，自分自身の経験や知識から，概念データモデルと関係スキーマに対応付けてみるわけだ。そうすれば，その対応付けから設問に解答できるところもある。まさに「答えは図の中にある！」ということ。図には大きなヒントが隠されている。

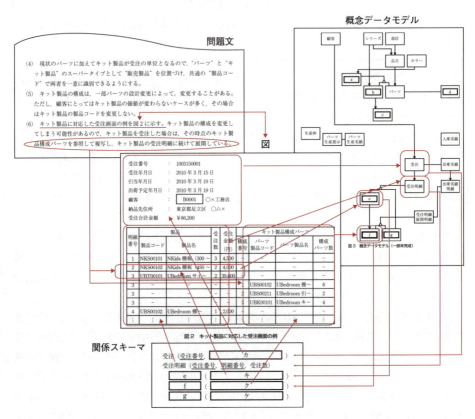

　そうして，その対応付けが完了したら，"商品"や"在庫"といったトピックごとに，問題文に書かれている業務要件が満たされているかどうかをチェックし，未完成の概念データモデル，関係スキーマを完成させていく。必要に応じて，入力画面や帳票から正規化していっても良い。

　ちなみに，こうして既存の帳票や画面から概念データモデルや関係スキーマを完成させていく方法をボトムアップアプローチということがある。本来，ボトムアップアプローチも，モデリングをするときに使われる用語になる。既存の帳票や画面から必要となるデータモデルを描き，それを実現させるというアプローチだ。その考え方を，午後Ⅱ事例解析の解答テクニックとしても使っているというわけだ。

> **コラム** 時間が無い人の午後Ⅰ・午後Ⅱ対策－本書の解説は読むだけで力になる－

　今さらですが，本書には大量の過去問題とその解説を用意しています。その数なんと21年分（平成14年度以後の全問題）です。普通の過去問題集がせいぜい3年分ですから…パッと見，普通によくある…1冊の参考書のように見えますが，実は**「教科書1冊＋問題集6冊」**なんですね。普通に7倍の価値があるんですよ（笑）。

　ただ…「全部の問題を解くことは難しい」という声をよく耳にします。その絶対量は暴力的だとさえ言われることも…。しかし筆者も，その点については十分把握しており，実はきちんと対策をしているのです。時間もコストもかけられない受験生でも，短時間で効率よく学習できるように工夫をしています。それが下図のような解説文の構成です。これは午後Ⅱの解説の一部なのですが，このように問題文をそのまま抜粋してきて，**「問題文の，どこに，どういう文言（表現）があって，それがどういう答えを導いているのか？」**という…"問題を解く時に最も重要なところ"を，試験本番時にそのまま実践できるように，わかりやすくビジュアルに表現しています。こうすることで，時間のない受験生でも**「解説を読むだけ」**で，実力が付きます。

　もちろん，実際に時間を計って解いてみる練習も必要です。それは本書を参考に，適した問題を選定して練習しましょう。そして，それに加えて，残りの問題は「何もしない」のではなく，「解説を読む」方法で準備を進めておきましょう。そうすれば，合格に近くなること間違いありません。実はこれ，実際に筆者がやってきた勉強方法でもあります。その効果は絶大でした。ぜひ皆さんも試してみてください。

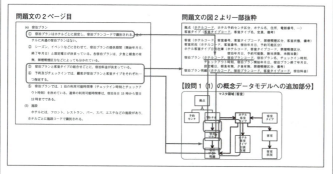

図　本書の解説サンプル（平成26年度午後Ⅱ問2）

(4) 仮説−検証型アプローチを身に付ける

　午後Ⅱ試験の時間は2時間ある……。しかし，受験生は一様に「この時間が本当に短く感じる」という。その最大の理由が"問題文の量が多い"という点。短くても10数ページ，ときには15ページ以上になることもある。しかも，問題文には無駄がない。そのため，1行1行を大切に読み進めていきながら，その都度"漏れなく"反応しなければならない。それが難しいわけだ。筆者も，午後Ⅱの1問につき，本書に掲載する解説を作成するのに10時間ほどかかってしまう。頭の中で考えていることを20ページぐらいの解説としてまとめなければならないので，当然といえばそれまでだが，それでもかなりの時間がかかっている。試験本番時には，満点を取る必要はないものの，それでも2時間で合格点を取るのは難しく，真正面からぶつかっていては時間がいくらあっても足りない。そこには，それなりの"コツ"が必要になる。

　その"コツ"の一つが，仮説−検証型アプローチである。

　自分自身の"知識"と"経験"を駆使して精度の高い仮説を立てられるように準備し，問題文をいたずらに―目的意識を持たずに読み進めるのではなく，自分の立てた仮説を"検証"するという目的を明確にした上で2時間という時間を有意義に使うことが必要になる。

　ちなみに，仮説を立てるときには"業務知識"や"様々なテーブル設計パターン"に関する知識が必要になる。普段，仕事でそのあたりの経験を積んでいる人なら，それこそ"経験で得た知識"をフル活用することができるが，そうじゃない人はどうすれば良いのだろうか？　筆者は，未経験者でも大丈夫だと考えている。次のような準備さえしておけば，十分，合格ラインには持っていけるだろう。

---

① 本書の「2.3 様々なビジネスモデル」を熟読して，業務別の標準パターンを覚える
② 午後Ⅱ過去問題を解いてみた後，その概念データモデルと関係スキーマを覚える

　"覚える"という表現が象徴しているように，未経験者には"暗記"が必要である。経験者は，毎日毎日，それこそ嫌になるぐらい"テーブル"と向き合っている。意識していなくても，頭の中に叩き込まれているわけだ。そういう人たちと勝負するには，"何となく理解した"という程度では，勝てないのは言うまでもないだろう。経験者と同じレベルに持っていくためにも"覚え"にかかろう。

2. 第2章の熟読と「問題文中で共通に使用される表記ルール」の暗記

　しっかりと準備をしておきたい人は，第2章の「2.1 情報処理試験の中の概念データモデル」と，第3章の「3.1 関係スキーマの表記方法」の中に記載されている**「問題文中で共通に使用される表記ルール」**を試験本番までにある程度頭の中に入れておくことをお勧めする。これは，午後Ⅰと午後Ⅱの試験問題の最初の数ページに記載されている"解答する時に必要となるルール"になる。ページにするとおおよそ3ページ。次のような性質や役割，特徴をもつ。

- 問題文を理解するときの記述ルール
- 解答表現を決めるときの記述ルール
- 予告なく変わることがあるが，ほとんど変わらないことが多い

こういう代物なので，試験本番時にはじっくりと読まなければいけないが，かといって，それに時間をかけるのももったいない。ましてや，試験本番当日に"初めてじっくりと見た"では，混乱は必至だろう。そういう様々な理由より，「事前にある程度頭の中に入れておきさえすれば，事足りる」と考えて，暗記しておくことをお勧めする。そして，試験本番時には，過去（特に前年）と比較して違いがないことだけを確認して（違いがないことの方が多いので），短時間で処理してしまおう。

　ちなみに，前年度との変更の有無は次のようになる。今現在最新の表記ルールは，平成18年度に大幅に変更されたもので，ぎっしり3ページにわたるルールになっている。

年度	前年度からの変更の有無と変更内容
平成14年度	この年を基点に考える。
平成15年度	一部，文言の変更はあるものの"表記ルール"は変更なし
平成16年度	「3. 関係データベースのテーブル（表）構造の表記ルール」において，外部キーが参照するテーブル名の表記に関するルールが削除された。それ以外は変更なし
平成17年度	一部，文言の変更はあるものの"表記ルール"は変更なし
平成18年度	大幅に変更 ① リレーションシップに"ゼロを含むか否か"の表記ルールを追加 ② スーパータイプにサブタイプの切り口が複数ある場合の表記ルールを追加
平成19年度〜令和4年度	変更なし

午後Ⅱ対策　37

コラム 時間が足りない人の"真"の対策

　情報処理技術者試験の記述式や事例解析の問題で"時間が足りない！"って感じる人は，ちょうどこんな感じになっている。

　ある日，友達から「家に遊びにおいでよ」って誘われた。その友達から「住所は………だから○○駅が一番近いかな。その駅から，歩いたら40分ぐらいかかるけど頑張ってね」とだけ教えてもらった。

　お誘いを受けたので，自宅近くで手土産を買って，住所はわかるので，まぁ何とかなるかって感じで，ひとまず○○駅へと向かった。

　駅に着き，改札を出て周囲を見渡して驚いた。えっ？どっち？どっちに行けばいいんだ？

● 結局，倍ぐらい時間がかかった…

　駅を降りたはいいが，住所だけを頼りにどう行けばいいのかわからない。実は，地図もスマホも持ってきてない。誰かに聞くのも恥ずかしいので…友達から聞いた住所と，自分の持っている方向感覚だけで現地に行くことに決め，たまに見かける番地を頼りに「いざ，友人宅へ」向かうことに。

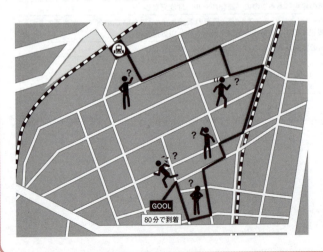

でも，やっぱり…世の中そんなに甘くなかった。**考え込んで止まってしまったり，反対方向に行ってしまって引き返したり，無駄に歩き回って…結局，友達の家にたどり着けたのは駅を出てから80分後。倍の時間を費やした。**そもそも，そんな方向感覚なんて持ち合わせてはいなかった。

● 同じ場所（＝問題）ならもう大丈夫

　無事友達の家に着き，そのことを友達に話したら…「あ，そうだったの？駅からこっちに行ってまっすぐこうきたら40分で来れたのにね」と教えてくれた。

　「最初に言えよ」

　そう思ったけれど口には出さず，「そうなんだ，じゃあ次からは迷わないな」って笑顔で答えておいた。

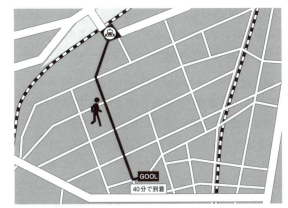

● 試験勉強に置き換えると

　これを試験勉強に置き換えて考えてみよう。「その友達の家に"もう一度遊びに行く時に"40分で行けるようになること」が目的ではないはずだ。「また同じように，別の初めて降りる駅で，スマホも地図も使わずに住所だけを頼りに最短距離で"迷わず""無駄な動きなく"たどり着けるようになる」ことが最大の目的になる。同じ問題が出ないことは自明だからだ。

　そのためには…現状の方向感覚（問題文の読み方や解答する手順など）が間違っていたわけだから，現状の方向感覚（問題文の読み方や解答する手順など）を改善しなければならない。「別の初めて降りる駅で，スマホも地図も使わずに住所だけを頼りに最短距離で行く」こと（＝過去問題を使った演習）を何度も何度も繰り返す練習で。

　過去問題を使った午後Ⅰ・午後Ⅱ対策。同じ場所に最短距離で行けるようになっているだけ（＝同じ問題なら正解できるだけ）にはなっていないだろうか。ちゃんと，方向感覚（問題文の読み方や解答する手順など）は改善されているだろうか。試験本番では初めて見る問題（＝初めて訪れる場所）になるのは間違いない。方向感覚の改善…それこそが**"時間が足りない！"って感じる人に必要な対策になる。本書を活用して，速く解くための様々な"ノウハウ"を試してみよう！**

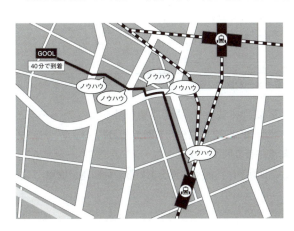

午後Ⅱ対策　39

3. RDBMSの仕様の暗記

　物理データベース設計の問題には，ほぼ必ず〔RDBMSの仕様〕段落がある。その問題で使用するRDBMSの仕様を説明している段落で，多くの設問を解くときに配慮しなければならない制約条件を記載している段落でもある。ここも，予め過去問題を通じて，どんな要素があるのかを把握しておき，設問を解答するときに，どういう使い方をすればいいのかを知っておくといいだろう。

(1) 表領域，データページ，ページに関する記述

　RDBMSの仕様は"表領域"や"ページ"の説明から始まるケースが多い。表領域とは，RDBMSを使用する際に最初に定義する領域である。例えば，販売管理システムのデータベースを構築する場合に，データ容量を計算した上で「100GBあれば十分なデータ量だな」と判断したら，100GBのエリアをストレージ上に確保する（CREATE TABLESPACEなどの専用のコマンドが用意されている）。そして，そこに個々のテーブルや索引を格納していくことになる。そのあたりの説明は，**平成22年度午後Ⅱ問1**の問題文中にも書かれている（下図参照）。

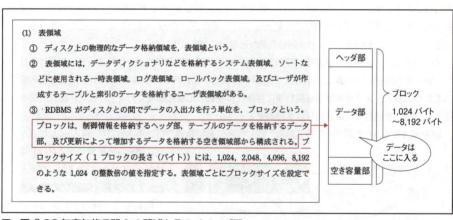

図：平成22年度午後Ⅱ問1の記述とそのイメージ図

　この"表領域"に関する記述部分で，設問で使われる最も重要な記述は，ストレージとRDBMSの間での入出力単位だ。古い問題（**平成22年度午後Ⅱ問1**）だと "**ブロック**" 及び "**ブロックサイズ**"，直近だと（**平成30年度午後Ⅱ問1**）"**データページ**" 及び "**ページサイズ**" という用語が使われているところ。ここの数字は性能や容量を求める計算問題で使用する。

平成 28 年度は少し簡略された記述になり，平成 30 年には "表領域" という表現もなくなっ
て "データページ" になり，平成 31 年以後は単に "ページ" になっているが，まずはここで，
ページサイズがあれば確認するようにしよう。いずれも，計算しやすいようにキリの良い数
字になっている。

---

1. 表領域

　(1) テーブル，索引などのストレージ上の物理的な格納場所を，表領域という。

　(2) RDBMS とストレージ間のデータ入出力単位を，データページという。データ
　　　ページには，テーブル，索引のデータが格納される。表領域ごとに，<u>ページサ
　　　イズ（1 データページの長さ。2,000, 4,000, 8,000, 16,000 バイトのいずれかで
　　　ある）</u>と，空き領域率（将来の更新に備えて，データページ内に確保しておく
　　　空き領域の割合）を指定する。

　(3) 同じデータページに，異なるテーブルの行が格納されることはない。

図：平成 28 年度午後Ⅱ問 1 より

---

1. データページ

　(1) RDBMS がストレージとデータの入出力を行う単位を，データページという。
　　　データページには，テーブル，索引のデータが格納される。表領域ごとに，<u>ペ
　　　ージサイズ（1 データページの長さで，2,000, 4,000, 8,000 バイトのいずれか）</u>
　　　と，空き領域率（将来の更新に備えて，データページ内に確保しておく空き領
　　　域の割合）を指定する。

　(2) 同じデータページに，異なるテーブルの行が格納されることはない。

図：平成 30 年度午後Ⅱ問 1 より

---

1. ページ

　　　RDBMS とストレージ間の入出力単位をページという。同じページに異なるテー
　　　ブルの行が格納されることはない。

> ストレージの計算問題がないので，
> この制約だけになっている

図：平成 31 年度午後Ⅱ問 1，令和 3 年度午後Ⅱ問 1 より

午後Ⅱ対策　　41

(2) テーブルに関する記述

次に，テーブルに関する記述が続く。ここは，主として**"テーブルに対する制約"**と**"データ型"**について記述されている。多くの場合，制約はこの例のように，**NOT NULL 制約**，**主キー制約**，**参照制約**，**検査制約**の四つになる。いずれも代表的な制約で，午前問題でも午後Ⅰの SQL 関連の問題でも頻出のものなので，ここに書かれている程度の説明は，（あえて書かれていなくても）当然のこととして理解しておきたいところだ（NOT NULL 制約の記述を除く）。

---

2. テーブル

(1) テーブルの列には，NOT NULL 制約を指定することができる。NOT NULL 制約を指定しない列には，NULL か否かを表す 1 バイトのフラグが付加される。

> テーブル定義表を完成させる問題で使われる（格納長の計算）

(2) 主キー制約には，主キーを構成する列名を指定する。

(3) 参照制約には，列名，参照先テーブル名，参照先列名を指定する。

(4) 検査制約には，同一行の列に対する制約を指定する。

(5) 使用可能なデータ型は，表5のとおりである。

表5 使用可能なデータ型

データ型	説明
CHAR(n)	n 文字の半角固定長文字列（$1 \leq n \leq 255$）。文字列が n 字未満の場合は，文字列の後方に半角の空白を埋めて n バイトの領域に格納される。
NCHAR(n)	n 文字の全角固定長文字列（$1 \leq n \leq 127$）。文字列が n 字未満の場合は，文字列の後方に全角の空白を埋めて "n×2" バイトの領域に格納される。
VARCHAR(n)	最大 n 文字の半角可変長文字列（$1 \leq n \leq 8,000$）。値の文字数分のバイト数の領域に格納され，4 バイトの制御情報が付加される。
NCHAR VARYING(n)	最大 n 文字の全角可変長文字列（$1 \leq n \leq 4,000$）。"値の文字数×2" バイトの領域に格納され，4 バイトの制御情報が付加される。
SMALLINT	$-32,768 \sim 32,767$ の範囲内の整数。2 バイトの領域に格納される。
INTEGER	$-2,147,483,648 \sim 2,147,483,647$ の範囲内の整数。4 バイトの領域に格納される。
DECIMAL(m,n)	精度 m（$1 \leq m \leq 31$），位取り n（$0 \leq n \leq m$）の 10 進数。"m÷2+1" の小数部を切り捨てたバイト数の領域に格納される。
DATE	0001-01-01 ～ 9999-12-31 の範囲内の日付。4 バイトの領域に格納される。

> テーブル定義表を完成させる問題で使われる（データ型，格納長の計算）

図：平成 30 年度午後Ⅱ問 1 より

この中で，通常，設問に絡んでくるのは **"NOT NULL 制約"** に関する記述と，**"使用可能なデータ型の表"** の2か所である。

いずれも「テーブル定義表を完成させる問題」の"格納長"を計算する設問で使われるところ。格納長は，**「使用可能なデータ型」** のところの数字を使って計算し，さらに **NOT NULL 制約** を付けない列には1バイトプラスする。そのあたりの計算における基本ルールを書いているのがこの部分になる。例年，大きな変化はないので，ひとまず頭の中に入れておいて，従来通りかそれとも変わっているのかを見抜けるようなレベルで記憶はしておきたい。

なお，個々の"制約"や"データ型"については，第1章の「1.3.1　CREATE TABLE」（P.167）で詳しく解説している。確認しておこう。

表2　使用可能なデータ型

データ型	説明
CHAR(n)	n 文字の半角固定長文字列（1≦n≦255）。文字列が n 字未満の場合は，文字列の後に半角の空白を挿入し，n バイトの領域に格納される。
NCHAR(n)	n 文字の全角固定長文字列（1≦n≦127）。文字列が n 字未満の場合は，文字列の後に全角の空白を挿入し，"n×2"バイトの領域に格納される。
VARCHAR(n)	最大 n 文字の半角可変長文字列（1≦n≦8,000）。"文字列の文字数"バイトの領域に格納され，4 バイトの制御情報が付加される。
NCHAR VARYING(n)	最大 n 文字の全角可変長文字列（1≦n≦4,000）。"文字列の文字数×2"バイトの領域に格納され，4 バイトの制御情報が付加される。
SMALLINT	−32,768 ～ 32,767 の範囲内の整数。2 バイトの領域に格納される。
INTEGER	−2,147,483,648 ～ 2,147,483,647 の範囲内の整数。4 バイトの領域に格納される。
DECIMAL(m,n)	精度 m（1≦m≦31），位取り n（0≦n≦m）の 10 進数。"m÷2+1"の小数部を切り捨てたバイト数の領域に格納される。
DATE	0001-01-01 ～ 9999-12-31 の範囲内の日付。4 バイトの領域に格納される。
TIME	00:00:00 ～ 23:59:59 の範囲内の時刻。3 バイトの領域に格納される。
TIMESTAMP	0001-01-01 00:00:00.000000 ～ 9999-12-31 23:59:59.999999 の範囲内の時刻印。10 バイトの領域に格納される。

表：平成 28 年度午後Ⅱ問 1 より

（3）索引とオプティマイザの仕様に関する記述

RDBMSの仕様には**"索引"**が定義されていることがある。**"ユニーク索引（同じ値が存在しない索引）"**と**"非ユニーク索引（同じ値が存在可能な索引）"**が説明されていたり，**"クラスタ索引"**と**"非クラスタ索引"**が説明されていたりする（**平成27年度午後Ⅱ問1**の場合。**平成28年度午後Ⅱ問1**と**平成30年度午後Ⅱ問1**でも含まれているが，下図（平成27年）の（1）の記述だけしか書かれていない）。それぞれの違いを事前に覚えておこう。

---

3. 索引
 (1) 索引には，ユニーク索引と非ユニーク索引がある。
 (2) 索引には，クラスタ索引と非クラスタ索引がある。クラスタ索引は，キー値の順番とキー値が指す行の物理的な並び順が一致し，非クラスタ索引はランダムである。

図：平成27年度午後Ⅱ問1より

少し古い問題になるが，**平成16年度午後Ⅰ問4**では，索引設計をテーマにした問題が出題されている。ユニーク索引と非ユニーク索引，クラスタ索引と非クラスタ索引に関して詳しく説明されているので，問題文を読むだけでも知識の整理になる。午後Ⅰ対策のところ（P.17）でも推奨問題に挙げているので，時間に余裕があれば目を通しておいてもいいだろう。

そして，索引を使った探索を**"索引探索"**という。"索引探索"は，しばしば**"表探索"**と対になって説明されることがある。それぞれの違いは右ページの**「図：平成26年度午後Ⅱ問1より」**の下線部の説明の通りで，**表探索になると全ての行を順番に探索していくことになるので探索対象は表の全件数になる。一方索引探索は，索引によって絞り込んだ行が探索対象になるので，パフォーマンスは索引探索の方が高くなる。**したがって，問題で問われるのは探索回数や，性能向上・チューニングに関することになる。

ただ最近では，このあたりの説明が割愛されて常識化している。平成31年午後Ⅱ問1の"オプティマイザ"の説明の中にも，表探索と索引探索の違いは書かれていない。「知っているよね」という感じだ。

ちなみに，アクセスパスとは，SQL文を実行した際にデータベースから対象のデータを取得する手順のことで，表探索と索引探索の違いそのもののことである。また，統計情報はここに記述があるように，最適なパフォーマンスを得られるアクセスパスに決定される時に使用される。

4. アクセスパスと統計情報
(1) アクセスパスは，統計情報を基に，RDBMS によって表探索又は索引探索に決められる。表探索では，索引を使用せずに全データページを探索する。一方，索引探索では，検索条件に適した索引によって対象行を絞り込んだ上で，データページを探索する。
(2) 統計情報の更新は，テーブルごとにコマンドを実行して行う。統計情報の更新によって，適切なアクセスパスが選択される確率が高くなる。

図：平成 26 年度午後Ⅱ問 1 より

　性能を最適化する部分を **"オプティマイザの仕様"** として説明することもある。オプティマイザとは，まさに「問合せ処理の最適化を行う機能」のことで，アクセスパス解析を含む概念になる。情報処理技術者試験では，**平成 31 年度午後Ⅱ問 1** の問題で SQL 文の書き方と関連して説明している。

2. オプティマイザの仕様
(1) LIKE 述語の検索パターンが 'ABC%' のように前方一致の場合は索引探索を選択し，'%ABC%'，'%ABC' のように部分一致，後方一致の場合は表探索を選択する。
(2) WHERE 句の述語が関数を含む場合，表探索を選択する。

図：平成 31 年度午後Ⅱ問 1 より

（4）テーブルの物理分割に関する記述

　性能向上を目的として，テーブルの物理分割に関する記述もある。以前は“パーティション化”や“パーティションキー”という表現を使っていたが（平成22年度午後Ⅱ問1），最近は“パーティション”という表現は使わずに，“物理分割”と“区分キー”という表現になっている（**平成27年度午後Ⅱ問1，平成31年度午後Ⅱ問1，令和3年度午後Ⅰ問2**）。これは，ほぼ同じ意味だと考えていいだろう。また，平成31年度の記述は，平成27年度よりも説明が少し増えているし，令和3年度の記述では“物理分割”が“区分化”という表現に置き換えられているが平成31年度の説明が最も詳しいので，ここでは平成31年度の記述部分だけを抜粋している。

（4）　パーティション化

① 　テーブルごとに一つ又は複数の列（以下，パーティションキーという）と，列値の範囲を指定し，列値の範囲ごとに異なる表領域に行を格納するパーティション化の機能を備えている。

② 　パーティション化されたテーブルには，パーティションを特定するパーティションキーによる索引（以下，グローバル索引という）が作成される。そのほかに，一つ又は複数の列をキーとしてパーティションごとに独立した索引（以下，ローカル索引という）を作成することができる。

③ 　テーブルを検索するSQL文のWHERE句に，パーティションキーに対応するグローバル索引とローカル索引の列が指定された場合，RDBMSはグローバル索引によってパーティションを特定し，そのパーティション内をローカル索引によって検索する。グローバル索引の列だけが指定された場合，RDBMSはグローバル索引によってパーティションを特定し，そのパーティション内を全件検索する。また，ローカル索引の列だけが指定された場合，RDBMSはすべてのパーティションについて，そのパーティション内をローカル索引によって検索する。

図：平成22年度午後Ⅱ問1より

5. テーブルの物理分割 →令和3年度は「区分化」になっている

(1) テーブルごとに一つ又は複数の列を区分キーとし，区分キーの値に基づいて物理的な格納領域を分ける。これを物理分割という。

(2) 区分方法には，ハッシュとレンジの二つがある。ハッシュは，区分キー値を基に RDBMS 内部で生成するハッシュ値によって，一定数の区分に行を分配する方法である。レンジは，区分キー値によって決められる区分に行を分配する方法で，分配する条件を，値の範囲又は値のリストで指定する。

(3) 物理分割されたテーブルには，区分キーの値に基づいて分割された索引（以下，ローカル索引という）を定義できる。ローカル索引のキー列には，区分キーを構成する列（以下，区分キー列という）が全て含まれていなければならない。

(4) テーブルを検索する SQL 文の WHERE 句の述語に区分キー列を指定すると，区分キー列で特定した区分だけを探索する。また，WHERE 句の述語に，ローカル索引の先頭列を指定すると，ローカル索引によって区分内を探索することができる。

(5) 問合せの実行時に，一つのテーブルの複数の区分を並行して同時に探索する。同一サーバ上では，問合せごとの同時並行探索数の上限は 20 である。

(6) 指定した区分を削除するコマンドがある。区分内の格納行数が多い場合，コマンドによる区分の削除は，DELETE 文よりも高速である。

図：平成 31 年度午後Ⅱ問 1 より
※令和 3 年度午後Ⅰ問 2 の仕様は全て含まれている。

(5) クラスタ構成に関する記述

平成31年度午後Ⅱ問1及び**令和2年度午後Ⅱ問1**では"クラスタ構成"に関する記述もあった。

---

6. クラスタ構成のサポート

(1) シェアードナッシング方式のクラスタ構成をサポートする。クラスタは複数のノードで構成され，各ノードには，当該ノードだけがアクセス可能なディスク装置をもつ。

(2) 各ノードへのデータの配置方法には，次に示す分散と複製があり，テーブルごとにいずれかを指定する。

・分散による配置方法は，一つ又は複数の列を分散キーとして指定し，分散キーの値に基づいてRDBMS内部で生成するハッシュ値によって各ノードにデータを分散する。分散キーに指定する列は，主キーを構成する全て又は一部の列である必要がある。

・複製による配置方法は，全ノードにテーブルの複製を保持する。

(3) データベースへの要求は，いずれか一つのノードで受け付ける。要求を受け付けたノードは，要求を解析し，自ノードに配置されているデータへの処理は自ノードで処理を行う。自ノードに配置されていないデータへの処理は，当該データが配置されている他ノードに処理を依頼し，結果を受け取る。特に，テーブル間の結合では，他ノードに処理を依頼するので，自ノード内で処理する場合と比べて，ノード間通信のオーバーヘッドが発生する。

図：平成31年度午後Ⅱ問1より

ちなみに，問題文に書かれている**「シェアードナッシング方式」**とは，分散システムにおいて，個々のノードで共有する部分（＝シェアード）がない（＝ナッシング）方式になる。クラスタ構成で使われる場合には，この問題文にも書いてある通り，ノードごとに，当該ノードだけがアクセス可能なディスク装置を持つ方式になる。

メリットは，各ノードが自分専用のディスクを持っているので，並列処理をした時にディスクアクセスがボトルネックにはならないという点。高い性能を発揮することが可能になる。一方，デメリットは，あるノードに障害が発生した場合に，そのノードの管轄するデータにはアクセスできなくなるという点だ。障害に対しては，何かしらの対策が必要になる。

ちなみに，シェアードナッシング方式と対比される方式に，**シェアードエブリシング方式（ディスク共有方式）**がある。こちらは，（複数のノードで）アクセスするディスクを共有する方式になる。ディスクがボトルネックになり性能が出ない可能性がある一方，あるノードに障害が発生しても，他のノードは影響を受けない。

48 序章 試験対策（学習方法と解答テクニック）

（6）レプリケーション機能に関する記述

　レプリケーション機能に関する説明があるケースもある。最近だと**令和2年度午後I問2**だ。この問題では，図の仕様に従ってイベント型レプリケーション機能の対象とするテーブルとその対象列が設問になっている。また，**平成21年度午後II問1**では，レプリケーションの定義を**"サブスクリプション"**と称して細かく設定できるようにしている。

---

2. レプリケーション機能
(1) ①1か所のデータを複数か所に複製する機能，②複数か所のデータを1か所に集約
　する機能，及び③両者を組み合わせて双方向に反映する機能がある。これらの機能
　を使用すると，<u>一方のテーブルへの挿入・更新・削除を他方に自動的に反映させ
　ることができる。</u>
(2) トランザクションログを用いてトランザクションと非同期に一定間隔でデータ
　を反映する バッチ型 と，レプリケーション元のトランザクションと同期してデー
　タを反映する イベント型 がある。

> この機能は覚えて
> おいて損はない

　① 　バッチ型では，テーブルごとに，レプリケーションの有効化，無効化をコ
　　マンドによって指示することができる。無効化したレプリケーションを有効化
　　するときには，蓄積されたトランザクションログを用いてデータを反映する。
　② 　イベント型では，レプリケーション先への反映が失敗すると，レプリケー
　　ション元の変更はロールバックされる。

(3) 列の選択，行の選択及びその組合せによって，レプリケーション先のテーブル
　に必要とされるデータだけを反映することができる。

図：令和2年度午後I問2より

表2　サブスクリプションの設定

設定項目	設定内容
ソース	ソースのデータベース接続情報（ホスト名，アドレス，インスタンス名，ユーザIDなど）を指定する。
ターゲット	ターゲットのデータベース接続情報を指定する。
テーブル	レプリケーションを行うテーブル名を一つ以上指定する。
フィルタ	テーブルごとに，行を選択する条件であるフィルタを指定することができる。フィルタは，SQLのWHERE句と同じ構文で指定する。フィルタを指定しない場合は，テーブルの全行に対して同期をとることができる。
タイミング	イベント型とバッチ型のいずれかを選択する。 ・イベント型：ソース側の行の追加，更新，削除が発生するたびに，ターゲットに反映する。 ・バッチ型：ソース側の行の更新ログを蓄積して，一定時間ごとにターゲットに反映する。

　③ 　障害によってレプリケーションを完了できなかった場合，RDBMSはレプリ
　　ケーション用更新ログを自動的に保存する。復旧後に手動でユーティリティを
　　起動すれば，レプリケーション用更新ログを使用して同期をとることができる。
　　障害の発生から手動でユーティリティを起動するまでの間は，レプリケーショ
　　ンによる更新の反映は行われず，レプリケーション用更新ログが保存される。
　④ 　ターゲットのテーブルを初期化した場合に，ソースから指定されたフィルタ
　　に一致するすべての行をターゲットに複写して同期をとることができる。

図：平成21年度午後II問1より

（7）バックアップ，復元，更新ログによる回復機能

　それほど頻度は多くは無いが，障害発生時の対応が問題になるケースもある。直近では**令和3年度午後Ⅱ問1**で出題された。データに不具合が発生した時に，データベースのバックアップと更新ログを用いて復元する場合の問題である。〔**RDBMSの仕様**〕について説明している箇所は次のように記載されている。平成21年以後では，**午後Ⅱ**だと**平成21年度問1**，**午後Ⅰ**だと**平成22年度問3**，**平成28年度問2**で出題されているが，**令和3年度午後Ⅱ問1**の仕様について理解していれば大丈夫だ。

4．バックアップ機能

　(1) バックアップの単位には，<u>データベース単位，テーブル単位</u>がある。　　…バックアップの単位

　(2) バックアップには，取得するページの範囲によって，<u>全体，増分，差分</u>の3種　…バックアップの種類
　　　類がある。　　　　　　　　　　　　　　　　　　　　　　　　　　　　　　これもよく問われる切り口

　　① 全体バックアップには，全ページが含まれる。

　　② 増分バックアップには，前回の全体バックアップ取得後に変更されたページが含まれる。ただし，前回の全体バックアップ取得以降に増分バックアップを取得していた場合は，前回の増分バックアップ取得後に変更されたページだけが含まれる。

　　③ 差分バックアップには，前回の全体バックアップ取得後に変更された全てのページが含まれる。

　(3) <u>全体及び増分バックアップでは，取得ごとにバックアップファイルが作成される。差分バックアップでは，2回目以降の差分バックアップ取得ごとに，前回の差分バックアップファイルが最新の差分バックアップファイルで置き換えられる。</u>

5．復元機能

　(1) バックアップを用いて，<u>バックアップ取得時点の状態に復元できる。</u>

　(2) <u>復元の単位はバックアップの単位と同じである。</u>

　(3) データベース単位の全体バックアップは，取得元とは異なる環境に復元することができる。

6．更新ログによる回復機能

　(1) バックアップを用いて復元した後，更新ログを用いたロールフォワード処理によって，<u>障害発生直前又は指定の時刻</u>の状態に回復できる。データベース単位の全体バックアップを取得元と異なる環境に復元した場合も同様である。

　(2) 一つのテーブルの回復に要する時間は，変更対象ページのストレージからの読込み回数に比例する。行の追加時には，バッファ上のページに順次追加し，空き領域を確保してページが一杯になるごとに空白ページを読み込む。行の更新時には，ログ1件ごとに対象ページを読み込む。バッファ上のページのストレージへの書込みは，非同期に行われるので，回復時間に影響しない。

図：令和3年度午後Ⅱ問1より

但し，**平成 22 年度午後 I 問 3** の問題文では，**"オフライン"** と **"オンライン"** の 2 種類の機能があるとしている。**"オフライン"** でバックアップを取得しているケースでは，利用者は参照だけしかできないが，未コミット状態のデータは含まれない。逆に **"オンライン"** でバックアップしているケースでは，利用者は全ての操作が可能だが，その分未コミット状態のデータが含まれる可能性がある。それぞれの特徴を加味して使い分けないといけないとしている。

---

1. テーブルのバックアップ

　　バックアップコマンドによって，テーブルごとにバックアップファイルを作成する。そのファイルを，イメージコピー（以下，IC という）と呼ぶ。

①　IC は，取得するページの範囲によって，全体 IC，増分 IC 及び差分 IC の 3 種類に分けられる。

・全体 IC には，テーブルの全ページが含まれる。

・増分 IC には，前回の全体 IC 取得後に変更されたすべてのページが含まれる。

・差分 IC には，前回の全体 IC 取得後に変更されたページが含まれる。ただし，前回の全体 IC 取得以降に差分 IC を取得していた場合は，前回の差分 IC 取得後に変更されたページだけが含まれる。

②　IC は，取得する時期によって，オフライン IC とオンライン IC の 2 種類に分けられる。

・オフライン IC の取得中は，ほかの利用者からのアクセスは参照だけが可能である。

・オンライン IC の取得中は，ほかの利用者からのアクセスはすべての操作（追加，参照，更新，削除）が可能であり，IC には未コミット状態のデータが含まれることがある。

…オンラインとオフラインの操作を分けている機能もある

図：平成 22 年度午後 I 問 3 より

4. 制限字数内で記述させる設問への対応

「○○字以内で述べよ」という問題の場合，答えに該当するキーワードや理由を含めた上で，原則，制限字数を6～8割程度，満たす文章を記述する必要がある。キーワードを列挙したり，下書きした文章を転記したりする時間はないので，次の手順で解答すると効率がよい。

① キーワードをいくつかイメージする
② 問題文や設問で使われている表現を使うかどうか判断する
③ ①と②を使用して解答を書き始める
④ 最後に，残った空白マスの数に応じて，記述内容を整えるかどうかを確認する

常套句を覚えておく

字数制限のある記述式設問に対しては，常套句を覚えておくことで対応できるケースがある。午後Ⅰ解答テクニックで説明している"正規化の根拠を説明させるもの"と"更新時異状の具体的状況を説明させるもの"だ。これで対応できることが非常に多いのが，データベーススペシャリスト試験の特徴の一つでもある。なお，後述するものは全て，常套句で対応できないケースである。

制限字数が20字以内の場合

過去問題の解答例を見ると，設問に出てくる表現をそのまま使っていることが多い。キーワードを一つか二つ探し出したら，設問の言葉をどこまで使うか決める。そして，字数のめどが立った段階で書き始めて，最後に残った空白マスの数に応じて，文章をどうまとめるかを判断すればよい。例えば，理由を聞かれている場合，空白マスの数が5マス以内ならば，「…だから」（3字）で終了すればよい。

制限字数が50字以上の場合

50字以上で解答しなければならない問題は，必ず「結論から先に解答する」ことを守り，その後に，理由や補足すべき内容を記述する。結論やキーワードなど，点数に結び付く部分を先に書いた方が，高得点につながる。

記述式問題の解答例

記述式問題の解答方法を具体的に見てみよう。例えば，次に示すような設問が出されたとする。この設問では，120字以内での解答が求められている。

設問1 部品在庫管理システムの改善要望に関して，次の問いに答えよ。

(1) 棚卸業者をシステム化するに当たっては，棚卸を行った結果の在庫数と"時点在庫"で管理されている在庫数との差異の補正を自動化する必要がある。どのような処理内容になるか，必要なエンティティタイプも含めて，120字以内で述べよ。

〔問題文にある処理内容に関する記述の抜粋〕
- 理由は支払の入力ミスや誤ったラベルが送付されているためと考えられるが，改善の決め手はない。
- 現状では，在庫管理担当者によって在庫数の不一致の補正が行われている。この作業は手作業であり，作業負荷が非常に高い。

【解答例】
エンティティタイプ"棚卸"を追加し，棚卸時に集計した数量を，棚卸在庫数として記録する。各拠点の部品ごとに，棚卸在庫数と，"時点在庫"エンティティの"倉庫内在庫数"の差異をチェックし，"時点在庫"エンティティの"倉庫内在庫数"に反映させる。

(119字)

この解答例のポイントを整理すると，次のようになる。

● **結論を先に述べる**

解答例では「エンティティタイプ"棚卸"を追加し，棚卸時に集計した数量を，棚卸在庫数として記録する。」という結論から述べている。

● **結論を補足する**

この問題では，追加すべきエンティティタイプ名と，それを用いた処理内容を解答として記述する必要がある。問題文中に，「理由は支払の入力ミスや誤ったラベルが送付されているためと考えられるが，改善の決め手はない」とある。これが，設問に関する条件であり，支払入力やラベル添付業務に関連する処理は，改良の余地があっても，問題の対象外である。

また，問題文に「現状では，在庫管理担当者によって在庫数の不一致の補正が行われている。この作業は手作業であり，作業負荷が非常に高い」とある。したがって，在庫数の不一致を補正する手作業を自動化するために，棚卸の結果を保存するエンティティタイプを追加し，棚卸の集計後，時点在庫にその結果を反映させる処理を記述すればよいということになる。

午後II対策 53

コラム　サブタイプのテーブルへの実装

　データベーススペシャリスト試験の午後Ⅱ試験の1問は，本書の序章でも言及している通り，定番の**「概念データモデル」**と**「関係スキーマ」**を完成させる問題になる。これは、随分昔から継続されていることで、定番の問題が少なくなってきた"今の"データベーススペシャリスト試験においても変わっていないところになる。

　令和4年の午後Ⅱ試験でも，その点は変わっていなかった。前年と同じく問2で出題されていた。しかし，1点大きく違っていたことがある。それは，従来の**「関係スキーマ」**ではなく，関係スキーマを実装した**「テーブル」**になっていた点だ。

　関係スキーマとそれを実装したテーブルとは，主キーや外部キーなどはまったく同じ考え方でいけるのだが，サブタイプの扱いが変わってくる。関係スキーマの場合は，概念データモデルと同じく，サブタイプを独立したものとして扱って同じように記載しているが，テーブルに実装する時には，いくつかの考え方があって，その考え方によって実装方法も変わってくる。今回の問題だと次のような実装方法になっていた。

〔概念データモデルとテーブル構造〕

　現行業務の分析結果に基づいて，概念データモデルとテーブル構造を設計した。<u>テーブル構造は，概念データモデルでサブタイプとしたエンティティタイプを，スーパータイプのエンティティタイプ</u>にまとめた。現行業務の概念データモデルを図1に，現行業務のテーブル構造を図2に示す。

　実は，令和3年午後Ⅱ問1には，サブタイプの実装方式についての出題があった。設問1（1）だ。設問にもかかわらず，次のような3パターンの実装方式の違いを丁寧に説明してくれている。

方法①　スーパータイプと全てのサブタイプを一つのテーブルにする。

方法②　スーパータイプ、サブタイプごとにテーブルにする。

方法③　サブタイプだけを，それぞれテーブルにする。スーパータイプの属性は，列として各テーブルに保有する。

　これが，今年の前振りになっていたのかどうかはわからないし，今後もこの傾向が続くのかどうかもわからない。ただ，令和3年の午後Ⅱ問1を解いていた人には問題なかったし，今後も必要な知識になるのは間違いない。令和3年の午後Ⅱ問1の設問1（1）には目を通しておこう。

3. 午後Ⅱ問題（事例解析）の解答テクニック

　ここでは，午後Ⅱ試験で合格点を取るための解答テクニックについて説明する。データベーススペシャリスト試験の最大の特徴は，定番の問題が多いこと。毎回同じような記述，同じような図表が使われていることも少なくない。したがって，定番の問題が出題された場合に備えて，あらかじめ解答手順を知っておく（決めておく）ことを推奨している。短時間で解答するために。

● 概念データモデルと関係スキーマを完成させる問題
　（▶基礎知識は「第2章概念データモデル」と「第3章関係スキーマ」を参照）
　1. 未完成の概念データモデルを完成させる問題
　　　－その1－エンティティタイプを追加する
　2. 未完成の概念データモデルを完成させる問題
　　　－その2－リレーションシップを追加する
　3. 未完成の関係スキーマを完成させる問題
　4. 新たなテーブルを追加する問題

● データベースの設計・実装（データベースの物理設計）に関する問題
　5. データ所要量を求める計算問題
　6. テーブル定義表を完成させる問題
　7. SQLの処理時間を求める問題

1 未完成の概念データモデルを完成させる問題
―その1― エンティティタイプを追加する

設問例

図（未完成の概念データモデル）中に，一部のエンティティ
タイプが欠けている。そのエンティティタイプを追加し，図
を完成させよ。

出現率
100%

それではいよいよ，設問に対する解答として，確実に得点していく方法を考えていこう。
まずは概念データモデルを完成させる問題だ。概念データモデルを完成させる問題は，午
後Ⅱ試験では避けては通れないもののひとつになる。それは過去問題を何問か見てもらえ
れば明らかだ。もちろん本書でも，最後の関所たる"午後Ⅱ"の対策として，「**第2章　概
念データモデル**」で十分ページを割いて説明している。まずは，そこで基本的ルールを"基
礎知識"として習得してほしい。その後，それらを使って短時間で解答できるよう，これか
ら説明する着眼点等を覚えておこう。

なお，未完成の概念データモデルを完成させる問題では，通常は二つのことが問われて
いる。一つがエンティティタイプを追加する設問で，もう一つがリレーションシップを追加
する設問である。"その1"では，前者の解法を考える。後者については後述する。その理
由は，（後に回した）リレーションシップを追加する問題を解答するときには，関係スキー
マの完成と同時進行した方がいいからだ。そういうわけで，まずはエンティティタイプを追
加するところからスタートしてみよう。

● 設問パターン

この類の問題の設問パターンは次のように二つある。難易度という観点からするとやや隔
たりはあるが，解答に当たっての着眼点は共通する部分も多いので，ここでまとめて説明す
る。

① 概念データモデルの空いているスペースにエンティティタイプを追加する（難易度:高）
② 概念データモデルの空欄を埋める（穴埋め型）（難易度：低）

● 着眼点1　スペース（余白）は大きなヒント！？

この着眼点は，設問パターンの①の（空いているスペースにエンティティタイプを追加す
る）場合のものだが，未完成の概念データモデル及び関係スキーマの**"スペース"**も，時
に大きなヒントになるということをお伝えしておきたい。

56　序章　試験対策（学習方法と解答テクニック）

図は，その典型パターンになる。昔から…あるいは当該試験区分だけではなく他の試験区分でも，こうしたわかりやすい"ヒント"が与えられていることは多い。必ずしも"そういうルール"があるわけではないので盲信するのは危険だが，仮説を立案するぐらいには十分使えると思う。知っておいて損はないだろう。

　特に，午後Ⅱ試験では，**"関係スキーマの空欄"** はより大きなヒントになる。その理由は，問題文の登場順に関係スキーマが並んでいる（上から下へ並ぶ）ことが多いからである。というよりも，関係スキーマの順番に，問題文が構成されていると言った方が良いかもしれない。いずれにせよ，空欄の前後より，問題文のどのあたりをしっかり読めばいいのかを判断する。そうすれば，問題文を読む強弱をつけることもできるし，そこから，概念データモデルのどのあたりに追加すべきかを推測することもできる。

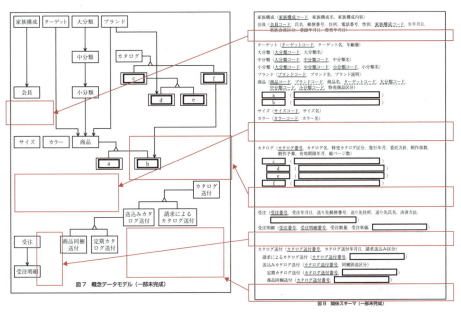

図：スペースがヒントになる例（平成21年午後Ⅱ問2）
関係スキーマの空白より，概念データモデルの空白を推測

●着眼点2　問題文の見出しをチェック！

欠落しているエンティティタイプが見出しの中に存在することがある。

試験で使われる問題文は，わかりやすいようにきちんと体系化（分類，階層化）されている。そのため，図のように"見出し"＝エンティティタイプで，その"中身"＝属性やリレーションシップというケースも十分考えられる。

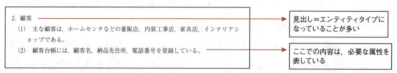

図：問題文の典型的な構成

さらに，図（未完成の概念データモデル）の中に記載されている既出のエンティティタイプが，問題文中の"どのレベル"に記載されているかを確認し，突き合わせて消し込んでいき（チェックしていく），結果，問題文中に残った同等レベルの記載がエンティティタイプではないかと仮説を立てるのもありだろう。着眼点①と合わせて判断すれば，案外，楽に解答できるかもしれない。

具体的には，下図のようにしてみる。もちろんこれだけで"確定"させるには早計だが，「これが追加すべきエンティティタイプじゃないかな？」と仮説を立てるには十分。試験開始直後の早い段階で"あたりを付ける"ところまでいける効果は大きいはず。

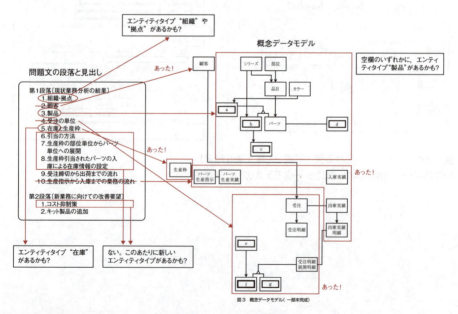

図：問題文の段落や見出しと未完成の概念データモデルの突き合わせチェック

● 着眼点3　マスタ系はサブタイプ化を疑う

　マスタ系のエンティティタイプは，サブタイプ化されていることが多い。そして，それだけではなくさらに，（そういう関係が存在する場合には）典型的な表現が使われているので，容易に発見できるところでもある。加えて，過去問題を見る限り，マスタ系エンティティは問題文の最初に来ている。

　その典型的表現は下表にまとめた通り。着眼点2と合わせて考えると "スーパータイプ" が見出しに登場して，その見出し内の文中に "サブタイプ" があることが多い。まずは，そこからチェックする。

　以下の表は，右の図のように，A をスーパータイプ，B，C をサブタイプとした場合のものである。

（図：A をスーパータイプとし，B，C をサブタイプとした階層図）

	判断基準（文中に出てくる表現）	問題文で使用された例
ケース①	「A は，B と C に分類される。」	配送対象商品は，在庫品と直送品に分類される。
	「A には，B と C がある。」	・メンテナンス用部品には，基本部品と汎用部品がある。 ・機械を大別すると，"機械" と "資材" があり，…。 ・部品には，主要部品と補充部品がある
	「A は，B と C からなる。」	総合口座は，総合口座代表普通預金口座と総合口座組入れ口座からなる。
ケース②	「〜区分（の説明）」 ・XX 区分 　…による分類で，B と C 　に分けられる。 　B は，…。 　C は，…。	(1) 自社設計区分 　設計を自社で行ったものか，汎用的に調達できるものかの分類である。 　前者を自社設計部品，後者を汎用調達部品と呼ぶ。 　自社設計部品については，… 　汎用調達部品については，…
ケース③	表で示しているケース	（表で示しているケースの例）

表で示しているケースの例：

自社製造区分		説明	
調達品	外部から調達する原料と包装資材。調達品は，更に調達品区分による切り口で分類する。		
	調達品区分	説明	
	汎用品	調達先の標準的なカタログから選んで採用している調達品	
	専用仕様品	A 社専用の仕様で調達先に製造してもらっている調達品	
製造品	自社製造する品目である。半製品と製品が該当する。		

　但し，解答に当たっては **「B と C で属性に違いがある」** ことを，問題文の記述もしくは関係スキーマで確認してから確定させなければならない。原則的には，単に "文中の表現" の問題ではなく，あくまでも属性が異なるからサブタイプ化しているからだ（同一のサブタイプ化を除く）。もちろん，時間的に厳しくできなかったり，空欄を埋める設問で（解答が容易で明らかなため）必要なかったりするかもしれないが，原則はそうだと常に意識しておこう。

● 着眼点4　トランザクション系のサブタイプ化を疑う

　着眼点4は，トランザクション系のサブタイプ化の判断に関してのものである。
　マスタ系のように，問題文に"サブタイプ化すべきこと"が明示されている場合は，トランザクション系も同様にサブタイプ化すれば良いが，時に，問題文を読むだけではすぐに気付かないことがある。マスタ系エンティティタイプとの関係によって，トランザクション系エンティティタイプもサブタイプに分けられるケースである。概念データモデルは，ちょうど図のような関係になる。

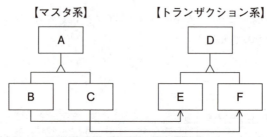

図：概念データモデルの典型パターン

　この関係になるのは，マスタ系エンティティが着眼点3のように**スーパータイプAとサブタイプB，Cに分かれている場合で，かつ，その取扱い（例えば，受注や出荷など）がBとCで異なる場合**だ。したがって，マスタ系エンティティタイプがサブタイプ化の場合，その取扱いは（すなわち，関連するトランザクション系エンティティタイプとの関連は）一律同じなのか，それともBとCで異なるのかを問題文から読み取って，必要なら，トランザクション系もサブタイプ化しよう。

【判断基準のまとめ】
　次の2つの条件を満たす。
① マスタ系がサブタイプ（B，C）に分けられている
② BとCの取扱や管理方法が異なる（常に，Bは…，Cは…という記述であったり，帳票や画面上で異なる項目が存在したりする）

　最後に，過去問題（平成17年午後Ⅱ問2）を例に，着眼点4を見てみよう（次ページの図）。
　この例の場合，機械の管理は個別管理（同じ"機材コード"でも，個別の"号機"単位で行う管理。数量は必ず1）であり，資材の管理は"機材コード"（すなわち数量を管理）と同じではない。それが，貸出時にも関係してくるので，"貸出明細"エンティティも"機械貸出明細"と"資材貸出明細"に分けなければならないことになる。その後の"移動"に関しても同じだ。

(2) 貸出業務

顧客からの貸出依頼に基づいて、機材を貸し出す業務である。

資材については、顧客からの貸出依頼を受け付け、必要な資材とその形状仕様、貸出年月日を確認し、受け付けた時点で貸出票(図4)を営業所で起こす。

機械については、予約業務で起こした機械貸出予約票の内容を、貸出当日に貸出票に転記する。ただし、予約時に決定した号機が貸出不可能な場合には、同一機能仕様の別号機を代わりに貸し出すことがある。

同一顧客から、貸出年月日及び返却予定年月日が同一の複数の貸出依頼がある場合には、それらを1枚の貸出票に記入する。

貸出票の貸出番号は、X社で一意な番号である。貸出番号と貸出年月日は、貸出当日に記入する。貸し出したらその都度、貸出票の写しを本社へ送付する。

貸出票

顧客コード	1011010	貸出番号	200111
顧客名	XXXXXXXXXX	貸出年月日	2004-6-5
住所	神奈川県横浜市 YYYY	返却予定年月日	2004-7-5
電話番号	045-XXX-XXXX	営業所コード	101
		営業所名	横浜

行番号	機材コード	機材名	機能仕様 又は 形状仕様	機番	予約番号 又は 貸出数量
01	712302	高圧コンプレッサ	20馬力、…	10003	100011
02	112302	仮設トイレB	1,130 × 780 × 2,400、200ℓ、…	ー	2
03	112501	防災シート	1.82 m × 5.1 m、…	ー	10

図4 貸出票

"資材"と"機械"は、"機材"のサブタイプ。業務も、サブタイプで異なっている。

見出しが"又は"というように複数パターンあったり、"機番"のように、インスタンスに値を持つものと、持たないものがある。

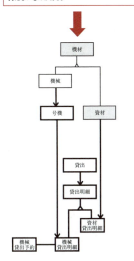

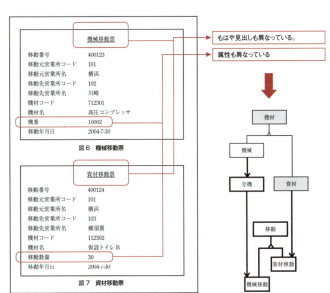

機械移動票

移動番号	400123
移動元営業所コード	101
移動元営業所名	横浜
移動先営業所コード	102
移動先営業所名	川崎
機材コード	712301
機材名	高圧コンプレッサ
機番	10002
移動年月日	2004-7-30

図6 機械移動票

資材移動票

移動番号	400124
移動元営業所コード	101
移動元営業所名	横浜
移動先営業所コード	103
移動先営業所名	横須賀
機材コード	112302
機材名	仮設トイレB
移動数量	30
移動年月日	2004-7-30

図7 資材移動票

もはや見出しも異なっている。

属性も異なっている

2 未完成の概念データモデルを完成させる問題
―その2― リレーションシップを追加する

設問例

図（未完成の概念データモデル）では，一部のリレーションシップが欠けている。そのリレーションシップを補い，図を完成させよ。

出現率

100%

　次に説明するのが，概念データモデルのリレーションシップを完成させる問題である。追加すべきエンティティタイプが確定し，かつ関係スキーマが完成すれば，リレーションシップを追加するのはさほど難しくない。関係スキーマから外部キーによる参照関係を見出して，その関連を加えるだけである。ここでも，よくある典型的なパターンを知ることで，短時間で"仮説−検証"的に進められると思う。そのあたりをいくつか見ていこう。

　なお，古い問題では，上記のような表現で問いかけるのではなく「テーブル間の参照関係を示せ。」という問いかけになっていたり，図に追記する形ではなかったりするが，着眼点は変わらない。

● 着眼点1　関係スキーマの完成しているところ（問題文に既に記載されている部分）のリレーションシップをチェック

　関係スキーマの完成しているところ（問題文に記載されている部分）であるにもかかわらず，概念データモデルの方ではリレーションシップが欠落している場合がある。最初に，そういうところがないかどうかチェックしていこう。もしもその問題で存在するのなら，容易に見つけることができるだろう。但し，単純に外部キーとして"点線の下線"が引かれているケースは少ない。主キーの一部が外部キーになっているケース（その場合，下線は実線）がほとんどだろう。見落とさないようにしたい。

● 着眼点2　解答に加えた外部キーのリレーションシップを加える

　続いて，関係スキーマを完成させていれば，そのリレーションシップを概念データモデルにも加えていく。関係スキーマの主キー及び外部キーが正解していることが前提だが，容易にリレーションシップを加えることができる。なお，スーパータイプかサブタイプのいずれと参照関係を持たせるか？という点も，この方法だと，案外容易に判断することが可能になる。まずは，ここで確実に点数を獲得しよう。

●着眼点３　典型的パターンを使って解答する

　関係スキーマを完成させるときに見落としていたリレーションシップも，概念データモデルの"よくあるパターン"を知っていたら，リレーションシップを先に解答し，そこから見落としていた関係スキーマを解答できるかもしれない。問題文をしっかり読んで，確実に関係スキーマを完成させていけば必要ないかもしれないが，知っていて損はない。一応紹介しておこう，ここでは５つの例を紹介する。

　　よくある５つのリレーションシップ
　　① 　マスタを階層化した「マスタ－マスタ間参照」
　　② 　マスタの属性を分類した（別マスタにした）「マスタ－マスタ間参照」
　　③ 　トランザクションがマスタを参照する「トランザクション－マスタ間参照」
　　④ 　伝票形式の「ヘッダ－明細」
　　⑤ 　プロセス（処理）間の引継関係

典型的パターン①　マスタを階層化（細分化）した「マスターマスタ間参照」

　下図の例のように，ある物事に対して階層化され細分化されている場合は，参照関係が成立していることが多い。住所やエリア（国→都道府県→市町村など），組織の部門（会社→支社→部門→課など）なども同じような考え方になる。

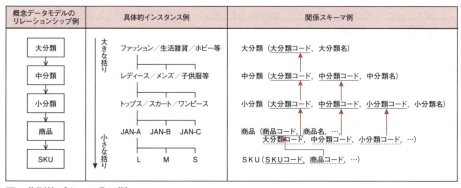

図　典型的パターン①の例

　図の例では，大分類ごとに中分類コードを，大分類コード＋中分類コードごとに小分類コードを割り当てるようなケースを想定している。これは，（具体的インスタンス例に見られるように）上位の分類によって下位の分類が異なるようなときに多い。「ファッション－レディース」時の「小分類コード＝01がトップス」になっているようなケースである。

典型的パターン②　マスタの属性を分類した（別マスタにした）「マスターマスタ間参照」
典型的パターン③　トランザクションがマスタを参照する「トランザクション－マスタ間参照」

　これらは，実世界の非正規モデル（伝票や帳票）を，第2正規形もしくは第3正規形にしていく過程でできた関連だといえる。

図：典型的パターン②の例

図：典型的パターン③の例

典型的パターン④　伝票形式の「ヘッダー明細」

　このパターンも，同じく非正規モデルを正規化していく過程で作られた関係になる。但し，こちらは第1正規形－すなわち繰り返し項目を排除する時にできたものだ。多くの場合，ヘッダ部と明細部は一体で存在するので，強エンティティと弱エンティティとの関係になる。

図：典型的パターン④の例

典型的パターン⑤　プロセス（処理）間の引継関係

　最後は，こういう表現が妥当かどうかはわからないが"プロセス間の引継関係"がある場合にも，エンティティ間の関連が発生する。図の例のように，出庫品（出庫エンティティ）が，どの受注分なのか関連を保持したいようなケースだ。

図：典型的パターン⑤の例

●着眼点4　スーパータイプ／サブタイプのどことリレーションシップを記述するか

　問題文に,「また,識別可能なサブタイプが存在する場合,他のエンティティタイプとのリレーションシップは,スーパータイプ又はサブタイプのいずれか適切な方との間に記述せよ。」という指摘があることがある。その場合,注意深く,問題文からビジネスルールを読み取って対応しよう。関係スキーマにも違いがある点にも注意。

【スーパータイプに外部キーを持たせるケース】　　【サブタイプに外部キーを持たせるケース】

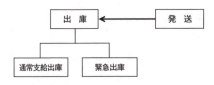 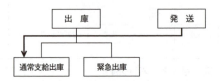

出庫 (出庫番号, 出庫年月日, 発送番号, ･･･)
　通常支給出庫 (出庫番号, ･･･)
　緊急出庫 (出庫番号, ･･･)

発送 (発送番号, 発送年月日, ･･･)

「1回の発送で,複数の出庫を行う。
　全ての出庫に対して,必ず,発送伝票を発行する」

出庫 (出庫番号, 出庫年月日, ･･･)
　通常支給出庫 (出庫番号, 発送番号, ･･･)
　緊急出庫 (出庫番号, ･･･)

発送 (発送番号, 発送年月日, ･･･)

「1回の発送で,複数の出庫を行う。
　緊急出庫時には発送伝票は発行しない」

3 未完成の関係スキーマを完成させる問題

設問例

図（未完成の関係スキーマ）の 　　　　　 内に属性を補い，更に図（概念データモデル）に追加したエンティティタイプの関係スキーマを追加して，図を完成させよ。

出現率
100%

　概念データモデルを完成させる問題と"ペア"で出題されるのが，ここで説明する未完成の関係スキーマを完成させる問題である。こちらも，午後Ⅱ試験では避けては通れないもののひとつになるが，それだけではなく，（後述する）概念データモデルにリレーションシップを書き加える問題の"キー"になるので，非常に重要になる。なお，関連する基礎知識については第3章で説明しているので，先に，それらをインプットしておこう。

● 学習のポイント

　関係スキーマの属性及び主キー，外部キーの設定に関する問題を確実に刈り取っていくには，次の手順でスキルアップしていくことが必要である。

　① 本書の第3章で，基礎知識を理解する
　② 本書の第2章「2.3　様々なビジネスモデル」で，業務別の標準パターンを覚える
　③ 午後Ⅱ過去問題を解いた後，その概念データモデルと関係スキーマも覚える
　④ 本書の第3章「参考 主キーや外部キーを示す設問」（P.324参照）を習得する
　⑤ 最後に，ここでの着眼点をおさえておく

　上記の②や③は，前述の「午後Ⅱ解答テクニック」のところで説明させてもらった「2.仮説−検証型アプローチ」のところで必要になる。特に，データベース設計未経験者にとっては欠かせない知識になる。それがないと，そもそも仮説が立てられないからだ。実務経験が豊富な人は，いろいろな設計パターンをストックしている。日常の仕事を通じて，体に染みついている。そのため，特に意識せずとも自然と「仮説−検証型アプローチ」になっている。そういう"ベテラン"を押しのけて，"ビギナー"が合格率15%の狭き門を突破するには，少なくとも，ベテランと同等の"武器"が必要になる。それを身に付けるプロセスが上記の②や③だ。

　もちろん経験豊富なベテランにも有効だ。自分とは違う他人の設計思想に触れることができるかもしれないし，数多くの引き出しを持っておいて損することはないだろう。

●着眼点1　問題文の該当箇所を絞り込む

「問題文の該当箇所を絞り込んで，そこを繰り返し熟読する」－これが，案外，重要な視点になる。

これまで何度か説明してきたが，（ここで求めたい）**"属性"は，問題文中に様々な形で埋め込まれている。それを見落とすことなく拾っていくことが高得点を得るポイントになる。**

例えば，"顧客"の属性が問われているとしよう。このとき，理想的には10ページ以上ある問題文全てに目を通し，あらゆる可能性を考えて属性を探し出した方が良い。筆者も，過去問題の解答・解説を作成するときには，念のためそうしている。しかし，それはあくまでも時間が無尽蔵にあり，かつ100点でないといけない状況だからできることで，2時間しかない試験本番時には，絶対にそんなことは不可能だ。限られた時間の中で解答生産性を高めようと思えば，そんな無駄な作業は絶対にしてはいけない。

ではどうすれば良いのだろうか。その答えがここでの着眼点になる。すなわち"問題文が体系的に整理されている点"を有効活用して，**属性があると推測する問題文の該当箇所を大胆に絞り込む**，そして，そこだけに目を通すというのが鉄則だ。

もちろん中には，段落間をまたがるもの，問題文全体にちらばっているものもあるかもしれない。しかし，何度も言うが実務と違って100点は必要ない。60点以上を一但し確実に一取得する方法論とすれば，「"顧客"の属性は，この「1. 顧客」（＝顧客に関する記述箇所）にしかないんだ。」と決めつけていくべきだろう。イレギュラーパターンは，ゼロではないが，それが10%以上になることもない。恐れるに足らずだ。

●着眼点2　属性として認識するための典型的パターンを知る

問題文の記述内容から属性を抽出するには，関係スキーマの属性として認識するための（問題文中の）典型的パターンを知っていれば役に立つだろう。それをいくつかここで紹介する。

問題文中の表現パターン	表現例と関係スキーマ
①単純に属性を列挙しているケース	「顧客台帳には，顧客名，納品先住所，電話番号を登録している。」 →顧客（顧客番号，顧客名，納品先住所，電話番号）
②「～ごとに…が決まる」という表現	「製品名，価格は，パーツごとに設定している。」 →パーツ（パーツコード，製品名，価格） ※この場合，主キーもほぼ確定だと考えて良い
③伝票，帳票類の例があるケース（図示されているケース）	・単純なケースだと次の通り 　ヘッダ部の項目＝ヘッダ部のエンティティの属性 　明細部の項目＝明細部のエンティティの属性 ・複雑なケース 　正規化を実施（ボトムアップ） ※いずれも，問題文に予め記載されている既出の関係スキーマが制約になるので，それを考慮して調整が必要

②に関しては，本書の第3章「参考 関数従属性を読み取る設問」（P.308 参照）のところと共通の考え方になる。主キーを認識するための手法である。そのため，詳細はそちらを参照してほしい。

また，難易度が高くなると③のようなケースになる。図を正規化して，他の関係スキーマに配慮して解答を絞り込んでいかなければならないからだ。そのあたりの例をいくつか紹介したいと思う。

例1－③のパターンにおける単純な例

<table>
<tr><td colspan="9" align="center">出荷伝票</td></tr>
<tr><td colspan="3">出荷番号：200810150001
会員コード：060400001</td><td colspan="6">出荷年月日：2008 年 10 月 15 日
送り先郵便番号：100-xxxx
送り先住所：東京都千代田区○×△1－1
送り先氏名：山田　太郎　様</td></tr>
<tr><td rowspan="2">出荷
明細
番号</td><td rowspan="2">SKU
コード</td><td rowspan="2">商品名</td><td colspan="2">サイズ</td><td colspan="2">カラー</td><td colspan="2">受注</td></tr>
<tr><td>コード</td><td>名</td><td>コード</td><td>名</td><td>番号</td><td>明細
番号</td></tr>
<tr><td>01</td><td>A0012101</td><td>バギーパンツ</td><td>21</td><td>M</td><td>01</td><td>ライトブルー</td><td>200810130001</td><td>01</td></tr>
<tr><td>02</td><td>D2015030</td><td>キャップ</td><td>50</td><td>53</td><td>30</td><td>黄＆黒</td><td>200810130001</td><td>02</td></tr>
<tr><td>03</td><td>S1010055</td><td>ダスト BOX</td><td>00</td><td>―</td><td>55</td><td>シルバー</td><td>200810120085</td><td>08</td></tr>
<tr><td>04</td><td>J2747272</td><td>シーツ</td><td>72</td><td>SD</td><td>72</td><td>ミントグリーン</td><td>200810100103</td><td>01</td></tr>
<tr><td></td><td></td><td></td><td></td><td></td><td></td><td></td><td></td><td></td></tr>
<tr><td></td><td></td><td></td><td></td><td></td><td></td><td></td><td></td><td></td></tr>
</table>

図6　出荷伝票の例

図6の伝票だけを見て第3正規形に持っていくと，通常は，次のようになるはずだ。

出荷（<u>出荷番号</u>，出荷年月日）
出荷明細（<u>出荷番号</u>，<u>出荷明細番号</u>，受注番号，受注明細番号）
※会員や商品に関する属性は，"受注"及び"受注明細"を通じて参照可能

このときの仮説として，「送り先郵便番号，送り先住所，送り先氏名は"会員"が保持しているだろう。」「出荷明細番号と受注明細番号が1対1で対応しているので，SKU コード等は，そちらにあるのだろう。」「だとすれば，会員コードも"受注"にある。」などと推測してから，それを問題文や概念データモデル，他の関係スキーマ等で確認して微調整する（仮説が外れていたら，それに応じて属性を持たせるなどを考える）。これが最もシンプルな例である。

例2-③のパターンにおける複雑な例

次の例は複雑なケースになる。帳票例があるので，それを頼りに正規化していくことに変わりはないが，その後が複雑になる。もう既に完成している関係スキーマに合わせていくことになるが，その場合，受験者と問題文作成者の設計思想が異なれば，なかなか（試験センターの意図する）解答例にはならないからだ。

解答例に近い解答を捻出するには，**他人の設計思想に数多く触れて複数パターンに慣れておき，柔軟性を持って対応しなければならない**。仕事を通じてだけでは，なかなかそういう機会に恵まれないだろうから，過去問題を通じていろいろな考え方に（どれが良い設計，どれが悪い設計かは別にして）触れておこう。

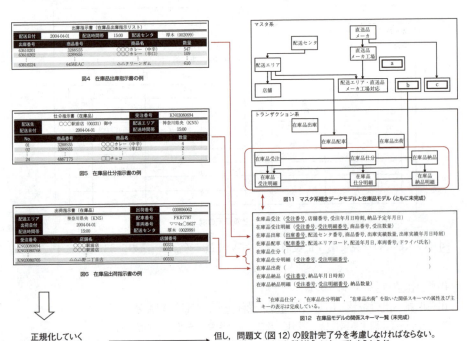

図：平成16年午後II問2の例

例えば，この例で"在庫品仕分"及び"在庫品仕分明細"の属性を決めるには，（最終的にそれらのエンティティを使って作成する）図5の在庫品仕分指示書を正規化（通常は第3正規形まで）していくことになる。このときに，既に完成している概念データモデルや関係スキーマ（この例だと図11と図12）を考慮しながら同時に進行させていかなければならない（ここが実際の設計とは異なるところ）。

まず，単純に（穴埋め対象となる）図5，図6だけを見て第3正規形にまで進めていくと，次のようになるだろう。ここまでは説明は不要だと思う。

【第1正規形】
在庫品仕分（<u>受注番号</u>，配送先，配送日付，配送エリア，配送時間帯）
在庫品仕分明細（<u>受注番号</u>，<u>受注明細番号</u>，商品番号，商品名，数量）
在庫品出荷（<u>出荷番号</u>，配送エリア，出荷日付，配送時間帯，配車番号，車両番号，配送センタ）
在庫品出荷明細（<u>出荷番号</u>，<u>受注番号</u>，店舗名，店舗番号）

【第2正規形・第3正規形】参照先からのマスタ系参照等の記述は割愛している
在庫品仕分（<u>受注番号</u>，配送先，配送日付，配送エリア，配送時間帯）
在庫品仕分明細（<u>受注番号</u>，<u>受注明細番号</u>）
　※商品番号，商品名，数量は"在庫品受注明細"を参照
在庫品出荷（<u>出荷番号</u>，出荷日付，配送時間帯，<u>配車番号</u>）
　※配送エリア，車両番号，配送センタは"在庫品配車"を参照
在庫品出荷明細（<u>出荷番号</u>，<u>受注番号</u>）
　※店舗番号，店舗名は"在庫品受注"を参照
最後に，問題文の記述や，以下の制約を考慮して組み替えると解答が求められる。

図11，12での制約から判断できること
① 図5を正規化した結果，関係スキーマは"在庫品仕分"と"在庫品仕分明細"になる。
② "在庫品仕分明細"の主キー"受注番号，受注明細番号"は決まっている。これと後述する③と合わせて考えると，"在庫品仕分"の主キーは"受注番号"だと判断できる。
③ 図11と合わせてみると，"在庫品受注"と"在庫品納品"と1対1の関係にある。また，図12では，"在庫品受注"と"在庫品受注明細"，及び"在庫品納品"，"在庫品納品明細"の関係スキーマは完成している。これを考慮して属性を何に持たせようとしているのか推測できる。

【問題文の記述より】
在庫品仕分（<u>受注番号</u>，出荷番号）
　※"在庫品出荷明細"が無いので，こちらで関連を保持"
在庫品仕分明細（<u>受注番号</u>，<u>受注明細番号</u>，仕分数量）※数量を仕分数量として復活。
在庫品出荷（<u>出荷番号</u>，配車番号）

4 新たなテーブルを追加する問題

設問例

この問題を解決するために変更が必要なテーブルについて，変更後の構造を答えよ。（中略）新たなテーブルが必要であれば，内容を表す適切なテーブル名を付け，列名は本文中の用語を用いて定義せよ。

出現率

午後Ⅰでも

52%

この設問例のように，新たなテーブルを追加する問題もよく出題される。上記の出現率や下記の表は午後Ⅰのものを取り上げているが，午後Ⅱを含めると，ここもほぼ100%になる。問題文の途中で要求や仕様が変更されるケースや，テーブル構造に問題があるケースなど，その"登場シーン"は様々なので，それぞれの状況に応じて問題文の押さえるべきところ（いわゆる勘所）をつかんでおこう。

表：過去21年間の午後Ⅰでの出題実績

年度／問題番号	設問内容の要約（関係"○○"の…or"○○"テーブルの）
H14- 問 3	（…の見直しに伴って）新たに追加される"○○"テーブルの構造を記述せよ。
問 4	…のような事象に対処するためには，図のテーブル構造をどのように変更，又はどのようなテーブルを追加すればよいか。70字以内で述べよ。
H15- 問 3	…の問題点を解決するために，新たに追加するテーブルの構造を示せ。（2問）
	…の要件を満たすために，図のテーブル構造を変更し，かつ，新たなテーブルを追加する。その新たに追加するテーブルの構造を示せ。
H16- 問 3	"○○"テーブルがない。（新たに追加する）"○○"テーブルの構造を示せ。
H17- 問 2	…に関する情報がない。新たに追加するテーブルの構造を示せ。（2問）
H19- 問 2	店舗と配達地域を対応付けるためのテーブルが欠落している。本文中の用語を用いて，欠落しているテーブル構造と，テーブルの主キーを示せ。
H20- 問 2	…テーブルの関係を正しく設計せよ。…新たなテーブルが必要であれば，内容を表す適切なテーブル名を付け，列名は本文中の用語を用いて定義せよ。（3問）
	指摘事項④について，…の対応を示す"○○"テーブルを設計せよ。列名は本文中の用語を用いて定義せよ。
H22- 問 1	関係"受講者"について，"関連資格有無"など受講者ごとに固有な属性を，任意に追加登録できるように，関係スキーマを追加することにした。追加する関係"受講者追加属性"を適切な三つの属性からなる関係スキーマで示せ。
H25- 問 2	"○○テーブル"を，3種類のサービスに共通の列を持つ"○○共通"テーブルと，各○○に固有の列を持つテーブルに分割することにした。列が冗長にならないように，各テーブルの構造を記述せよ。
H29- 問 1	指摘事項①に対応するために，新たな関係を二つ追加し…。新たに追加する関係の主キー及び外部キーを明記した関係スキーマ，…を答えよ。
H30- 問 1	新たな関係を一つ追加し…。新たに追加する関係の主キー及び外部キーを明記した関係スキーマ，…を答えよ。
H31- 問 1	〔新たな要件の追加〕について関係スキーマに変更や追加を行う。
R4- 問 1	修正改善要望が発生し，関係スキーマに変更や追加を行う。

72　序章　試験対策（学習方法と解答テクニック）

●着眼点

　新たにテーブルを追加する問題では，その必要性を問題文から読み取れれば解答できる。よくあるパターンは，必要なテーブルがない，業務に変更が生じた，業務や設計に変更が生じた，設計段階で不具合が発見されたなどである。その原因となるところは，普通，設問に記述されている。だから，まずはそれを確認し，その後に問題文の該当箇所を重点的にチェックしよう。

・**必要なテーブルがない**
　→（問題文）どのようなデータを入力したり保存したりするかが記載されている
　　　　　　　ところ
　　　　　　　要件や設計について記述しているところ
　→（図・表）説明を補足している図表があれば，参考にする
・**業務や設計に変更が生じた**
　→（問題文）どのような変更なのかが記載されているところ
　→（図・表）変更前・変更後の図表があれば，比較する
・**不具合が発見された**
　→（問題文）どのような不具合かが記述されているところ
　　　　　　　要件や設計について記述しているところ

●新たなテーブルを追加するプロセス

次に示すのは，平成 16 年・午後Ⅰ問 3 に出題された問題文と設問の一部を抜粋したものである。

〔データベース設計〕

F君は，要求仕様に基づいてテーブル構造を図6のように設計した。このテーブル構造を見たG氏は，次の問題点①～⑤を指摘した。

組織

組織コード	組織名	発足年月	廃止年月

役職

役職コード	役職名	開始年月	廃止年月

ランク

ランクコード	ランク名

時間単価

ランクコード	組織コード	年月	時間単価

社員

社員コード	社員氏名	組織コード	役職コード

PJ

PJコード	PJ名	組織コード	発足年月日	終了年月日	PJリーダ

PJ稼働計画

PJコード	社員コード	年月	稼働時間

図6　テーブル構造

問題点①　主キー，外部キーが記述されていない。
問題点②　役職とランクの関係が管理されていない。
問題点③　PJの社員別日別の稼働実績を管理するための "PJ稼働実績" テーブルがない。
問題点④　PJ終了後の計画と実績の分析において，発足年月日～終了年月日内の任意の指定日時点での計画稼働時間を表示したいという要望が想定される。しかし，計画修正に伴い，計画稼働時間が変更されてしまうので，この要望に対応できない。
問題点⑤　図6のテーブル構造では，労務費を正しく計算できない場合がある。

4．日別稼働実績入力

(1) 社員は，月内の日別PJ別の稼働時間を翌月の第4営業日までに入力する。図5は，年月と社員コードを指定した稼働実績入力画面である。勤務時間は，出退勤システムで管理される時間である。社員は，PJごとの稼働時間を0.5時間単位で入力する。

(2) 日ごとに指定できるPJコードは，入力対象日が発足年月日～終了年月日内のコードで，その数に制限はない。指定するPJコードは順不同でよいが，同じ日に一つのPJコードを2回以上指定することはできない。

74　序章　試験対策（学習方法と解答テクニック）

社員コード			1234567	社員氏名：山田太郎		入力年月	2004	年	4	月

年月日	曜日	勤務時間	PJごとの稼働時間							
			PJコード	稼働時間	PJコード	稼働時間	PJコード	稼働時間	PJコード	
2004-04-06	火	9.0	1234567	7.0	2345678	2.0				▲
2004-04-07	水	8.0	1234567	7.0	3456789	1.0				
2004-04-08	木	9.0	1234567	7.0	2345678	2.0				
2004-04-09	金	10.0	1234567	5.0	2345678	2.0	3456789	1.0	5678901	
2004-04-10	土	0.0								
2004-04-11	日	0.0								
2004-04-12	月	8.0	1234567	5.5	3456789	1.0	4567890	1.5		▼

注　網掛け以外の部分が入力可能な項目

図5　稼働実績入力画面

設問2　G氏が指摘した問題点③,④に関する,次の問いに答えよ。
(1)　問題点③で指摘されている"PJ稼働実績"テーブルの構造を示せ。解答に当たって,
列名は,格納するデータの意味を表し,かつ本文中に示された名称を使用すること。

図：平成 16 年・午後Ⅰ問 3　問題文と設問（抜粋）

「4. 日別稼働実績入力 (1)」に「社員は,月内の日別 PJ 別の稼働時間を……入力する」
とある。図 5 はそれを行うための稼働実績入力画面である。ここに入力したデータを保存
するテーブルが必要である。そのテーブル名は,図 5 の画面名「稼働実績入力画面」を参
考にし,かつ,図 6 中のテーブル名「PJ 稼働計画」に倣って,「PJ 稼働実績」が適切である。

入力欄に基づいて項目を列挙すると,「社員コード」,「年月」,「PJ コード」,「稼働時間」
となる。縦軸に日付が並んでいるので,テーブルには日付の項目も情報として含まれている。
よって,先に挙げた「年月」を「年月日」としなければならない。

2004-04-09 と 2004-04-12 の例から明らかなように,同じ日に同じ社員が複数のプロジェク
トに従事することがある。よって,主キーは,社員コード,年月日,PJ コードである。

以上より,解答をテーブル構造図で示すと次のようになる。

PJ稼働実績

社員コード	年月日	PJコード	稼働時間

● 他に考慮すべきこと

　新たにテーブルを追加したり，属性を追加したりする設問では，他にもよく問われるポイントがある。次に説明するのがそれだが，これらの点は常に意識しておいて「仮説－検証アプローチ」の"仮説立案"に使えるようにしておこう。

● 時間変化への対応

　時間変化への対応は，実務でよく行われる方法の一つである。

　あるテーブルから別のテーブルを参照しているとき，参照先のテーブルの列の値が変化することによって，参照元のテーブルのデータ整合性が保てなくなることがある。

　例えば，次に示す"職員"テーブルと"勤務実績"テーブルにおいて，勤務実績から給与支払額を計算するには，勤務した当時の時間単価と勤務時間を掛け合わせる必要がある。

　　　職員（<u>職員番号</u>，氏名，時間単価）
　　　勤務実績（<u>職員番号</u>，<u>勤務年月</u>，勤務時間）

　しかし，"職員"テーブルの時間単価には，最新の値しか格納できない。時間単価の値が変更されると，変更前の給与支払額を正しく算出できなくなる。

　それに対処する設計は，履歴管理と逆正規化がある。

● 履歴管理

　履歴管理とは，列の値が変化したときに，変更の履歴を残す方法である。

　先ほどの例では，解答例は2通りある。

　（解答例1）
　　　職員（<u>職員番号</u>，氏名）
　　　職員別時間単価（<u>職員番号</u>，<u>変更年月</u>，時間単価）
　　　勤務実績（<u>職員番号</u>，<u>勤務年月</u>，勤務時間）

　"職員"テーブルから"職員別時間単価"テーブルを分割する。"職員別時間単価"テーブルに ｛変更年月｝ を追加し，｛職員番号，変更年月｝ を主キーとする。｛時間単価｝ の値が変更されたときに，行を追加する。

　（解答例2）
　　　職員（<u>職員番号</u>，氏名）
　　　職員別時間単価（<u>職員番号</u>，<u>適用開始年月</u>，適用終了年月，時間単価）
　　　勤務実績（<u>職員番号</u>，<u>勤務年月</u>，勤務時間）

解答例1で追加した｜変更年月｜の代わりに，｜適用開始年月，適用終了年月｜を追加し，｜職員番号，適用開始年月｜を主キーとする。｜時間単価｜の値が変更されたときに，行を追加する。

現在適用中の場合，｜適用終了年月｜には NULL，または「適用中を示す特殊な値」を格納する。

指定年月に適用された時間単価を取得するには，｜適用開始年月｜と｜適用終了年月｜の間で範囲検索を行えばよい。

候補キーは，｜職員番号，適用開始年月｜，｜職員番号，適用終了年月｜の二つである。ただし，適用中の｜適用終了年月｜に NULL を格納する仕様の場合は，主キーには｜職員番号，適用開始年月｜を選ぶ。

■ 2009/01 の時間単価を SQL で検索する例

```
SELECT    職員番号,時間単価  FROM  職員別時間単価
WHERE     適用開始年月 <=  '200901'
    AND   '200901' <=  COALESCE( 適用終了年月 , '999912')
    AND   職員番号 =  '001'              NULL のとき '999912' に変換
```

- 逆正規化

逆正規化は，項目を複数のテーブルにコピーして，データが発生した当時の値を保持する方法である。ただし，1 事実 1 箇所ではなくなるため，正規度が落ちる。これはあくまで，値の保持を目的としている場合（つまり，将来にわたりコピーした先の項目の値が変化しない場合）にのみ，採用すべき設計技法である。

先ほどの例では，"勤務実績" テーブルに，勤務した当時の時間単価をコピーした「時間単価」という列を持たせる。

　　　　職員（職員番号，氏名，時間単価）
　　　　勤務実績（職員番号，勤務年月，時間単価，勤務時間）

- 導出項目

導出項目の追加は，試験でしばしば出題されるテーマの一つである。

通常，正規化の段階で導出項目は除外される。しかし，アプリケーションから頻繁に参照され，かつ，値の変更が滅多に生じない導出項目であれば，テーブルに残しておいてもよい。こうすることで，導出項目を参照すれば計算の手間を省けるため，パフォーマンスの向上を図ることができる。

- **組合せ（グループ）**

  人や物品がグループを構成するときは，グループとそこに含まれるメンバを管理する
  テーブルを設計する。通常，グループを識別する列とメンバを識別する列の両方で主
  キーを構成する。

  例えば，パック商品と呼ばれる商品が，「1種類又は複数種類の単品商品を幾つか箱詰
  めしたものである」と定義されているとする。このとき，グループに相当するものはパッ
  ク商品，メンバに相当するものは単品商品である。そのテーブル構造は次のようになる。

  　　　パック商品（<u>パック商品番号</u>，<u>単品商品番号</u>，箱詰め数量）

- **「横持ち」構造**

  「横持ち」とは，本来は縦方向（行方向）に並んでいる情報を，横方向（列方向）に並
  べたものである。

  例えば，次に示す"四半期別売上"テーブルの「売上高」の情報を，第1～第4四半
  期を1行にまとめて横持ちさせる。その結果，「四半期」という列は不要になるため除
  外する。

  ・横持ちする前

  　　　四半期別売上（<u>年度</u>，<u>四半期</u>，売上高）

  ・横持ちした後

  　　　四半期別売上（<u>年度</u>，第1四半期売上高，第2四半期売上高，第3四半期売上高，
  　　　　　　　　　　第4四半期売上高）

  「横持ち」させる列は，例えば四半期のように，将来にわたり列数が増えることのない
  ものに限定する。

  試験では，横持ち構造から縦持ち構造へ変更する問題が出題された例がある。

- **再帰**

  再帰とは，参照元と参照先のインスタンスが同一のエンティティに属しているものである。
  例えば，次に示す"部署"テーブルにおいて，上位の部署と下位の部署が存在し，かつ，
  各部署において上位の部署は一つしか存在しない場合，再帰構造となる。

  　　　部署（<u>部署#</u>，部署名称，上位部署#）

　ここに挙げたもの以外にも，業務要件に基づいて列を追加する出題例があるが，それに
ついては，問題文から読み取れれば素直に解答を導けることが多い。その内容はケースバ
イケースであるため，ここでは出題例を示さない。

序章　試験対策（学習方法と解答テクニック）

5 データ所要量を求める計算問題

設問例 （平成 30 年午後Ⅱ問 1）

表 7 中の | a | ～ | d | に入れる適切な数値を答えよ。ここで空き領域率は 10% とする。

出現率

過去 9 年

56%

表 7 "一般経費申請" テーブルのデータ所要量 （未完成）

項番	項目	値	
1	見積行数	1,500,000	行
2	ページサイズ	a	バイト
3	平均行長	239	バイト
4	1 データページ当たりの平均行数	b	行
5	必要データページ数	c	ページ
6	データ所要量	d	百万バイト

注記　項番 6 のデータ所要量は，項番 1〜5 の値を用いて算出する。

平成 26 年以後の午後Ⅱ試験では，2 問のうち 1 問は物理データベース設計寄りの問題が出題されている。その中で頻出されている設問のひとつが，ここで取り上げているデータ所要量を求める計算問題だ。この設問そのものはそんなに難しいものでもない。問題文中に書かれているルールにのっとって正確に読み進めていけば確実に点数が取れる。しかし，**だからこそ，事前にそのルールに関する情報を覚えて解答手順を決めておいて，本番の時に短時間で解答し，その分他の設問に時間をかけるようにもっていきたい。**「定番の設問を短時間で解く！」それがデータベース合格のカギを握る。

表：平成 26 年度以後 （過去 9 年間） の午後Ⅱでの出題実績

年度 / 問題番号	設問内容の要約 （あるテーブルの…）
H26- 問 1	計算問題 （平均行長，データ所要量）
H27- 問 1	計算問題 （平均行長，1 データページ当たりの平均行数，必要データページ数，データ所要量）
H28- 問 1	計算問題 （平均行長，1 データページ当たりの平均行数，必要データページ数，データ所要量）
H30- 問 1	計算問題 （ページサイズ，1 データページ当たりの平均行数，必要データページ数，データ所要量）
R 2 - 問 1	計算問題 （探索行数，最小読込ページ数，最大読込ページ数）

80　序章　試験対策 （学習方法と解答テクニック）

● 解答テクニックに入る前に

特に無し。

● 着眼点　解答手順を予め覚えておく

データ所要量を求める計算問題が出題された場合，一般的な計算問題と同じで，どの数字を使ってどのように計算するのか，その数字はどこにあるのかなどを予め覚えておくことが必要になる。

表：解答手順の例

	解答対象箇所	解答に必要なルール等 ※ いずれも例年ほぼ同じ記述
解答手順1	見積行数，ページサイズ，平均行長を探す	・見積行数は問題文から探す ・ページサイズは〔RDBMSの仕様〕 ・平均行長は「テーブル定義表」の時もある
解答手順2	1データページ当たりの平均行数の計算	・ページサイズと平均行長より計算 　※ 空き領域率を考慮 　※ ヘッダ部の有無を考慮 ・切り捨て
解答手順3	必要データページ数の計算	・見積行数／解答手順2の解答 ・切り上げ
解答手順4	データ所要量の計算	・解答手順3の解答 × ページサイズ

● 詳細解説

平成30年度午後Ⅱ問1設問1（4）の解説（P.viii 参照）で，実際の出題に合わせてチェックしておくと，より理解が深まるだろう。

午後Ⅱ対策　　81

6　テーブル定義表を完成させる問題

設問例（平成 30 年午後 II 問 1）

出現率
過去 9 年
44%

(1) 表 6 中の太枠内に適切な字句を記入して，太枠内を完成させよ。

(2) 表 6 中の 　ウ　 に入れる適切な字句を答えよ。ここで，1 ～ 999 のような，値の上限・下限に関する制約は，検査制約では定義しないものとする。

表 6　"一般経費申請" テーブルのテーブル定義表（未完成）

列名＼項目	データ型	NOT NULL	格納長（バイト）	索引の種類と構成列 P	NU	NU	NU	U
申請番号	INTEGER	Y	4	1				
社員番号	CHAR(6)	Y	6		1			
申請種別	CHAR(1)	Y	1					
一般経費申請状態	CHAR(1)	Y	1					
上司承認日	DATE	N	5					
精査日	DATE	N	5					
責任者承認日	DATE	N	5					
処理年月	CHAR(6)	Y	6					
内訳科目コード	CHAR(3)	Y	3			1		
支払金額	INTEGER	Y	4					
通貨コード	CHAR(3)	N	4				1	
外貨金額								
支払先								
支払目的								
支払予定日								
支払番号								
制約　参照制約								
検査制約	CHECK (一般経費申請状態 IN ('0','1','2','3','4','5','9'))　CHECK (　ウ　)							

注記　網掛け部分は表示していない。

　平成 26 年以後の午後 II 試験では，物理データベース設計の問題で未完成のテーブル定義表を完成させる設問も頻出問題の一つだ。この設問もそんなに難しいものでもない。問題文中に書かれているルールにのっとって正確に読み進めていけば確実に点数が取れる。しかし，だからこそ，事前にそのルールに関する情報を覚えて解答手順を決めておいて，本番の時に短時間で解答し，その分他の設問に時間をかけるようにもっていきたい。

表：過去 9 年間の午後 II での出題実績

年度 / 問題番号	設問内容の要約
H26- 問 1	テーブル定義表 3 つ。うち 2 つの未完成のテーブル定義表の完成
H27- 問 1	テーブル定義表 3 つ。うち 1 つの未完成のテーブル定義表の完成。制約の穴埋め（参照制約）
H28- 問 1	テーブル定義表 2 つ。うち 1 つの未完成のテーブル定義表の完成。制約の穴埋め（参照制約，検査制約）
H30- 問 1	テーブル定義表 1 つ。その未完成のテーブル定義表の完成。制約の穴埋め（検査制約）

82　序章　試験対策（学習方法と解答テクニック）

●解答テクニックに入る前に

特に無し。

●着眼点1　答えは「表　主な列とその意味・制約」の中にある

　この「テーブル定義表を完成させる問題」の解答を確定させる部分の多くは，この「表　主な列とその意味・制約」の中にある。したがって，まずはこの表の存在を確認し，テーブル定義表の解答をしなければならない列の説明が，この表内にあるかどうかをチェックしよう。もちろん，問題文の中に解答を確定させる記述箇所がある可能性はゼロではない。しかしこの表があれば，まずはここからチェックして解答し，問題文中に記述の存在を発見した時に微調整（解答の修正など）をしていけばいいだろう。

表1　主な列とその意味・制約

列名	意味・制約
申請番号	申請を一意に識別する番号（1〜999,999,999）。申請登録時に自動的に設定される。
社員番号	申請する社員の社員番号（6桁の半角英数字）。申請登録時の指定は必須。申請画面では，指定した社員番号の登録済申請を照会できる。
申請種別	'1'（立替経費精算），'2'（経費支払依頼）のいずれか
一般経費申請状態	'0'（未申請），'1'（申請済），'2'（承認済），'3'（精査済），'4'（確認済），'5'（精算済），'9'（否認）のいずれか
上司承認日，精査日，責任者承認日	上司の承認，庶務担当者の精査，経費管理責任者の承認が行われた日付
処理年月	申請が登録された年月（6桁の半角数字）。申請の登録時に自動設定される。
内訳科目コード	経費申請対象の内訳科目コード（3桁の半角英数字）
支払金額	経費支払対象金額（1〜10,000,000）。一般経費申請登録時の指定は必須である。
通貨コード，外貨金額	旅費申請，一般経費申請において，外貨で支払う場合に，通貨コード（3桁の半角英数字）及び支払金額に相当する外貨金額（0.01〜9,999,999,999.99）を指定。申請登録時の指定は任意である。
支払先	支払先の名称，所在地（全角文字100字以内，平均文字数は20文字）。申請登録時の指定は，経費支払依頼では必須，立替経費精算では任意である。
支払目的	一般経費申請における経費の目的，用途（全角文字1,000字以内，平均文字数は64文字）。申請登録時の指定は必須である。
支払予定日	一般経費申請において，支払完了時に，支払の基になった支払伝票の支払予定日を記録する。
支払番号	一般経費申請において，支払完了時に，支払の基になった支払伝票の支払番号（1〜99,999）を記録する。

表6 項目					
列名					
申請番号					
社員番号					
申請種別					
一般経費申請状態					
上司承認日					
精査日					
責任者承認日	DATE	N			
処理年月	CHAR(6)	Y			
内訳科目コード	CHAR(3)	Y		1	
支払金額	INTEGER	Y			
通貨コード	CHAR(3)	N	4		1
外貨金額					
支払先					
支払目的					
支払予定日					
支払番号					
制約	参照制約				
	検査制約	CHECK（一般経費申請状態 IN ('0','1','2','3','4','5','9')） CHECK（　ウ　）			

注記　網掛け部分は表示していない。

図：解答と「表1　主な列とその意味・制約」の関係（平成30年午後Ⅱ問1より）

午後Ⅱ対策　83

●着眼点 2　過去問題の「テーブル定義」に関するルールは, ある程度覚えておく

　テーブル定義表を完成させる問題が出題された場合, 問題文には, いろいろなところに"解答するためのルール"に関する記述がある。平成 26 年〜平成 30 年の 5 年間は, このルールは大きくは変わっていないので, できればこの 5 年間のルールを事前に覚えておいて, 試験本番時には「従来通りか, あるいは変更している点があるのかを確認」するようにしておきたい。そうすることで短時間で正確に解答できるようになるからだ。

表：解答手順別解答ルール

	解答対象箇所	解答に必要なルール等 ※ いずれも例年ほぼ同じ記述
解答手順 1	データ型の完成	・「表　使用可能なデータ型」 ・〔テーブルの物理設計〕のテーブル定義
解答手順 2	NOT NULL 制約の指定	・(たまに CRUD 図も参考になる)
解答手順 3	格納長の計算	・「表　使用可能なデータ型」 ・〔テーブルの物理設計〕のテーブル定義 ・〔RDBMS の仕様〕のテーブル ※ NULL を許容する列にプラス 1 バイト
解答手順 4	索引の種類と構成列	・〔テーブルの物理設計〕のテーブル定義
解答手順 5	制約の値	

　中でも特に, この**「テーブル定義表を完成させる問題」**の解答に必要なルールのために用意されているのが**〔テーブルの物理設計〕のテーブル定義**に関する説明の箇所である。

　ここで, データ型欄は"一般的"だということを確認したり, 格納長欄の可変長文字列の計算ルールや, 索引の種類と構成列の記述ルールを確認したりする。中には, 自分がずっと経験してきた設計方針と違っている場合もあるので, それを事前に確認しておいて, 試験中は短時間で「例年通りかどうか」を確認できるようにしておきたい。

●詳細解説

　平成 30 年度午後Ⅱ問 1 設問 1 (2)(3)の解説(P.viii 参照)で, 実際の出題に合わせてチェックしておくと, より理解が深まるだろう。

1. テーブル定義

次の方針に基づいてテーブル定義表を作成し，テーブル定義を行う。作成中の"一般経費申請"テーブルのテーブル定義表を表6に示す。

(1) データ型欄には，データ型，データ型の適切な長さ，精度，位取りを記入する。データ型の選択は，次の規則に従う。

① 文字列型の列が全角文字の場合は，NCHAR 又は NCHAR VARYING を選択し，それ以外の場合は CHAR 又は VARCHAR を選択する。

② 数値の列が整数である場合は，取り得る値の範囲に応じて，SMALLINT 又は INTEGER を選択する。それ以外の場合は DECIMAL を選択する。

③ ①及び②どちらの場合も，列の値の取り得る範囲に従って，格納領域の長さが最小になるデータ型を選択する。

④ 日付の列は，DATE を選択する。

(2) NOT NULL 欄には，NOT NULL 制約がある場合は Y を，ない場合は N を記入する。

(3) 格納長欄には，RDBMS の仕様に従って，格納長を記入する。可変長文字列の格納長は，表1から平均文字数が分かる場合はそれを基準に算出し，それ以外の場合は，最大文字数の半分を基準に算出する。

(4) 索引の種類と構成列欄には，作成する索引を記入する。

① 索引の種類には，P（主キーの索引），U（ユニーク索引），NU（非ユニーク索引）がある。

② 主キーの索引は必ず作成する。

③ 主キー以外で値が一意となる列又は列の組合せには，必ずユニーク索引を作成する。それ以外の列又は列の組合せが，外部キーを構成する場合は，必ず非ユニーク索引を作成する。

④ 各索引の構成列には，構成列の定義順に1からの連番を記入する。

(5) 制約欄には，参照制約，検査制約を SQL の構文で記入する。

図：テーブル定義に関するルールの記述（平成 30 年午後Ⅱ問 1 の問題文より）

午後Ⅱ対策　　85

7 SQL の処理時間を求める問題

> **設問例** （令和3年度午後I問2）
>
> SQL 文の処理時間を ＿＿h＿＿ 秒と見積もった。

　このパターンの設問は，これまで**平成23年午後I問3**と**令和3年午後I問2**で出題されている。いずれも〔RDBMSの仕様〕に関する段落があり，そこに図のような記述がある。

---

(4) ページをランダムに入出力する場合，SQL 処理中の CPU 処理と入出力処理は
　　並行して行われない。これを同期データ入出力処理と呼び，SQL 処理時間は次
　　の式で近似できる。

　　| SQL 処理時間 ＝ CPU 時間 ＋ 同期データ入出力処理時間 |

(5) ページを順次に入出力する場合，SQL 処理中の CPU 処理と入出力処理は並行
　　して行われる。これを非同期データ入出力処理と呼び，SQL 処理時間は次の式
　　で近似できる。ここで関数 MAX は引数のうち最も大きい値を返す。

　　| SQL 処理時間 ＝ MAX（CPU 時間，非同期データ入出力処理時間） |

図：RDBMS の仕様に記載されている記述（令和3年午後I問2より）

　令和3年度の問題では，二つの表を結合してからの抽出処理の処理時間を求めているが，同期データ入出力処理と非同期データ入出処理に分けて，それぞれを次のような手順で算出して求めている。

① 非同期データ入出力処理時間（秒）
② 非同期データ入出力処理の CPU 処理時間
③ 同期データ入出力処理時間（秒）
④ 同期データ入出力処理の CPU 処理時間
⑤ SQL の処理時間＝ MAX（①，②）＋（③＋④）

　この順番は令和3年の通りだが，もちろんどこから求めてもいい。上記の①～④の要素が全て揃えば，SQL の処理時間が算出できるというわけだ。同期処理だけなら③④と⑤だけでいいし，非同期処理だけなら①②と⑤だけでいい。また，令和3年度の問題は，この手順を順番に示す中で空欄を埋める形の出題になっていた。手順をリードしてくれているので，比較的簡単に算出できる問題だった。

1 第1章

SQL

この章では，DBMS を操作する SQL について説明する。SQL は試験に必ず出題されるため，十分に理解することが合格への絶対条件になりつつある。序章にも書いた通り（P.6 参照），令和 4 年の試験でも SQL に関する問題は数多く出題されている。しっかりと押さえておきたいテーマのひとつだと言えるだろう。しかし，SQL は"言語"である。そのすべてを短期間で習得することは困難であり，実務で SQL を利用していない人にとっては脅威でもある。そこで，実務経験者でない人でも効率よく学習できるように，過去に出題された問題を優先するとともにポイントだけを抜粋して構成した。最低限の範囲なので，十分に習得してもらいたい。

1.1	SELECT
1.2	INSERT・UPDATE・DELETE
1.3	CREATE
1.4	権限
1.5	プログラム言語における SQL 文
1.6	SQL 暗記チェックシート

アクセスキー **p** （小文字のピー）

● SQL 概要

　SQL（Structured Query Language）は関係データベースの処理言語である。1970年代にIBM社によって開発されたSQLは，1986年にANSIの規格に，翌1987年にISOの規格になった。ここに**"標準SQL"**が誕生する（ISO9075）。標準SQLは，その後何度も改訂を繰り返して現在の最新版SQL：2016（ISO/IEC9075：2016）へと進化してきた。その間，各RDBMSベンダは標準SQLを意識しつつも独自の拡張を続けてきたため，個々のRDBMS製品のSQLには微妙な違いが生まれている。

　情報処理技術者試験で使用されているSQLは **JIS X 3005 規格群** になる。これは国際規格のISO/IEC9075を基に日本工業規格としたものになる。つまり標準SQLになる。ベンダ独自の仕様とは異なることがあるので注意しよう。また，古い規格と新しい規格で変わっていることもあるので，そこも注意しよう。

● データ定義言語（DDL）とデータ操作言語（DML）

　SQLには大きく分けると，データ定義言語（DDL：Data Definition Language）とデータ操作言語（DML：Data Manipulation Language）がある。

　データ定義言語とは，テーブル，ビュー等の定義（領域確保）を行ったり，テーブルやビューの権限を定義したりするときに使用する命令で，主に次のようなものがある。

命令	説明
CREATE	テーブル，ビュー等を作成する
DROP	テーブル，ビュー等を削除する

　データ操作言語とは，データを利用する人がデータを作成したり，取り出したりする命令を集めたもので，主に次のようなものがある。

命令	説明
SELECT	テーブルやビューの内容を照会する
INSERT	テーブルにデータを追加する
UPDATE	テーブル内のデータ内容を更新する
DELETE	テーブル内のデータを削除する

1987年にISO規格となった標準SQLをSQL86（もしくはSQL87）という。そしてそれは同年JIS X 3005：1987になる。その後改訂の都度その年度を用いて，SQL89，SQL92（もしくはSQL2），SQL99（もしくはSQL3），SQL：2003，SQL：2008，SQL：2011，SQL：2016へと進化してきた。JIS X 3005規格群ではJIS X 3005-2でISO/IEC9075-2：2011に対応している。ただし，新しく追加された機能に関しては突然問われることはない。最初は問題文中で説明してくれていることが多いので神経質になる必要はない。それよりも，昔からある命令をしっかりと押さえておくことの方が重要になる。

DDLやDMLの他，GRANT，REVOKEをDCL（Data Control Language：データ制御言語）とすることもある。ほかにCOMMITやROLLBACKをトランザクション制御として定義する分類もある。
また，DDLには，これら以外に，CREATE文で作成したテーブルや，ビューの内容を変更するALTERがある

● この章で使用するモデルケース

SQLを説明するに当たって，理解しやすいように次の図のようなモデルケースを設定した。ここから先は，具体例や使用例などを説明する際に，このモデルケースの用語やデータを使って説明することがある。但し，例文は過去問題から引用している場合もあり，すべての例文がここを参照しているわけではない。

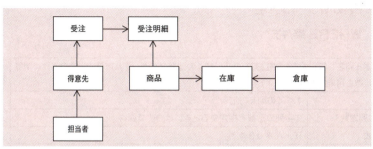

図：モデルケースのERD

得意先

得意先コード	得意先名	住所	電話番号	担当者コード
000001	A商店	大阪市中央区○○	06-6311-xxxx	101
000002	B商店	大阪市福島区○○	06-6312-xxxx	102
000003	Cスーパー	大阪市北区○○	06-6313-xxxx	104
000004	Dスーパー	大阪市淀川区○○	06-6314-xxxx	106
000005	E商店	大阪市北区○○	06-6315-xxxx	101

担当者

担当者コード	担当者名
101	三好　康之
102	山下　真吾
103	松田　聡
104	山本　四郎
106	豊田　久

商品

商品コード	商品名	単価
00001	えんぴつ	400
00002	ノート	200
00003	ふでばこ	800
00004	かばん	3000
00005	下敷き	150

受注

受注番号	受注日	得意先コード
00001	20030704	000001
00007	20030705	000003
00011	20030706	000001
00012	20030706	000002

倉庫

倉庫コード	倉庫名
201	茨木倉庫
202	尼崎倉庫
203	京都倉庫

受注明細

受注番号	行	商品コード	数量
00001	01	00002	3
00001	02	00003	2
00001	03	00004	6
00007	01	00002	4
00007	02	00001	2
00007	03	00003	8
00007	04	00005	10
00011	01	00004	12
00011	02	00003	5
00012	01	00001	7
00012	02	00004	9
00012	03	00005	10

在庫

倉庫コード	商品コード	数量
201	00001	1000
201	00002	2000
201	00003	2000
201	00004	3000
201	00005	2000
202	00003	2900
202	00004	3200
202	00005	3500
203	00001	3800
203	00002	4100
203	00003	4400
203	00005	100

図：モデルケースのテーブル構造

1.1 SELECT

基本構文

SELECT *列名, 列名, ・・・ 又は* ＊
　　　FROM *テーブル名*
　　　WHERE *条件式*

列名	抽出する列名を指定する。SELECT の後に続くのは列名だが，それ以外に，次のような演算子や定数も可能である（→「1.1.1」参照）		
	＊	すべての列を指定	
	'文字列定数'	文字列の定数を指定するときには，' 'で囲む	
	計算式	TEIKA ＊ 0.8 など	
	集約関数	SUM( )，AVG( )，MAX( ) など	
テーブル名	対象となるテーブルを指定する		
条件式	抽出条件を指定して，必要な値だけを抽出する（→「1.1.2」参照）		

　SELECT 文は，テーブルやビューの中から必要な列又は行を抽出し，参照するときの命令である。データを読み出すときに使うので，問合せということもある。データ操作言語の中で最も利用頻度が高い。

参考：SELECT の後に続ける列名を列挙する部分を「選択項目リスト」という

● SELECT の基本使用例

【使用例 1】　得意先テーブルの全件・全範囲を照会する。

```
SELECT ＊ FROM 得意先
```

【使用例 2】　得意先テーブルのデータ件数を確認する。

```
SELECT COUNT (＊) FROM 得意先
```

【使用例3】 射影（特定の列を取り出す）　　　　　　　　　　　→ P.92 参照

　得意先テーブルから，得意先コードと得意先名のみを問い合わせる。

```
SELECT 得意先コード，得意先名 FROM 得意先
```

【使用例4】 選択（特定の行を取り出す）　　　　　　　　　　　→ P.93 参照

　得意先テーブルから，得意先コードが「000003」のもののみ問い合わせる。

```
SELECT ＊ FROM 得意先
       WHERE 得意先コード = '000003'
```

得意先コード	得意先名	住所	電話番号	担当者コード
000001	A商店	大阪市中央区○○	06-6311-xxxx	101
000002	B商店	大阪市福島区○○	06-6312-xxxx	102
000003	Cスーパー	大阪市北区○○	06-6313-xxxx	104
000004	Dスーパー	大阪市淀川区○○	06-6314-xxxx	106
000005	E商店	大阪市淀川区○○	06-6315-xxxx	101

使用例3「射影」

使用例4「選択」

得意先コード	得意先名
000001	A商店
000002	B商店
000003	Cスーパー
000004	Dスーパー
000005	E商店

得意先コード	得意先名	住所	電話番号	担当者コード
000003	Cスーパー	大阪市北区○○	06-6313-xxxx	104

図：SELECT の基本使用例

● 射影

射影は，ある関係から，指定した属性だけを抽出する演算である。通常は重複するタプルは排除される。

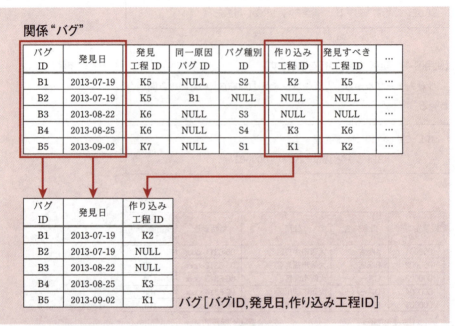

図：射影の例（平成 26 年・午後Ⅰ問 1 をもとに一部を変更）

● 試験で用いられる関係代数演算式の例

演算	式	備考
射影	R[A1, A2, …]	A1, A2 は，関係 R の属性を表す。同じ内容のタプルは重複が排除される。

● SELECT 文との対比

（公式）

SELECT A1, A2, …
FROM R

→

（使用例）

SELECT DISTINCT バグID, 発見日,
　　　　　　　　作り込み工程ID
FROM バグ

試験に出る
令和 03 年・午前Ⅱ問 9
平成 31 年・午前Ⅱ問 13
平成 29 年・午前Ⅱ問 13

参考

射影演算は，SELECT 文で SELECT 句に選択項目リストを指定し，さらに DISTINCT を付与して重複を取り除いたものと同じである

● 選択

選択は，ある関係から，指定した特定のタプルだけを抽出する演算である。

関係"バグ"

バグID	発見日	発見工程ID	同一原因バグID	バグ種別ID	作り込み工程ID	発見すべき工程ID	…
B1	2013-07-19	K5	NULL	S2	K2	K5	…
B2	2013-07-19	K5	B1	NULL	NULL	NULL	…
B3	2013-08-22	K6	NULL	S3	NULL	NULL	…
B4	2013-08-25	K6	NULL	S4	K3	K6	…
B5	2013-09-02	K7	NULL	S1	K1	K2	…

バグ[発見日 = '2013-07-19']

バグID	発見日	発見工程ID	同一原因バグID	バグ種別ID	作り込み工程ID	発見すべき工程ID	…
B1	2013-07-19	K5	NULL	S2	K2	K5	…
B2	2013-07-19	K5	B1	NULL	NULL	NULL	…

図：選択の例（平成 26 年・午後 I 問 1 をもとに一部を変更）

● 試験で用いられる関係代数演算式の例

演算	式	備考
選択	R[X　比較演算子　Y]	X，Y は，関係 R の属性を表す。X，Y のいずれか一方は，定数でもよい。

● SELECT 文との対比

（公式）
```
SELECT  *
FROM    R
WHERE   X  比較演算子  Y
```

（使用例）
```
SELECT  *
FROM    バグ
WHERE   発見日 = '2013-07-19'
```

「選択」は「制限」(restriction) ともいう

比較条件は θ と書くことがある。属性AとBがあるとき，A θ Bとは，あるタプルt上でt [A]とt [B]を θ で比較演算していることを表す。
θ の内訳は，$=$, $<$, $\leq$, $>$, $\geq$, $\neq$ である

選択演算は，SELECT 文で WHERE 句に比較条件を指定して結果セットを得ることと同じである

1.1.1　選択項目リスト

ここでは，SELECT文の選択項目リストに指定できる様々な項目について説明する。

●計算式（算術演算子）を指定

計算式を指定する際に使用できる演算子には，加算（+），減算（-），乗算（*），除算（/）などがある。これらを利用して列名と列名で計算することも可能である。

```
SELECT  商品名， 単価＊0.8 AS 特価
        FROM  商品
        WHERE  商品コード = '00002'
```

●||：列を連結する指定（連結演算子）

連結演算子とは，複数の列項目や定数を一つの列にするものである。下記の例は，連結演算子（||）を使って，'商品名='という定数の列と，"商品名"の列を連結し，一つの列にしたものである。その上で，"名前"という新たな列名を与えている。

```
SELECT  '商品名=' || 商品名 AS 名前
        FROM  商品
```

●AS：別名（相関名）を指定

これまでに説明した二つの例では，演算子や連結演算子を使った列に「AS」を使って別の名前を付けている。このように，列名などの名称をSQL文の中で変更することを「別名を付ける」といい，新たに付けられた名称を「別名」という。別名を付ける場合，下記のように「AS」は省略可能である。

```
SELECT  X.受注番号， X.受注日， Y.得意先名
        FROM  受注 X， 得意先 Y
        WHERE  X.得意先コード = Y.得意先コード
```

試験に出る
平成25年・午前Ⅱ 問6
平成20年・午前 問25
平成17年・午前 問27

試験に出る
ここで取り上げているものについては，午後Ⅰ，午後Ⅱで普通に使用されている。

単価 ＊ 0.8 は「単価を80%にしたものの列」を指し，列名を使用して計算を行う例を示している。さらにここでは，その列に"特価"と名付けている

列名以外にも，次のようにテーブル名などにも使用可能である。ただし，いったんテーブルに別名を付けた場合，そのSQL文の中では，ほかの箇所でも別名を使って記述しなければならない

● DISTINCT：重複を取り除く

DISTINCT 句を使うと，重複を取り除くことができる。下記の例だと，単価だけを表示させる SELECT 文だが，同じ単価のものはいくつあっても一つにする。

```
SELECT DISTINCT 単価
       FROM 商品
```

参考
DISTINCT 句は複数の列に対しても指定することが可能であるが，その場合は，指定したすべての列の一意な組合せが出力される。複数列の中の特定の列だけを指定することはできない

● COALESCE：NULL を処理できる関数

COALESCE（引数 1，引数 2，…）は，可変長の引数を持ち，NULL でない最初の引数を返す関数である。

下のように引数を二つ指定し，最後に定数の「0」を指定すると，SUM（B1）が NULL でない場合は SUM（B1）を返すが，NULL の場合は，次の引数の「0」を無条件に返す。これによって，A1 に NULL が入らないようにすることができる。

```
SELECT 年代, 性別, COALESCE (SUM (B1), 0) A1
       FROM 会員
       GROUP BY 年代, 性別
```

試験に出る
令和 02 年・午前Ⅱ 問 7

試験に出る
午後問題では頻出。毎年のように出題されたり，使われたりしている。最重要の関数だと言える。絶対に覚えておきたい。

● CASE：条件式の利用

CASE を使うと，下記のように SQL 文の中で条件式を使用することができる。

下の例では，入館時刻が 12:00 よりも前の人の数を集計している（入館時刻 < '1200' が成立した場合 1 を加算するが，そうでない場合は，0 を加算する）。

```
SELECT 会員番号,
       SUM (CASE WHEN 入館時刻 < '1200'
            THEN 1 ELSE 0 END) AS B1
       FROM ・・・
```

試験に出る
平成 29 年・午前Ⅱ 問 8

試験に出る
午後問題でよく使われている。

● ウィンドウ関数を使う

→ 「1.1.2　ウィンドウ関数（分析関数）」（P.96 参照）

1.1.2 ウィンドウ関数（分析関数）

ウィンドウ関数は，特定の範囲のデータに対して計算等を行い，各行に対して一つの結果を返すことができる関数である。情報処理技術者試験ではウィンドウ関数と呼んでいるが，分析関数やOLAP（OnLine Analytical Processing）関数と呼ばれることもある。

ウィンドウ関数を使えば，SELECT 文で抽出した各行に，複数行にまたがった処理を加えることができる。各行に対して一つの結果を返すため，SELECT 文の選択項目リストで使用される（過去問題でも SELECT 文の選択項目リストで使われている）。なお，この説明ではよくわからない場合，百聞は一見にしかず。すぐに使用例をチェックしてみよう。

なお，ウィンドウ関数は **OVER 句** を用いて表現される。その後に続く **PARTITION BY 句** を指定するとグルーピングができる。その使い方は GROUP BY と似ている。ちなみに省略すると表全体が対象になる。加えて，その後に続く ORDER BY 句で順序付けをすることもできる。さらにその後にフレーム句を使えば範囲指定をすることもできる。それぞれ使用例を見ながら使い方を整理しておこう。

参考

SQL：2003 以降の標準 SQL で規定されているウィンドウ関数は，現在主要な RDBMS では使用可能になっている。ただ，情報処理技術者試験に登場するのはかなり遅く，平成 31 年から出題されるようになった。しかも，今のところユーザ定義関数同様に注記で説明がついている。したがって事前に知らなくても解答できていたが，令和 4 年の（午後Ⅰにはこれまで同様注記がついていたが）午後Ⅱの問題では注記がなくなった。そろそろ本格的に注記がつかなくなる可能性もある。仮にこれまで通り注記がついても，知っていれば早く解けると思う。余裕があれば覚えておこう。

関数	意味
	「PARTITION BY」を指定している場合はその単位で，指定していない場合は表全体で…
AVG（列名）	平均値を求める
MAX（列名）	最大値を求める
MIN（列名）	最小値を求める
SUM（列名）	合計値を求める
COUNT（列名）	行数を求める
ROW_NUMBER（）	1 からの行番号を取得する
LAG（列名 [,n]）	n 行前の「指定した列名の値」を取得する（n 省略時＝ 1）
LEAD（列名 [,n]）	n 行後の「指定した列名の値」を取得する（n 省略時＝ 1）
RANK（）	順位付けをする（同じ順位の場合，その後の順位を飛び番にする）
DENSE_RANK（）	順位付けをする（同じ順位の場合，その後の順位を飛び番にしない）
NTILE（n）	n 個に均等に分割し，その分割した集合に対して順位をつける

図：代表的なウィンドウ関数

●集約関数を使う

ウィンドウ関数として(「1.1.3 GROUP BY句と集約関数」のところで説明する)集約関数を使うことができる。ウィンドウ関数で使用するPARTITION BYはGROUP BYと似ているが，使用例1を参考に，どういう違いがあるのかを比較してみると理解が進む。他にも(GROUP BY同様)MAX，MIN，SUM，COUNTなども使える。

【使用例1】AVG関数

部署ごとの労働時間の平均値を各行の4番目の列として抽出する。

```
SELECT 部署，社員，労働時間，
  AVG（労働時間）OVER（PARTITION BY 部署）AS 部署平均
FROM 勤怠表
```

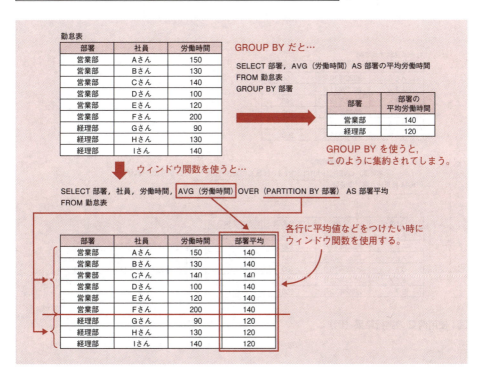

図：使用例1の実行結果(例)とGROUP BYとの違い

●他の行の値を使う

LAG関数やLEAD関数を使うと他の行の値を使うことができる。他の行の値を扱うことができれば，前回との差や前回比（前年比）なども計算できるので，かなり効率よく分析できるようになる。分析関数といわれる所以だ。過去問題では複雑な例が出ているが，まずはシンプルな例で理解を深めておこう。

> **試験に出る**
> ①令和04年・午後I問2
> ②令和04年・午後I問3
> ③平成31年・午後II問1

【使用例2】LAG関数

社員ごとの月別の労働時間から1か月前（1行前）の労働時間を各行の4番目の列として抽出する（但し，毎月の労働時間が必ず存在することが前提条件）。

```
SELECT 社員，年月，労働時間，LAG（労働時間）
  OVER（PARTITION BY 社員 ORDER BY 年月）AS 前月の
  労働時間
FROM 社員別月間労働時間
```

社員別月間労働時間

社員	年月	労働時間
Aさん	2022年10月	150
Aさん	2022年11月	130
Aさん	2022年12月	140
Bさん	2022年10月	100
Bさん	2022年11月	120
Bさん	2022年12月	200

```
SELECT 社員，年月，労働時間，
  LAG（労働時間）OVER（PARTITION BY 社員 ORDER BY 年月） AS 前月の労働時間
FROM 社員別月間労働時間
```

社員	年月	労働時間	前月の労働時間
Aさん	2022年10月	150	NULL
Aさん	2022年11月	130	150
Aさん	2022年12月	140	130
Bさん	2022年10月	100	NULL
Bさん	2022年11月	120	100
Bさん	2022年12月	200	120

社員ごとに年月順に並べて
各行の1行前の値をとってくる。
1行前がない場合はNULLが設定される。

図：使用例2の実行結果（例）

●順位付けをする

RANK 関数や DENSE_RANK 関数を使うと順位付けを行うことができる。また NTILE 関数を使うとグループに順位を付けることができる。なお，順位付けではないが単純にナンバリングをする時には ROW_NUMBER を使う。

【使用例3】RANK 関数

勤怠表より，部署ごとに社員の労働時間を多いもの順に並べて順位付けをする。同値は同順位として，同順位の数だけ順位を飛ばす。

試験に出る
①令和2年・午後Ⅱ問1

```
SELECT 部署, 社員, 労働時間, RANK ( )
    OVER (PARTITION BY 部署 ORDER BY 労働時間 DESC)
    AS 順位
FROM 勤怠表 ORDER BY 部署, 労働時間 DESC
```

勤怠表

部署	社員	労働時間
営業部	Aさん	150
営業部	Bさん	140
営業部	Cさん	140
営業部	Dさん	100
営業部	Eさん	120
営業部	Fさん	200
経理部	Gさん	90
経理部	Hさん	130
経理部	Iさん	140

```
SELECT 部署, 社員, 労働時間,
    RANK ( ) OVER (PARTITION BY 部署 ORDER BY 労働時間 DESC) AS 順位
FROM 勤怠表 ORDER BY 部署, 労働時間 DESC
```

RANK関数を使った結果

部署	社員	労働時間	順位
営業部	Fさん	200	1
営業部	Aさん	150	2
営業部	Bさん	140	3
営業部	Cさん	140	3
営業部	Eさん	120	5
営業部	Dさん	100	6
経理部	Iさん	140	1
経理部	Hさん	130	2
経理部	Gさん	90	3

DENSE_RANK関数を使った結果

部署	社員	労働時間	順位
営業部	Fさん	200	1
営業部	Aさん	150	2
営業部	Bさん	140	3
営業部	Cさん	140	3
営業部	Eさん	120	4
営業部	Dさん	100	5
経理部	Iさん	140	1
経理部	Hさん	130	2
経理部	Gさん	90	3

部署単位で，各行にランクをつける。
RANK関数だと，3番目が二つある場合，その後の順位は5番目になる。

DENSE_RANK関数にすると，3番目が二つあるが，その後の順位は飛ばさずに4番目になる。

図：使用例3の実行結果（例）

【使用例4】NTILE 関数

T1 から会員を4等分に分類して会員ごとに階級番号を求める。

試験に出る
①令和04年・午後Ⅱ問1
②令和02年・午後Ⅱ問1

```
SELECT 顧客, 月間売上,
 NTILE (4) OVER (ORDER BY 月間売上 DESC) AS 階級
FROM 売上表 ORDER BY 月間売上 DESC
```

割り切れないときは上位から順に1増える

売上表

顧客	月間売上
Aさん	200
Bさん	150
Cさん	140
Dさん	140
Eさん	120
Fさん	100
Gさん	140
Hさん	130
Iさん	90
Jさん	120
Kさん	150
Lさん	110
Mさん	210

均等になるように4つに分ける。
上位から階級をつける。

顧客	月間売上	階級
Mさん	210	1
Aさん	200	1
Bさん	150	1
Kさん	150	1
Cさん	140	2
Dさん	140	2
Gさん	140	2
Hさん	130	3
Eさん	120	3
Jさん	120	3
Lさん	110	4
Fさん	100	4
Iさん	90	4

SELECT 顧客, 月間売上, NTILE(4) OVER (ORDER BY 月間売上 DESC) AS 階級
FROM 売上表 ORDER BY 月間売上 DESC

図：使用例4の実行結果（例）

　NTILE 関数は，（図のように）対象を①均等に指定した数に分け，②その均等分けしたグループに順位をつける関数になる。図で確認するとわかりやすいと思う。割り切れない場合は，上位のグループから順に割り当てる（この例では階級が1の場合，他より1多い）。また，同じ値でも違うグループになることがある。デシル分析（顧客の売上金額を10等分にし，各ランクの特性を探るときに用いられる分析）で活用されている。

● 移動平均を求める

　過去1年間の移動平均を求めるときには，フレーム指定をするとシンプルに求められる（使用例5は3か月の移動平均値にしている。2を指定しているところを11に変えれば1年間の移動平均になる）。フレーム指定とは，表内や区画内で範囲指定をする時に利用するもので，（位置的には）ORDER BY 句の後に続けて指定する。

【使用例5】 範囲指定をする場合（フレームの指定）

月間売上表の月間売上の過去3か月ごとの移動平均値を求める。

```
SELECT 年月, 月間売上,
  AVG (月間売上) OVER (ORDER BY 年月
  ROWS BETWEEN 2 PRECEDING AND CURRENT ROW ) AS
  移動平均値
FROM 月間売上表
```

月間売上表

年月	月間売上
2022年1月	200
2022年2月	150
2022年3月	140
2022年4月	140
2022年5月	120
2022年6月	100
2022年7月	140
2022年8月	130
2022年9月	90
2022年10月	120

年月	月間売上	移動平均値
2022年1月	200	200
2022年2月	150	175
2022年3月	140	163	← 1月～3月の3か月間の平均値
2022年4月	140	143	← 2月～4月の3か月間の平均値
2022年5月	120	133	← 3月～5月の3か月間の平均値
2022年6月	100	120	……
2022年7月	140	120
2022年8月	130	123
2022年9月	90	120
2022年10月	120	113

各行で，当月，前月，前々月の平均値 (移動平均値) を求める。

```
SELECT 年月, 月間売上, AVG (月間売上)
  OVER (ORDER BY 年月 ROWS BETWEEN 2 PRECEDING AND CURRENT ROW ) AS 移動平均値
FROM 月間売上表
```

図：使用例5の実行結果（例）

範囲指定は「BETWEEN 開始地点 AND 終了地点」で指定する。BETWEEN 句の前には動作モードを指定する。ROWS は行単位のモードだ。これを RANGE に変えれば"値"を指定できる。また，使用例5の PRECEDING や CURRENT ROW は BETWEEN 句の開始地点や終了地点に設定できるパラメタである。ほかにも下図のようなものがある。

開始地点，終了地点に使用	意味
CURRENT ROW	現在の行，もしくは現在の値（カレントは現在の意味） ROWS の場合は現在の行，RANGE の場合は現在の値（現在の値は複数ある場合に注意）。
n PRECEDING	n 行前，もしくは n 値前（PRECEDING：前に）
n FOLLOWING	n 行後，もしくは n 値後（FOLLOWING：後に）
UNBOUNDED PRECEDING	先頭の行
UNBOUNDED FOLLOWING	末尾の行

図：代表的な指定モード

● 過去問題での出題例

　令和2年の午後Ⅱ問1では，次の表を使って〔RDBMSの仕様〕段落で説明されている。今のところは知らなくても丁寧に説明してくれている。ただ，グループ化する対象を「区画」，その対象列を「区画化列」としているため少々難解かもしれないので，使用例3のシンプルな例を念頭に置いて説明を読んでみよう。理解が進むだろう。特に，NTILE関数に関しては例を見た方が理解が早い。

表4　RDBMSがサポートする主なウィンドウ関数

関数の構文	説明
RANK() OVER([PARTITION BY e1] ORDER BY e2 [ASC|DESC])	区画化列をPARTITION BY句のe1に，ランク化列をORDER BY句のe2に指定する。対象となる行の集まりを，区画化列の値が等しい部分（区画）に分割し，各区画内で行をランク化列によって順序付けした順位を，1から始まる番号で返す。同値は同順位として，同順位の数だけ順位をとばす。（例：1,2,2,4,…）
NTILE(e1) OVER([PARTITION BY e2] ORDER BY e3 [ASC|DESC])	階級数をNTILEの引数e1に，区画化列をPARTITION BY句のe2に，階級化列をORDER BY句のe3に指定する。対象となる行の集まりを，区画化列の値が等しい部分（区画）に分割し，各区画内で行を階級化列によって順序付けし，行数が均等になるように順序に沿って階級数分の等間隔の部分（タイル）に分割する。各タイルに，順序に沿って1からの連続する階級番号を付け，各行の該当する階級番号を返す。

注記1　関数の構文の[ ]で囲まれた部分は，省略可能であることを表す。
注記2　PARTITION BY句を省略した場合，関数の対象行の集まり全体が一つの区画となる。
注記3　ORDER BY句の[ASC\|DESC]を省略した場合，ASCを指定した場合と同じ動作となる。

図：令和2年午後Ⅱ問1で出題された時の説明

　令和4年度には，午後Ⅰの問2，問3，午後Ⅱ問1で出題されている。まだ今のところ説明が加えられていて「知っていて当然」という形での出題ではないが（午後Ⅱ問2ではNTILEの説明こそなかったが処理概要と対応付けると容易に理解できる），データ分析系の問題で使用されることの多いウィンドウ関数は，徐々に説明がなくなってくる可能性が高い。代表的なものは覚えておこう。

1.1.3 SELECT 文で使う条件設定（WHERE）

● 範囲を表す BETWEEN

「BETWEEN A AND B」は，A 以上 B 以下（A と B も含む）
という範囲を指定するものである。

```
WHERE 受注日 BETWEEN '20030704' AND '20030706'
```

上の例では，「受注日が 2003 年 7 月 4 日から 2003 年 7 月 6 日まで」
の列を指定しており，次の条件式と同じ意味である。

```
WHERE 受注日 >= '20030704' AND
      受注日 <= '20030706'
```

● そのものの値を示す IN

IN を使用すると，後に続く()内に指定した値だけが対象となる。
次の例では，受注日が 2003 年 7 月 4 日の行と 2003 年 7 月 6 日の
行だけが条件に合致する。

```
WHERE
受注日 IN ('20030704','20030706')
```

● 文字列の部分一致を指定する LIKE

LIKE は，文字列の中の一部分のみを条件指定する場合に使用
する。

次の例では担当者名が「三好」で始まるものを指定している。「%」
は 0 桁から n 桁の任意の文字でよいということを示している。

```
WHERE 担当者名 LIKE '三好%'
```

次の例では，担当者名の 1 桁目は任意の文字で，2 桁目が「好」
であるものを指定している。「＿ 」は 1 桁目は任意の文字でよい
ということを示している。

```
WHERE 担当者名 LIKE '_好%'
```

試験に出る
①平成 20 年・午前 問 42
②平成 17 年・午前 問 38

1.1 SELECT　103

これらを使用すると，列内の前方一致検索，後方一致検索，中間一致（前方／後方一致）検索が可能になる。次にその例を示す。

【前方一致検索】　　LIKE '三好%'

【後方一致検索】　　LIKE '%康之'

【中間一致検索】　　LIKE '%三好康之%'

● NULL のみを抽出

これは，得意先テーブルの電話番号に NULL がセットされている行だけを取り出す指定である。

```
WHERE 電話番号 IS NULL
```

● NOT

NOT は，否定する場合に使う。次のように否定したいものの直前に NOT を入れる。

```
例1 : WHERE 受注日 NOT BETWEEN '20030704' AND '20030706'
例2 : WHERE 受注日 NOT IN ('20030704','20030706')
例3 : WHERE 電話番号 IS NOT NULL
```

午前問題の解き方

令和3年・午前Ⅱ 問9

問9 属性が n 個ある関係の異なる射影は幾つあるか。ここで，射影の個数には，元の
関係と同じ結果となる射影，及び属性を全く含まない射影を含めるものとする。

ア $\log_2 n$ 　　　イ n 　　　ウ $2n$ 　　　(エ) 2^n

午前問題の解き方

平成25年・午前Ⅱ 問6

問6 SQL の SELECT 文の選択項目リストに関する記述として，適切なものはどれか。

ア 指定できるのは表の列だけである。 文字列定数，計算式，集約関数なども可

イ 集約関数で指定する列は， GROUP BY 句で指定した列 でなければならない。 表全体可

(ウ) 同一の列を異なる選択項目に指定できる。

エ 表の全ての列を指定するには， 全ての列名をコンマで区切って 指定しなければな
らない。 "*"が使える

Memo

午前問題の解き方

令和2年・午前Ⅱ 問7

問7 表Rと表Sに対し，SQL文を実行して結果を得るとき，aに入れる字句はどれか。ここで，結果のNULLは値が存在しないことを表す。

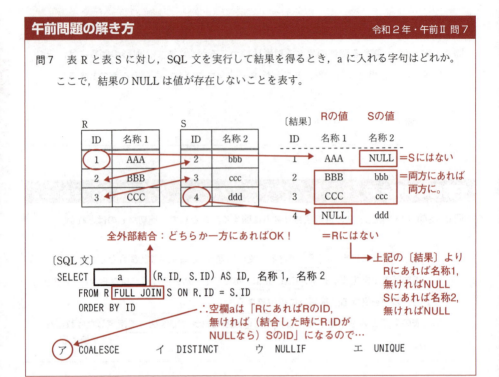

午前問題の解き方　　　平成29年・午前Ⅱ 問8

問8　"社員"表から，部署コードごとの主任の人数と一般社員の人数を求めるSQL文とするために，aに入る字句はどれか。ここで，実線の下線は主キーを表す。

社員（<u>社員コード</u>, 部署コード, 社員名, 役職）

```
CASE
    WHEN 条件 THEN ～
              ELSE ～
```

〔SQL文〕
```
SELECT 部署コード, 主任なら
    COUNT(CASE WHEN 役職='主任'     a    END) AS 主任の人数,
    COUNT(CASE WHEN 役職='一般社員'  a    END) AS 一般社員の人数
FROM 社員 GROUP BY 部署コード
```

〔結果の例〕

部署コード	主任の人数	一般社員の人数
AA01	2	5
AA02	1	3
BB01	0	1

そうじゃなければマイナス？？　　　　SUM()じゃなく，COUNT()なので"0"だと加算してしまう

ア　THEN 1 ELSE -1　　　　　　イ　THEN 1 ELSE 0
ウ　THEN 1 ELSE NULL　　NULLだったら加算しない　　エ　THEN NULL ELSE 1　論外

午前問題の解き方　　　平成29年・午前Ⅱ 問9

問9　SQLが提供する3値論理において，Aに5，Bに4，CにNULLを代入したとき，次の論理式の評価結果はどれか。　真・偽・unknown（不定）

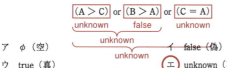

ア　φ（空）　　　　　　　　イ　false（偽）
ウ　true（真）　　　　　　　エ　unknown（不定）

午前問題の解き方

平成20年・午前 問42

問42 "学生"表に対し次のSELECT文を実行した結果,導出される表はどれか。ここで,表中の"—"は,値がNULLであることを示す。

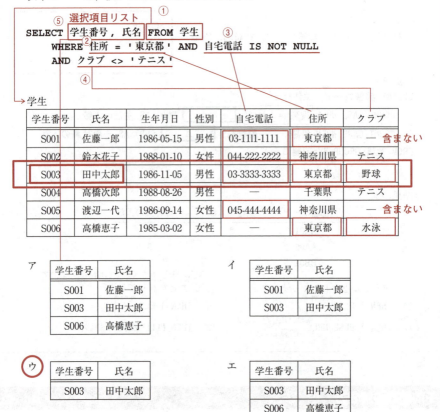

午前問題の解き方

平成17年・午前 問38

問38 A社では，社員教育の一環として全社員を対象に英会話研修を行っていたが，本年度（2005年度）からは，4月時点で入社3年を経過しているにもかかわらず初級システムアドミニストレータ（初級シスアド）試験に合格していない技術職種の社員に対して，英会話の代わりに初級シスアド研修を受講させることにした。本年度の英会話研修を受講させる社員の一覧を出力するためのSQL文はどれか。

なお，A社では，社員はすべて4月1日入社であり，事業年度の始まりは4月1日である。また，ここで使用するデータベースには，2005年4月1日時点でのデータが格納されているものとする。

優先順位　NOT > AND > OR
→ 全社員 －（①AND②AND③）
　＝どれかひとつでも条件に合わなければ英会話研修

ア　SELECT 社員 FROM 社員テーブル
　　　WHERE （入社年度 <= (2005 - 3) AND 職種 = '技術'）
　　　AND 初級シスアド合格 = 'No'

イ　SELECT 社員 FROM 社員テーブル
　　　WHERE （入社年度 <= (2005 - 3) AND 職種 = '技術'）
　　　OR 初級シスアド合格 = 'Yes'

ウ　SELECT 社員 FROM 社員テーブル
　　　WHERE NOT （入社年度 <= (2005 - 3) AND 職種 = '技術'）
　　　AND 初級シスアド合格 = 'No'

(エ)　SELECT 社員 FROM 社員テーブル
　　　WHERE NOT （入社年度 <= (2005 - 3) AND 職種 = '技術'）
　　　OR 初級シスアド合格 = 'Yes'

問題文の条件（英会話研修の受講者）

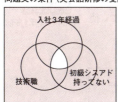

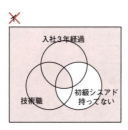

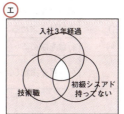

1.1 SELECT　109

1.1.4 GROUP BY 句と集約関数

基本構文

SELECT 列名, ・・・

    FROM テーブル名

    GROUP BY　グループ化する列名, ・・・

    [HAVING 条件式]

列名	GROUP BY 句を指定した SELECT 文では，SELECT の後に指定する列には，次のものだけが可能である ● グループ対象化の列（GROUP BY の後に指定した列名） ● 集約関数 ● 定数
テーブル名	対象のテーブル名
グループ化する列名	グループ化する集約キーになるもの（複数指定可能）
条件式	グループ化した結果に対し，さらに検索条件を指定したい場合に，ここで条件を指定する（詳細は，後掲の「HAVING 句を使用した GROUP BY 句の使用例」を参照）

　SELECT 文で，グループごとの合計値を求めたり，件数をカウントしたりしたい時には GROUP BY 句を使用する。

試験に出る
①平成 21 年・午前Ⅱ 問 9
②令和 03 年・午前Ⅱ 問 10
　平成 31 年・午前Ⅱ 問 14

● 集約関数

　GROUP BY は，しばしば集約関数とともに用いられる。よく使用する集約関数には次のようなものがある。

試験に出る
令和 04 年・午前Ⅱ 問 7

関数	説明
AVG（列名）	平均値を求める
MAX（列名）	最大値を求める
MIN（列名）	最小値を求める
SUM（列名）	合計値を求める
COUNT（*）	行数を求める
COUNT （DISTINCT 列名）	列項目を指定し，その列の重複値を除く行数を求める

● GROUP BY 句を使う時の注意点

　GROUP BYを使うと，グループ化していることにより選択項目リストに指定できるものが制限される。①グループ化に使った列（GROUP BYの後に指定した列），②集約関数，③定数だけでしか使えない。

【使用例】　受注明細テーブルの受注番号をグループ化して受注数量の合計値を求める。

```
SELECT 受注番号, SUM（数量）AS 数量合計
    FROM 受注明細
    GROUP BY 受注番号
```

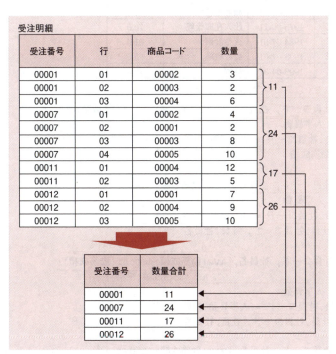

図：GROUP BY 句の使用例①

午前問題の解き方

平成 21 年・午前 II 問 9

問9 "社員"表と"人事異動"表から社員ごとの勤務成績の平均を求める適切な SQL 文はどれか。ここで，求める項目は，社員コード，社員名，勤務成績（平均）の 3 項目とする。

社員

社員コード	社員名	性別	生年月日	入社年月日
O1553	太田　由美	女	1970-03-10	1990-04-01
S3781	佐藤　義男	男	1943-11-20	1975-06-11
O8665	太田　由美	女	1978-10-13	1999-04-01

人事異動

社員コード	配属部門	配属年月日	担当勤務内容	勤務成績
O1553	総務部	1990-04-01	広報（社内報）	69.0
O1553	営業部	1998-07-01	顧客管理	72.0
S3781	資材部	1975-06-11	仕入在庫管理	70.0
S3781	経理部	1984-07-01	資金計画	81.0
S3781	企画部	1993-07-01	会社組織，分掌	95.0
O8665	秘書室	1999-04-01	受付	70.0

GROUP BY 以降に指定しないといけない

ア　SELECT　社員.社員コード, 社員名, AVG(勤務成績) AS "勤務成績(平均)"
　　FROM 社員, 人事異動
　　WHERE　社員.社員コード = 人事異動.社員コード　**結合条件は全選択肢同じ**
　　GROUP BY 勤務成績

(イ)　SELECT　社員.社員コード, 社員名, AVG(勤務成績) AS "勤務成績(平均)"
　　FROM 社員, 人事異動
　　WHERE　社員.社員コード = 人事異動.社員コード
　　GROUP BY 社員.社員コード, 社員.社員名

AVG だけで平均値を求められる

ウ　SELECT　社員.社員コード, 社員名, AVG(勤務成績)/COUNT(勤務成績)
　　　　　　　　　　　　　　　　AS "勤務成績(平均)"
　　FROM 社員, 人事異動
　　WHERE　社員.社員コード = 人事異動.社員コード
　　GROUP BY 社員.社員コード, 社員.社員名

MAX は最大値。平均値にはならない

エ　SELECT　社員.社員コード, 社員名, MAX(勤務成績)/COUNT(*)
　　　　　　　　　　　　　　　　AS "勤務成績(平均)"
　　FROM 社員, 人事異動
　　WHERE　社員.社員コード = 人事異動.社員コード
　　GROUP BY 社員.社員コード, 社員.社員名

午前問題の解き方

令和3年・午前Ⅱ 問10

問10 ある電子商取引サイトでは、会員の属性を柔軟に変更できるように、"会員項目"表で管理することにした。"会員項目"表に対し、次の条件でSQL文を実行して結果を得る場合、SQL文のaに入れる字句はどれか。ここで、実線の下線は主キーを、NULLは値がないことを表す。

〔条件〕
(1) 同一"会員番号"をもつ複数の行によって、1人の会員の属性を表す。
(2) 新規に追加する行の行番号は、最後に追加された行の行番号に1を加えた値とする。
(3) 同一"会員番号"で同一"項目名"の行が複数ある場合、より大きい行番号の項目値を採用する。

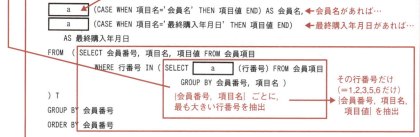

ア COUNT　　イ DISTINCT　　ウ MAX　　エ MIN

午前問題の解き方

令和4年・午前Ⅱ 問7

問7 "商品"表と"商品別売上実績"表に対して，SQL文を実行して得られる売上平均金額はどれか。

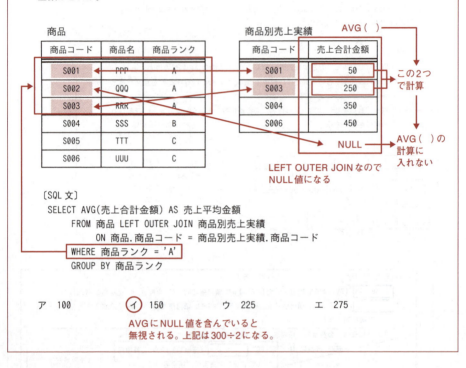

● HAVING 句を使用した GROUP BY 句の使用例

グループ化した結果に対して検索条件を指定したい場合は，HAVING 句の後に条件式を指定する。例えば，次のように，3 行以上の明細行があるものだけを抽出して合計を求めるというような場合に使用する。

【使用例】

受注明細テーブルを受注番号でグループ化して，3 件以上の申し込みがあったものだけ（同一受注番号が 3 行以上のものだけを抽出し），（受注）数量の合計値を求める。

```
SELECT  受注番号, SUM（数量） AS 数量合計
        FROM  受注明細
        GROUP BY  受注番号
        HAVING COUNT（*） >= 3
```

受注明細

受注番号	行	商品コード	数量
00001	01	00002	3
00001	02	00003	2
00001	03	00004	6
00007	01	00002	4
00007	02	00001	2
00007	03	00003	8
00007	04	00005	10
00011	01	00004	12
00011	02	00003	5
00012	01	00001	7
00012	02	00004	9
00012	03	00005	10

→ 11
→ 24
2 行なので，HAVING COUNT(*)>=3 の条件を満たしていない
→ 26

受注番号	数量合計
00001	11
00007	24
00012	26

図：GROUP BY 句の使用例②

試験に出る
①平成 23 年・午前Ⅱ 問 6
②平成 17 年・午前 問 35
③平成 25 年・午前Ⅱ 問 5
④平成 27 年・午前Ⅱ 問 7

HAVING 句は，GROUP BY 句の前後どちらに記述しても構わないし，GROUP BY 句がなくても使用できる（その場合，全件が一つのグループとみなされる）。また WHERE と同じように使えるが，「SUM（金額） > 2000」のように複数の行から得た結果に対する条件式の場合は，WHERE は使えず HAVING のみ使用可能となる

午前問題の解き方

平成 23 年・午前Ⅱ 問 6

問 6　次の SQL 文によって "会員" 表から新たに得られる表はどれか。

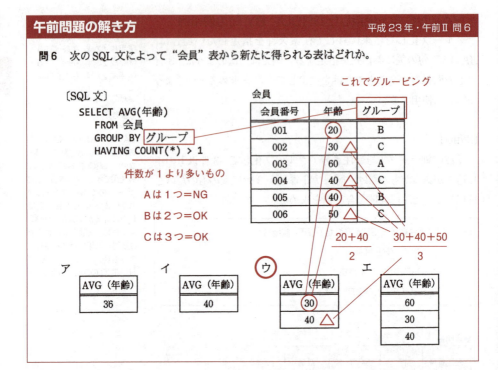

午前問題の解き方

平成17年・午前 問35

問35 "部品"表に対し次のSELECT文を実行したときの結果として，正しいものはどれか。

```
SELECT 部品区分, COUNT(*) AS 部品数, MAX(単価) AS 単価
  FROM 部品 GROUP BY 部品区分 HAVING SUM(在庫量) > 200
```

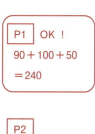

SUMなので合計

P1 OK!
90 + 100 + 50
= 240

P2
30 + 90 + 80
= 200

部品

部品番号	部品区分	単価	在庫量
001	P1	1,500	90
002	P2	900	30
003	P2	950	90
004	P3	2,000	50
005	P1	2,000	100
006	P3	2,500	60
007	P1	1,500	50
008	P2	900	80
009	P3	1,000	40
010	P4	900	80
011	P3	1,500	70
012	P4	950	100

P3 OK!
50 + 60 + 40 + 70
= 220

P4
80 + 100
= 180

件数　　最大の単価

ア

部品区分	部品数	単価
P1	3	2,000
P2	3	1,000

イ（○）

部品区分	部品数	単価
P1	3	2,000
P3	4	2,500

ウ

部品区分	部品数	単価
P2	3	1,000
P4	2	950

エ

部品区分	部品数	単価
P1	3	2,000
P2	3	1,000
P3	4	2,500

Memo

午前問題の解き方

平成 25 年・午前Ⅱ 問 5

問5 "社員" 表から，役割名がプログラマである社員が 3 人以上所属している部門 の部門名を取得する SQL 文はどれか。ここで，実線の下線は主キーを表す。

社員 (<u>社員番号</u>, 部門名, 社員名, 役割名)

ア SELECT 部門名 FROM 社員
　　　GROUP BY 部門名
　　　HAVING COUNT(*) >= 3
　　　WHERE 役割名 = 'プログラマ'

　　　逆

イ SELECT 部門名 FROM 社員
　　　WHERE <u>COUNT(*) >= 3</u> AND 役割名 = 'プログラマ'
　　　GROUP BY 部門名

WHEREの後に続けると，グループごとの件数
ではなく「データ全体が3件以上」という意味
になる

ウ SELECT 部門名 FROM 社員
　　　WHERE <u>COUNT (*) >= 3</u>
　　　GROUP BY 部門名
　　　HAVING 役割名 = 'プログラマ'

(エ) SELECT 部門名 FROM 社員
　　　WHERE 役割名 = 'プログラマ'
　　　GROUP BY 部門名
　　　HAVING COUNT(*) >= 3

HAVINGの正しい使い方

Memo

午前問題の解き方

平成 27 年・午前 II 問 7

問 7 過去 3 年分の記録を保存している "試験結果" 表から，2014 年度の平均点数が 600 点以上となったクラスのクラス名と平均点数の一覧を取得する SQL 文はどれか。ここで，実線の下線は主キーを表す。

試験結果（学生番号，受験年月日，点数，クラス名）

ア SELECT クラス名, AVG(点数) FROM 試験結果　3年分の平均になる！ ダメ！
　　GROUP BY クラス名 HAVING AVG(点数) >= 600　OK！

イ SELECT クラス名, AVG(点数) FROM 試験結果
　　WHERE 受験年月日 BETWEEN '2014-04-01' AND '2015-03-31'
　　GROUP BY クラス名 HAVING AVG(点数) >= 600　OK！

ウ SELECT クラス名, AVG(点数) FROM 試験結果
　　WHERE 受験年月日 BETWEEN '2014-04-01' AND '2015-03-31'
　　GROUP BY クラス名 HAVING 点数 >= 600　平均じゃない！

エ SELECT クラス名, AVG(点数) FROM 試験結果
　　WHERE 点数 >= 600　これも平均じゃない！ グループでもない！
　　GROUP BY クラス名
　　HAVING (MAX(受験年月日)
　　　BETWEEN '2014-04-01' AND '2015-03-31')

Memo

1.1 SELECT

119

1.1.5 整列 （ORDER BY 句）

ORDER BY 句を使って，SELECT 文での問合せ結果を昇順または降順に並べ替えることができる。

● ORDER BY 句の使用例

【使用例 1】

受注明細テーブルを，受注番号ごとにグループ化し，グループ単位で受注数量の合計値を求める。こうして求めた結果は'DESC'を指定しているため，降順で表示される。

```
SELECT 受注番号, SUM （数量） AS 数量合計
    FROM 受注明細
    GROUP BY 受注番号
    ORDER BY 受注番号 DESC  ← 降順を指定
```

【使用例 2】

「ORDER BY 列名」の後に，何も記載しない（省略する）場合，又は ASC を指定した場合は，結果が昇順で表示される。

```
SELECT 受注番号, SUM （数量） AS 数量合計
    FROM 受注明細
    GROUP BY 受注番号
    ORDER BY 受注番号        ← 省略
```

120　　第 1 章　SQL

【使用例3】

　ORDER BY の後に数字と ASC，DESC を付加すると，SELECT
の後に指定した列項目の順番を左側から表すことができる。この
例では「2 ASC」なので，SUM（数量）で並べている（昇順）。
このように，ASC と DESC の前には整数指定が可能である。

```
SELECT 受注番号, SUM (数量)
        FROM 受注明細
        GROUP BY 受注番号
        ORDER BY  2 ASC
```

受注明細

受注番号	行	商品コード	数量	
00001	01	00002	3	⎫
00001	02	00003	2	⎬ 11
00001	03	00004	6	⎭
00007	01	00002	4	⎫
00007	02	00001	2	⎬ 24
00007	03	00003	8	
00007	04	00005	10	⎭
00011	01	00004	12	⎬ 17
00011	02	00003	5	
00012	01	00001	7	⎫
00012	02	00004	9	⎬ 26
00012	03	00005	10	⎭

ASC指定

受注番号	数量合計
00001	11
00011	17
00007	24
00012	26

DESC指定

受注番号	数量合計
00012	26
00007	24
00011	17
00001	11

図：ORDER BY 句の使用例

1.1 SELECT 121

1.1.6 結合（内部結合）

基本構文

構文1：

SELECT *列名*, ・・・

　　　FROM *テーブル名1, テーブル名2*

　　　WHERE *テーブル名1.列名 = テーブル名2.列名*

構文2：

SELECT *列名*, ・・・

　　　FROM *テーブル名1* [INNER] JOIN *テーブル名2*

　　　ON *テーブル名1.列名 = テーブル名2.列名*

SELECT *列名*, ・・・

　　　FROM *テーブル名1* [INNER] JOIN *テーブル名2*

　　　USING (*列名*, ・・・)

列名	テーブル1とテーブル2に同じ列名がある場合，「テーブル1.列名」というように，列名の前にテーブル名を指定する。それ以外は，通常のSELECT文と同じである
テーブル名	テーブル名を指定する
テーブル名1.列名 = テーブル名2.列名	連結キーを指定する。JOINを利用する場合，テーブル名1とテーブル名2で結合する列名が同じ列名ならば，ONではなく，USINGを使って記述することも可能である

　複数の表を組み合わせて，必要とする結果を取り出す操作を結合という。結合は，大別すると内部結合と（後述する）外部結合に分けられるが，ここでは先に内部結合について説明する。

　内部結合では，結合条件で指定した列の値が，両方の表（もしくは結合した全ての表）に存在している行だけを対象として結果を返す。

参考

内部結合は内結合，外部結合は外結合ともいうが，本書では内部結合，外部結合を使う

内部結合をする場合，次のようにいくつかの表記方法がある。

① FROM の後に複数表を定義する。そして，WHERE 句で結合条件を指定する（構文1）。
② INNER JOIN または JOIN と，ON 句，USING 句などで結合条件を指定する（構文2）。
③ 自然結合なら NATURAL JOIN を指定する（ON 句，USING 句は不要）。

● **内部結合と外部結合**

二つの表を結合するときに，結果行の返し方の違いによって，内部結合と外部結合を使い分けることがある。

内部結合は前述の通りだが，外部結合では，いずれか一方に値がありさえすれば結果を返す対象とする。このとき，表名の記述位置によって，**左外部結合**と**右外部結合**に分けられる。例えば「A　外部結合　B」とした場合，左外部結合ではAの値すべてが（対応するBの行がなくても）結果を返す対象になり，右外部結合では，逆にBの値すべてが（対応するAの行がなくても）結果を返す対象となる。また，**全外部結合**を使う場合もある。この外部結合は，右側，左側のいずれか一方に値があれば，それら全てが，結果を返す対象になる。

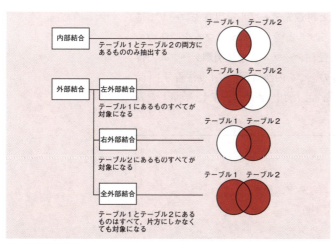

図：結合の種類

【使用例1】 受注テーブルと得意先テーブルを得意先コードで結
合して,「受注番号」「受注日」「得意先名」を表示する。

※ ほかの条件を続けるときは, WHERE 句に AND で続けていく。

※ "受注番号" と "受注日","得意先名" は,いずれも二つの表の中で一意であるため,
その直前の "受注." や "得意先." は省略可能である。

```
SELECT 受注.受注番号, 受注.受注日,得意先.得意先名
        FROM 受注, 得意先
        WHERE 受注.得意先コード = 得意先.得意先コード
```

【使用例2】 受注テーブルと得意先テーブルに別名を指定する。
【使用例1】と同じであるが,受注テーブルには「X」を,
得意先テーブルには「Y」の別名を指定している。

```
SELECT X.受注番号, X.受注日, Y.得意先名
        FROM 受注 X, 得意先 Y
        WHERE X.得意先コード = Y.得意先コード
(又は)
SELECT 受注番号, 受注日, 得意先名
        FROM 受注 X, 得意先 Y
        WHERE X.得意先コード = Y.得意先コード
```

【使用例3】 受注テーブルと得意先テーブルを得意先コードで結
合し, 受注テーブルと受注明細テーブルを受注番号
で結合する。受注テーブルと受注明細テーブル, 得
意先テーブルの三つを内部結合して,「受注番号」「受
注日」「得意先名」「行」「商品コード」「数量」を表
示する。

```
SELECT X.受注番号, X.受注日, Y.得意先名,
        Z.行, Z.商品コード, Z.数量
        FROM 受注 X, 得意先 Y, 受注明細 Z
        WHERE X.得意先コード = Y.得意先コード
        AND X.受注番号 = Z.受注番号
```

受注

受注番号	受注日	得意先コード
00001	20030704	000001
00007	20030705	000003
00011	20030706	000001
00012	20030706	000002

得意先

得意先コード	得意先名	住所	電話番号	担当者コード
000001	A商店	大阪市中央区○○	06-6311-xxxx	101
000002	B商店	大阪市福島区○○	06-6312-xxxx	102
000003	Cスーパー	大阪市北区○○	06-6313-xxxx	104
000004	Dスーパー	大阪市淀川区○○	06-6314-xxxx	106
000005	E商店	大阪市北区○○	06-6315-xxxx	101

使用例1，2

受注番号	受注日	得意先名
00001	20030704	A商店
00007	20030705	Cスーパー
00011	20030706	A商店
00012	20030706	B商店

受注

受注番号	受注日	得意先コード
00001	20030704	000001
00007	20030705	000003
00011	20030706	000001
00012	20030706	000002

得意先

得意先コード	得意先名	住所	電話番号	担当者コード
000001	A商店	大阪市中央区○○	06-6311-xxxx	101
000002	B商店	大阪市福島区○○	06-6312-xxxx	102
000003	Cスーパー	大阪市北区○○	06-6313-xxxx	104
000004	Dスーパー	大阪市淀川区○○	06-6314-xxxx	106
000005	E商店	大阪市北区○○	06-6315-xxxx	101

受注明細

受注番号	行	商品コード	数量
00001	01	00002	3
00001	02	00003	2
00001	03	00004	6
00007	01	00002	4
00007	02	00001	2
00007	03	00003	8
00007	04	00005	10
00011	01	00004	12
00011	02	00003	5
00012	01	00001	7
00012	02	00004	9
00012	03	00005	10

使用例3

受注番号	受注日	得意先名	行	商品コード	数量
00001	20030704	A商店	01	00002	3
00001	20030704	A商店	02	00003	2
00001	20030704	A商店	03	00004	6
00007	20030705	Cスーパー	01	00002	4
00007	20030705	Cスーパー	02	00001	2
00007	20030705	Cスーパー	03	00003	8
00007	20030705	Cスーパー	04	00005	10
00011	20030706	A商店	01	00004	12
00011	20030706	A商店	02	00003	5
00012	20030706	B商店	01	00001	7
00012	20030706	B商店	02	00004	9
00012	20030706	B商店	03	00005	10

図：内部結合

1.1 SELECT

● 結合 (join)

必要とする結果を得るために，複数の表を組み合わせる操作を結合という。

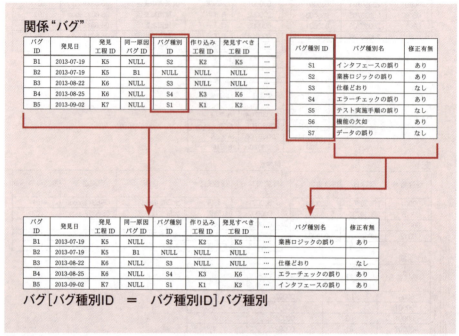

図：結合の例（平成 26 年・午後Ⅰ問 1 をもとに一部を変更）

● 試験で用いられる関係代数演算式の例

演算	式	備考
結合	R[RA　比較演算子　SA]S	RAは関係Rの属性，SAは関係Sの属性を表す。

● SELECT 文との対比

（公式）
```
SELECT  *
FROM  R, S
WHERE  RA  比較演算子  SA
```

⇒

（使用例）
```
SELECT  *
FROM  バグ, バグ種別
WHERE  バグ.バグ種別ID＝バグ種別.
        バグ種別ID
```

● 等結合と自然結合

結合には，**等結合**と**自然結合**がある。等結合も自然結合も，結合条件となる列で"等しい"ものを対象とする結合方式だが，等結合では結合列が重複して保持されるのに対し，自然結合では結合列の重複は取り除かれる（図参照）。

下図は，等結合と自然結合を比較した例である。"商品"と"納品"の2表を，商品番号で結合した場合，等結合では双方の商品番号列が重複表示されているのに対し，自然結合では左側の表（商品）の商品番号列を最初に，左側の表（商品）の列，右側の表（納品）の列がそれぞれ続くが，商品番号については重複表示しない。

試験に出る

等結合
平成27年・午前Ⅱ 問10
平成20年・午前 問28
平成18年・午前 問25

自然結合
平成22年・午前Ⅱ 問13
平成19年・午前 問27
平成17年・午前 問28

図：等結合と自然結合の例（平成27年・午前Ⅱ問10を元に作成）

1.1 SELECT   127

1.1.7　結合（外部結合）

左外部結合

SELECT 列名, ・・・

　　FROM テーブル名1 LEFT [OUTER] JOIN テーブル名2

　　ON テーブル名1.列名 = テーブル名2.列名

SELECT 列名, ・・・

　　FROM テーブル名1 LEFT [OUTER] JOIN テーブル名2

　　USING (列名, ・・・)

右外部結合

SELECT 列名, ・・・

　　FROM テーブル名1 RIGHT [OUTER] JOIN テーブル名2

　　ON テーブル名1.列名 = テーブル名2.列名

全外部結合

SELECT 列名, ・・・

　　FROM テーブル名1 FULL [OUTER] JOIN テーブル名2

　　ON テーブル名1.列名 = テーブル名2.列名

列名	テーブル1とテーブル2に同じ列名がある場合,「テーブル1.列名」というように, 列名の前にテーブル名を指定する。それ以外は, 通常のSELECT文と同じである
テーブル名	テーブル名を指定する
テーブル名1. 列名 = テーブル名2. 列名	連結キーを指定する。JOINを利用する場合, テーブル名1とテーブル名2で結合する列名が同じ列名の場合, ONではなく, USINGを使って記述することも可能である。上記の例では, 左外部結合だけ記述しているが, 右外部結合でも, 全外部結合でもUSINGは同じように使用可能である

二つの表を結合するとき，内部結合では結合条件で指定した値が両方の表にあるものだけを対象としていたが，外部結合では，いずれか一方に値がなくても対象となる。

このとき，表名の記述位置が重要で，「A　外部結合　B」の場合，左外部結合ではAの値すべてが（対応するBの行がなくても）対象になり，右外部結合では，逆にBの値すべてが（対応するAの行がなくても）対象となる。全外部結合では，いずれか一方に値があればすべて対象になる。

試験に出る
左外部結合
①平成30年・午前Ⅱ 問8
②平成18年・午前 問32
　平成16年・午前 問32
③令和03年・午前Ⅱ 問8
　平成31年・午前Ⅱ 問11

試験に出る
午後Ⅰ・午後Ⅱで頻出

受注

受注番号	受注日	得意先コード
00001	20030704	000001
00007	20030705	000003
00008	20030706	000007
00011	20030706	000001
00012	20030706	000002
00013	20030707	000009

得意先

得意先コード	得意先名	住所	電話番号	担当者コード
000001	A商店	大阪市中央区○○	06-6311-xxxx	101
000002	B商店	大阪市福島区○○	06-6312-xxxx	102
000003	Cスーパー	大阪市北区○○	06-6313-xxxx	104
000004	Dスーパー	大阪市淀川区○○	06-6314-xxxx	106
000005	E商店	大阪市北区○○	06-6315-xxxx	101

```
SELECT X.受注番号, X.受注日, Y.得意先名
  FROM (受注 X LEFT JOIN 得意先 Y
    ON  X.得意先コード = Y.得意先コード)
```

受注番号	受注日	得意先名
00001	20030704	A商店
00007	20030705	Cスーパー
00008	20030706	－
00011	20030706	A商店
00012	20030706	B商店
00013	20030707	－

```
SELECT X.受注番号, X.受注日, Y.得意先名
  FROM (受注 X RIGHT JOIN 得意先 Y
    ON  X.得意先コード = Y.得意先コード)
```

受注番号	受注日	得意先名
00001	20030704	A商店
00011	20030706	A商店
00012	20030706	B商店
00007	20030705	Cスーパー
－	－	Dスーパー
－	－	E商店

```
SELECT X.受注番号, X.受注日, Y.得意先名
  FROM (受注 X FULL JOIN 得意先 Y
    ON  X.得意先コード = Y.得意先コード)
```

受注番号	受注日	得意先名
00001	20030704	A商店
00007	20030705	Cスーパー
00008	20030706	－
00011	20030706	A商店
00012	20030706	B商店
00013	20030707	－
－	－	Dスーパー
－	－	E商店

図：外部結合

3 表以上の外部結合

内部結合や外部結合によって三つ以上の表を結合する場合がある。このとき JOIN を使う場合，下記のようになる。

【左外部結合で三つ以上の表を結合させる場合】

```
SELECT 列名，・・・
    FROM テーブルA
        LEFT OUTER JOIN テーブルB ON 結合条件
        LEFT OUTER JOIN テーブルC ON 結合条件
        LEFT OUTER JOIN テーブルD ON 結合条件
```

> **試験に出る**
> **3 表以上の外部結合**
> 下記の問題では 3 表以上の外部結合の SQL 文が出題されている。このとき，テーブル名を指定する部分で SELECT 文が記述されているため一見複雑に見えるが，SELECT 文を一つの表として整理していくと理解しやすい
> ①令和 04 年・午後II問 6
> ②平成 17 年・午後I
> ③平成 16 年・午後I

午前問題の解き方
平成 30 年・午前II 問 8

問8　"部品"表から，部品名に 'N11' が含まれる部品情報（部品番号，部品名）を検索する SQL 文がある。この SQL 文は，検索対象の部品情報のほか，対象部品に親部品番号が設定されている場合は親部品情報を返し，設定されていない場合は NULL を返す。a に入れる字句はどれか。ここで，実線の下線は主キーを表す。

部品（部品番号，部品名，親部品番号）

〔SQL 文〕
```
SELECT B1.部品番号, B1.部品名,
    B2.部品番号 AS 親部品番号, B2.部品名 AS 親部品名
        FROM 部品 [    a    ]
        ON B1.親部品番号 = B2.部品番号
    WHERE B1.部品名 LIKE '%N11%'
```

- ア　B1 JOIN 部品 B2　← ────── NULL を返すので内部結合は NG
- **イ**　B1 LEFT OUTER JOIN 部品 B2　← B1 側が全部
- ウ　B1 RIGHT OUTER JOIN 部品 B2 ┐ B2 側をメインにはできない
- エ　B2 LEFT OUTER JOIN 部品 B1 ┘

Memo

午前問題の解き方

平成18年・午前 問32

問32 "商品"表と"売上明細"表に対して，次のSQL文を実行した結果の表として，正しいものはどれか。ここで，結果の表中の"—"は，値がナルであることを示す。

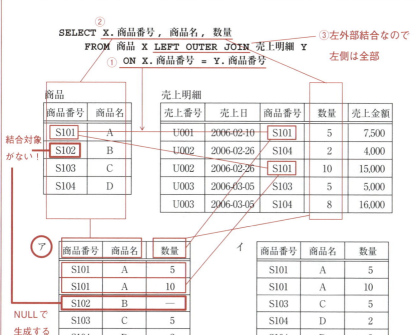

午前問題の解き方

令和3年・午前Ⅱ 問8

問8 "社員取得資格"表に対し，SQL文を実行して結果を得た。SQL文のaに入れる字句はどれか。

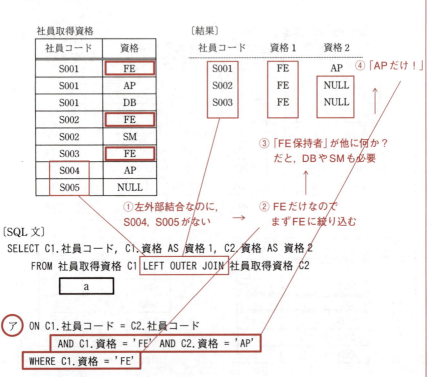

午前問題の解き方

令和4年・午前Ⅱ 問6

問6 "文書"表,"社員"表から結果を得る SQL 文の a に入れる字句はどれか。

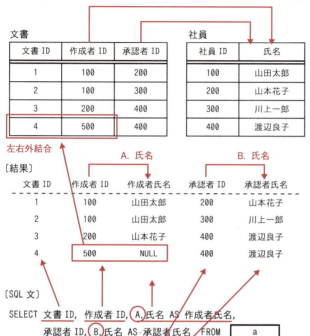

[SQL 文]
SELECT 文書ID, 作成者ID, A.氏名 AS 作成者氏名,
　　　　承認者ID, B.氏名 AS 承認者氏名 FROM 　a　

- ㋐ 文書 LEFT OUTER JOIN 社員 A ON 文書.作成者ID = A.社員ID
　　　　　LEFT OUTER JOIN 社員 B ON 文書.承認者ID = B.社員ID
- イ 文書 ~~RIGHT OUTER JOIN~~ 社員 A ON 文書.作成者ID = A.社員ID
　　　　~~RIGHT OUTER JOIN~~ 社員 B ON 文書.承認者ID = B.社員ID
　　　　　　　　　　　　　　　　　　右外部結合じゃない
- ウ 文書, 社員 A, ~~社員 B~~
　　　~~LEFT OUTER JOIN~~ 社員 A ~~ON 文書.作成者ID = A.社員ID~~
　　　~~LEFT OUTER JOIN~~ 社員 B ~~ON 文書.承認者ID = B.社員ID~~
　　　　　　　　　　　　　　　　　　社員Bと社員Aを?
- エ 文書, 社員 A, 社員 B
　　　　WHERE 文書.作成者ID = A.社員ID AND 文書.承認者ID = B.社員ID
　　　　内部結合じゃない

Memo

● 自己結合

```
SELECT X.会員名, Y.会員名 AS 上司の名前
        FROM 会員 X, 会員 Y
        WHERE X.上司会員番号 = Y.会員番号
```

試験に出る
①平成17年・午前 問34
②平成21年・午前Ⅱ 問6

　自己結合とは，一つの表に対して，二つの別名を使うことによって，（あたかも別々の）二つの表を結合したのと同じ結果を得る結合方法のことである。

会員

会員番号	会員名	・・・	上司会員番号
0001	田中		0004
0002	鈴木		0005
0003	山本	省略	0005
0004	内田		0004
0005	菅山		0005

会員（別名　X）

会員番号	会員名	・・・	上司会員番号
0001	田中		0004
0002	鈴木		0005
0003	山本	省略	0005
0004	内田		0004
0005	菅山		0005

会員（別名　Y）

会員番号	会員名	・・・	上司会員番号
0001	田中		0004
0002	鈴木		0005
0003	山本	省略	0005
0004	内田		0004
0005	菅山		0005

別名:上司の名前

会員番号	会員名	・・・	上司会員番号	会員名
0001	田中		0004	内田
0002	鈴木		0005	菅山
0003	山本	省略	0005	菅山
0004	内田		0004	内田
0005	菅山		0005	菅山

※このうち，「会員名」と「上司の名前」が表示される。

図：自己結合

　このSELECT文の実行結果は，左の表の「会員名」と，右の表の「会員名」（別名で「上司の名前」）が表示される。

1.1 SELECT　135

午前問題の解き方

平成 17 年・午前 問 34

問34 "会員"表に対し次の SQL 文を実行した結果として，正しいものはどれか。

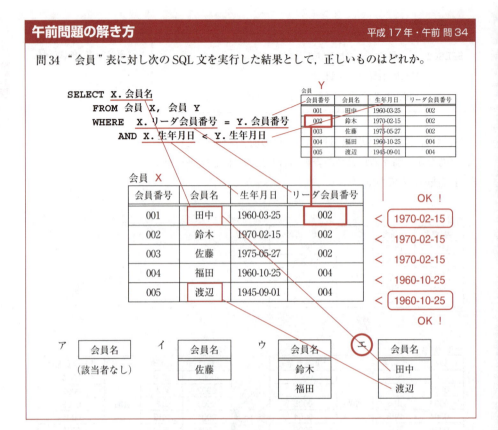

午前問題の解き方

平成21年・午前Ⅱ 問6

問6 複数の事業部，部，課及び係のような組織階層の概念データモデルを，第3正規形の表，

　　　　組織（<u>組織ID</u>，組織名，…）

として実装した。組織の親子関係を表示するSQL文中のaに入れるべき適切な字句はどれか。ここで，"組織"表記述中の下線部は，主キーを表し，追加の属性を想定する必要がある。また，モデルの記法としてUMLを用いる。{階層}は組織の親子関係が循環しないことを指示する制約記述である。

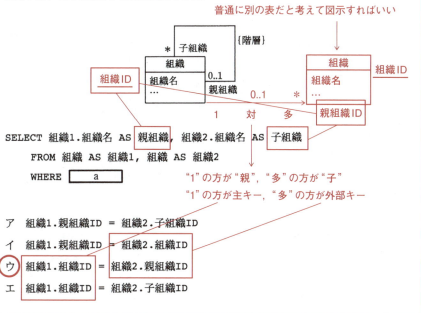

```
SELECT 組織1.組織名 AS 親組織, 組織2.組織名 AS 子組織
    FROM 組織 AS 組織1, 組織 AS 組織2
    WHERE     a
```

ア　組織1.親組織ID ＝ 組織2.子組織ID
イ　組織1.親組織ID ＝ 組織2.組織ID
ウ　組織1.組織ID ＝ 組織2.親組織ID
エ　組織1.組織ID ＝ 組織2.子組織ID

Memo

1.1.8 和・差・直積・積・商

● 和（SQL = "UNION", 記法 = "∪"）

和（演算）は，"R" と "S" のOR演算を意味する。**和両立**の場合のみ**成立**する演算で，SQL文では，UNIONを用いて表現する。

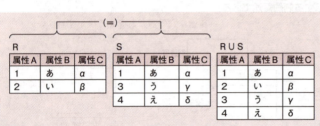

図：和

● SQL文の例

東京商店にある商品の商品番号と，大阪商店にある商品の商品番号との"和"を表示するSQL。

<重複行は一つにまとめる：図の例>

 SELECT　商品番号　FROM　東京商店
 UNION
 SELECT　商品番号　FROM　大阪商店

<重複行も，その行数分そのまま抽出する>

 SELECT　商品番号　FROM　東京商店
 UNION ALL
 SELECT　商品番号　FROM　大阪商店

※上記の図の例でUNION ALLにすると，結果は右のようになる。

R∪S

属性A	属性B	属性C
1	あ	α
1	あ	α
2	い	β
3	う	γ
4	え	δ

試験に出る
①平成28年・午前Ⅱ 問15
②平成23年・午前Ⅱ 問7
　平成19年・午前 問26

用語解説

和両立
図に示したように，二つのリレーションの構造がすべて一致すること。具体的には，①属性の数が同じ（次数が同じ）で，②各属性の並びとタイプが同じ（対応する属性のドメインが等しい）こと。

試験に出る
①令和03年・午前Ⅱ 問11
②令和04年・午前Ⅱ 問9

用語解説

t ∈ R
「tは集合Rの要素である」ということを表す表記

参考

二つのSELECT文の結果を"マージ"すると言った方がわかりやすいかもしれない

参考

"UNION"だけだと，DISTINCTが省略されている形になり重複行は省かれる。"UNION ALL"とすると，重複行もそのまま抽出される

午前問題の解き方

平成 28 年・午前 II 問 15

問15 関係 A と B に対して和集合演算が成立するための必要十分条件はどれか。

- ア 同じ属性名でドメインが等しい属性が含まれている。
- **イ** 次数が同じで，対応する属性のドメインが等しい。
- ウ キー属性のドメインが等しい。
- エ 濃度（タプル数）が同じで，ドメインが等しい属性が少なくとも一つ存在する。

属性の数　　　　並びとタイプ

午前問題の解き方

平成 23 年・午前 II 問 7

問7 地域別に分かれている同じ構造の三つの商品表，"東京商品"，"名古屋商品"，"大阪商品" がある。次の SQL 文と同等の結果が得られる関係代数式はどれか。ここで，三つの商品表の主キーは "商品番号" である。また，X−Y は X から Y の要素を除いた差集合を表す。

②大阪商品にあるもの

```
SELECT * FROM 大阪商品
    WHERE 商品番号 NOT IN (SELECT 商品番号 FROM 東京商品)
UNION                       ①東京商品にはなく，
SELECT * FROM 名古屋商品  ④名古屋商品にあるもの
    WHERE 商品番号 NOT IN (SELECT 商品番号 FROM 東京商品)
                            ③東京商品にはなく，
```

- ア （大阪商品 ∩ 名古屋商品）− 東京商品　　大阪，名古屋の両方にあって東京に無い＝×
- **イ** （大阪商品 ∪ 名古屋商品）− 東京商品　　大阪か名古屋にあって東京に無い＝これ
- ウ 東京商品 −（大阪商品 ∩ 名古屋商品）　東京にある・・・×
- エ 東京商品 −（大阪商品 ∪ 名古屋商品）　東京にある・・・×

午前問題の解き方

令和 3 年・午前 II 問 11

問11 関係 R，S に次の演算を行うとき，R と S が和両立である**必要のないもの**はどれか。

＝構造が同じでなくてもいいもの

- ア 共通集合
- イ 差集合
- **ウ** 直積
- エ 和集合

これも同じでないと…　同じでないと引けない　　同じでないと足せない
　　　　　　　　　　　　　　　　　　　　　　　＝UNION

1.1 SELECT　　139

午前問題の解き方

令和4年・午前Ⅱ 問9

問9 SQL文1とSQL文2を実行した結果が同一になるために，表Rが満たすべき必要十分な条件はどれか。

〔SQL文1〕
SELECT * FROM R UNION SELECT * FROM R

〔SQL文2〕
SELECT * FROM R

ア　値にNULLをもつ行は存在しない。
イ　行数が0である。
ウ　重複する行は存在しない。
エ　列数が1である。

UNIONだけだと重複行は1つにまとめるので…
Rに重複行があると，そこはまとめられてしまう。

元のRと異なる

顧客	月間売上
Aさん	200
Bさん	150
Cさん	140
Dさん	140

R
顧客	月間売上
Aさん	200
Aさん	200
Bさん	150
Cさん	140
Dさん	140

UNION

R
顧客	月間売上
Aさん	200
Aさん	200
Bさん	150
Cさん	140
Dさん	140

このように重複行（Aさん，200）があると…

● 差（SQL = "EXCEPT"，記法 = "−"）

差（演算）は，RとSの差分を意味する。RからSと共通のもの（Sにも属するもの）を取り去る演算である。

R		
属性A	属性B	属性C
1	あ	α
2	い	β

S		
属性A	属性B	属性C
1	あ	α
3	う	γ
4	え	δ

R−S		
属性A	属性B	属性C
2	い	β

図：差

● SQL文の例

東京商店にある商品のうち，大阪商店にも存在している商品を除いた商品の商品番号を表示するSQL。

```
SELECT 商品番号 FROM 東京商店
EXCEPT
SELECT 商品番号 FROM 大阪商店
```

試験に出る
①令和03年・午前Ⅱ 問6
②平成23年・午前Ⅱ 問5

SQLではEXCEPTに相当する。WHERE句内のNOT EXISTSやNOT INを用いてEXCEPTと同等の操作を行うこともできる

UNIONと同じくEXCEPTだけならDISTINCTが省略されている形になり重複行は取り除かれる。"EXCEPT ALL"にすれば重複行も抽出される。

午前問題の解き方　　　　　　　　　　　令和3年・午前Ⅱ 問6

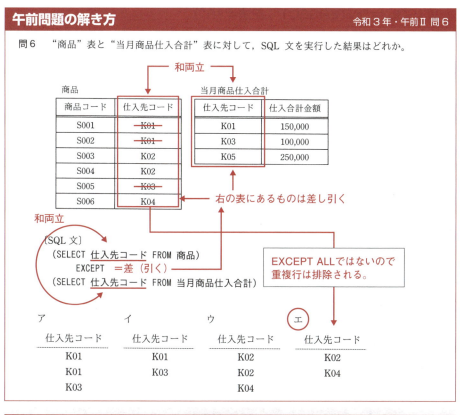

午前問題の解き方　　　　　　　　　　　平成23年・午前Ⅱ 問5

R表にだけある"社員"を抽出

問5 "社員番号"と"氏名"を列としてもつR表とS表に対して、差(R－S)を求める SQL文はどれか。ここで、R表とS表の主キーは"社員番号"であり、"氏名"は "社員番号"に関数従属する。

ア　SELECT R.社員番号, S.氏名 FROM R, S
　　　　　　WHERE R.社員番号 <> S.社員番号　　これはどっちか片方だけの社員やな

イ　SELECT 社員番号, 氏名 FROM R
　　　　　　UNION SELECT 社員番号, 氏名 FROM S　　どっちかにいる社員やな

ウ　SELECT 社員番号, 氏名 FROM R
　　　　　　WHERE NOT EXISTS (SELECT 社員番号 FROM S
　　　　　　　　　　WHERE R.社員番号 = S.社員番号)　　Sには存在しないRの社員

エ　SELECT 社員番号, 氏名 FROM S
　　　　　　WHERE S.社員番号 NOT IN (SELECT 社員番号 FROM R
　　　　　　　　　　WHERE R.社員番号 = S.社員番号)　　逆やな

1.1 SELECT　　141

● 積（SQL = "INTERSECT"，記法= "∩"）

積（演算）は，"R" と "S" の AND 演算を意味する。共通演算ともいう。SQL 文では INTERSECT を用いて表現する。これも和両立の場合のみ成立する。

R				S				R∩S		
属性A	属性B	属性C		属性A	属性B	属性C		属性A	属性B	属性C
1	あ	α		1	あ	α		1	あ	α
2	い	β		3	う	γ				
				4	え	δ				

図：積

● SQL 文の例

東京商店と大阪商店のどちらにも存在している商品の商品番号を表示する SQL。

SELECT　商品番号　FROM　東京商店
INTERSECT
SELECT　商品番号　FROM　大阪商店

試験に出る
令和04年・午前Ⅱ 問10
平成31年・午前Ⅱ 問12
平成29年・午前Ⅱ 問12
平成21年・午前Ⅱ 問8

「積」は「共通」ともいう

後述する差を使って積を表現することもできる。そのため積はプリミティブな演算セットには含まれない

R∩S＝R−（R−S）

"UNION"，"EXCEPT" 同様，INTERSECT だけなら DISTINCT が省略される形で重複行は省略 ALL を指示すると重複行も抽出される。但し，ベンダによっては ALL が使えないこともある

午前問題の解き方　　　　　　　令和4年・午前Ⅱ 問10

←RとSの構造が全く一緒
※選択肢それぞれでベン図を書くとすぐわかる

問10　和両立である関係 R と S がある。R∩S と等しいものはどれか。ここで，−は差演算，∩は共通集合演算を表す。

ア　(R−S)−(S−R)　　　　　イ　R−(R−S)
ウ　R−(S−R)　　　　　　　エ　S−(R−S)

● 直積

　RとSの直積演算とは，Rのタプルとsのタプルのすべての組合せのことである。

試験に出る
①令和02年・午前Ⅱ 問9
　平成28年・午前Ⅱ 問12
　平成20年・午前 問27
　平成18年・午前 問24
　平成16年・午前 問25
②令和04年・午前Ⅱ 問11
　平成30年・午前Ⅱ 問9
　平成26年・午前Ⅱ 問9
　平成19年・午前 問29

R

属性A	属性B
1	あ
2	い

S

属性C	属性D
α	安
β	伊
γ	宇

R×S

属性A	属性B	属性C	属性D
1	あ	α	安
1	あ	β	伊
1	あ	γ	宇
2	い	α	安
2	い	β	伊
2	い	γ	宇

図：直積

　別の言い方をすると，二つの関係（上記の例だとRとS）から，任意のタプルを1個ずつ取り出して連結したタプルの集合になる。

午前問題の解き方

令和2年・午前Ⅱ 問9

問9　関係代数における直積に関する記述として，適切なものはどれか。

　　　　　　　　　　　　　　　　　　　　　　　　　それ選択やがな！

ア　ある属性の値に付加した条件を満たす全てのタプルの集合である。

イ　ある一つの関係の指定された属性だけを残して，他の属性を取り去って得られる属性の集合である。　　　　　　　　　　それ射影やがな！

ウ　二つの関係における，あらかじめ指定されている二つの属性の2項関係を満たす全てのタプルの組合せの集合である。　　　　　それ結合やがな！

(エ)　二つの関係における，それぞれのタプルの全ての組合せの集合である。

午前問題の解き方

令和4年・午前Ⅱ 問11

問11　関係R, Sの等結合演算は，どの演算によって表すことができるか。

　　　　　　　　　　　　　　　　　　　　　　　　覚えよう！

　　　　　　　　　　　　　　　　　　　　　　　等結合は
　　　　　　　　　　　　　　　　　　　　　　　直積と選択

ア　共通　　　　　　　　　　　　　イ　差

ウ　直積と射影と差　　　　　　　(エ)　直積と選択

1.1　SELECT　　143

● 商 (division)

　リレーションR，S，Tの間にS×T＝Rが成立するとき，RとSの商演算R÷S＝Tが成立する。直積は四則演算の掛け算に相当し，商演算は割り算に相当する。

R		
属性A	属性B	属性X
1	111	あ
2	222	あ
1	111	い
2	222	い
1	111	う
2	222	う

S	
属性A	属性B
1	111
2	222

R÷S=T
属性X
あ
い
う

図：商①

> **試験に出る**
> ①平成27年・午前Ⅱ 問9
> 　平成25年・午前Ⅱ 問12
> 　平成20年・午前 問26
> 　平成17年・午前 問29
> ②平成23年・午前Ⅱ 問9
> 　平成19年・午前 問28
> ③平成24年・午前Ⅱ 問10

> **試験に出る**
> 商演算の結果が，業務要件を満たさない理由
> 　平成17年・午後Ⅰ 問1

　割り算には余りが出ることがある。集合Qを余りに見立て，RとQの和集合Pを作る（P＝Q∪R＝Q∪(S×T)）。このとき，PとSの商演算P÷S＝Tが成立する。

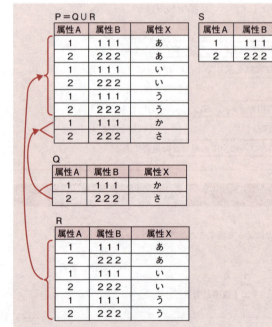

図：商②

第1章 SQL

午前問題の解き方

平成 27 年・午前 II 問 9

問 9 関係 R と S において，R÷S の関係演算結果として，適切なものはどれか。ここで，÷ は除算を表す。　イメージで説明すると，
① 割る数 "S" のパターンが，割られる数 "R" の中にあり，
② その残りの属性が行単位で同じものなら OK！

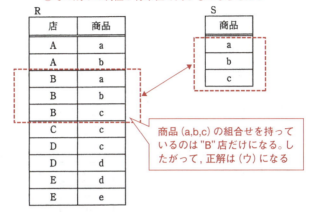

商品 (a,b,c) の組合せを持っているのは "B" 店だけになる。したがって，正解は（ウ）になる

午前問題の解き方

平成23年・午前Ⅱ 問9

問9 関係Rと関係Sから，関係代数演算R÷Sで得られるものはどれか。ここで，÷は商の演算を表す。

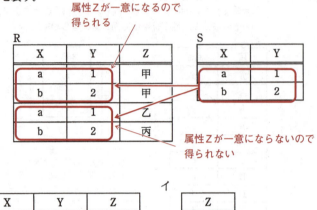

午前問題の解き方

平成24年・午前Ⅱ 問10

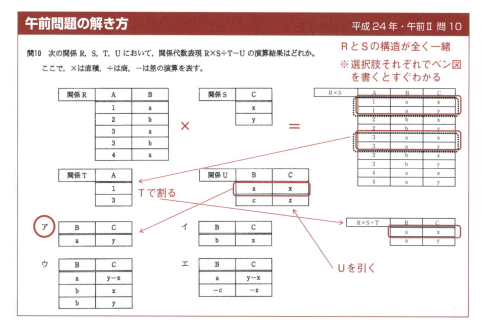

1.1.9 副問合せ

代表的構文

```
SELECT 列名，・・・         ←主問合せ
    FROM テーブル名
    WHERE 取り出す条件 (SELECT～)  ←副問合せ
```

列名	通常の SELECT 文と同じ
テーブル名	テーブル名を指定する
取り出す条件	＜単一行副問合せ：副問合せの結果が単一の場合＞ ● 列名　比較演算子：列名で指定した列と結果とを比較する ＜複数行副問合せ：副問合せの結果が複数の場合＞ ● 列名　IN：副問合せの結果が条件となる ● 列名　比較演算子 ALL：副問合せのすべての結果と比較して，すべてよりも（大きい，小さいなど） ● 列名　比較演算子 SOME：副問合せの結果のいずれか一つよりも（大きい，小さいなど） ● 列名　比較演算子 ANY：SOME と同じ意味

　副問合せとは，SELECT 文，INSERT 文，DELETE 文などの SQL 文の中に，さらに別の SELECT 文を含んでいる問合せのことをいう。よく使われるのが，SELECT 文の WHERE 条件句に SELECT 文を指定するケースである。このケースでは，いったん WHERE 内の括弧で括られた SELECT 文（この部分を副問合せという）が実行された後, その結果に対して外側の SELECT 文（主問合せ）が実行される。

> **試験に出る**
> ①平成 24 年・午前Ⅱ 問 11
> ②平成 17 年・午前 問 37
> ③平成 19 年・午前 問 34
>
> **試験に出る**
> 平成 20 年・午後Ⅰ 問 3

参考

「副問合せの結果が，単一なのか複数なのか」という点は十分チェックしなければならない。過去の出題でも，SQL の構文エラーを答えさせる問題で，副問合せで複数行が返されるにもかかわらず，「>」や「=」など単一の場合のみ使える比較演算子を使っているケースが出題されている

●副問合せの使用例

【使用例】 担当者：三好康之（担当者コード：101）の受注を調べる

```
SELECT 受注番号, 受注日
    FROM 受注
    WHERE 得意先コード IN (SELECT 得意先コード
                          FROM 得意先
                          WHERE 担当者コード = '101')
```

> 参考
>
> 副問合せは，WHERE句の中だけではなく，SELECT文のFROM句の中で使用したり，HAVING句，UPDATE文のSET句及びWHERE句，DELETE文のWHERE句などでも指定することが可能である

① まず，INの中にある内側の問合せが評価される。

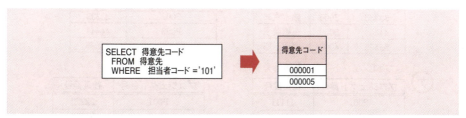

図：副問合せ使用例①

② 次に，外側の問合せが評価される。

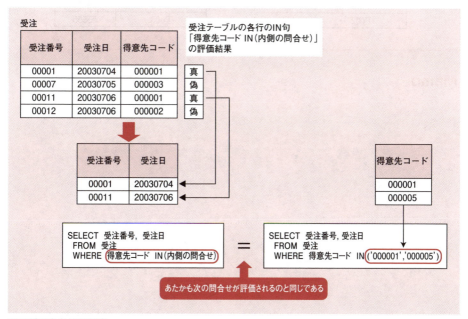

図：副問合せ使用例②

午前問題の解き方

平成 24 年・午前 II 問 11

問11 "社員"表と"プロジェクト"表に対して，次の SQL 文を実行した結果はどれか。

SELECT プロジェクト番号, 社員番号 FROM プロジェクト
WHERE 社員番号 IN

①最初に実行 (SELECT 社員番号 FROM 社員 WHERE 部門 <= '2000')

②これが抽出

③抽出した社員番号と同じ社員番号

社員

社員番号	部門	社員名
11111	1000	佐藤一郎
22222	2000	田中太郎
33333	3000	鈴木次郎
44444	3000	高橋美子
55555	4000	渡辺三郎

プロジェクト

プロジェクト番号	社員番号
P001	11111
P001	22222
P002	33333
P002	44444
P003	55555

④プロジェクト番号, 社員番号を抽出

ア

プロジェクト番号	社員番号
P001	11111
P001	22222

イ

プロジェクト番号	社員番号
P001	22222
P002	33333

ウ

プロジェクト番号	社員番号
P002	33333
P002	44444

エ

プロジェクト番号	社員番号
P002	44444
P003	55555

Memo

午前問題の解き方
平成17年・午前 問37

問37 二つの表"納品","顧客"に対する次のSQL文と同じ結果が得られるSQL文はどれか。

②その顧客番号，顧客名を抽出

```
SELECT 顧客番号 , 顧客名 FROM 顧客
    WHERE 顧客番号 IN
    (SELECT 顧客番号 FROM 納品
        WHERE 商品番号 = 'G1')
```

①商品番号'G1'を納入した顧客を抽出

納品

商品番号	顧客番号	納品数量

顧客

顧客番号	顧客名

ア　SELECT 顧客番号 , 顧客名 FROM 顧客
　　　　WHERE 'G1' IN (SELECT 商品番号 FROM 納品)

商品番号を抽出？顧客との接点なし

イ　SELECT 顧客番号 , 顧客名 FROM 顧客
　　　　WHERE 商品番号 IN　　"顧客"には商品番号がない
　　　　(SELECT 商品番号 FROM 納品
　　　　WHERE 商品番号 = 'G1')

ウ　SELECT 顧客番号 , 顧客名 FROM 納品 , 顧客
　　　　WHERE 商品番号 = 'G1'　複数表の場合，結合条件が必要。
　　　　　　　　　　　　　　　　　それがない

エ　SELECT 顧客番号 , 顧客名 FROM 納品 , 顧客
　　　　WHERE 納品 . 顧客番号 = 顧客 . 顧客番号 AND 商品番号 = 'G1'
　　　　　　　　結合条件

Memo

1.1 SELECT　　　151

午前問題の解き方

平成 19 年・午前 問 34

問34 T1表とT2表が，次のように定義されているとき，次のSELECT文と同じ検索結果が得られるSELECT文はどれか。

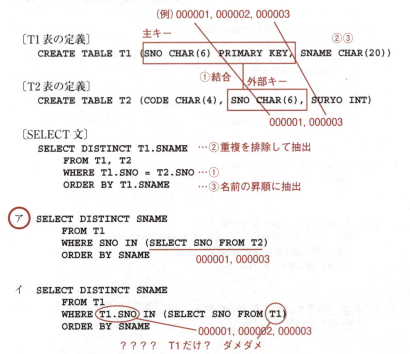

コラム WITH 句

　最近，WITH 句を使っている問題をよく見かける。平成 31 年度午後Ⅱ問 1，令和 2 年度午後Ⅱ問 1，令和 3 年午後Ⅰ問 3 などだ。毎年のように使われている。そんな WITH 句は，当該 SQL 文を実行している間だけ一時的に利用できるテーブル（一時テーブルや一時表，インラインビューなどという）を作成するためのもの。要するに，副問合せに名前を付けて使用するイメージだ。基本的な構文は次のようになる。

WITH 一時表名 AS（SELECT 文（①））←　**一時表**
SELECT 文（②）← **後続の SELECT 文等で，その一時表を活用する。**

　ちょうど **"CREATE VIEW"** と同じような感じで，WITH の直後に一時表の名前を定義して，その後に SELECT 文（①）で抽出した内容で一時表を構成する。一時表には，これもビューと同様に，一時表名の後に（列名，列名，…　）というように特定の列名を定義することもできる。そして，SELECT 文（②）で，WITH 句で定義した一時表を他の表と結合するなどして使うのが一般的な使い方になる。以下は，令和 3 年午後Ⅰ問 3 のシンプルな例になる。

　　"TEMP"という名前の副問合せ。属性 'TOTAL' を持つ

WITH TEMP (TOTAL) AS (SELECT COUNT(*) FROM 物件)
　　　　　　　　　　　　　その 'TOTAL' は，"物件"の総行数

SELECT 沿線, FLOOR (COUNT(*) * 100 / TOTAL)
　　FROM 物件 CROSS JOIN TEMP ◄
　　WHERE エアコン = 'Y' AND オートロック = 'Y'　　**後続のSELECT文で，普通に一つのテーブルやビューのように活用している。**
　　GROUP BY 沿線, TOTAL

　また，平成 31 年午後Ⅱ問 1 では **"WITH RECURSIVE"** が使われている。**"リカーシブ"** という名称からも想像できるとおり再帰問合せで使用する。基本的な構文は次のようになる。

WITH RECURSIVE 一時表名 AS
(SELECT 文（①）UNION ALL SELECT 文（②）)
SELECT 文（③）

　SELECT 文（①）は，最初の 1 回目の実行をする初期化用の SELECT 文になる。そして UNION ALL を挟む形で再帰呼び出し用の SELECT 文を続ける（SELECT 文（②））。そして，最終的に SELECT 文（③）で，当該再帰問合せの結果が格納されている一時表を用いた処理をする。

1.1 SELECT　　153

1.1.10 相関副問合せ

基本構文

※存在チェックに限定

SELECT *列名*, …

　　FROM *テーブル名1*

　　WHERE EXISTS　　　(SELECT *

　　　　　　NOT EXISTS　　　　FROM *テーブル名2*

　　　　　　　　　　　　　　　WHERE *テーブル名2. 列名＝テーブル名1. 列名*)

※存在チェックの基本構文

主問合せ（外側）	列名	SELECT 文に同じ 抽出したい列名を指定
	テーブル名	抽出する側のテーブル名を指定
	条件式	EXISTS（副問合せ）：副問合せの結果存在している NOT EXISTS（副問合せ）：副問合せの結果存在していない ※ここでは割愛しているが，他に IN や比較演算子も可能 　（後述の午前問題参照）
副問合せ（内側）	列名	存在チェックの場合通常は "*"
	テーブル名	チェック対象のテーブル名を指定
	条件式	WHERE 以下には，主問合せ（外側）と副問合せ（内側）で結合する条件式を書く。

　相関副問合せは，EXISTS（もしくは NOT EXISTS）を使った存在チェックで利用することが多い（そのため基本構文もそこに限定している）。最大の特徴は，外側のテーブルと内側のテーブルを特定の列で結合しているところ（内側の SELECT 文のWHERE 以下に記述）。これにより，通常の副問合せのように，「①副問合せを実行，②主問合せを実行」するのではなく，1 行ずつ処理していく。

試験に出る

①平成 22 年・午前Ⅱ 問 14
　平成 17 年・午前 問 36
②令和 04 年・午前Ⅱ 問 8
　令和 02 年・午前Ⅱ 問 8
　平成 30 年・午前Ⅱ 問 5
③令和 04 年・午前Ⅱ 問 12
　令和 02 年・午前Ⅱ 問 10
　平成 30 年・午前Ⅱ 問 10
　平成 26 年・午前Ⅱ 問 10
　平成 23 年・午前Ⅱ 問 11
　平成 19 年・午前 問 35
④平成 26 年・午前Ⅱ 問 16
⑤平成 27 年・午前Ⅱ 問 11

【使用例】 担当者コードが'101'の顧客の（顧客として存在していて）受注分を抽出して，受注番号と受注日を表示する。

参考

使用例のようにEXISTS句を使う場合，副問合せのSELECT文では，該当データが存在するかどうかという結果のみが必要なため，副問合せのSELECT文の列名のところは，一般的に「*」を使用する

① まず，主問合せ（外側のSELECT文）を実行し，受注テーブルから1行目の得意先コード（= '000001'）を取り出す。そして，その値を副問合せ（内側のSELECT文）の結合条件（WHERE句）にセットし，副問合せのSELECT文を実行する。

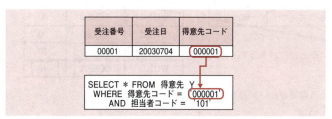

図：相関副問合せの動き①

② その結果は「真」なので，主問合せ（外側）のSELECT文を実行し，"受注番号"と"受注日"を表示する。この後は，①と②を繰り返す。

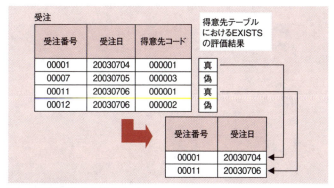

図：相関副問合せの動き②

午前問題の解き方

平成 22 年・午前 II 問 14

問14 "製品"表と"在庫"表に対し，次の SQL 文を実行した結果として得られる表の行
数は幾つか。　③その製品番号を抽出（重複なし）

②存在しない場合に…

```
SELECT DISTINCT 製品番号 FROM 製品
    WHERE NOT EXISTS (SELECT 製品番号 FROM 在庫
        WHERE 在庫数 > 30 AND 製品.製品番号 = 在庫.製品番号)
```

①在庫数が30を超えている製品の製造番号が…

製品

製品番号	製品名	単価
AB1805	CD-ROM ドライブ	15,000
CC5001	ディジタルカメラ	65,000
MZ1000	プリンタ A	54,000
XZ3000	プリンタ B	78,000
ZZ9900	イメージスキャナ	98,000

存在

在庫

倉庫コード	製品番号	在庫数
WH100	AB1805	20
WH100	CC5001	200
WH100	ZZ9900	130
WH101	AB1805	150
WH101	XZ3000	30
WH102	XZ3000	20
WH102	ZZ9900	10
WH103	CC5001	40

※他の倉庫に30を超えているところがあるので除外

結局「どの倉庫にも30を超える在庫がない製品を抽出」という意味になる

ア 1　　　　　　　（イ） 2　　　　　　　ウ 3　　　　　　　エ 4

Memo

156　　**第 1 章　SQL**

午前問題の解き方

令和4年・午前Ⅱ 問8

問8 "社員"表に対して，SQL 文を実行して得られる結果はどれか。ここで，実線の下線は主キーを表し，表中の NULL は値が存在しないことを表す。

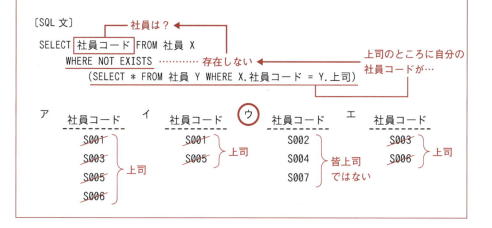

午前問題の解き方

令和4年・午前Ⅱ 問12

問12　"社員"表から，男女それぞれの最年長社員を除く全ての社員を取り出すSQL文とするために，a に入れる字句はどれか。ここで，"社員"表の構造は次のとおりであり，実線の下線は主キーを表す。

意図がわからない（笑）

社員（社員番号，社員名，性別，生年月日）

〔SQL文〕　　社員表から社員番号，社員名を取り出すSQL

SELECT 社員番号, 社員名 FROM 社員 AS S1
　　　　　　WHERE 生年月日 > (　　　a　　　)

条件：男女それぞれの最年長じゃなければ（＝生年月日が大なら）…

ア　SELECT MIN(生年月日) FROM 社員 AS S2
　　　　　　GROUP BY S2.性別　これだと2件（男と女）できる。

　　　　　　　　　　　　　不等号の片側に複数の値は使えない
イ　SELECT MIN(生年月日) FROM 社員 AS S2
　　　　　　WHERE S1.生年月日 > S2.生年月日　不要
　　　　　　OR S1.性別 = S2.性別

ウ　SELECT MIN(生年月日) FROM 社員 AS S2
　　　最年長を取り出す部分　　WHERE S1.性別 = S2.性別

エ　SELECT MIN(生年月日) FROM 社員
　　　　　　GROUP BY S2.性別　アに同じ

Memo

158　　第1章　SQL

午前問題の解き方

平成 26 年・午前Ⅱ 問 16

問16 "商品月間販売実績" 表に対して，SQL 文を実行して得られる結果はどれか。

①1件取り出す

商品月間販売実績

商品コード	総販売数	総販売金額
S001	150	45,000
S002	250	50,000
S003	150	15,000
S004	400	120,000
S005	400	80,000
S006	500	25,000
S007	50	60,000

②順番に比較して
150より大きい行の
件数をカウント

③3件を超えなければ
抽出

※ 'S001' は4件なので対象外

〔SQL 文〕

```
SELECT A.商品コード AS 商品コード, A.総販売数 AS 総販売数
    FROM 商品月間販売実績 A
  WHERE 3 > (SELECT COUNT(*) FROM 商品月間販売実績 B
            WHERE A.総販売数 < B.総販売数)
```

ア

商品コード	総販売数
~~S001~~	~~150~~
S003	150
S006	500

イ

商品コード	総販売数
~~S001~~	~~150~~
S003	150
S007	50

ウ

商品コード	総販売数
S004	400
S005	400
S006	500

エ

商品コード	総販売数
S004	400
S005	400
S007	50

比較

Memo

午前問題の解き方

平成 27 年・午前 Ⅱ 問 11

問11　庭に訪れた野鳥の数を記録する"観測"表がある。観測のたびに通番を振り，鳥名と観測数を記録している。AVG 関数を用いて鳥名別に野鳥の観測数の平均値を得るために，一度でも訪れた野鳥については，観測されなかったときの観測数を 0 とするデータを明示的に挿入する。SQL 文の a に入る字句はどれか。ここで，通番は初回を 1 として，観測のタイミングごとにカウントアップされる。

何をしたいのか？を把握する

※1回の観測で，複数の野鳥を複数回観測する

```
CREATE TABLE 観測 (
    通番     INTEGER,
    鳥名     CHAR(20),
    観測数   INTEGER,
    PRIMARY KEY (通番，鳥名))
```

例えば，これまで20種類の野鳥を観測しているとしたら，観測ごとに20件のデータを作る。
毎回20種類の野鳥が来ることはないので，観測数が0のデータを挿入する

挿入する
```
INSERT INTO 観測
    SELECT DISTINCT obs1.通番, obs2.鳥名, 0
        FROM 観測 AS obs1, 観測 AS obs2    0のデータを
    WHERE NOT EXISTS (                    データがなければ
    SELECT * FROM 観測 AS obs3
        WHERE      a
            AND obs2.鳥名= obs3.鳥名)     処理中の通番＝観測
```

ア　obs1.通番 = obs1.通番

イ　obs1.通番 = obs2.通番

ウ　obs1.通番 = obs3.通番

エ　obs2.通番 = obs3.通番

1	ヒバリ
1	メジロ
1	キジ

ヒバリ，メジロ，キジのいずれでもない鳥を探す
＝obs2とobs3でチェック！

ヒバリ，メジロ，キジは追加しない
＝obs1とobs3でチェック！

Memo

第1章　SQL

● IN 句を使った副問合せと EXISTS 句を使った相関副問合せ

試験に出る
平成 28 年・午前Ⅱ 問 9
平成 22 年・午前Ⅱ 問 10

IN 句を使った副問合せと EXISTS 句を使った副問合せは，記述の仕方によって同じ結果を得ることができる。しかし，一般的に，IN 句を使った副問合せよりも EXISTS 句を使った相関副問合せの方が，処理速度が速いとされている（もちろん実装する DBMS にもよるが）。

IN 句を使った副問合せの場合，最初に副問合せの結果を得る。その結果は作業エリアに保存されるが，主問合せの 1 件ごとに，作業エリアを全件検索する。つまり，主問合せの処理件数が 1,000 件で，副問合せの結果が 1,000 件なら，最大 1,000 件 × 1,000 件の処理時間が必要になる。

一方，EXISTS を使った相関副問合せの場合，結合キーの副問合せ部分（本書の使用例では " 得意先テーブルの得意先コード "）に索引（インデックス）が定義されていれば，実表ではなくインデックスだけを使って検索できるため，主問合せの 1,000 件＋副問合せの 1,000 件の処理時間でよい。

午前問題の解き方
平成 28 年・午前Ⅱ 問 9

問 9　次の SQL 文と同じ検索結果が得られる SQL 文はどれか。

重複は1つに
```
SELECT DISTINCT TBL1.COL1 FROM TBL1
        WHERE COL1 IN (SELECT COL1 FROM TBL2)
```

TBL1のCOL1と同じCOL1が，TBL2にもある場合に抽出
＝AND条件。両方にあるやつ

```
ア  SELECT DISTINCT TBL1.COL1 FROM TBL1
        UNION SELECT TBL2.COL1 FROM TBL2
```
和集合なのでOR条件＝×

```
イ  SELECT DISTINCT TBL1.COL1 FROM TBL1
        WHERE EXISTS
        (SELECT * FROM TBL2 WHERE TBL1.COL1 = TBL2.COL1)
```
存在する場合 ← 同じCOL1が…

```
ウ  SELECT DISTINCT TBL1.COL1 FROM TBL1, TBL2
        WHERE TBL1.COL1 = TBL2.COL1
        AND TBL1.COL2 = TBL2.COL2
```
COL2なんか無いし…＝×

```
エ  SELECT DISTINCT TBL1.COL1 FROM TBL1 LEFT OUTER JOIN TBL2
        ON TBL1.COL1 = TBL2.COL1
```
TBL1だけのやつも抽出してしまうし…＝×

1.1 SELECT

161

● EXISTS 句を使った副問合せ

　EXISTS 句は相関副問合せではなく副問合せでも使用することは可能だが，その実行結果は大きく異なるので，注意しなければならない。例えば，使用例から結合条件のキーを取って，単なる副問合せにしてみる。

　副問合せの場合，最初に副問合せを実行する。すると，今回は「得意先テーブルに，担当者コードが '101' のデータが存在する」ため，主問合せは実行される。その結果，単に「SELECT 受注番号，受注日 FROM 受注」が実行されただけになり，データ全件（今回は 4 件）が出力される。仮に，副問合せの結果が存在しなければ，主問合せも実行されないため，検索結果は 0 件になる。

EXISTS を副問合せで使った例

```
SELECT  受注番号， 受注日
    FROM  受注
    WHERE EXISTS (SELECT * FROM 得意先
                 WHERE 担当者コード = '101')
```

実行結果

受注番号	受注日
00001	20030704
00007	20030705
00011	20030706
00012	20030706

1.2 • INSERT・UPDATE・DELETE

INSERT 文・UPDATE 文・DELETE 文は，SELECT 文と同様に SQL の基本となるデータ操作文である。

1.2.1 INSERT

基本構文

INSERT INTO *テーブル名* [*(列名，・・・)*]
　　　　　　挿入する内容

テーブル名	データを挿入するテーブル名（又はビュー名）を指定する
列名	特に挿入する列があるときに指定する
挿入する内容	挿入する内容には，次のものがある ●VALUES　（定数，・・・） 挿入する内容を，カンマで区切りながら順に指定する。定数以外にも，NULL を指定できる ●SELECT 文 SELECT 文で抽出した内容を挿入する。この場合，複数行でも挿入が可能である

テーブルに行を追加するときに使う命令が，INSERT 文である。

試験に出る
令和 03 年・午後Ⅱ 問 1
令和 03 年・午後Ⅰ 問 3

【使用例 1】　得意先テーブルにデータを挿入する。

```
INSERT INTO 得意先 (得意先コード，得意先名，住所,電話番号，担当者コード)
    VALUES ('000008'，'Kスーパー'，'大阪市北区〇〇・・'，
        '06-6313-ｘｘｘｘ'，'101')
```

【使用例 2】

受注テーブルで使用されている得意先コードを抽出して，その得意先コードだけを得意先テーブルに登録しておく（得意先テーブルは，データ 0 件の初期状態だと仮定する）。

```
INSERT INTO 得意先 (得意先コード)
    SELECT DISTINCT 得意先コード FROM 受注
```

1.2 INSERT・UPDATE・DELETE **163**

1.2.2 UPDATE

基本構文

UPDATE *テーブル名*

    SET *列名 ＝ 変更内容,・・・*

    WHERE *条件式*

テーブル名	データを変更するテーブル名（又はビュー名）を指定する
列名 ＝ 変更内容	対象の列の内容をどのように変更するかを指定する。「列名 ＝ 変更内容」をカンマで区切って，複数指定することが可能である。変更内容には，定数，計算式，NULL が指定可能である
条件式	変更するデータを条件によって絞り込む。何も指定しないと，すべてのデータが対象になる

テーブル内のデータ内容を変更するときに使う命令が，UPDATE 文である。

【使用例】　得意先テーブルのデータを変更する。

```
UPDATE 得意先
    SET 電話番号 = '06-6886-XXXX'
    WHERE 得意先コード = '000001'
```

ここでは，得意先テーブルの得意先コードが「000001」のデータに対して，電話番号を「06-6886-XXXX」に変更する操作を行っている。

1.2.3 DELETE

基本構文

DELETE FROM テーブル名
    WHERE 条件式

テーブル名	データを削除するテーブル名を指定する
条件式	削除するデータを条件によって絞り込む。何も指定しないと，すべてのデータが対象になってしまう

　テーブル内のデータを削除するときに使う命令が，DELETE 文である。

【使用例】　得意先テーブルのデータを削除する。

```
DELETE FROM 得意先
     WHERE 得意先コード = '000008'
```

　ここでは，得意先テーブルの得意先コードが「000008」のデータを削除する操作を行っている。

1.2 INSERT・UPDATE・DELETE　165

1.3 CREATE

　CREATE命令は，実テーブル（または表）やビュー，ユーザなど様々なものを定義するときに使われる。各製品では，多くのCREATE命令が用意されているが，情報処理技術者試験の過去問題を調べてみると，以下の三つが出題されている。なお，これらの位置付けについて，モデルケースのデータを使用して表したのが，以下の図である。

　　CREATE TABLE：実表を作成する（1.3.1を参照）
　　CREATE VIEW：ビューを作成する（1.3.2を参照）
　　CREATE ROLE：ロールを作成する（1.3.3を参照）
　　CREATE TRIGGER：トリガを作成する
　　　　　　　　　　（平成31年午後Ⅰ問2の解説を参照）

➡ P. viii参照

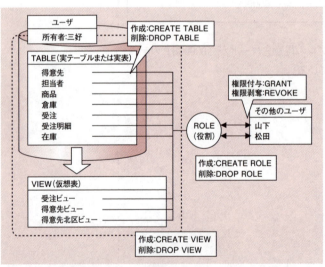

図：モデルケースのデータベース構造

1.3.1 CREATE TABLE

基本構文

CREATE TABLE テーブル名
　　　　(*列名 データ型 [列制約定義]*,
　　　　　・・・,
　　　　　・・・,
　　　　 [テーブル制約定義])

テーブル名	ここで定義するテーブル名を指定する
列名	このテーブルで定義する列名を，最初から順番に指定する
データ型	列のデータ型と必要に応じて長さを指定する。指定方式は「データ型(長さ)」とする
制約	列制約定義，テーブル制約定義→「整合性制約の定義」へ

　CREATE TABLE は，テーブル（実テーブル又は表）を定義するときに使用する。CREATE TABLE の後に，テーブル名を指定し，そのテーブルの属性（列名）を () の中に「,」で区切りながら指定していく。

【使用例】　得意先テーブルを作成する。

```
CREATE TABLE 得意先
        (得意先コード CHAR(6) PRIMARY KEY,
        得意先名 NCHAR(10),
        住所 NCHAR(20) DEFAULT "不明",
        電話番号 CHAR(15),
        担当者コード CHAR(3),
        PRIMARY KEY (得意先コード))
```

or / or　どちらか択一

　モデルケースのテーブル構造を見ると，得意先テーブルの列は，得意先コード，得意先名，住所，電話番号，担当者コードで，主キーは得意先コード，住所の初期値には「不明」とセットされている。
※主キー（得意先コード）の設定は，どちらか片方に記述する。

> **試験に出る**
> CREATE TABLE を使ってテーブル定義をする際に可能な**整合性制約定義**は，午前問題，午後問題を問わず頻繁に出題されている。各種整合性制約定義と併せて覚えておくとよい

> **用語解説**
> **スキーマ**
> データベースの構造を表す概念。テーブル，ビュー，ユーザなどを管理している。概念スキーマ，外部スキーマ，内部スキーマと分けて説明される場合が多い

●データ型

平成26年以後の午後Ⅱの問1（データベースの実装関連の問題）の問題文中には，ほぼ毎年，次の表（使用可能なデータ型）が登場している。しかも，テーブル定義表を完成させる問題（いくつかの列名に対して適切なデータ型を答える問題）や，領域の大きさを計算させる問題を解く時に，この表を使う。したがって，完全に丸暗記をする必要はないが，あらかじめ（試験勉強をしている間に）理解し，ある程度覚えておけば，試験の時には短時間で解答できるようになる。だから覚えよう。三つ（①文字列，②数値，③日付）に分けると覚えやすい。

①文字列の型

この表のルールだと"文字列"のデータ型はさらに，半角（アルファベットなど）か全角（日本語など），固定長か可変長かによって4つに分けられる（下図参照）。

試験に出る

データ型を元に領域等の計算をさせる設問が出ている。
　平成30年度・午後Ⅱ問1
　平成28年度・午後Ⅱ問1
　平成27年度・午後Ⅱ問1
　平成26年度・午後Ⅱ問1
適切なデータ型を答えさせる設問
　平成18年度・午後Ⅰ問4

参考

データ型はRDBMSごとに微妙に違っているので，実際に使用する場合は，対象となるRDBMSの仕様を確認してRDBMSごとに理解するようにしよう

CHAR(n)	n文字の半角固定長文字列（1≦n≦255）。文字列がn字未満の場合は，文字列の後方に半角の空白を埋めてnバイトの領域に格納される。	固定長
NCHAR(n)	n文字の全角固定長文字列（1≦n≦127）。文字列がn字未満の場合は，文字列の後方に全角の空白を埋めて"n×2"バイトの領域に格納される。	
VARCHAR(n)	最大n文字の半角可変長文字列（1≦n≦8,000）。値の文字数分のバイト数の領域に格納され，4バイトの制御情報が付加される。	可変長
NCHAR VARYING(n)	最大n文字の全角可変長文字列（1≦n≦4,000）。"値の文字数×2"バイトの領域に格納され，4バイトの制御情報が付加される。	

```
(例1)  社員番号   CHAR(6)             |1|2|3|4|5|6|                         …… 6バイト固定
(例2)  銘柄名     NCHAR(30)           |株|式|会|…| | |                     …… 60バイト固定
(例3)  電話番号   VARCHAR(20)         |0|6|X|X|X|X|3|2|1|4| +4バイトの制御情報 …… この場合は14バイト
(例4)  顧客名     NCHAR VARYING(30)
                                     |S|E|プ|ラ|ス| | | | | | +4バイトの制御情報 …… この場合は14バイト
```

全角の場合は1文字が2バイトになり，頭に"N"を付け"NCHAR"という名称になる。

他に，DECIMALと同じ使い方のNUMERICというのもある

データ型	説明
CHAR(n)	n 文字の半角固定長文字列（1≦n≦255）。文字列が n 字未満の場合は，文字列の後方に半角の空白を埋めて n バイトの領域に格納される。
NCHAR(n)	n 文字の全角固定長文字列（1≦n≦127）。文字列が n 字未満の場合は，文字列の後方に全角の空白を埋めて "n×2" バイトの領域に格納される。
VARCHAR(n)	最大 n 文字の半角可変長文字列（1≦n≦8,000）。値の文字数分のバイト数の領域に格納され，4 バイトの制御情報が付加される。
NCHAR VARYING(n)	最大 n 文字の全角可変長文字列（1≦n≦4,000）。"値の文字数×2" バイトの領域に格納され，4 バイトの制御情報が付加される。
SMALLINT	−32,768 ～ 32,767 の範囲内の整数。2 バイトの領域に格納される。
INTEGER	−2,147,483,648 ～ 2,147,483,647 の範囲内の整数。4 バイトの領域に格納される。
DECIMAL(m,n)	精度 m（1≦m≦31），位取り n（0≦n≦m）の 10 進数。"m÷2+1" の小数部を切り捨てたバイト数の領域に格納される。
DATE	0001-01-01 ～ 9999-12-31 の範囲内の日付。4 バイトの領域に格納される。
TIME	00:00:00 ～ 23:59:59 の範囲内の時刻。3 バイトの領域に格納される。
TIMESTAMP	0001-01-01 00:00:00.000000 ～ 9999-12-31 23:59:59.999999 の範囲内の時刻印。10 バイトの領域に格納される。

表：平成 30 年度午後Ⅱ問 1 の表 5 に平成 26 ～ 28 年の午後Ⅱの内容を加えたもの

　また，文字型は（ ）内に有効桁数を定義するが，固定長の場合は，その値の大きさに関わらず固定でエリアを確保し（例 1 の場合 6 バイト，例 2 の場合は 60 バイト），可変長の場合は，その値の大きさ分に制御情報の 4 バイトを加えたエリアを確保する（例 3 の場合は電話番号が 10 桁（＝ 10 バイト）だったので 4 バイト加えて 14 バイト，例 4 の場合は 2 バイトで 5 桁（＝ 10 バイト）なので同じく 4 バイト加えて 14 バイト）。

午前問題の解き方
平成 30 年・午前Ⅱ 問 1

問 1　SQL における BLOB データ型の説明として，適切なものはどれか。

→（Binary Large Object）＝画像や音声など

大小？　ア　全ての比較演算子を使用できる。

　（イ）　大量のバイナリデータを格納できる。

　ウ　列値でソートできる。順番もない…

　エ　列値内を文字列検索できる。文字じゃない…

1.3 CREATE
169

②数値の型

数値型は，その数値の取りうる値の大きさ，小数部を持つかどうかによって使い分けられる。整数部だけで小数部を持たない場合，SMALLINT か INTEGER を値に必要な桁数の大きさで決め，小数部を持つ場合に DECIMAL を採用する。

SMALLINT	−32,768 〜 32,767 の範囲内の整数。2 バイトの領域に格納される。
INTEGER	−2,147,483,648 〜 2,147,483,647 の範囲内の整数。4 バイトの領域に格納される。
DECIMAL(m,n)	精度 m（1≦m≦31），位取り n（0≦n≦m）の 10 進数。"m÷2＋1"の小数部を切り捨てたバイト数の領域に格納される。

（例1）　検査項目数　SMALLINT　　□□　　……　2バイト固定

（例2）　支払金額　INTEGER　　□□□□　　……　4バイト固定

（例3）　外貨金額　DECIMAL(12，2)　□□□□□□□　……　7バイト

なお，上記の例3のように DECIMAL（12,2）というのは，全体の有効桁数が 12 桁で，そのうち小数部が 2 桁（整数部が 10 桁）という意味になる。よって，最大の値は 9,999,999,999.99 になる。

③日付の型

3つ目の型が日付型になる。システムで使われる様々な"日付"や"時間"として認識させたい列に使用するデータ型になる。DATE 型，TIME 型を設定する列は説明するまでもないと思うので割愛するが，TIMESTAMP 型に関してはこのような感じで使用されている（平成 28 年午後Ⅱ問1）。

DATE	0001-01-01 〜 9999-12-31 の範囲内の日付。4 バイトの領域に格納される。
TIME	00:00:00 〜 23:59:59 の範囲内の時刻。3 バイトの領域に格納される。
TIMESTAMP	0001-01-01 00:00:00.000000 〜 9999-12-31 23:59:59.999999 の範囲内の時刻印。10 バイトの領域に格納される。

最終更新 TS	テーブルの行が，追加又は最後に更新された時刻印（年月日時分秒）。システムで自動設定する。

<重要>データ型の選択の規則

問題文には,「テーブル定義」のところに「データ型の選択の規則」について言及しているところがあるので,必ずそれを確認して,そのルールに従って適用するデータ型を決めるようにしなければならない。

---

(1) データ型欄には,データ型,データ型の適切な長さ,精度,位取りを記入する。データ型の選択は,次の規則に従う。

① 文字列型の列が全角文字の場合は,NCHAR 又は NCHAR VARYING を選択し,それ以外の場合は CHAR 又は VARCHAR を選択する。

② 数値の列が整数である場合は,取り得る値の範囲に応じて,SMALLINT 又は INTEGER を選択する。それ以外の場合は DECIMAL を選択する。

③ ①及び②どちらの場合も,列の値の取り得る範囲に従って,格納領域の長さが最小になるデータ型を選択する。

④ 日付の列は,DATE を選択する。

図:データ型の選択の規則に関する記述の例(平成 30 年午後Ⅱ問 1)

ちなみに過去問題では,**日本語文字列型の場合,NCHAR はほとんど使われていない。9 割以上が NCHAR VARYING** だ。したがって,値の桁数に変動が大きいと判断できる場合はもちろんのこと,特に指定の無い限り NCHAR VARYING にしておけば無難である。

同じく数値型でも,**SMALLINT はほとんど使われていない。9 割以上が INTEGER になっている**。もちろん図の③のように「格納領域の長さが最小になるデータ型を選択する」必要があるので,必要となる桁数を確認して決定するので SMALLINT が使われてもおかしくないが,実際にはほとんど見かけない。したがって,問題文に必要な桁数が見つけられない場合で,常識的に考えて 3 万ぐらいは超えそうな場合は INTEGER にしておくと安全だろう。

そもそも,住所や名前,名称,備考,理由などは値の桁数の変動が大きいから,自ずと NCHAR VARYING になる。備考などは書く時は書くし,全く何も書かない時もある。昆虫の名前でも『エンカイザンコゲチャヒロコシイタムクゲキノコムシ』という 24 文字のものがいるらしく(ネット情報なので確かではない),これに合わせて固定長にすると,「カブトムシ(5 文字)」など実に 19 文字(38 バイト)も空白になり,もったいない。NCHAR VARING(24)とすると,「カブトムシ」は 14 バイトを確保すればいいだけになる

● 整合性制約の定義

CREATE TABLE 文を使ってテーブルを定義する場合，次のような整合性制約（以下，制約とする）を同時に定義することができる。

テーブルを定義する段階で，これらの制約を DBMS 上で設定しておくと，個々のアプリケーションで，入力チェックなどを記述する必要がなくなるため生産性が向上する。さらに，制約に変更があった場合でも DBMS に変更を加えるだけなので，システムの保守性も向上する。

制約の代表的なものには，非ナル制約，UNIQUE 制約，主キー制約，検査制約，参照制約，表明などがあり，記述する場所によって列制約とテーブル制約に分かれる。

> **試験に出る**
> **CREATE TABLE 文における制約**
> CREATE TABLE 文における制約は，午前問題，午後問題を問わず頻繁に出題されている

● デフォルト値

列名定義時に DEFAULT キーワードを使って，デフォルト値を設定しておくと，データを追加するときに値を指定しなければ，デフォルト値が設定される。

【使用例1】 電話番号の初期値に "090-9999-9999" を設定したい。

```
      ……，
      電話番号  CHAR(15)  DEFAULT '090-9999-9999'，
      ……，
```

【使用例2】電話番号の初期値に NULL 値を設定したい。

```
      ……，
      電話番号  CHAR(15)  DEFAULT NULL，
      ……，
```

DEFAULT 句は，通常，制約には分類されない（制約をするものではないから）。ただ，記述方法が列制約と同じなので便宜上，ここに加えている。その観点では出題されることはないだろうが，制約には分類されない点は知っておこう

● 非ナル制約

ある列に NULL が入らないようにする制約。

【列制約の例】 電話番号に NULL を認めない。

```
      ……，
      電話番号  CHAR(15)  NOT NULL，
      ……，
```

非ナル制約
列の値として NULL を持つことができないという制約。列ごとに指定する。非ナル制約が指定された列では，初期値でその列に数値や文字列がセットされていなくても NULL が入ることはない

- **UNIQUE 制約**

指定した列,または列の組合せが一意であること(そこに重複値が存在しないこと)を強制する制約。この制約を指定していると,同じ値をその列(もしくは列の組合せ)に入力しようとすると,エラーが返される。一意性制約ということもある。

【列制約の例】 電話番号に重複値が入らないようにする。

```
・・・・・・,
電話番号 CHAR(15) UNIQUE,
・・・・・・,
```

【テーブル制約の例】 商品名に重複値が入らないようにする。

```
CREATE TABLE 商品
       (商品コード CHAR(5) PRIMARY KEY,
        商品名 NCHAR(20),
        単価 INT,
        UNIQUE(商品名))
```

- **主キー制約**

指定した列,または列の組合せに一つだけ主キーを指定。

【列制約の例】 受注テーブルの主キーに受注番号を設定する。

```
CREATE TABLE 受注
       (受注番号 CHAR(5) PRIMARY KEY,
        受注日 DATE,
        ・・・・・・
```

【テーブル制約の例】 受注明細テーブルの主キーに受注番号,行番号の複合キーを設定する。

```
CREATE TABLE 受注明細
       (受注番号 CHAR(5),
        行 CHAR(2),
        ・・・・・・
        PRIMARY KEY(受注番号,行))
```

試験に出る
UNIQUE 制約
①平成 22 年・午前Ⅱ 問 3
②平成 16 年・午前 問 45
③平成 30 年・午前Ⅱ 問 7

用語解説

UNIQUE 制約
指定した列,または列の組合せには,重複値が許されないものの,①その表に,複数設定することが可能で,② NULL も許される点に特徴がある。しかも標準 SQL や多くの DBMS では NULL のみだが重複値も許容される。NULL を禁止したい場合は,合わせて NOT NULL を付ける必要がある

参考

一意性制約は,重複値が存在しないことを強制する制約である。したがって,UNIQUE 制約と主キー制約の両者を包含する概念になるが,主キー制約が"一意性"だけの制約ではないため,一般的には,一意性制約= UNIQUE 制約として説明されている

試験に出る
平成 29 年・午前Ⅱ 問 11

用語解説

主キー制約
主キーの指定なので,①その表に一つだけ設定が可能で,② NULL も許されない(その 2 点が UNIQUE 制約と違う)

午前問題の解き方

平成22年・午前Ⅱ 問3

問3 表Rに，(A, B)の2列でユニークにする制約 (UNIQUE制約) が定義されているとき，表Rに対するSQL文でこの制約の違反となるものはどれか。ここで，表Rには主キーの定義がなく，また，すべての列は値が決まっていない場合 (NULL) もあるものとする。

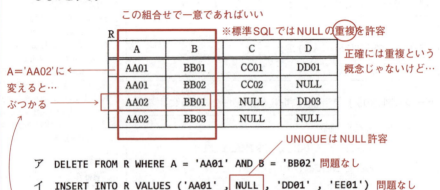

- ア　DELETE FROM R WHERE A = 'AA01' AND B = 'BB02'　問題なし
- イ　INSERT INTO R VALUES ('AA01', NULL, 'DD01', 'EE01')　問題なし
- ウ　INSERT INTO R VALUES (NULL, NULL, 'AA01', 'BB02')　問題なし
- エ　UPDATE R SET A = 'AA02' WHERE A = 'AA01'

午前問題の解き方

平成16年・午前 問45

問45　DBMSの表において，指定した列にNULL値の入力は許すが，既に入力されている値の入力は禁止するSQLの制約はどれか。

- ア　CHECK　検査制約＝無関係
- イ　PRIMARY KEY　※NULLはダメ。
- ウ　REFERENCES　参照制約のやつ＝無関係
- エ　UNIQUE

Memo

午前問題の解き方

平成 30 年・午前 II 問 7

問 7　商品情報に価格，サイズなどの管理項目を追加する場合でもスキーマ変更を不要とするために，"管理項目" 表を次の SQL 文で定義した。"管理項目" 表の "ID" は商品ごとに付与する。このとき，<u>同じ ID の商品に対して，異なる商品名を定義できないようにしたい。</u>a に入れる字句はどれか。

→ NG ─────→
1　商品名　文字列　ライト 01
1　商品名　文字列　ノート 01

管理項目

ID	項目名	データ型	値
1	商品名	文字列	ライト 01
1	商品番号	文字列	L001
1	価格	数値	400
2	商品名	文字列	ノート 02
2	⋮	⋮	⋮

〔商品情報〕

ID	商品名	商品番号	価格	サイズ
1	ライト 01	L001	400	
2	ノート 02	N001	120	A4
	⋮			

〔SQL 文〕
```
CREATE TABLE 管理項目 (
    ID              INTEGER NOT NULL,
    項目名           VARCHAR(20) NOT NULL,
    データ型         VARCHAR(10) NOT NULL,
    値              VARCHAR(100) NOT NULL,
    ┌──────────────────────────┐
    │            a             │
    └──────────────────────────┘
)
```

1　商品名　→　登録
1　商品名　　　不可
　　　　　→　OK

ID しかない
ア　UNIQUE（ID）

イ　UNIQUE（ID, 項目名）

ウ　UNIQUE（ID, 項目名, 値）

エ　UNIQUE（項目名, 値）←ID がない

1　商品名　ライト 01
1　商品名　ノート 01
→　登録できてしまう

Memo

1.3 CREATE　　175

午前問題の解き方

平成29年・午前Ⅱ 問11

問11 PCへのメモリカードの取付け状態を管理するデータモデルを作成した。1台のPCは，スロット番号によって識別されるメモリカードスロットを二つ備える。"取付け"表を定義するSQL文のaに入る適切な制約はどれか。ここで，モデルの表記にはUMLを用いる。

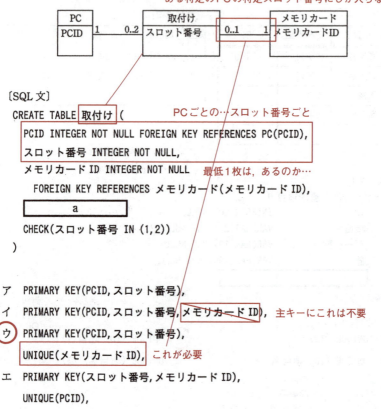

検査制約

指定した列の内容を，指定した条件を満足するもののみにする制約。

【列制約の例】 商品単価が100円以上のもののみ設定可能にした例。

```
・・・・・・・,
単価 INT CHECK(単価>=100),
・・・・・・・,
```

【テーブル制約の例】 上記に同じ。

```
CREATE TABLE 商品
        (商品コード CHAR(5) PRIMARY KEY,
         商品名 NCHAR(20),
         単価 INT,
         CHECK(単価>=100))
```

試験に出る
平成30年・午後Ⅱ 問1
平成29年・午後Ⅰ 問3
平成26年・午後Ⅰ 問3

用語解説

検査制約
テーブル内の指定した列又は列の組合せが，特定の検査条件を満たすという制約。検査制約が指定された列では，データの挿入時・更新時にチェックされ，範囲外であればエラーが返される

広義には，非ナル制約も検査制約の一形態だといえるが，ここではCHECK制約に限定して説明している

1.3 CREATE

● 参照制約

基本構文

FOREIGN KEY(参照元の列名=外部キー)

REFERENCES 参照先テーブル名(参照先列名)

[ON DELETE] [NO ACTION]

[ON UPDATE] [CASCADE]

[SET NULL]

オプション	説明
NO ACTION	参照元テーブル（従属テーブル）にデータが存在している場合，参照先では，削除や更新ができない。何も指定せずに省略した場合は，この NO ACTION が指定される
CASCADE	参照元テーブル（従属テーブル）にデータが存在している場合でも，参照先テーブル（主テーブル）側で行を削除・更新することが可能。データを連携して削除する
SET NULL	参照元テーブル（従属テーブル）にデータが存在している場合でも，参照先テーブル（主テーブル）側で行を削除・更新することが可能。参照元の列には，NULL を設定する

　参照制約は，テーブルとテーブルが参照関係にある場合の整合性制約で，**"参照元テーブルに外部キーを指定する"** ことで，テーブル間の整合性を保つ。指定できるのは，参照先テーブルの原則主キーになる。

　参照元テーブルに外部キーを指定して参照制約を指定しておくと，次のように参照元テーブルと参照先テーブルの双方に操作の制約がかかる。

　参照先テーブルには，行を追加することは問題ないが，ある行を削除しようとした場合，参照元テーブルの外部キーに同じ値が存在している場合（参照関係にある行が存在する場合），削除はできない。

　また，参照元テーブルへの操作に関しては，行を削除することは問題ない。逆に，行を追加する場合に，参照先テーブルに存在するものしか追加できない。更新に関しても，更新後の値が参照先テーブルに存在する値にしか更新できない。

試験に出る
①平成 18 年・午前 問 45
②平成 19 年・午前 問 45
③平成 23 年・午前Ⅱ 問 17
④平成 16 年・午前 問 43
⑤平成 18 年・午前 問 44

試験に出る
午後Ⅰ・午後Ⅱでも頻出

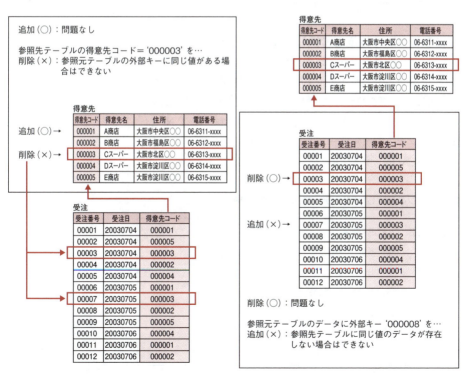

1.3 CREATE

【列制約の例】 受注テーブルの中の得意先コードを外部キーに指定している。

```
CREATE TABLE 受注
        (受注番号 CHAR(5) PRIMARY KEY,
         受注日 CHAR(8) NOT NULL,
         得意先コード CHAR(6)
         REFERENCES 得意先(得意先コード))
```

【テーブル制約の例】 上記に同じ。

```
CREATE TABLE 受注
        (受注番号 CHAR(5) PRIMARY KEY,
         受注日 CHAR(8) NOT NULL,
         得意先コード CHAR(6),
         FOREIGN KEY(得意先コード)
         REFERENCES 得意先(得意先コード))
```

左記はテーブル制約時の構文である（列制約の場合，"FOREIGN KEY 句(参照元の列名＝外部キー)"は不要になる）。外部キーを指定する場合，REFERENCES キーワードの後に，参照先テーブル名と参照先の列名を指定する。その後は省略可能だが，オプションとして明示的に指定すると，削除や更新時に連動した操作が可能になる

外部キーが参照する参照先テーブルの列は，主キー制約又は一意性制約が指定されている必要がある。試験問題は，ほとんどのケースで主キーが設定されている

●オプションの指定で連携した操作が可能

オプションを指定することで，参照先テーブルへの操作が可能になる。例えば，参照元テーブルに参照している行がある場合でも，参照先テーブルのデータを削除することができる。参照元テーブルの外部キーに NULL を設定したい場合には"SET NULL"オプションを，参照元テーブルの行を連動して削除したい場合には"CASCADE"オプションを，それぞれ指定する。

【オプションを指定した例】 テーブル制約定義の例

```
CREATE TABLE 受注
        (受注番号 CHAR(5) PRIMARY KEY,
         受注日 CHAR(8) NOT NULL,
         得意先コード CHAR(6),
         FOREIGN KEY(得意先コード)
         REFERENCES 得意先(得意先コード)
         ON DELETE SET NULL)
```

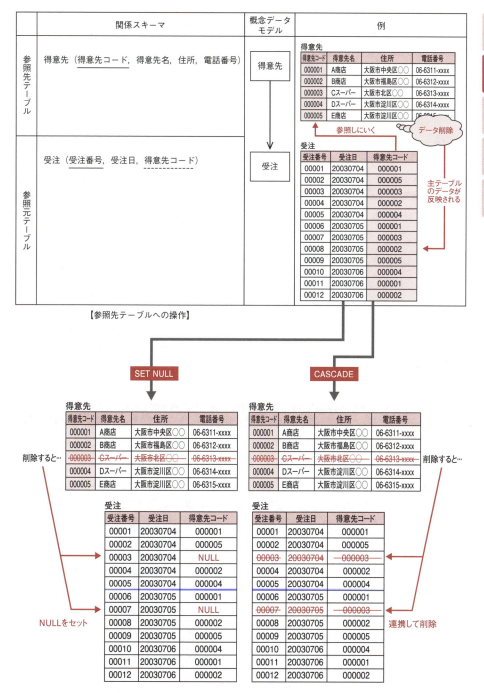

1.3 CREATE

午前問題の解き方

平成 18 年・午前 問 45

問45　DBMSの整合性制約のうち，データの追加，更新及び削除を行うとき，関連するデータ間で不一致が発生しないようにする制約はどれか。

午後Ⅱでよくあるやつ

　　ア　形式制約　　　　イ　更新制約　　　ウ　参照制約　　　エ　存在制約

午前問題の解き方

平成 19 年・午前 問 45

問45　"社員"表，"受注"表からなるデータベースの参照制約について記述したものはどれか。

CREATE DOMAIN か…無関係

　　ア　"社員"表の列である社員番号は，ドメインをもつ。

　　イ　"社員"表の列である社員番号は，"社員"表の主キーである。　*それは主キー制約やろ！*

　　ウ　"社員"表の列である社員名は，入力必須である。　*知らんがな！非NULL制約か*

　　エ　"受注"表の列である受注担当社員番号は，外部キーである。　*社員表を参照！*

午前問題の解き方

平成 23 年・午前Ⅱ 問 17

問17　SQLにおいて，A表の主キーがB表の外部キーによって参照されている場合，行を追加・削除する操作の制限について，正しく整理した図はどれか。ここで，△印は操作が拒否される場合があることを表し，○印は制限なしに操作できることを表す。

参照先はどんどん追加可能。but！参照されていたら削除はNGもある！

ア

	追加	削除
A表	○	△
B表	△	○

イ

	追加	削除
A表	○	△
B表	○	△

参照元は，削除はバンバンできる。but！追加は相手がいないとな…

ウ

	追加	削除
A表	△	○
B表	○	△

エ

	追加	削除
A表	△	○
B表	△	○

午前問題の解き方　平成16年・午前 問43

問43　関係データベースの"注文"表と"注文明細"表が、次のように定義されている。"注文"表の行を削除すると、対応する"注文明細"表の行が、自動的に削除されるようにしたい。この場合、SQL文に指定する語句として、適切なものはどれか。ここで、表定義中の実線の下線は主キーを、破線の下線は外部キーを表す。

注文

注文番号	注文日	顧客番号

注文明細

注文番号	商品番号	数量

ア　CASCADE　　イ　INTERSECT（積の計算）　　ウ　RESTRICT（・デフォルト ・削除できない）　　エ　SET NULL（NULLを設定する）

答：ア

午前問題の解き方　平成18年・午前 問44

問44　事業本部制をとっているA社で、社員の所属を管理するデータベースを作成することになった。データベースは表a, b, cで構成されている。新しいデータを追加するときに、ほかの表でキーになっている列の値が、その表に存在しないとエラーとなる。このデータベースに、各表ごとにデータを入れる場合の順序として、適切なものはどれか。ここで、下線は各表のキーを示す。

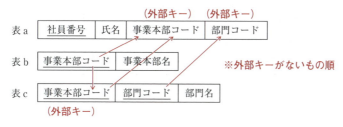

※外部キーがないもの順

ア　表a → 表b → 表c　　　イ　表a → 表c → 表b
ウ　表b → 表a → 表c　　　エ　表b → 表c → 表a

答：エ

1.3 CREATE　183

表明（ASSERTION）

一つ又は複数の表のテーブルの列に対して制約を定義することで，テーブル間にまたがる制約や，SELECT 文を使った複雑な制約を定義することができる。

試験に出る
平成 16 年・午後Ⅱ 問 1

【使用例】　延長依頼の終了予定日が，既に行っている派遣の終了予定日よりも後である。

```
CREATE ASSERTION 終了予定日チェック
CHECK(NOT EXISTS(SELECT *
    FROM 延長依頼, 派遣依頼
    WHERE 延長依頼.派遣依頼番号 = 派遣依頼.派遣依頼番号
    AND 延長依頼.終了予定日 <= 派遣依頼.終了予定日))
```

定義域（DOMAIN）

新たなデータドメインを定義するときに使う。作成に当たっては CREATE DOMAIN 文を使い，その定義したドメインはデータ型として使える。複数の表で同じ定義を繰り返し使う場合などに有効。

試験に出る
平成 25 年・午前Ⅱ 問 7

【使用例】　学生テーブルなどで使用する "AGE" というデータ型を定義。SMALLINT 属性のうち，7 以上 18 以下のみの値をとることが可能。

```
CREATE DOMAIN AGE
AS SMALLINT CHECK(STUDENT >= 7)
            AND (STUDENT <= 18)
```

制約名の付与（CONSTRAINT）

CONSTRAINTキーワードを使用すると，制約に任意の名前を付与することができる。制約に名前を付けておくと，後からALTER TABLEで制約を削除するときに役に立つ。

試験に出る
平成18年・午後I 問3

【列制約の例】　主キーを設定する制約に名前（受注PK）を付ける。

```
CREATE TABLE 受注
        (受注番号 CHAR(5)
        CONSTRAINT 受注PK PRIMARY KEY,
        受注日 DATE,
        ・・・・・・
```

【テーブル制約の例】　主キーを設定する制約に名前（受注明細PK）を付ける。

```
CREATE TABLE 受注明細
        (受注番号 CHAR(5),
        行 CHAR(2),
        ・・・・・・
        CONSTRAINT 受注明細PK
        PRIMARY KEY(受注番号, 行))
```

午前問題の解き方

平成25年・午前II 問7

問7　SQLにおけるドメインに関する記述のうち，適切なものはどれか。

ベースになる表　　「～限定！」って感じ

ア　基底表を定義するには，ドメインの定義が必須である。別に…

(イ)　ドメインの定義にはCREATE文，削除にはDROP文を用いる。

ウ　ドメインの定義は，それを参照する基底表内に複製される。独自で管理される

エ　ドメイン名は，データベースの中で一意である必要はない。一意でないといけない

1.3 CREATE　　185

1.3.2 CREATE VIEW

基本構文

CREATE VIEW ビュー名 [(*列名*, *列名*, ・・・)]
AS SELECT〜 [WITH CHECK OPTION]

ビュー名	ここで定義するビュー名を指定する。ビューで使用する列名を，この後に続けることも可能である
AS SELECT 〜	SELECT 文を続けて，実テーブルから抽出する。SELECT 以下の構文は，SELECT 文に準拠する
WITH CHECK OPTION	SELECT 文の後に指定した条件と合致しないデータが挿入されようとした場合，挿入を阻止できる

CREATE VIEW は，ビュー（仮想テーブル）を定義するときに使用する。

ビューとは，CREATE TABLE 文で作成するテーブル（実テーブル）のように物理的にテーブルを定義するのではなく，一つのテーブルの特定部分や複数のテーブルを組み合わせて，あたかも一つの実在するテーブルであるかのように振る舞うものである。

ビューは，次のような理由で作成される。

- 新しく物理的にテーブルを作る（CREATE TABLE）と，ディスク容量が必要となる。また，テーブル間で整合性もとらねばならない
- 実テーブルでは，実際にデータの出し入れ（登録や削除）を行っているので，誤操作などでデータを喪失するリスクがある
- セキュリティを意識して，参照はできるが更新はできないようにするなど，不要な部分を隠蔽する必要がある

ビューは CREATE VIEW の後にビュー名を指定し，AS SELECT 文をつなげて使用する。また，ビューを作成するための SELECT 文（AS 以降の SELECT 文）に関しては，SELECT の項で詳しく述べる。

試験に出る
① 平成 18 年・午前 問 22
② 平成 18 年・午前 問 31
③ 平成 29 年・午前Ⅱ 問 10
　 平成 24 年・午前Ⅱ 問 9

【使用例1】 得意先テーブルから得意先コードと得意先名だけの得意先ビューを作成。

```
CREATE VIEW 得意先ビュー
    AS SELECT 得意先コード,得意先名
        FROM 得意先
```

使用例1のメリット
単純に得意先テーブルから得意先コードと得意先名だけを列にしたビューを作成する場合の目的として,「名前以外の項目(住所や電話番号)を隠蔽して,ユーザに使わせたい」というような場合に有効である

得意先コード	得意先名
000001	A商店
000002	B商店
000003	Cスーパー
000004	Dスーパー
000005	E商店

図:CREATE VIEW の使用例(1)得意先ビュー

【使用例2】 得意先テーブルから住所が北区のものだけの得意先北区ビューを作成。

```
CREATE VIEW 得意先北区ビュー
    AS SELECT *
        FROM 得意先
        WHERE 住所 LIKE '大阪市北区%'
```

使用例2のメリット
一つのテーブルからある条件に合致した行を取り出して,一つのビューを作る例である。
これを実テーブルで作成する場合は,データの整合性確保に注意する必要がある。しかし,ビューであれば全く意識する必要がない

得意先コード	得意先名	住所	電話番号	担当者コード
000003	Cスーパー	大阪市北区○○	06-6313-xxxx	104
000005	E商店	大阪市北区○○	06-6315-xxxx	101

図:CREATE VIEW の使用例(2)得意先北区ビュー

【使用例3】 受注テーブルと得意先テーブルから，印刷用に受注
ビューを作成。

```
CREATE VIEW 受注ビュー（受注番号，受注日，得意先名）
    AS SELECT X.受注番号，X.受注日，Y.得意先名
       FROM 受注 X，得意先 Y
       WHERE X.得意先コード = Y.得意先コード
```

受注テーブルと得意先テーブルからそれぞれ，受注番号，受注日，得意先名で構成される受注ビューを作成した。このビューは，受注テーブルと得意先テーブルを得意先コードで結合したものである。

使用例3のメリット

複数のテーブルを結合して，それぞれ必要な部分をピックアップし，一つのビューにした例である。

受注テーブルのようなトランザクションデータをプリントアウトする場合，トランザクションデータを1件読み込んだ後に，商品マスタや得意先マスタなどの各マスタテーブルを物理的に読み込むことを，プログラム上で行わなくてはならない。しかし，【使用例3】のように，各テーブルにある必要なデータのみをまとめて一つのビューを作成しておけば，プログラムでの記述が簡素化される

受注番号	受注日	得意先名
00001	20030704	A商店
00007	20030705	Cスーパー
00011	20030706	A商店
00012	20030706	B商店

図：CREATE VIEW の使用例（3）受注ビュー

午前問題の解き方

平成18年・午前 問22

問22 関係データベースの利用において，仮想の表（ビュー）を作る目的として，適切なものはどれか。

　ア　記憶容量を節約するため　　実表をバンバン作るよりは節約できるけど…
　イ　処理速度を向上させるため　　結果的にそうなることもあるけど…その狙いでってわけじゃない
　(ウ)　セキュリティを向上させるためや表操作を容易にするため　　覚えよう！
　エ　デッドロックの発生を減少させるため　　いやいやいやいや…これはない

午前問題の解き方

平成 18 年・午前 問 31

問31　四つの表"注文","顧客","商品","注文明細"がある。これらの表から，次のビ
ュー"注文一覧"を作成する SQL 文はどれか。ここで，下線の項目は主キーを表す。

注文 (注文番号, 注文日, 顧客番号)
顧客 (顧客番号, 顧客名)
商品 (商品番号, 商品名)
注文明細 (注文番号, 商品番号, 数量, 単価)

4つの表の結合なので，

最低3つ (4−1) の結合条件が必要

注文一覧

注文番号	注文日	顧客名	商品名	数量	単価
001	2006-01-10	佐藤	AAAA	5	5,000
001	2006-01-10	佐藤	BBBB	3	4,000
002	2006-01-15	田中	BBBB	6	4,000
003	2006-01-20	高橋	AAAA	3	5,000
003	2006-01-20	高橋	CCCC	10	1,000

ア　CREATE VIEW 注文一覧
　　　　AS SELECT * FROM 注文，顧客，商品，注文明細
　　　　WHERE 注文.注文番号 = 注文明細.注文番号 AND
　　　　　　　注文.顧客番号 = 顧客.顧客番号 AND
　　　　　　　商品.商品番号 = 注文明細.商品番号

イ　CREATE VIEW 注文一覧
　　　　AS SELECT 注文.注文番号，注文日，顧客名，商品名，数量，単価
　　　　FROM　注文，顧客，商品，注文明細
　　　　WHERE 注文.注文番号 = 注文明細.注文番号 AND　　結合条件は
　　　　　　　注文.顧客番号 = 顧客.顧客番号 AND　　　　ANDでつなぐ
　　　　　　　商品.商品番号 = 注文明細.商品番号

ウ　CREATE VIEW 注文一覧
　　　　AS SELECT 注文.注文番号，注文日，顧客名，商品名，数量，単価
　　　　FROM　注文，顧客，商品，注文明細
　　　　WHERE 注文.注文番号 = 注文明細.注文番号 OR
　　　　　　　注文.顧客番号 = 顧客.顧客番号 OR
　　　　　　　商品.商品番号 = 注文明細.商品番号

エ　CREATE VIEW 注文一覧　　　　　　　　おい！顧客名がないぞ！
　　　　AS SELECT 注文.注文番号，注文日，商品名，数量，単価
　　　　FROM　注文，商品，注文明細
　　　　WHERE 注文.注文番号 = 注文明細.注文番号 AND
　　　　　　　商品.商品番号 = 注文明細.商品番号

1.3　CREATE　　189

午前問題の解き方

平成29年・午前Ⅱ 問10

問10 ある月の"月末商品在庫"表と"当月商品出荷実績"表を使って,ビュー"商品別出荷実績"を定義した。このビューに SQL 文を実行した結果の値はどれか。

月末商品在庫

商品コード	商品名	在庫数
S001	A	100
S002	B	250
S003	C	300
S004	D	450
S005	E	200

150
NULL
300
NULL
350

当月商品出荷実績

商品コード	商品出荷日	出荷数
S001	2017-03-01	50
S003	2017-03-05	150
S001	2017-03-10	100
S005	2017-03-15	100
S005	2017-03-20	250
S003	2017-03-25	150

〔ビュー"商品別出荷実績"の定義〕
　　CREATE VIEW 商品別出荷実績(商品コード, 出荷実績数, 月末在庫数)
　　　AS SELECT 月末商品在庫.商品コード, SUM(出荷数), 在庫数
　　　FROM 月末商品在庫 LEFT OUTER JOIN 当月商品出荷実績
　　　ON 月末商品在庫.商品コード = 当月商品出荷実績.商品コード
　　　GROUP BY 月末商品在庫.商品コード, 在庫数

150

出荷実績数が300以下。

〔SQL文〕
　　SELECT SUM(月末在庫数) AS 出荷商品在庫合計
　　FROM 商品別出荷実績 WHERE 出荷実績数 <= 300

月末在庫数の合計
100+300

 ア 400　　　　イ 500　　　　ウ 600　　　　エ 700

● 更新可能なビュー

ビューに対しても，一定の条件（下記の①②③の全て）を満たせば追加・更新・削除が可能になる。これを"更新可能なビュー"という。

① 基底表（元の実表）そのものが特定できること

複数の表を結合等で使用していても構わないが，更新しようとした時に基底表（元の実表）が特定できることが前提になる。特定できない場合には更新はできない。

② 基底表（元の実表）の"行"が特定できること

基底表が特定できても，更新対象の"行"が特定できないと更新できない。次の句や演算子を使用していると更新できない。

- 集約関数（AVG，MAX 等）
- GROUP BY，HAVING
- 重複値を排除する DISTINCT

③ そもそも基底表（元の実表）が更新可能なこと

上記①と②をクリアしても，そもそも対象となる基底表が更新可能でなければ，当たり前だが更新できない。

- 適切な権限が付与されている
- NULL が適切に処理されている
- WITH CHECK OPTION への対応が適切

また，WITH CHECK OPTION を指定しておくと，ビューで指定した条件以外のデータが作成されないようにすることができる。

【使用例】 得意先北区ビューに，WITH CHECK OPTION 句を指定。これにより，住所が '大阪市北区%' 以外のデータを追加（INSERT）しようとするとエラーになる。

```
CREATE VIEW 得意先北区
     AS SELECT *
     FROM 得意先
     WHERE 住所 LIKE '大阪市北区%'
     WITH CHECK OPTION
```

試験に出る

①平成 28 年・午前Ⅱ 問 10
　平成 20 年・午前 問 37
　平成 16 年・午前 問 33
②平成 25 年・午前Ⅱ 問 11
　平成 23 年・午前Ⅱ 問 8

過去の午前問題では，この視点では問われていない。「ビュー定義の中で参照する基底表は全て更新可能とする」という条件が付いていた

例えば特定の列だけを抜き出したビューに対して，データを追加しようとした場合，ビューで指定していない列には NULL が入る。その場合，その属性が NULL を許容していない場合，追加できない

WITH READ ONLY 句を指定すると，読取り専用のビューになる

午前問題の解き方

平成28年・午前Ⅱ 問10

問10　更新可能なビューの定義はどれか。ここで，ビュー定義の中で参照する基底表は
　　　全て更新可能とする。

　　　　　　　　　　　　　　　　　　　　　1件だけにしてるので
ア　CREATE VIEW ビュー1(取引先番号, 製品番号)　複数データがある可能性＝×
　　　　　AS SELECT DISTINCT 納入.取引先番号, 納入.製品番号
　　　　　　FROM 納入

イ　CREATE VIEW ビュー2(取引先番号, 製品番号)
　　　　　AS SELECT 納入.取引先番号, 納入.製品番号
　　　　　　FROM 納入　　　グルーピングしてしまうと，行が特定できない
　　　　　　GROUP BY 納入.取引先番号, 納入.製品番号

ウ　CREATE VIEW ビュー3(取引先番号, ランク, 住所)
　　　　　AS SELECT 取引先.取引先番号, 取引先.ランク, 取引先.住所
　　　　　　FROM 取引先　単一表
　　　　　　WHERE 取引先.ランク > 15　行が特定できる

エ　CREATE VIEW ビュー4(取引先住所, ランク, 製品倉庫)
　　　　　AS SELECT 取引先.住所, 取引先.ランク, 製品.倉庫
　　　　　　FROM 取引先, 製品
　　　　　　HAVING 取引先.ランク > 15　　取引先 × 製品
　　　　　　　　　　　　　　　　　　　　　直積なので，行が特定できない

Memo

午前問題の解き方

平成 25 年・午前 II 問 11

問11 三つの表 "取引先"，"商品"，"注文" を基底表とするビュー "注文 123" を操作する SQL 文のうち，実行できるものはどれか。ここで，各表の列のうち下線のあるものを主キーとする。

取引先

取引先 ID	名称	住所
111	中央貿易	東京都中央区
222	上野商会	東京都台東区
333	目白商店	東京都豊島区

商品

商品番号	商品名	価格
111	スパナ	1,000
123	レンチ	1,300
313	ドライバ	800

注文

注文番号	注文日	取引先 ID	商品番号	数量
1	2013-04-17	111	111	3
2	2013-04-18	222	123	4
3	2013-04-19	111	313	3
4	2013-04-20	333	123	2

〔ビュー "注文 123" の定義〕

```
CREATE VIEW 注文 123 AS
    SELECT 注文番号, 取引先.名称 AS 取引先名, 数量
    FROM 注文, 取引先, 商品
    WHERE 注文.商品番号 = '123'
      AND 注文.取引先 ID = 取引先.取引先 ID
      AND 注文.商品番号 = 商品.商品番号
```

取引先名ならあるけど，取引先 ID はない

ア DELETE FROM 注文 123 WHERE 取引先 ID = '111'

属性数も異なる
この属性なし

イ INSERT INTO 注文 123 VALUES (8, '目白商店', 'レンチ', 3)

ウ SELECT 取引先.名称 FROM 注文 123 　　取引先名に変わってるので…

エ UPDATE 注文 123 SET 数量 = 3 WHERE 取引先名 = '目白商店'

Memo

1.3 CREATE 193

●ビューと権限

ビューと権限を考える場合は，(1) ビューを作成するとき，(2) ビューを使用するとき，この二つのケースに分けて考える必要がある。

(1) ビューを作成するときの権限

ビューを作成する場合，その元になる表すべてに SELECT 権限が必要になる。ただし，元表の持つ SELECT 権限が，GRANT OPTION を持つかどうかで以下の表のような違いがある。

元表の権限 (複数の場合は，すべての元表)	ビューの作成
SELECT 権限なし	不可
SELECT 権限あり (GRANT OPTION なし)	ビューの作成は可能（ただし，作成したビューの SELECT 権限を他に付与することはできない）
SELECT 権限 あり (GRANT OPTION あり)	ビューの作成は可能。作成したビューの SELECT 権限を他に付与することも可能

(2) ビューを使用するときの権限

ビューの使用に関しては次の表のようになる。原則，ビューの所有者は，元表の権限に従うことになる。また，すべての権限において GRANT OPTION があれば，その権限を他者に付与できるが，ビューで権限を付与されたものは，もはや元表の権限を持たなくても構わない。

ビューに対する権限	
SELECT 権限	＜ビューの所有者＞ 　可能 ＜ビューの所有者以外＞ 　元表に対する SELECT 権限の有無は関係なくビューに対する権限の有無だけで判断
INSERT 権限	前提条件：更新可能なビューであること ＜ビューの所有者＞ 　元表に従う ＜ビューの所有者以外＞ 　元表に対する権限の有無は関係なく，ビューに対する権限の有無だけで判断
UPDATE 権限	
DELETE 権限	

試験に出る
平成 22 年・午前Ⅱ 問 11
平成 19 年・午前 問 33

午前問題の解き方

平成 22 年・午前 II 問 11

問11 ビューの SELECT 権限に関する記述のうち，適切なものはどれか。

ア　ビューに対して問合せをするには，ビューに対する SELECT 権限だけではなく，元の表に対する SELECT 権限も必要である。

イ　ビューに対して問合せをするには，ビューに対する SELECT 権限又は元の表に対する SELECT 権限のいずれかがあればよい。

ウ　ビューに対する SELECT 権限にかかわらず，元の表に対する SELECT 権限があれば，そのビューに対して問合せをすることができる。　逆！

エ　元の表に対する SELECT 権限にかかわらず，ビューに対する SELECT 権限があれば，そのビューに対して問合せをすることができる。　覚えておこう！

午前問題の解き方

平成 24 年・午前 II 問 7

問 7　体現ビュー（Materialized view）に関する記述のうち，適切なものはどれか。

重複して格納される

ア　同じデータが実表と体現ビューとに重複して格納されることはない。

イ　更新可能であると DBMS が判断したビューのことである。　更新可能なビュー

ウ　実表のようにデータベースに格納されるビューのことである。

エ　問合せや更新要求のたびにビュー定義を SQL 文に組み込んで処理する。

午前問題の解き方

平成 30 年・午前 II 問 12

問12　導出表に関する記述として，適切なものはどれか。
　　　　＝実表から関係データベースの操作によって"導出"される仮想表

ア　算術演算によって得られた属性の組である。
　　　　　　　　　　　　　　属性の組じゃない

イ　実表を冗長にして利用しやすくする。
　　　　　　　　　　　実表じゃない

ウ　導出表は名前をもつことができない。
　　　　　　　　　　名前可能

エ　ビューは導出表の一つの形態である。

1.3 CREATE　　195

1.3.3 CREATE ROLE

CREATE ROLE ロール名

ロールとは，データベースに対する権限をまとめたものである。以下の使用例のように，最初に権限をまとめたロールを作成しておけば，個々のユーザに権限を付与したり，取り消したりする作業が効率化できる。ロールを利用する手順は，次の通り。

① CREATE ROLE でロールを作成する
② ロールに必要な権限を付与する（GRANT 命令）
③ そのロールをユーザに付与する（GRANT 命令）

"人事部課長ロール"という名称のロール（役割・権限の集合）を作成する。

```
CREATE ROLE 人事部課長ロール
```

参考までに，この後の GRANT 文の使用例も記しておこう。"人事部課長ロール"に，従業員給料ビューに対する参照権限を付与する時の GRANT 文と，B 課長と C 課長に人事部課長ロールを付与する GRANT 文の二つである。

```
GRANT SELECT ON 従業員給料ビュー TO 人事部課長ロール
GRANT 人事部課長ロール TO B課長, C課長
```

試験に出る
平成 28 年・午後I 問 3
平成 19 年・午後I 問 3

GRANT 命令の詳細は，「1.4.1 GRANT」を参照

1.3.4 DROP

基本構文

構文1：

DROP TABLE テーブル名

構文2：

DROP VIEW ビュー名

構文3：

DROP ROLE ロール名

テーブル名	削除するテーブル名（実テーブル名）を指定する
ビュー名	削除するビュー名を指定する
ロール名	削除するロール名を指定する

　CREATE TABLE で作成したテーブルや，CREATE VIEW で作成したビュー，CREATE ROLE で作成したロールを削除する場合に DROP を使用する。削除したいテーブルとビュー，ロールは，次のように指定する。

【使用例1】 "得意先" というテーブルを削除する。

```
DROP TABLE 得意先
```

【使用例2】 "得意先ビュー" というビューを削除する。

```
DROP VIEW 得意先ビュー
```

【使用例3】 "人事部課長ロール" というロールを削除する。

```
DROP ROLE 人事部課長ロール
```

1.3 CREATE

1.3.5 CREATE TRIGGER

基本構文

CREATE TRIGGER トリガー名
　トリガー動作時期　トリガー事象　ON　テーブル名
　[REFERENCING 遷移表または遷移変数リスト]　被トリガー動作

トリガー動作時期	BEFORE	テーブルに対する変更操作の直前に実行される
	AFTER	テーブルに対する変更操作の直後に実行される
	INSTEAD OF	テーブルに対する変更操作の代わりに実行される
トリガー事象		テーブルに対する次の操作があった時（INSERT, DELETE, UPDATE）
テーブル名		対象になるテーブル INSTEAD OF の場合はビューのみ可能
遷移表または遷移表リスト		OLD [ROW] [AS] 変数名　：変更前の行と相関名 NEW [ROW] [AS] 変数名：変更後の行と相関名 OLD TABLE [AS] 変数名　：変更前の表と相関名 NEW TABLE [AS] 変数名：変更後の表と相関名
被トリガー動作		・FOR EACH [ROW｜STATEMENT] 指定可（※1） ・WHEN 指定可（※2） ・実行する SQL 文 　（BEGIN ATOMIC で始まり END で終わる） ・CALL 文でストアドプロシージャの指定も可能

※1. FOR EACH ROW：1行ずつすべての行に対して操作する
　　 FOR EACH STATEMENT：表に対して1回のみ操作する（省略時はこちらがデフォルト）
※2. WHEN：実行条件

　あるテーブルを操作（INSERT, UPDATE, DELETE）した時に，その操作をきっかけに指定した処理（他のテーブルを更新したり，事前チェックをしたりする処理。上記の被トリガー動作）を実行する機能や命令をトリガーという。ストアドプロシージャの一種である。

　トリガーには，ある操作の前に直前に実行される BEFORE トリガーと，直後に実行される AFTER トリガーがある（上記のトリガー動作時期）。FOR EACH ROW を付ければ1行ずつ連動した処理が可能になる。

試験に出る
令和04年午後I問2
令和04年午後I問3
平成31年午後I問2
SQL 文以外では…
　令和04年午後II問1
　平成30年午後I問2

今のところ INSTEAD OF は出題されていない。

過去の出題においては，トリガーが使用される場合には〔RDBMSの仕様〕段落で次のような動作に関する説明があった。この説明でトリガに対する理解を深めておこう。

> テーブルに対する変更操作（挿入・更新・削除）を契機に，あらかじめ定義した処理を実行する。
> ① 実行タイミングを定義することができる。BEFOREトリガーは，テーブルに対する変更操作の前に実行され，更新中又は挿入中の値を実際の反映前に修正することができる。AFTERトリガーは，変更操作の後に実行され，ほかのテーブルに対する変更操作を行うことができる。
> ② <u>トリガーを実行する契機となった変更操作を行う前と後の行を参照することができる。参照するには，操作前と操作後の行に対する相関名をそれぞれ定義し，相関名で列名を修飾する。</u>

トリガーは高機能で複雑なので，構文と合わせて【使用例】を使って理解を深めておこう。

変更操作を行う前と後の行を参照する場合，REFERENCING句を使う。

令和4年午後Ⅰ問2での記述

令和4年午後Ⅰ問2では，BEFOREトリガーとAFTERトリガーのどちらを使用するのが妥当かを問う問題が出題されている。BEFOREトリガーは操作前に実行されるため，操作前に値をチェックしたい時などに用いられる。一方，AFTERトリガーは操作後に実行されるため，他のテーブルの更新に用いられることが多い。確認しておこう。

平成31年午後Ⅰ問2では，上記以外に次のような点も含まれていた。【使用例1】と合わせて確認しておこう。

- 列値による実行条件を定義することができる（WHEN 〜）
- BEFOREトリガーの処理開始から終了までの同一トランザクション内では，全てのテーブルに対して変更操作を行うことはできない
- トリガー内で例外を発生させることによって，契機となった変更操作をエラーとして終了することができる

1.3 CREATE 199

【使用例1】平成31年午後Ⅰ問2の例

```
CREATE TRIGGER TR1 AFTER UPDATE OF 引当済数量 ON 在庫
  REFERENCING NEW ROW AS CHKROW
  FOR EACH ROW
  WHEN (CHKROW.実在庫数量－CHKROW.引当済数量<=CHKROW.基準在庫数量)
  BEGIN ATOMIC
    CALL PARTSORDER (CHKROW.部品番号);
  END
```

　この例は「"在庫"テーブルの引当済数量が更新された後，(当該部品の) 実在庫数量から引当済数量を差し引いた値が，基準在庫数量を下回っていたら，"PARTSORDER (CHKROW.部品番号)"処理を呼び出して実行する」という SQL 文になる。ちなみに，この時の PARTSORDER 処理とは「部品ごとに決められた部材メーカーに対して，決められた数量（補充ロットサイズ）を発注する。」というものだった。解説図もチェックしておこう。

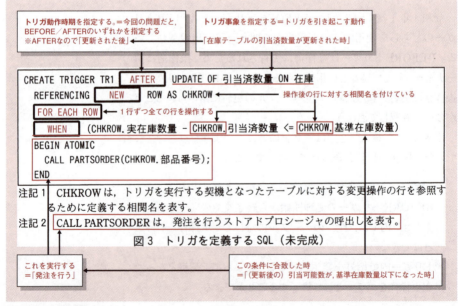

使用例1の解説図

【使用例2】令和4年午後Ⅰ問2の例

```
CREATE TRIGGER トリガー1 BEFORE UPDATE ON 商品
  REFERENCING OLD AS OLD1 NEW AS NEW1 FOR EACH ROW
  SET NEW1.適用開始日 = COALESCE(NEW1.適用開始日, CURRENT_DATE);
```

　"商品"テーブルの更新時に，適用開始日がNULLの場合，現在日付をセットしてから更新する。これは，BEFOREトリガーの典型例になる。"商品"テーブルを更新する際に，更新しようとしている値（＝適用開始日）を操作前にチェックしておきたいためにBEFOREトリガーを使っている。意図しない値が入ってはまずい場合や，意図しない値が入りそうだったら値を変えたいようなケースだ。更新前だからできることになる。

【使用例3】令和4年午後Ⅰ問2の例

```
CREATE TRIGGER トリガー2 AFTER UPDATE ON 商品
  REFERENCING OLD AS OLD2 NEW AS NEW2 FOR EACH ROW
  INSERT INT 商品履歴
  VALUES (OLD2.商品コード, OLD2.メーカー名, OLD2.商品名, OLD2.モデル名,
    OLD2.定価, OLD2.更新日, OLD2.適用開始日,
    ADD_DAYS(NEW.適用開始日, -1));
```

　"商品"テーブルの更新時に，対象行の更新前の行を"商品履歴"テーブルに挿入する。このとき，挿入行の適用終了日には，更新後の行の適用開始日の前日を設定する。これはAFTERトリガーの典型例になる。"商品"テーブルを更新した後に，他のテーブルを更新している。OLD（更新前の行），NEW（更新後の行）に限らず，"商品"テーブルの値を使う場合はAFTERを使う。

1.4 · 権限

セキュアなデータベースが望まれる昨今，情報処理技術者試験でもセキュリティをテーマにした問題が出題されている。このときに使われるのが，GRANT と REVOKE である。

1.4.1 GRANT

基本構文

GRANT 権限, ・・・ ON テーブル名（又はビュー名）
(A)
　　　TO ユーザID, ・・・ [WITH GRANT OPTION]

権限 （与える権限を 指定する）	ALL PRIVILEGES	すべての権限（以下のすべてを含む権限）
	SELECT	参照する権限
	INSERT	データを挿入・追加する権限
	DELETE	データを削除する権限
	UPDATE	データを更新する権限 UPDATE（列名, ・・・）で列名を制限して与えることができる権限
テーブル名		権限を与えるテーブル又はビューを指定する
ユーザ ID		権限を与えるユーザを指定する。PUBLIC を指定すると，すべてのユーザが対象になる また，ロール名を指定することも可能
WITH GRANT OPTION		このオプションを指定すると，テーブルの権限を与えられたユーザは，与えられた権限をほかのユーザに与えることが可能になる

※下線（A）の部分にロール名を指定すると，ユーザ ID で指定したユーザに対してロールを付与することになる。

CREATE 文で作成されたテーブルやビューが，誰でもデータ操作言語を使って処理できるようになっているとしたら，セキュリティ上問題がある。そのため，テーブルやビューの所有者（作成者又はオーナー）には，それらを使用するすべての権限が与えられているが，ほかのユーザには明示的に権限を与えないと利用できないように考慮されている。そのときに使う命令が，GRANT命令である。

試験に出る
①平成 22 年・午前Ⅱ 問 2
②平成 21 年・午前Ⅱ 問 7

試験に出る
平成 28 年・午後Ⅰ 問 3
平成 19 年・午後Ⅰ 問 3

【使用例1】 得意先テーブルに対するすべての権限を，山下と松田に与える。

```
GRANT ALL PRIVILEGES ON 得意先
     TO 山下, 松田
```

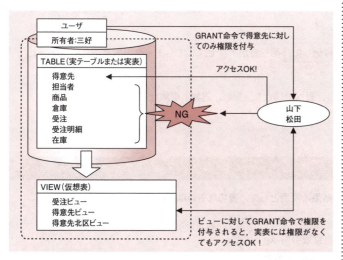

※この場合，権限を与えられた使用者は，次のようにテーブル名の前に，所有者の識別子を付けて使用しなければならない。作成者自身が操作する場合，識別子は不要である。

```
SELECT * FROM 三好.得意先
```

【使用例2】 得意先テーブルの電話番号だけは，誰もが変更や参照を行えるよう，権限を与える。

```
GRANT SELECT, UPDATE (電話番号) ON 得意先
     TO PUBLIC
```

【使用例3】 B課長とC課長に人事部課長ロールを付与する。

```
GRANT 人事部課長ロール TO B課長, C課長
```

参考

ちなみに，複数のテーブルからビューを作成する場合，使用するすべての実テーブルにSELECT権限が必要である

午前問題の解き方

平成 22 年・午前 II 問 2

問2 表の所有者が，SQL 文の GRANT を用いて設定するアクセス権限の説明として，適切なものはどれか。

権限を与える命令

ア　パスワードを設定してデータベースの接続を制限する。*何をおっしゃっているのかわかりません…*

イ　ビューによって，データベースへのアクセス処理を隠ぺいし，表を直接アクセスできないようにする。*って…それ，ビューやん*

ウ　表のデータを暗号化して，第三者がアクセスしてもデータの内容が分からないようにする。*しない*

（エ）表の利用者に対し，表への問合せ，更新，追加，削除などの操作を許可する。

午前問題の解き方

平成 21 年・午前 II 問 7

問7 次の SQL 文の実行結果の説明として，適切なものはどれか。

ビュー "東京取引先"

```
CREATE VIEW 東京取引先 AS
    SELECT * FROM 取引先
    WHERE 取引先.所在地 = '東京'
```
所在地が '東京' のものだけをビューに

```
GRANT SELECT
    ON 東京取引先 TO "8823"
```
参照権を与えている

権限を与える相手

ビューの所有者（作成者）は SELECT 権限を持つ

（ア）8823 のユーザは，所在地が "東京" の行を参照できるようになる。

イ　このビューの作成者は，このビューに対する SELECT 権限をもたない。

ウ　実表 "取引先" が削除されても，このビューに対するユーザの権限は残る。

実表が存在する間

エ　導出表 "東京取引先" には，8823 行までを記録できる。

おいおいおい！

Memo

1.4.2 REVOKE

基本構文

REVOKE *権限*, ・・・ ON *テーブル名*（又はビュー名）

　　　　FROM *ユーザID*, ・・・

権限	取り消す権限を指定する	ALL PRIVILEGES	すべての権限（以下のすべてを含む権限）
		SELECT	参照する権限
		INSERT	データを挿入・追加する権限
		DELETE	データを削除する権限
		UPDATE	データを更新する権限
テーブル名			権限を与えるテーブル又はビューを指定する
ユーザID			権限を与えるユーザを指定する。PUBLIC を指定すると，全員が対象になる また，ロール名を指定することも可能

GRANT で与えた権限を取り消す場合に，REVOKE を使用する。

【使用例】　GRANT の使用例１で与えた権限を取り消す。

> **試験に出る**
> 平成16年・午前 問30

```
REVOKE ALL PRIVILEGES ON 得意先
       FROM 山下，松田
```

権限を与えるときは「TO ユーザ ID」，権限を取り消す場合は「FROM ユーザ ID」であることに注意する。

午前問題の解き方
平成16年・午前 問30

問30　SQL におけるオブジェクトの処理権限に関する記述のうち，適切なものはどれか。

ア　権限の種類は INSERT，DELETE，UPDATE の三つである。**SELECT もあるでよ**

イ　権限は実表だけに適用でき，ビューには適用できない。**ビューにもできるでよ**

(ウ)　権限を取り上げるには REVOKE 文を用いる。**YES**

エ　権限を付与するには COMMIT 文を用いる。**GRANT です**

Memo

1.4 権限　　205

1.5 プログラム言語における SQL 文

COBOL や C 言語などのプログラム言語と合わせて SQL 文を使用する場合，いくつかのルールがある。ここでは，そのルールについて説明する。

試験に出る
①平成 25 年・午前Ⅱ 問 8
　平成 20 年・午前 問 35
②平成 16 年・午前 問 34

例えば，SELECT 文などを使用する場合，結果が複数行返される場合がある。プログラム言語では複数の行をまとめて処理することができないため，このような場合はカーソル操作を行う。

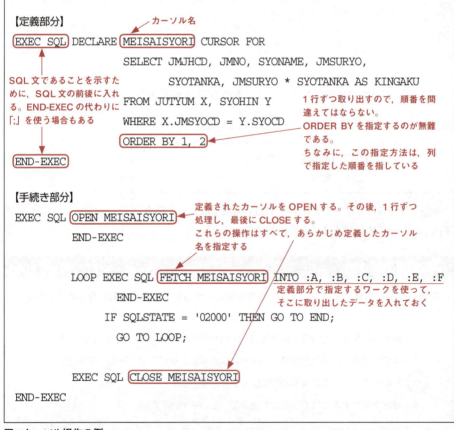

図：カーソル操作の例

午前問題の解き方

平成 25 年・午前 II 問 8

問 8 SQL で用いるカーソルの説明のうち，適切なものはどれか。

ア　COBOL，C などの親言語内では使用できない。できるっちゅうねん！

（イ）　埋込み型 SQL において使用し，会話型 SQL では使用できない。そういうこっちゃ

ウ　カーソルは検索用にだけ使用可能で，更新用には使用できない。できるわ！

エ　検索処理の結果集合が単一行となる場合の機能で，複数行の結果集合は処理できない。1 行ずつ取り出すためのもの。結果が 1 行になるのとは違う

午前問題の解き方

平成 16 年・午前 問 34

問 34 埋込み SQL に関する記述として，適切なものはどれか。

そのためのカーソル！

ア　INSERT を実行する前に，カーソルを OPEN しておかなければならない。

イ　PREPARE は与えられた SQL 文を実行し，その結果を自分のプログラム中に記録する。PREPARE は "準備"。実行は EXECUTE

（ウ）　SQL では一度に 0 行以上の集合を扱うのに対し，親言語では通常一度に 1 行のレコードしか扱えないので，その間をカーソルによって橋渡しする。

エ　データベースとアプリケーションプログラムが異なるコンピュータ上にあるときは，カーソルによる 1 行ごとの伝送が効率的である。そういう意味ではなく…

Memo

1.5　プログラム言語における SQL 文　207

● EXEC SQL と END-EXEC

プログラムの中に SQL 文を指定する場合，その SQL 文の最初に「EXEC SQL」を，最後に「END-EXEC」を加えなければならない。ただし，言語によっては文の最後が「END-EXEC」ではなく，「;」の場合もある。

試験に出る
平成 17 年・午前 問 33

● DECLARE カーソル名 CURSOR FOR

カーソル処理をする場合，その処理内容の SQL 文は定義部分で定義することになる。そのように定義部分で定義した処理に「カーソル名」を付けて，手続き部ではそのカーソル名を使って処理を行う。「DECLARE カーソル名 CURSOR FOR…」は，カーソルを定義するものである。

午前問題の解き方

平成 17 年・午前 問 33

問 33　次の SQL 文は，COBOL プログラムでテーブル A のレコードを読み込むためにカーソル宣言をしている。a に入れるべき適切な語句はどれか。

```
┌─────┐
│   a   │
└─────┘
SELECT * FROM A
    ORDER BY 1, 2
END-EXEC
```

カーソル名はここ！

ア　EXEC SQL DECLARE C1 CURSOR FOR　構文なので覚えるしかねえ！

イ　EXEC SQL DECLARE CURSOR FOR C1

ウ　EXEC SQL OPEN CURSOR C1 FOR

エ　EXEC SQL OPEN CURSOR DECLARE C1 FOR

Memo

208　　**第 1 章　SQL**

● 読取り処理 (OPEN, FETCH, CLOSE)

手続き部では，通常のファイルと同じように「OPEN 文」を実行した後に利用が可能になる。その後「FETCH 文」を実行して，参照している行を移動させ，移動後の行の値を，INTO 句で指定したホスト変数に入れる。すべての処理が完了したら，「CLOSE 文」を実行して終了を宣言する。

1 回の FETCH 処理の後，SQLSTATE 内を確認して，対象データ終了なのか，次があるのか，正常処理したのか，エラーだったのかを判断する。通常，トランザクションデータに対してFETCH を行う場合は，主処理のループで表現される場合が多い。「図：カーソル操作の例」では，それを示している。

● SQLSTATE

ホスト変数に SQLSTATE を定義しておかなければならない。これは，次のように SQL 文の実行結果のステータスを返すものである。FETCH で取り出すデータがなくなったときに終了判定条件として使ったり，正常処理されなかったりした場合に利用する（定義部分での定義は省略している）。

'00000'：正常処理
'02000'：条件に合うデータなし

● 更新処理（UPDATE と DELETE）

　FETCH 文によって位置付けされた行に対して，更新や削除を実行することができる。この場合の UPDATE 文や DELETE 文を，特に「位置設定による UPDATE 文」，「位置設定による DELETE 文」という。通常の UPDATE 文及び DELETE 文と異なるのは，WHERE 文節の代わりに，「WHERE CURRENT OF カーソル名」を使って記述する。

```
EXEC SQL
UPDATE文 ～
    WHERE CURRENT OF カーソル名
END-EXEC

EXEC SQL
DELETE文 ～
    WHERE CURRENT OF カーソル名
END-EXEC
```

> 試験に出る
> 平成 30 年・午前Ⅱ 問 6
> 平成 26 年・午前Ⅱ 問 7
> 平成 20 年・午前 問 36
> 平成 18 年・午前 問 30
> 平成 16 年・午前 問 31

> 試験に出る
> 平成 17 年・午後Ⅰ 問 4

　また，定義したカーソルが次の条件に当てはまる場合は処理できないので，十分注意が必要である。

- 集約関数（AVG，MAX 等）を含む場合
- GROUP BY，ORDER BY を使っている場合
- 表結合，合併などしている場合

● 処理の完了（COMMIT, ROLLBACK）

　バッチ処理形式のプログラムの場合，SQL の実行のたびに，その処理が正しく処理された場合には「COMMIT 文」を，エラーになった場合は「ROLLBACK 文」を指定しておく。記述例は以下の通りである。

```
EXEC SQL COMMIT (WORK) END-EXEC
EXEC SQL ROLLBACK (WORK) END-EXEC
```

参考

SQL92 では，COMMIT 文，ROLLBACK 文の WORK が省略可能

午前問題の解き方

平成 30 年・午前 II 問 6

問 6　次の SQL 文は，A 表に対するカーソル B のデータ操作である。a に入れる字句は
どれか。　ほら…更新あるやろ

構文

```
UPDATE A
    SET A2 = 1, A3 = 2
    WHERE [    a    ]
```

UPDATE ～
　　WHERE CURRENT OF カーソル名

ここで，A 表の構造は次のとおりであり，実線の下線は主キーを表す。

A（A1, A2, A3）

ここはカーソル名

ア　CURRENT OF A1
イ　CURRENT OF B
ウ　CURSOR B OF A
エ　CURSOR B OF A1

午前問題の解き方

令和 2 年・午前 II 問 12

問12　SQL トランザクション内で変更を部分的に取り消すために設定するものはどれか。

処理を確定させる　　　　　　　一部だけを取り消したい場合
ア　コミットポイント
イ　セーブポイント
ウ　制約モード
エ　チェックポイント
　　制約検査のタイミングを設定　　　DBMS が管理

Memo

● セーブポイント（SAVEPOINT）

試験に出る
令和02年・午前Ⅱ 問12

　一連のトランザクション処理に多くの命令が含まれていたり，複雑なケースだったりして全ての処理を取り消したくない場合（ゆえに一部だけを取り消したい場合）がある。そういう時に使うのがセーブポイントである。トランザクション処理の中にセーブポイントを設定しておけば，その後のロールバック処理で，そのセーブポイント以後の処理だけを取り消すことができる。

```
INSERT INTO 得意先 VALUES（得意先1…）…（1）
INSERT INTO 得意先 VALUES（得意先2…）…（2）
SAVEPOINT X
INSERT INTO 商品 VALUES（商品1…）…（3）
INSERT INTO 商品 VALUES（商品2…）…（4）
条件式 Z で偽の場合 → ROLLBACK TO SAVEPOINT X
```

※この例で条件式 Z が偽の場合（3）（4）だけ取り消される（（1）（2）
　は残る）。

スキルUP!

SQL に関する問題

　SQL に関しては，基礎理論やテーブル設計に比べて特別なテクニックは存在しないが，守らなければならないルールや，高得点を狙うためのポイントがある。次の点を覚えておいてほしい。

- 文法は標準 SQL である。キーワードは，一字一句に至るまで正確に覚える
- SQL 文を記述する際，英大文字・小文字の区別は特にないが，問題文で示されているのは英大文字なので，できるだけそれに従う
- テーブルを結合したり，相関副問合せを使ったりする場合は，テーブルの相関名を使用した方がよい
- 文字列は「 ' 」と「 ' 」で囲む
- 日付を文字列として扱うか数字として扱うかは，問題に応じて判断する
- 副問合せがしばしば出題されている。問題文をよく読んで，WHERE 句の条件を正確に見極める
- SQL 文の末尾にセミコロン（ ; ）は不要である

1.6 SQL暗記チェックシート

　本章で解説しているSQL文や過去に出題された午前問題のSQL文の中から，暗記しておいた方がいいSQL文をチェックシートにまとめました。QRコードまたは下記URLからアクセスし，必要に応じてダウンロードしてお使いください。

QRコード

URL
https://www.shoeisha.co.jp/book/pages/9784798179919/sql/

概念データモデル

第2章

最初に，概念データモデル（下図）について説明する。概念データモデルとは，対象世界の情報構造を抽象化して表現したものである。データベースの種類にも，特定のDBMS製品にも依存せず，情報化しない範囲まで対象範囲とするのが特徴。情報処理技術者試験では，午後Ⅱ事例解析試験で必ず登場しており，E-R図で表現されている。午後Ⅱ対策は，ここからスタートしよう。

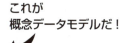

これが概念データモデルだ！

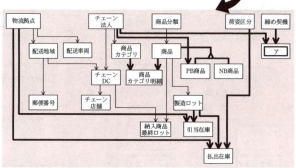

令和3年度午後Ⅱ問2設問1(1)解答例より

2.1	情報処理試験の中の概念データモデル
2.2	E-R図（拡張E-R図）
2.3	様々なビジネスモデル

アクセスキー **2** （数字のに）

2.1 情報処理試験の中の概念データモデル

午後Ⅰ試験と午後Ⅱ試験の問題冊子には，概念データモデルの表記ルールが示されている。過去問題で確認してみよう。「**問題文中で共通に使用される表記ルール**」という説明文が付いているのがわかるだろう。最初に，そのルールを理解し，慣れておく必要がある。

> **試験に出る**
> 平成26年・午前Ⅱ 問1
> 平成20年・午前 問21

序章「午後Ⅱ問題（事例解析）の解答テクニック」(P.55)でも説明しているが，試験までに，この「問題文中で共通に使用される表記ルール」は覚えておこう

●令和4年度試験における 「問題文中で共通に使用される表記ルール」

以下の説明は，令和4年度試験における「問題文中で共通に使用される表記ルール」のうち，概念データモデルのところだけを抜き出したものである。最初に，このルールから理解していこう。

本書の過去問題の解説では，この表記ルールに即した解答の場合，「表記ルールにあるから」という説明はしていない。受験者の常識として割愛しているので，演習に入る前に，理解しておこう

---

1. 概念データモデルの表記ルール

(1) エンティティタイプとリレーションシップの表記ルールを，図1に示す。
　① エンティティタイプは，長方形で表し，長方形の中にエンティティタイプ名を記入する。
　② リレーションシップは，エンティティタイプ間に引かれた線で表す。
　　"1対1" のリレーションシップを表す線は，矢を付けない。
　　"1対多" のリレーションシップを表す線は，"多" 側の端に矢を付ける。
　　"多対多" のリレーションシップを表す線は，両端に矢を付ける。

→ エンティティタイプの意味
➡ P.218 参照

→ リレーションシップの意味
➡ P.219 参照

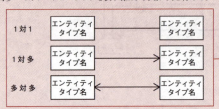

図1　エンティティタイプとリレーションシップの表記ルール

→ 図1の矢印の意味
➡ P.220「多重度」参照

(2) リレーションシップを表す線で結ばれたエンティティタイプ間において，対応関係にゼロを含むか否かを区別して表現する場合の表記ルールを，図2に示す。
　① 一方のエンティティタイプのインスタンスから見て，他方のエンティティタイプに対応するインスタンスが存在しないことがある場合は，リレーションシップを表す線の対応先側に "○" を付ける。
　② 一方のエンティティタイプのインスタンスから見て，他方のエンティティタイプに対応するインスタンスが必ず存在する場合は，リレーションシップを表す線の対応先側に "●" を付ける。

→ "○" "●" の意味
➡ P.220「オプショナリティ」参照

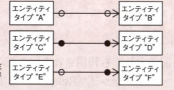

"A"から見た"B"も，"B"から見た"A"も，インスタンスが存在しないことがある場合	
"C"から見た"D"も，"D"から見た"C"も，インスタンスが必ず存在する場合	
"E"から見た"F"は必ずインスタンスが存在するが，"F"から見た"E"はインスタンスが存在しないことがある場合	

図2　対応関係にゼロを含むか否かを区別して表現する場合の表記ルール

(3) スーパタイプとサブタイプの間のリレーションシップの表記ルールを，図3に示す。

→ スーパタイプ
サブタイプ
➡ P.231 参照

　①サブタイプの切り口の単位に"△"を記入し，スーパタイプから"△"に1本の線を引く。
　②一つのスーパタイプにサブタイプの切り口が複数ある場合は，切り口の単位ごとに"△"を記入し，スーパタイプからそれぞれの"△"に別の線を引く。
　③切り口を表す"△"から，その切り口で分類されるサブタイプのそれぞれに線を引く。

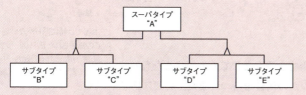

スーパタイプ"A"に二つの切り口があり，それぞれの切り口にサブタイプ"B"と"C"及び"D"と"E"がある例

図3　スーパタイプとサブタイプの間のリレーションシップの表記ルール

(4) エンティティタイプの属性の表記ルールを，図4に示す。
　①エンティティタイプの長方形内を上下2段に分割し，上段にエンティティタイプ名，下段に属性名の並びを記入する。[1]
　②主キーを表す場合は，主キーを構成する属性名又は属性名の組に実線の下線を付ける。
　③外部キーを表す場合は，外部キーを構成する属性名又は属性名の組に破線の下線を付ける。ただし，主キーを構成する属性の組の一部が外部キーを構成する場合は，破線の下線を付けない。

エンティティタイプ名
属性名1，属性名2，… …，属性名n

図4　エンティティタイプの属性の表記ルール

注 [1] 属性名と属性名の間は"，"で区切る。

図：令和4年度の「問題文中で共通に使用される表記ルール」
　　（概念データモデルの説明部分のみ抽出）

2.2 E-R図（拡張E-R図）

概念データモデルの表記法としても利用されているE-R図は，実世界をエンティティ（Entity:実体）とリレーションシップ（Relationship:関連）でモデル化した図で，現在では広く利用されている。

2.2.1 試験で用いられるE-R図

試験では拡張されたE-R図が用いられる。これは1976年にP.P.Chenが提唱した従来のE-R図とは異なっている。それは，エンティティタイプにスーパタイプ・サブタイプ（汎化・特化関係）の概念が導入されている点である。

● エンティティ

エンティティとは，対象事物を概念としてモデル化したものである。エンティティはいくつかの属性を持つ。また，必要に応じてデータ制約が定義される。一方，属性が特定の値を持ったものをインスタンスと呼ぶ。

> **試験に出る**
> 平成18年・午前 問17
>
>
> 本書では特に断りがない場合，この拡張されたE-R図，つまり，試験で用いられる表記ルールに従って表したE-R図を基に解説する
>
>
> エンティティの実現値がインスタンスであり，インスタンスを抽象化した概念がエンティティである。別の言い方をすると，エンティティは集合であり，インスタンスはその要素である

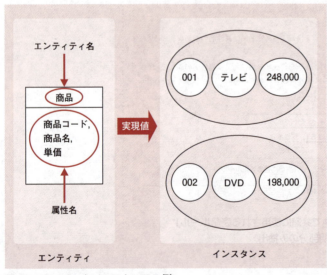

図：エンティティとインスタンスの例

●リレーションシップ

　リレーションシップとは，業務ルール（業務遂行上の運用ルール）によって発生するエンティティ間の結びつきのことである。二つのエンティティに含まれるインスタンスの間に何らかの参照関係が存在するとき，両エンティティはリレーションシップで結ばれる。

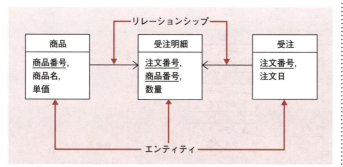

図：エンティティとリレーションシップの表記例

〈参考〉

　試験では，「エンティティ」の代わりに「エンティティタイプ」が用いられている。エンティティタイプとは，「タイプ（型）」という語が示唆しているように，簡単にいうとエンティティの構造を定義したものである。

　一方，エンティティとは，エンティティタイプの中身，すなわち実現値（インスタンス）の集合を意味している。実用上は，「エンティティ」と「エンティティタイプ」を区別することはほとんどない。本書もこれに倣い，特に必要がない限り，「エンティティタイプ」を「エンティティ」と呼ぶことにする（過去問題の解説部分を除く）。

試験に出る

未完成の概念データモデルを完成させる問題（エンティティタイプを追加する問題，リレーションシップを追加する問題）
序章（P.56, P.62）に書いている通り，午後Ⅱを中心に午後Ⅰや午前Ⅱでも毎年必ず出題される

2.2.2 多重度

エンティティタイプとリレーションシップの間にある，インスタンスの対応関係を**多重度**という。この多重度は，相手側のインスタンスに対して，自分側のインスタンスが常に1の場合は直線でつなぎ，複数の場合も存在するなら"→"で表記することになっている。

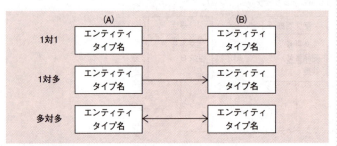

図：多重度の例

上記の例でいうと，真ん中の「1対多」の関係は，(A) の一つのインスタンスに対して，(B) のインスタンスは複数存在し，逆に (B) のインスタンス一つに対して，(A) のインスタンスは一つであることを表している（詳細例は後述）。

●オプショナリティ

このオプショナリティとは，多重度にゼロ（以下，0とする）を含むか否かを区別して表記するもので，相手のインスタンスに対して，絶対に存在する場合（つまり"0"が発生しない場合）には"●"を，存在しないことがある場合（つまり"0"が発生する場合）には"○"を表記する。

表：多重度とオプショナリティの関係

表記	多重度	インスタンス	意味
─○─ A	1	必須でない	相手から見て，A側のインスタンスが対応する数は，0又は1
─●─ A	1	必須である	相手から見て，A側のインスタンスが対応する数は，厳密に1
─○→ A	多	必須でない	相手から見て，A側のインスタンスが対応する数は，0以上
─●→ A	多	必須である	相手から見て，A側のインスタンスが対応する数は，1以上

> **試験に出る**
> ①平成17年・午前 問32
> ②平成16年・午前 問26
> ③平成21年・午前Ⅱ 問4

多重度のことをカーディナリティということもある

> **試験に出る**
> 平成23年・午前Ⅱ 問1

> **試験に出る**
> 令和04年・午後Ⅱ 問1
> 平成29年・午前Ⅰ 問1
> 平成25年・午前Ⅰ 問2
> 平成25年・午前Ⅱ 問2
> 平成19年・午後Ⅱ 問2

オプショナリティの記述を要求する問題（令和4年は読み解く問題）は，上記の通り，これまで定期的に出題されている。したがって，今回の試験でも出題される可能性は十分にある。時間があれば，過去問題の解説を読んで確認しておいた方がいい

オプショナリティは，問題文の状況を勘案して確定させることになるが，次のようなよくあるパターンは知っておいて損はない。

① データの発生順を考慮する場合

データの発生順を考慮する場合は，後に発生するエンティティ側に"○"が付く。タイムラグが発生し一時的に相手側のエンティティがNULLになるからだ。

左の例以外でも，部門マスタと社員マスタや，社員マスタと営業成績データの関係のように，参照制約が必要で，データの登録順を考えないといけない場合なども，厳密にいうと，後から登録する側は"○"になる

② 伝票形式の場合

"受注"と"受注明細"の伝票形式のように，お互いが存在しないと意味をなさないエンティティ同士は，両側に"●"が付く。

③ 日常の状態を把握したい場合

平成25年度の午後Ⅱ問2のオプショナリティを含む解答を求める問題には，次のような注意書きがあった。

> (1) 今回の概念データモデリングでは，日常的に特売企画，販売などが行われている状態でのサブタイプ構造，及びリレーションシップの対応関係を分析することを目的とする。例えば，店舗の新規開店時（店舗が開設され，まだ店舗の活動がない期間），商品の取扱い開始時（商品が登録され，まだ入荷及び販売がない期間）は考慮しない。

これは，常識的に「**店舗で全ての商品を扱っているわけないよね**」というのでも，「**先に商品マスタを登録するけど，その時には入荷はまだないよね**」というタイミングの問題でもなく，特に明確な理由が無い限り，原則「●——●▷」だということを示している。実際，この時の解答もゼロを含まないリレーションが多かった。このように，問題文の解答のルールを読み落とさないようにしよう。

平成25年度の午後Ⅱ問2には目を通しておいた方がいい

(1) 1対多

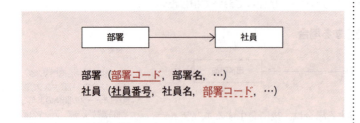

まずは"1対多"の関係を見ていこう。上記は"部署"と"社員"の最もシンプルな例で，次のような解釈になる。

①各社員は，どこか一つの部署に所属する。
②各部署には，複数の社員が所属している。

上記にオプショナリティを加えると，下図のように「ゼロを含む場合と，含まない場合」で書き分ける必要がある。

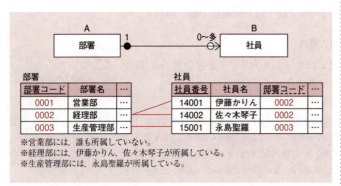

※営業部には，誰も所属していない。
※経理部には，伊藤かりん，佐々木琴子が所属している。
※生産管理部には，永島聖羅が所属している。

図：1対多の関連の例（オプショナリティを加えた場合）

上記の例のようなオプショナリティを加えた場合は，次のような解釈になる。

①' 各社員は，どこか一つの部署に"必ず"所属する。
 どこにも所属しない社員はいない。
②' 各部署には，複数の社員が所属している。
 但し，社員が一人もいない部署も存在する。

参考

部署マスタのように，新設の部署でまだ誰も所属していないケースや，社員マスタよりも先にデータ登録が必要なケース，社員が一人もいなくなってもデータを残すようなケースなどでは，リレーション先のオプショナリティとして"0"を許容する必要がある

【覚えておいて損はない！】基本は"→"（1対多）

概念データモデルを完成させる問題では，問題文に書かれている業務要件をもとにリレーションシップを追加する必要があるが，**この場合，最も数が多く基本とも言えるリレーションシップが"1対多"**である。原則，第3正規形にしなければならないので"多対多"のリレーションシップを書くことはないので，選択肢は"1対多（多対1も同じ）"か"1対1"の二択になる。

この二択のいずれかを判断する場合，左ページの①と②の記述のように双方のエンティティタイプから見た記述を探す必要があるが，②の記述（相手が"多"になる記述）は省略されることも少なくない。その場合は常識的に判断して"1対多"とする。

左ページの例で言うと，仮に②の記述が省略されていても，**「ひとつの部署には，1人の社員しか所属できない」**という非常識な**「1対1を確定付ける記述」**が無いから，常識的に判断して"1対多"だなと考える。

【覚えておいて損はない！】矢印は，主キーから外部キーへ

リレーションシップの"→"の向きがどうだったのか，なかなか覚えられない人は，**「（リレーションシップの）矢印（→）は，主キーから外部キーへ」**と覚えるといいだろう。概念データモデルの図を見ると，リレーションを張っている主キー側のエンティティから，外部キー側のエンティティに矢印が伸びているからだ。

左ページの例でも，"部署"エンティティの主キーと，"社員"エンティティの外部キーたる部署コードとの間に"1対多"のリレーションシップが存在するが，その矢印は主キーでリレーションシップを張っている"部署"から，その外部キーを持つ"社員"に矢印が伸びている。

参考: したがって，どうしても1対多のリレーションシップが多くなる。そのため「困ったら1対多」，「時間が無ければ1対多にしておく」という戦略も有効だ

参考: 語呂合わせのような，単なる覚え方の工夫に過ぎないが，単純で覚えやすいのでそこそこ便利

(2) 1対1

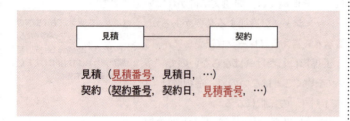

これは"1対1"の例である。最初に見積りを提示して，その見積りに対して（見積りどおりに）契約を行うケースなどは，この関係になる。

①見積と契約は1対1になる。
　→分割契約も，複数の見積をまとめる一括契約もない

上記にオプショナリティを加えると，下図のように「ゼロを含む場合と，含まない場合」で書き分ける必要がある。

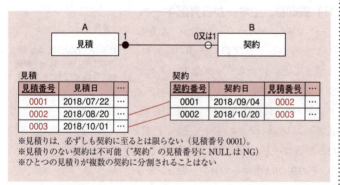

図：1対1の関連の例（オプショナリティを加えた場合）

上記の例のようなオプショナリティを加えた場合は，次のような解釈になる。

②全ての見積りが，契約に至るとは限らない。
③見積をしていないと契約はできない。

後から発生する側に外部キー
午後Ⅰや午後Ⅱ試験の問題文には，通常「リレーションシップが1対1の場合，意味的に後からインスタンスが発生する側のエンティティタイプに外部キー属性を配置する。」という記述がある。1対1の場合，理論上どちらに外部キーを持たせても構わないが，運用面と参照制約を考えた場合には，後から発生する側に外部キーを持たせるのは当然のこと。覚えておこう

1件の見積りに対して，分割して契約する場合は"1対多"になる

(3) 多対多

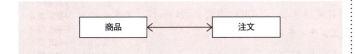

最後に"多対多"の関係も見ておこう。これは"商品"と"注文"の例になる。

①一つの商品は，複数の注文で販売される。
②1回の注文で，複数の商品を受け付ける。

ここでも同様に，オプショナリティを加えた場合の例を示す。

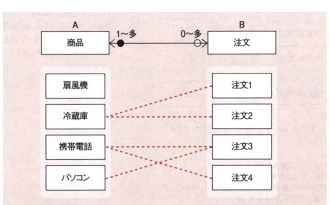

●業務ルールの例
・一つの商品に対し複数の取引先から注文が入る。顧客は1回の発注で複数の商品を注文できる
・ただし，商品のない注文はない
・全ての商品に対して注文があるわけではない

●インスタンス
・扇風機には注文がない
・注文1で冷蔵庫を受注した
・注文2で冷蔵庫を受注した
・注文3で携帯電話とパソコンを受注した
・注文4で携帯電話を受注した

図：多対多の関連の例（オプショナリティを加えた場合）

多対多の関連は，そのまま論理データモデルに転換していくと非正規形になる。これは，どちらに外部キーを持たせても，その外部キーが繰返し項目(非単純定義域)になってしまうからである。

多対多の関係は正規化して第3正規形にし，そこで作成される連関エンティティ（次ページで説明）を使う設計にする。情報処理技術者試験でも，データベースの論理設計の問題では**「関係スキーマは第3正規形にする。」**という指示があるので，多対多の関係をそのまま解答することはない

● 連関エンティティ

多対多を排除するには，そのリレーションの間にエンティティを一つ設けて1対多の関連に変換する。この時，新たに設けられたこのエンティティを**連関エンティティ**という。

次の図を例に，連関エンティティについて説明する。

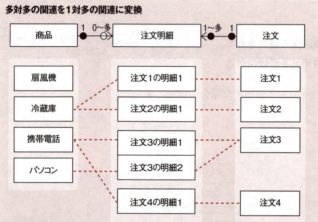

図：連関エンティティの例

ここでの業務ルールは**「一つの商品に対し，複数の注文が入る。顧客は1回の発注で複数の商品を注文できる」**というものである。ここから**"商品"エンティティ**と**"注文"エンティティ**を抽出すると，両者の間に多対多の関連が生まれてしまう。

そこで，連関エンティティとして**"注文明細"エンティティ**を設けて，多対多の関連は排除し，1対多の関連だけで E-R 図を表記する。

試験に出る
① 平成 25 年・午前Ⅱ 問 3
② 平成 17 年・午前 問 31
③ 平成 23 年・午前Ⅱ 問 4
④ 令和 03 年・午前Ⅱ 問 4
　平成 31 年・午前Ⅱ 問 5
　平成 28 年・午前Ⅱ 問 6
　平成 19 年・午前 問 32
　平成 16 年・午前 問 29

試験に出る
午後Ⅰや午後Ⅱの問題の E-R 図では基本的に多対多の関連が排除されている。なぜなら，正規化することで多対多が排除されるからである。もしも問題の中で多対多の関連があるとしたら，これを排除することが設問で求められているのかもしれない。その場合，連関エンティティを新たに作って対応できないかを，まずは考えるようにしよう

● 強エンティティと弱エンティティ

エンティティの性質もしくは特徴として，強エンティティや弱エンティティということがある。

強エンティティとは，そのインスタンス（エンティティ中のある値だとイメージすれば良い）が，他のエンティティのインスタンスに関係なく存在可能なエンティティのことをいう。

一方，弱エンティティとは，そのインスタンスが，（対応している）他のエンティティのインスタンスが存在する時だけ，存在可能なエンティティのことをさす。"売上"エンティティと"売上明細"エンティティや，"請求"エンティティと"請求明細"エンティティなどをイメージすればわかりやすい。

このような販売管理でよく使用される伝票類の多くは，通常，非正規形になっているので，第1正規形にするときに繰り返し項目を除去する。このときに，いわゆる"ヘッダ"エンティティと"明細部"エンティティに分かれるが，その関係が，ちょうど強エンティティと弱エンティティの関係になる。これで覚えておけばいいだろう。下図はその典型例である。弱エンティティが，強エンティティの存在に依存していることが，はっきりとわかると思う。

> **試験に出る**
> 平成29年・午前Ⅱ 問5
> 平成26年・午前Ⅱ 問5
> 平成24年・午前Ⅱ 問16
> 平成20年・午前 問33

> **参考**
> 強エンティティを強実体，弱エンティティを弱実体ともいう。過去問題では，強実体，弱実体の方を使っていたが，ここでは"エンティティ"という言葉の方を使っている

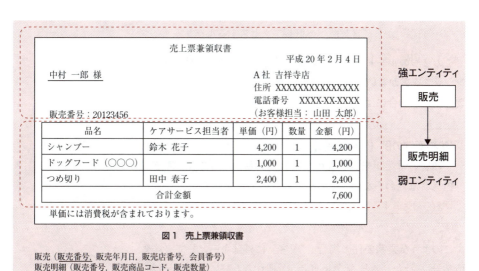

図：強エンティティと弱エンティティとの関係例
　　（平成20年午後Ⅰ問2より引用）

●リレーションシップを書かないケース

エンティティ間に参照関係があっても,リレーションシップを書かないケースもある。

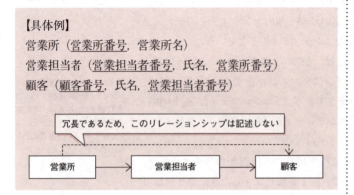

【具体例】
営業所(営業所番号, 営業所名)
営業担当者(営業担当者番号, 氏名, 営業所番号)
顧客(顧客番号, 氏名, 営業担当者番号)

冗長であるため,このリレーションシップは記述しない

営業所 → 営業担当者 → 顧客

上記の例のように,"営業所","営業担当者","顧客"の関係性があり,ある"顧客"のデータから"営業所"の営業所名を参照する必要がある時には,以下のように2通りのルートが考えられる。

① "営業担当者"を介して"営業所"にアクセスするルート
② "顧客"から"営業所"へ直接アクセスするルート

この2つのルートのうち「("顧客"と"営業所"の間に)リレーションシップを書かないケース」は①の方で,例えば次のような業務要件がある場合には①を選択する。

【業務要件の例(①の場合)】
　顧客の営業担当者が他の営業所に異動になっても,営業担当者は変わらない。その顧客の管轄の営業所も担当者の(現在)所属する営業所になる。

このような業務要件の場合,"顧客"に外部キーとして'営業所番号'を持たせると,営業担当者が異動するたびに"営業担当者"と"顧客"の両方の'営業所番号'を更新しなければならず,最悪"担当者"と"顧客"の'営業所番号'が異なってしまうこと

になる。したがって，"顧客"から"営業所"を参照したい場合には，"営業担当者"を介して推移的に導出しなければならない。

一方，次のような業務要件の場合には②になる。つまり，"顧客"と"営業所"の間にもリレーションシップが必要になる（"顧客"に'営業所番号'を外部キーとして持たせる）場合だ。

【業務要件の例（②の場合）】
顧客の営業担当者が他の営業所に異動になっても，営業担当者に関わらず，その顧客の管轄の営業所は契約当時の営業所を保持しておく。

他にも次のようなケースでも**"一見するとリレーションシップが冗長になるので必要無いように思えるが，実はリレーションシップが必要になるケース"**になる。

【例外的にリレーションシップが必要な例】
部屋（部屋番号，部屋名，収容人数，部屋区分）
利用者（利用者番号，氏名，住所，電話番号）
予約（予約番号，部屋番号，使用年月日，時間帯，利用者番号，
　　　予約年月日時分）
貸出（貸出番号，部屋番号，使用年月日，時間帯，利用者番号，
　　　予約番号）
【業務要件】
予約なしで当日来館しても，部屋が空いていれば貸し出す。

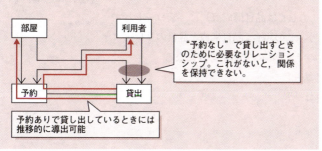

> **試験に出る**
> リレーションシップが必要になるケース
> 平成30年・午後I 問1

要するに，"顧客"と"営業担当者"の関係と，"顧客"と"営業所"の関係に独立性があるかどうかで，リレーションシップが必要かどうかを判断する

左図の場合，「ただし，予約なしで当日来館しても，部屋が空いていれば貸し出す」という記述から，"部屋"と"貸出"間のリレーションシップ，"利用者"と"貸出"間のリレーションシップは冗長にはならない。"予約"が生成されていないときにも"部屋"や"利用者"と"貸出"のリレーションシップは必要になるからだ。したがって，この図のように両方のリレーションシップはいずれも必要になる。なお，"予約なしの宿泊"の場合，"貸出"の'予約番号'には"NULL"を設定したりする

2.2 E-R図（拡張E-R図）　229

● 自己参照のリレーションシップ

自分のエンティティの主キーを外部キーに設定する自己参照のケースは，次の図のように表記する。

例えば，人気のあるソフトで，シリーズ化されたものを管理するようなケースでは，シリーズの最初のソフト（オリジナルソフト）がわかるようにしておきたいことがある。そういうケースでは，属性の中に自己を参照する外部キーを持たせることになる。それが自己参照だ。

● 複数のリレーションシップが存在するケース

あるエンティティから，別のエンティティに対して複数の外部キーを持つ場合，次の図のように，その数だけリレーションシップを表記しなければならない。

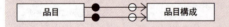

例えば，BOM（部品表，もしくは品目構成表）に，親コードと子コードを持たせるとしよう。この場合，品目構成と品目のリレーションシップは二つになるので，2本の矢印が必要になる。

(1) 親品目コードと品目コード
(2) 子品目コードと品目コード

試験に出る
平成18年・午前 問16

試験に出る
自己参照
・問題文の表記のみ
　令和04年・午後Ⅱ 問2
　平成17年・午後Ⅱ 問1
　平成16年・午後Ⅱ 問1
・解答に必要
　平成30年・午後Ⅱ 問2
　平成20年・午後Ⅱ 問1
　平成18年・午後Ⅱ 問1

試験に出る
平成20年・午前 問31
平成18年・午前 問27

試験に出る
複数のリレーションシップ
・問題文の表記のみ
　平成20年・午後Ⅱ
　問1，問2
　平成15年・午後Ⅱ 問1
　平成14年・午後Ⅱ 問2
・解答に必要
　令和04年・午後Ⅱ 問2
　平成17年・午後Ⅱ 問1

2.2.3　スーパタイプとサブタイプ

「2.1 情報処理試験の中の概念データモデル」で説明している「問題文中で共通に使用される表記ルール」内に見られるように，スーパタイプとサブタイプという考え方がある。これは，**汎化・特化**関係を表現するためのもので，汎化した側のエンティティをスーパタイプ，特化した側のエンティティをサブタイプとするものだ。

● 標準パターン

スーパタイプとサブタイプの関係には，この後説明するように様々なパターンがある。そのため，それらを全部最初から見ていくと，すごく難しいものになる。そこで，最初に，最もよくあるパターンを標準パターンとして，それでスーパタイプとサブタイプの関係を理解していこう。平成24年度の午後Ⅱ問2より抜粋した，切り口が一つのケースで，サブタイプが4つ存在する例である。

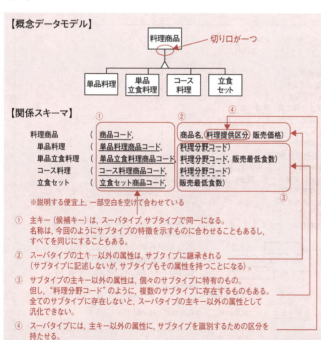

試験に出る
スーパタイプ，サブタイプを含む概念データモデルの作成
平成15年～令和4年まで毎年午後Ⅱで少なくとも1問出題されている

汎化（is-a 関係）
共通の属性を取り出してスーパタイプを作ること。汎化を行うと，サブタイプには属性の差分だけを記述すれば済むようになる

特化（専化）
スーパタイプの属性を引き継ぎ，ほかのサブタイプとの差分の属性のみを持つこと

参考

スーパタイプとサブタイプの関係を，関係スキーマに展開する場合はそのままでいいが，テーブルに実装する場合は配慮が必要になる。令和4年の午後Ⅱ問2は，概念データモデルと実装されたテーブルの組み合わせになっていた。関係スキーマをどうやってテーブルに実装するのかは理解しておく必要がある。

通常，汎化／特化は，エンティティとリレーションシップが一通り見つかって，E-Rモデルを洗練する段階で行われることが多い

【例：スーパータイプとサブタイプ】

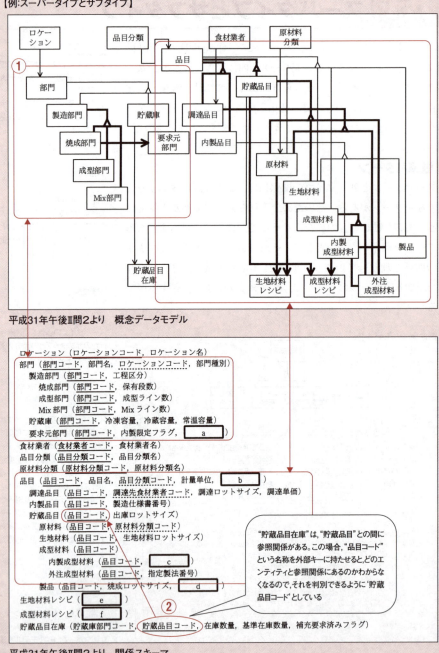

平成31年午後Ⅱ問2より 概念データモデル

平成31年午後Ⅱ問2より 関係スキーマ

それではここで，過去問題（平成31年午後Ⅱ問2）を例に，スーパータイプとサブタイプの表記に関する"特徴"を説明する。

関係スキーマの表記

関係スキーマ（左ページの下側）でスーパータイプとサブタイプの関係を表現する時には，スーパータイプを先に書き（上に書き），その下に**"一文字下げて"**サブタイプを続けるのが慣例になっている。左ページの例だと，①の枠囲み内の"部門"と"製造部門"，"貯蔵庫"，"要求元部門"の関係性などがそうである。また，階層化表記されるので"製造部門"と"焼成部門"，"成型部門"，"Mix部門"もスーパータイプとサブタイプの関係になる。

サブタイプの主キーの表記

スーパタイプの主キーとサブタイプの主キーは，左記の例のように原則同じ名称である。

但し，他のエンティティに外部キーを設定して，参照される場合，**参照先をスーパータイプかサブタイプか明確に区別する必要があるので，外部キーには"違いがわかるような名称"**（左ページの②：単なる'品目コード'ではなく'貯蔵品品目コード'）を付ける。

外部キーをスーパータイプから継承した属性にする場合

下図のように，外部キーの役割を持たせるためにサブタイプに継承した属性は，前後を"["と"]"で挟んで明示する。下図の例では，関係Cに対する外部キーを，関係Aではなく関係Bに持たせたいケースだ。

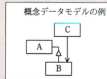

図：平成31年午後Ⅱ問2より

問題文の関係スキーマをチェックすると，関係スキーマの字下げの部分を見れば，おおよそスーパータイプとサブタイプの関係がわかる

試験に出る

平成31年・午後Ⅱ問2で，この形式が指定されており，実際に，属性を答えさせる問題の中の1問で，この形式の記述が必要な問題があった。今後デフォルトになるかもしれないので，確認しておこう。

●排他的サブタイプと共存的サブタイプ

スーパタイプとサブタイプの検討を行う場合に，インスタンスが排他的かどうかを考慮する必要がある。実際に，午後Ⅱの事例解析問題等において，問題文から関係性を読み取るときに，この視点でチェックしなければならないことが多い。

排他的か否かというのは，インスタンス（1件1件のデータと考えてもらえばわかりやすい）が，複数のサブタイプの中のいずれか一つにしか属せないのか，そうではなく，複数のサブタイプに属することが可能なのかの違いである。そして，その違いによって，**排他的サブタイプ**（前者），**共存的サブタイプ**（後者）に分ける。

例を使って説明してみよう。例えば，次のようなスーパタイプ"取引先"とサブタイプ"得意先"，"仕入先"があったとする。

常識で考えて共存できないもの（法人会員と個人会員など）も多い。特に説明のないものは，排他的サブタイプだと考えても良いだろう

スーパタイプ …… 取引先（<u>取引先番号</u>，取引先名）
サブタイプ …… 仕入先（<u>取引先番号</u>，買掛金残高）
サブタイプ …… 得意先（<u>取引先番号</u>，売掛金残高）

これだけでは，排他的サブタイプか共存的サブタイプかはわからないので，どちらにするのかは，問題文から読み取らなければならない。

排他的サブタイプと判断する場合の記述例
「取引先は，仕入先か得意先かどちらか一方にしか登録できない。」
「仕入先かつ得意先の取引先は存在しない。」

共存的サブタイプと判断する場合の記述例
「取引先は，仕入先か得意先のどちらか一方，または両方に登録することができる。」

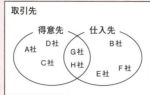

現実的な設計では，これに限らず様々な方法があるが，ここでは，過去の情報処理技術者試験でのパターンから，このように設定している

切り口を一つにすることが大前提の場合（問題文でそこに制約がある場合），概念データモデルは，排他的サブタイプのものと同じ記述にしなければならない。その場合，関係スキーマも取引先区分を使って実装することになる。例えば，1=仕入先，2=得意先，3=仕入先兼得意先のようにすれば可能だ

図：取引先8社（A社～H社）を例に考えた場合の違い

排他的サブタイプ

排他的サブタイプの場合，概念データモデルは図のように書き，関係スキーマ上は，スーパタイプには"分類区分"を持たせて，サブタイプの違いがわかるようにしている。

【概念データモデル】　　【関係スキーマ】

```
スーパタイプ                              切り口
  取引先(取引先番号, 取引先名, 取引先区分)
サブタイプ
  仕入先(取引先番号, 買掛金残高)
  得意先(取引先番号, 売掛金残高)
```

共存的サブタイプ

共存的サブタイプの場合は，切り口自体を二つに分けて，すなわち仕入先という切り口と，得意先という切り口に分けて考えるケースが多い。異なる切り口なので，概念データモデルは図のようになり，関係スキーマ上は，スーパタイプに"フラグ"を持たせている。

【概念データモデル】　　【関係スキーマ】

```
スーパタイプ                              切り口
  取引先(取引先番号, 取引先名, 仕入先フラグ, 得意先フラグ)
サブタイプ
  仕入先(取引先番号, 買掛金残高)
  得意先(取引先番号, 売掛金残高)
```

●包含

共存的サブタイプ同様フラグを使ったケースに，図のような1対1の関係にあるケースも問題文でよく見かけるようになった。これは，**包含**関係にあるパターンだ。

【概念データモデル】

【関係スキーマ】

展示車（車台番号，配置店舗番号，車種区分，車名，試乗車フラグ，・・・）
試乗車（車台番号，登録番号，登録年月日，車検満了日，・・・）

① スーパタイプには，サブタイプを識別するために，区分ではなく，"有り"か"無し"かという"フラグ"という名称で持たせることが多い

図：包含関係の例（平成24年・午後Ⅱ問1より）

仮に，展示車と試乗車の関係について，図のように記載されていれば，次のように解釈すればいい。

「展示車には，公道を走れる試乗車が含まれる」
「全ての展示車を，試乗車にするわけではない（試乗車にならない展示車もある）」

要するに，包含関係とは，あるエンティティ（試乗車）に含まれるインスタンスが，別のエンティティ（展示車）に含まれるということ。通常は，この例のように，展示車の中に試乗車でないものが存在する場合（両者が，常に，完全に一致するわけではない場合）のことを言う。集合論で言うところの部分集合（subset）が包含になる。

部分集合
集合Aと集合Bが包含関係にある時（集合Aが集合Bを含む時），一時的にA＝Bの状態になる可能性がある場合（つまり，集合Aに存在するインスタンスと集合Bに存在するインスタンスが一時的に同じになることがある場合），BはAの部分集合（subset）という。表記は「A⊇B」（AはBを含む）

真部分集合
集合Aと集合Bが包含関係にある時（集合Aが集合Bを含む時），一時的にもA＝Bの状態にならない場合，特に，BはAの真部分集合（proper subset）という。表記は「A⊃B」（AはBを含む）。この場合ももちろん包含関係にある

情報処理試験では，包含の場合，スーパタイプにフラグとしてもたせることが多い

〈参考〉完全／不完全

　情報処理技術者試験では，あまり意識する必要はないが，ここで，完全なサブタイプ化と不完全なサブタイプ化とについても説明しておこう。

　完全とは，スーパタイプのインスタンスのすべてが，サブタイプのいずれかに含まれることを意味し，**不完全**とは，スーパタイプのインスタンスの中に，どのサブタイプにも含まれないものが存在することを意味する言葉だ。

　こちらも例を使って説明した方がわかりやすいだろう。例えば，次のようなスーパタイプ"会員"とサブタイプ"優良会員"，"要注意会員"があったとしよう。

```
スーパタイプ …… 会員（会員番号, 会員名, 会員区分）
サブタイプ …… 優良会員（会員番号, ポイント数）
サブタイプ …… 要注意会員（会員番号, 注意事項）
```

　会員を，必ず，優良会員か要注意会員のいずれかに分類する場合（例えば，会員区分が，1＝優良会員，2＝要注意会員だけしか取りえない場合），それは，完全なサブタイプ化である。

　しかし，そうではなく，いずれにも属さない会員が存在する場合（例えば，会員区分に，3＝それ以外を持つ場合など），それは，不完全なサブタイプ化になる。ある意味前ページの「図：包含関係の例（平成24年・午後Ⅱ問1より）」も不完全なサブタイプ化の一つである。

先に説明した通り，この場合，切り口そのものを分けるとともに，会員区分ではなく，フラグで区分することが多い

排他的サブタイプ，共存的サブタイプとの関係

　完全か不完全かは，先の排他的サブタイプと共存的サブタイプのどちらにも存在する概念になる。例えば，P.235 の「図：取引先 8 社（A 社〜H 社）を例に考えた場合の違い」の図のベン図の例を完全と不完全に分けて説明すると，いずれも"完全なサブタイプ化"だと言える。それに対して，下記のベン図（現実的には若干無理があるが，A 社と F 社は，取引先ではあるものの，得意先でも仕入先でもないケース）のようになるケースなら，いずれも"不完全なサブタイプ化"だと言えるだろう。

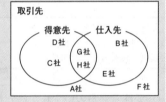

シンプルに考えれば，不完全は"その他大勢"の存在

　完全か不完全かは，サブタイプの数で決まると考えればわかりやすいだろう。
　サブタイプが高々 3 つや 4 つであれば，完全なサブタイプ化にしやすいだろう。しかし，30 種類も 40 種類にも分かれるようであれば，その数分だけサブタイプ化し，"完全なサブタイプ化"とすることは非現実的だ。そこで，そういう場合は，数の多い上位から 3 つ 4 つをサブタイプ化して，それ以外をサブタイプ化しないという選択をすることがある。そういうケースで，不完全なサブタイプ化が成立するというわけだ。

● 複数のスーパタイプを持つサブタイプ

最近では，普通に出題されるようになったのが，複数のスーパタイプを持つパターンだ。「**2.2.3 スーパタイプとサブタイプ**」の「●**標準パターン**」のところで，「**スーパタイプとサブタイプの主キーは同じになる**」と説明しているが，それでは，下図のような複数のスーパタイプを持つ場合は，どうすればいいのだろうか。

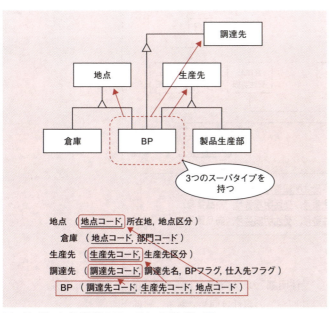

図：サブタイプが複数のスーパタイプを持つ例

例えば，上図の例だと**"BP"**は3つのスーパタイプを持っている。この例のように，サブタイプが複数のスーパタイプをもつ場合，どれか一つのスーパタイプを主キーにする。**"BP"**は，スーパタイプの一つ**"調達先"**と同じ主キーにしている。そして，残りの2つのスーパタイプに対しては，外部キーを保持することでリレーションを維持している。これが，複数のスーパタイプをもつサブタイプに必要な属性になる。

● 同一のサブタイプ

　サブタイプ化されたエンティティの属性が異なるものを"相違"のサブタイプという。「完全／不完全」の例を見ても明らかだが，普通は"相違"を目的にサブタイプ化する。しかし，特殊な事情でエンティティが同じでもサブタイプ化した方が良いケースがある。そのときに行われるのが"同一"のサブタイプ化だ。

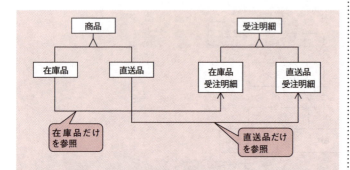

図：受注明細の関係スキーマ

　この図を見れば明白だが，"受注明細"のサブタイプにあたる"在庫品受注明細"と"直送品受注明細"の属性は同じである。普通に考えれば「属性が同じならサブタイプ化する必要がない」となるかもしれないが，実はこのケース，参照しているインスタンスが異なるという特徴がある。

　図にあるように，"受注明細"が参照している"商品"エンティティは，"在庫品"と"直送品"の二つのサブタイプに分けられている。さらに，この二つは排他的という設定なので，それを参照している"受注明細"も"在庫品受注明細"と"直送品受注明細"に分けた方が扱いやすくなる。受注段階では同じ処理でも，その後の使われ方が異なってくるからだ。そういう場合に，同一のサブタイプ化を実施することになる。

2.3 様々なビジネスモデル

ここでは、様々なビジネスモデルについて説明する。データベーススペシャリスト試験の午後Ⅱ-事例解析問題-では、10ページ以上にわたって説明されている業務モデルを理解して、データベース設計へと展開しなければならない。その作業に役立つように、**過去に出題された午後Ⅱ試験の問題で取り上げられた概念データモデルと関係スキーマを事例として紹介しながら**、基本的な業務の用語をまとめてみた。特に、データベース設計の経験が少ない人や販売管理・生産管理システム以外の開発に携わっている人にとっては、有益だと考えている。ここで、標準的なビジネスモデルを理解して、本番試験に立ち向かってほしい。

なお、ビジネスモデルの全体像は、以下のようになる。まずはこの図を見て、ビジネスモデルの全体像を把握しておこう。

2.3で紹介するビジネスモデルは、本試験の過去問題の中から販売管理と生産管理に関する業務についてピックアップしたものである

午後問題で、企業全体のモデルケースについて問われることはない。実際に午後の問題としてピックアップされる場合は、もう一つ下位のレベルの業務(図の各々の丸の中の処理)に焦点が当てられることになるが、その位置付け、他の業務との関連を把握しておく必要はある

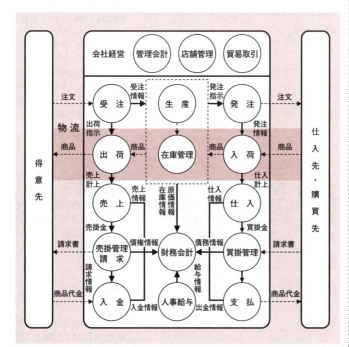

図:企業全体のデータモデル

2.3.1 マスタ系

午後Ⅱの問題文は，**組織**や**顧客**，**商品**，**製品**，**サービス**など，いわゆる"マスタ系"エンティティタイプとして表現される部分から始まっていることが多い。

マスタ系のエンティティタイプとは，平成16年・午後Ⅱ問2の問題文中での定義を借りて説明すると**「組織や人，ものなどの経営資源を管理するもの」**である。後述する2.3.2の在庫系や2.3.3以後2.3.7までのトランザクション系のエンティティタイプと大別されている（在庫系はどちらかに分類されることもある）。

(1) 組織，社員，顧客など

組織，社員，顧客などに関する部分は，これまでは設問になることが少なく，完成した概念データモデルや関係スキーマとして問題文中に存在することが多かった。"**組織**"そのものが体系化・階層化されているので，そんなに複雑なケースがないからだろう。

基本形は下図のようになる。問題文でチェックするポイントとしては図の3つ。それぞれのリレーションが，"1対多"なのか"多対多"なのかを問題文から読みとって決める。

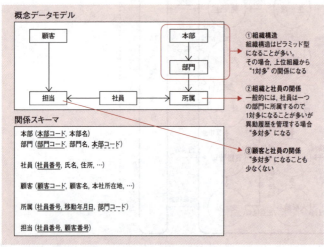

図：概念データモデル，関係スキーマの基本形

試験に出る

ここで説明する"マスタ系"に関しては，午後Ⅱの問題，午後Ⅰのデータベース設計の問題で，ほぼ必ず登場している。

試験に出る

①令和03年・午前Ⅱ 問2
　平成31年・午後Ⅱ 問3
　平成28年・午後Ⅱ 問4
②平成24年・午後Ⅱ 問4
　平成20年・午前 問34
　平成18年・午前 問29

マスタ系の特徴は，トランザクション系に比べてインスタンスの動き（生成や削除）が少なく，それゆえ管理しやすく体系化・階層化されているところだろう。したがって，スーパタイプ・サブタイプの関係性を持つケースも多い。その可能性をもとに仮説として利用してもいいだろう（スーパタイプとサブタイプがあるはずだなどという仮説）。

トランザクション系エンティティタイプ

日々の取引などの業務事象を管理するもの。本書では，2.3.3から2.3.7まではトランザクション系になる

階層化

マスタは，組織構造のように階層化されていることが多い。例えば，"エリア" — "部" — "課" — "チーム"のような感じである。

【事例】平成18年午後Ⅱ問1 （情報処理サービス業）

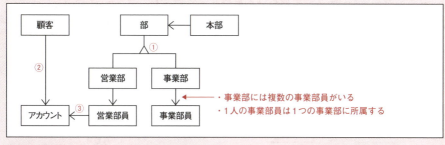

関係スキーマ

```
本部（本部コード，本部名）
部（部コード，部名，本部コード）
    事業部（事業部コード，サービス区分コード）
    営業部（営業部コード，業種コード）

営業部員（営業部員番号，営業部コード，氏名，…）
事業部員（事業部員番号，事業部コード，氏名，標準サービス単価，標準コスト単価）

顧客（顧客コード，顧客名，本社所在地，事業概要）
アカウント（アカウントコード，顧客コード，営業部員番号，アカウント名，
    窓口担当部署，窓口担当者，連絡先）
```

この事例では，下記のような要件に基づいて"部"をサブタイプ化している。

- X社の組織体系は，営業本部と事業本部に**大別される**。
- 営業本部では，対象とする**業種**ごとに営業部を設けている。
- 事業本部では，**提供業務の種類**ごとに事業部を設けている。
  （各事業部が提供する業務の種類を"サービス区分"と呼ぶ）①
- 顧客企業に対して，**一つ以上の**営業単位（これをアカウントという）を設けることができる。（②）
- **アカウント**ごとに**一人**の営業担当者を決める。
- 一人の営業担当者が，**複数のアカウント**を担当することもある。 ③

図：問題文の記述（H18午後Ⅱ問2より）

(2) 商品

商品に関するデータモデルは，図のように"**商品**"を中心に構成されるのが基本形になる。管理の最小単位として"**SKU**"が登場することもある。

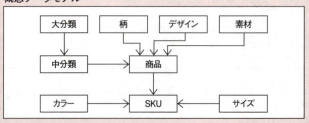

図：概念データモデルと関係スキーマの例（平成15年午後Ⅱ問2より一部加工）

- 商品には，W社で一意な商品コードが付与されている。
- <カラー及びサイズ>
- 商品は，カラー及びサイズ以外の属性が同じものを，同一の商品として管理する。
- <商品の仕様ではなく，販売傾向を分析するための区分>
- 柄，デザイン，素材は，商品の特徴を表す属性である。
- 柄，デザイン，素材の属性すべてが同一の複数の商品が存在する。
- <商品の分類を表す属性>
- 一つの商品は，一つの中分類に属す。
- 一つの中分類は，一つの大分類に属す。大分類ごとに分類内容は異なる。
- <SKU>
- 商品の販売数量や金額を，各商品のカラー別サイズ別を最小単位として管理している。この単位をSKUと呼ぶ。
- SKUには，W社で一意となるSKUコードを付与している。

図：問題文の記述

SKU
(Stock Keeping Unit)
販売・在庫管理を行うときの最小単位。今回の例のように，商品コードが同じでも，色やサイズ等が異なるラインナップを持つような場合に，"商品"エンティティとは別に，"SKU"エンティティとして管理することがある

大分類と中分類（ときに小分類なども）の関係にも注意が必要。この図の例では，問題文の中分類の説明に「**大分類ごとに分類内容は異なる**」と書かれているため，"大分類"と"中分類"間に1対多のリレーションシップを持たせたが，大分類と中分類（ときに小分類なども）間に関連性がなければ，すべてを"商品"エンティティとの関連として持たせることになる

【事例】平成 20 年午後Ⅱ問 2 （つゆやたれのメーカ）

> 関係スキーマの例
>
> ライン内在庫（<u>製造品品目コード</u>, <u>製造ロット番号</u>, <u>製造ラインコード</u>, 在庫数量）
> 調達品在庫（<u>品目コード</u>, <u>調達ロット番号</u>, <u>調達品倉庫コード</u>, 在庫数量）
> 製品在庫（<u>製品品目コード</u>, <u>製造ロット番号</u>, <u>製品倉庫コード</u>, 在庫数量）

　また，"商品"や"SKU"よりも細かい管理単位に，**"ロット番号"** を保持する場合がある。ロット番号とは，単に"ひとまとまりの番号"を意味するだけの言葉だが，生産現場や流通現場では，通常，次のような番号として使われている。いずれも同一商品（アイテム）に一意の"品番"よりも細かい単位になる。

- 同じ条件下（同じ日など）で製造した製造番号
- 生産指示単位に付与される製造番号
- 1 回の出荷，1 回の入荷ごとに付与される番号

　このロット番号は，"在庫"エンティティや，"入出庫"，"入出荷"，"生産指示"など，様々なところに登場する。

問題文の記述

問題文の記述	意味
A 社が発番するロット番号には，調達ロット番号，製造ロット番号の 2 種類があり，これらは同じ構造の番号体系である	ロット管理をしている。
製造品には，1 回の製造単位に新たな製造ロット番号を付与する	
調達品には，1 回の納入単位に新たな調達ロット番号を付与する	
調達先のロットに対して，調達先でロット番号が付与されており，これを供給者ロット番号という。供給者ロット番号は，納入時に知らされ，A 社の調達ロット番号とは別に，納入単位に記録する	調達先ロット番号と供給者ロット番号の両方を管理している。

後述している在庫管理のトレーサビリティ管理では，どの製造ロットがどの消費者の元に行ったか，あるいは，ある消費者の元にある製品が，どの製造ロットなのかを管理しなければならないことが多い。その場合には，調達ロットや製造ロットの属性を持たせて管理する。詳細は，トレーサビリティ管理のところを参照すること

商品や製品の最も細かい（ロット番号よりも細かい）管理単位は，製品ひとつひとつに割り与えられた個別の製造番号であったり，商品ひとつひとつに与えられた個体番号であったり，個別単品番号になる

(3) 製造業で取り扱う"もの"

　流通業で取り扱う**"もの"**は**"商品"**エンティティで表し，分析や管理目的で，属性の中に外部キーを持たせて当該商品の特徴（分類，素材，デザインなど）を示すパターンが多かったが，製造業で取り扱う**"もの"**は，完成品として販売する**"製品"**だけではなく，当該製品を製造する**"原材料"**や**"部品"**，**"貯蔵品"**など多岐にわたるため，**"品目"**をスーパータイプとして，そのサブタイプとして細かく分類したものを保持することが多い。

　加えて，最終製品が，どういう中間部品や構成部品からできているのか，**"構成管理"**に関するエンティティを保持していることも多い。そのあたりを問題文から正確に読み取るようにしよう。

● 生産工程と品目の関係

　生産工程は図のように複数の工程に分かれており，それが順番に並べられている。ひとつの工程は**"調達"**，**"加工や組立"**，**"検査"**が標準パターンだと覚えておけばいいだろう。工程をどう分けるのかは，指示単位，人やラインが変わる，在庫するなど様々なので，都度問題文から読み取ろう。

> **試験に出る**
>
> 午後Ⅱでメーカ（製造業）を題材にした問題は割と多いが，その中で，ここで説明する生産管理業務や製造業務が出題されているものは以下の問題くらいになる。在庫管理や物流の方がメインになっている問題も多く，複雑な割には，あまり出題としては多くはないという印象だ。
>
> 平成 20 年・午後Ⅱ 問 2
> 平成 30 年・午後Ⅱ 問 2
> 平成 31 年・午後Ⅱ 問 2
>
> 対象とする製品は，いずれも複雑なものではなく，パンの製造（H31）やつゆやたれ（H20）などシンプルなものである。製菓ライン（H30）という機械がやや複雑だったぐらいだ。
>
> **試験に出る**
>
> 平成 24 年・午前Ⅱ 問 3

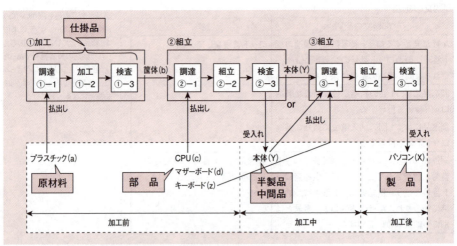

図：生産工程で見る原材料，仕掛品，半製品，製品の違い

● 問題文の"品目"の部分を熟読

　製造業で取り扱う**"もの"**は，問題文の「品目」のところにまとめて記載されている。そのため，そこを熟読して，スーパータイプとサブタイプの関係になっていないか，構成管理はどこで実施しているのかなどを読み取って解答することを想定しておこう。

　ちなみに，過去問題で出題されているエンティティを下の表にまとめてみた。問題によって表現や切り口も異なるが，おおよそはこのようになる。大きく二つの切り口に分けられているケースが多い。これも覚えておいて損はないだろう。

表：各エンティティの説明

エンティティ			問題文の説明及び一般的な意味
品目			製品及びサービス，製品の製造にかかわるものの総称。過去問題では，スーパータイプとして用いられていることが多い。
品目の種類	原料		製品の元になるもの。一般的に化学変化させるものは"原料"で，形を変えたり組み合わせたりするものを"材料"という。まとめて原材料とすることが多い。
	半製品		加工途中の状態で在庫しているもの。一般的に，製品もしくは仕掛品とは区別して認識される。半製品として販売可能であったり，製造工程から外して在庫したりするもの。
	製品		製造された完成品。
		単品製品	単品の製品。
		セット製品	複数の製品をセットにしたもの。
	包装資材		包装や梱包で使用する材料。
自社で製造するかどうか他	製造品		自社で製造する品目。製造品目，内製品目ということもある。
	調達品		仕入先等の外部に発注し調達する品目。調達品目，発注品目ということもある。
		汎用品	標準的な汎用品。
		専用仕様品	専用の仕様で製造してもらっている調達品。
	貯蔵品		製品を作るために使われるもののうち"原材料"として扱うほどの重要性が認められないもの（補助材料：ネジや釘，油，燃料，梱包資材など），事務用消耗品（切手やコピー用紙等）や消耗工具，器具備品などになる。
	受注品目		得意先から受注する品目。
	投入品目		製造に必要な品目。

"製品"と"商品"の違い
自社または自社の判断で，原材料に加工や化学変化など"手を加えて"いるもの，すなわち製造工程を経ているものは製品。包装や梱包，詰替え（いわゆる流通加工）程度しか行わず，"もの"そのものには手を加えずに販売するものを"商品"という。実務上はどちらでも問題ないが，会計上区別が求められる

セット製品
複数の製品を組み合わせたもの。通常，部品や半製品を組み立てたものではなく，単純に，詰め合わせたもののことをいうことが多い（組み立てたものはあくまでも製品で，組立ては製造工程になる。セット組は流通加工という認識になる）。アソート品ともいう

仕掛品
完成前，製造過程中の状態。"半製品（その状態で保管したり，販売したりする）"と区別して使う。決算など特定の一時点において"製造中の資産"として認識するときに使用する勘定科目

【事例1】平成30年午後Ⅱ問2（製菓ラインのメーカ）

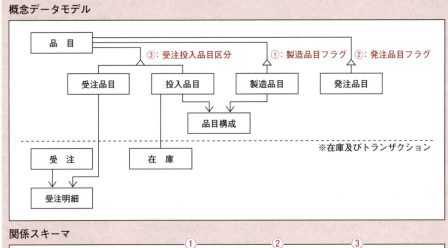

このケースでは，品目を3つの切り口で分類している。受注品目（得意先から受注する品目）と投入品目（製造に必要な品目）は排他的サブタイプで，受注投入品目区分で分類している。これは，**部品等製造で使う品目は販売しない（受注しない）**ということを示している。

そして受注品目か投入品目と，製造品目（自社で製造する品目），発注品目（仕入先に発注する品目）は共存的サブタイプで，それぞれ，先の受注投入品目区分と，製造品目フラグ，発注品目フラグで判別している。

また，品目構成は**「製造品目ごとに，どの投入品目が幾つ必要なのかをまとめたもの」**としている。

【事例2】平成 20 年午後Ⅱ問2 （つゆやたれのメーカ）

概念データモデル

関係スキーマ

品目（<u>品目コード</u>，品目名称，**自社製造区分（①），品目区分（②）**）
  製造品（<u>製造品目コード</u>，**品目区分（③）**，…）
  調達品（<u>調達品目コード</u>，**調達区分（④），原料包装区分（⑤）**，…）
    汎用品（<u>汎用品品目コード</u>，…）
    専用仕様品（<u>専用仕様品品目コード</u>，…）
  包装資材（<u>包装資材品目コード</u>，…）
  原料（<u>原料品目コード</u>，…）
  半製品（<u>半製品品目コード</u>，…）
  製品（<u>製品品目コード</u>，**単品セット品区分（⑥）**，…）
    単品製品（<u>単品製品品目コード</u>，…）
    セット製品（<u>セット製品品目コード</u>，…）
※赤字は切り口。（ ）の番号は概念データモデルの番号と対応

 この事例では，**"品目"** エンティティを二つの切り口（自社製造区分と品目区分）を使ってサブタイプ化している**（①②）**。他にも細かい切り口でサブタイプ化しているが，**③**や**⑤**の切り口のように，自社製造区分と品目区分とにまたがっているものもある。他の問題でもよく見かけるパターンだが，こういうパターンの場合存在しない組合せ（自社製造区分が調達品で，かつ品目区分が製品の**"品目"**など）が発生しないように（設定やプログラム等で）注意しなければならない。

2.3 様々なビジネスモデル 249

【事例3】平成31年午後Ⅱ問2（パンのメーカ）

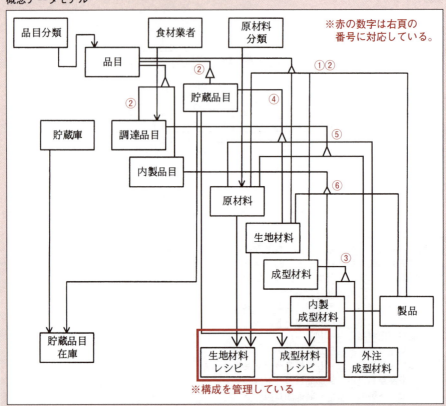

この事例での問題文は次のようになっている。問題文中の①〜⑥の記述で，品目を頂点としたスーパータイプとサブタイプの関係を説明し，⑦〜⑬の記述で各エンティティの属性とリレーションシップを説明している。

---

(3) 品目

① 原材料，生地材料，成型材料，製品を品目と呼ぶ。

② 品目は，品目コードで識別し，品目名，計量単位及び次を設定する。　（切り口は3つ）

　・原材料，生地材料，成型材料及び製品のいずれかを表す品目分類

　・調達又は内製のいずれかを表す調達内製区分

　・貯蔵対象かどうかを表す貯蔵区分　（サブタイプ）

③ 成型材料には，成型部門が成型する内製成型材料と，食材業者から調達する外注成型材料がある。内製成型材料には，対応する代替外注成型材料を一つ決めて設定する。外注成型材料が代替できる内製成型材料は，一つだけである。

④ 品目のうちの貯蔵品目には，原材料，生地材料及び外注成型材料が含まれる。貯蔵品目には，出庫のロットサイズを設定する。

⑤ 品目のうちの調達品目には，原材料及び外注成型材料が含まれる。調達品目には，調達先食材業者，調達ロットサイズ，調達単価を設定する。

⑥ 品目のうちの内製品目には，生地材料，内製成型材料及び製品が含まれる。内製品目には，製造仕様書番号を設定する。　（さらにサブタイプ）

⑦ 原材料には，粉類，ミルク類などの分類を表す原材料分類を設定する。

⑧ 生地材料には，1回の製造単位としての生地材料ロットサイズを設定する。

⑨ 外注成型材料には，食材業者に成型材料の製造を依頼するための指定製法番号を設定する。

⑩ 製品には，1回の製造単位としての焼成ロットサイズ，及び焼成に用いる内製成型材料を設定する。一つの内製成型材料からは，一つの製品だけ製造する。

⑪ 内製成型材料を作るロットサイズは，焼成ロットサイズに等しい。

⑫ 生地材料には，そのレシピとして，1回の製造に使用する，幾つかの原材料とその使用量を設定する。

⑬ 内製成型材料には，そのレシピとして，1回の製造に使用する，幾つかの品目（生地材料又は原材料）とその使用量を設定する。例えば，レーズンパンの成型材料には，イギリス食パン用の生地材料の使用量と原材料のレーズンの使用量を決めている。

2.3 様々なビジネスモデル

2.3.2 在庫管理業務

在庫管理とは，商品や製品，製造で使用する資材，原料，部品など企業に存在する資産価値のある**"もの"**を管理する一連の業務のことである。最低限必要な情報はいたってシンプル。**「どこに」**，**「何が」**，**「いくつ」**あるのかということだけだ。これを，通常は**"在庫"エンティティ**で表す。

> **試験に出る**
> **"在庫"**エンティティが出てくる問題は多い。後述する事例1〜5の他に，平成24年午後Ⅱ問1，平成25年・午後Ⅱ問1，平成27年・午後Ⅱ問2，平成29年・午後Ⅱ 問1，令和4年・午後Ⅰ問3などもある。但し，属性を答えさせる穴埋め等で設問になったケースは，事例1と事例3だけである。

どこに	倉庫，組織等	→ 2.3.1 参照
何が	商品，製品等	→ 2.3.1 参照
いくつ	数量	下記参照

(1) 基本パターンを覚える

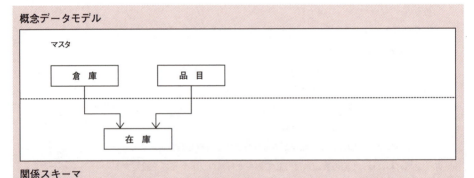

図：概念データモデル，関係スキーマの基本形

"在庫"エンティティの基本属性は，**「どこに」**＝倉庫コード，**「何が」**＝品目コード，**「いくつ」**＝実在庫数量という3つの項目で構成されていることが多い。

通常，**「一つの倉庫には複数の品目が保管されている」**し，**「一つの品目は複数の倉庫に保管されている」**ため，主キーは**"倉庫"**エンティティ等の**「どこに」**の主キーと，**"品目"**エンティティ等の**「何が」**の主キーの連結キーになることが多い。

> **試験に出る**
> ①平成28年・午前Ⅱ 問1
> 　平成26年・午前Ⅱ 問2
> ②平成25年・午前Ⅱ 問1
> ③平成19年・午前 問31

（2）"在庫" エンティティの主キー以外の属性

　在庫エンティティの主キー以外の属性には，実在庫数量以外にもいろいろある。何かしらの数量を表す属性が多い。それぞれの意味，利用目的，計算方法などとともに覚えておこう。

属性名（例）	属性の意味と利用目的	数量の更新（例）
実在庫数量	実際に，現段階で保持している在庫数。"引当"の時点では処理をしない。現時点での当該企業の保有**資産**を把握するために必要（会計上必要）。	実際に，出庫された時に（−），入庫した時に（＋）
引当済数量	受注時や生産時に割当てられた（確保された）出庫先等が決まっているものの，まだ実際には倉庫などに残っているものの数量。	受注時や生産計画立案時に（＋），実際に出庫された時に（−）
引当可能数量	現時点で引当可能な数。右の計算式によって導出できる属性だが，参照頻度が多い場合には属性として保持することがある。受注時や生産計画立案時に，受注等ができるかどうかを判断するために必要。	実在庫数量−引当済数量
入荷予定数量	発注済みだが，まだ入荷されていない数量。入荷予定日をあまり意識しなくても良い場合だと（だいたい発注翌日に納入されるなど）は"在庫"テーブルの属性として持たせる。そうではなく入荷予定日別に管理する場合は別テーブルで管理することになる。いずれにせよ，入荷予定数量を保持しておけば，受注時等に入荷予定を加味した納期回答が可能になる。	発注時に（＋）入荷したら（−）
基準在庫数量	ここで設定した数量を下回ったら発注するという感じで，発注するタイミングを決める基準となる数量。品目マスタに持たせる場合もある。	手動で変更することが多い

　上記の表の中に出てくる**"引当"**とは，受注時や，生産指示のときに，在庫の中から，その用途向けに使用する前提で，（論理的に）押さえておく（割り当てておく）こと。物理的な移動（出荷や製造開始に伴う移動）との間にタイムラグが発生することに対する処理で，具体的には上記の表のように計算する。

　また，平成23年午後Ⅱ問2（次頁の事例3）のように，資産管理上必要になるケースなどでは，倉庫以外の場所にある在庫を管理することもある。

属性	状況
倉庫内在庫数量	物理的に倉庫内に存在するもの
積置在庫数量	ほかの事業所に向けて送る準備中で倉庫に隣接する積下ろし場所に存在するもの
輸送中在庫数量	事業所間を輸送中のもの（トラックに積まれている状態のもの）

2.3　様々なビジネスモデル　253

【事例1】平成29年午後Ⅱ問2 （自動車用ケミカル製品メーカ）

関係スキーマ

在庫（<u>拠点コード</u>，<u>商品コード</u>，基準在庫数量，補充ロットサイズ，実在庫数量，引当済数量）

この事例では，基本パターン以外に，'引当済数量'，'基準在庫数量'を保持している（引当可能数は保持していないパターン）。
'基準在庫数量'は'実在庫数量'と比較して，'実在庫数量'が'基準在庫数量'を下回った時に補充要求を出すために用いられている。このケースでは，1日1回のバッチ処理だとしている。また，'補充ロットサイズ'に関する説明は記載されていないが，通常は補充要求を出す時の単位を意味する。

> **試験に出る**
> 平成29年・午後Ⅱ問2
> 主キー以外の属性を解答させる出題有。

【事例2】平成30年午後Ⅱ問2 （製菓ラインのメーカ）

関係スキーマ

在庫（<u>品目コード</u>，実在庫数量，引当済在庫数量，利用可能在庫数量，発注済未入荷数量，発注点数量，発注ロット数量）

この事例2では，表現こそ異なるものの，前頁の表の属性の多くを保持している。'利用可能在庫数量'は引当可能数量と，'発注済未入荷数量'は入荷予定数量と，'発注点数量'は基準在庫数量と，'発注ロット数量'は事例1の'補充ロットサイズ'と，それぞれ同意だと考えておけばいいだろう。

【事例3】平成23年午後Ⅱ問2 （オフィスじゅう器メーカ）

関係スキーマ

在庫（<u>倉庫拠点コード</u>，<u>部材番号</u>，倉庫内在庫数量，積置在庫数量，輸送中在庫数量）

この例では，事業所間の移動があるので，倉庫別の実在庫数量を，①倉庫内在庫数量，②積置在庫数量，③輸送中在庫数量に分けて管理している。そして，①②③の合計をもって当該企業の資産としている。

> **試験に出る**
> 平成23年・午後Ⅱ問2
> 主キーを含む全ての属性を解答させる出題有。

【事例4】平成31年午後Ⅱ問2（製パン業務）

関係スキーマ

貯蔵品目在庫（<u>貯蔵庫部門コード</u>，<u>貯蔵品目コード</u>，在庫数量，基準在庫数量，補充要求済みフラグ）

　事例4では，数量以外の属性の'**補充要求済みフラグ**'を用いている。問題文では「**補充要求をかけたら補充要求済みフラグをセットし，入庫したら補充要求済みフラグをリセットする。補充要求済みフラグを見ることで，補充要求の重複を防いでいる。**」と記されている。

【事例5】平成22年午後Ⅱ問1(オフィスサプライ商品販売会社)

関係スキーマ

在庫（<u>物流センタコード</u>，<u>SKUコード</u>，期初在庫数量，現在庫数量，…）

　この事例では'**期初在庫数量**'を保持している。これは，年度の開始時点（これを期首，もしくは期初という）での在庫数量で，前年度末に棚卸処理等で確定させた（補正した）数量を設定する。問題文では特に言及されてはいないが，物流センタ別SKUコード別に損益を把握する目的（そのために，物流センタ別SKUコード別に**"売上原価"**を算出するためのもの）だと思われる。

　売上原価 = 期首在庫棚卸高 + 当期在庫仕入高 − 期末在庫棚卸高

【事例6】平成18年午後Ⅱ問2（オフィスじゅう器メーカ）

関係スキーマ

部品（<u>部品番号</u>，部品名，主要補充区分，出庫ロットサイズ，現在在庫数量）

　最後に例外も紹介しておこう。これは**"部品"**エンティティに直接在庫数量を保持している例である。倉庫別に把握する必要が無い場合は，こうして持たせても理屈の上では問題ない。しかし，実装した時に，更新頻度の少ない**"部品マスタ"**の属性情報と，更新頻度の多い在庫数量を混在させると，更新履歴の把握等の観点で問題になることもあるので注意が必要になる。

2.3　様々なビジネスモデル　255

（3）棚卸処理

　棚卸処理とは，実際の商品の在庫数を人の目で確認し，記帳する処理のことである（これを，特に実地棚卸という）。本来は，決算時に実在庫を調べ，そこから棚卸資産や売上原価を求めるために行われる処理だが，コンピュータ在庫（理論在庫）を利用している企業では，実在庫との間に生じる**"差"**を補う目的もある。頻度は，決算期や月に1回（月次棚卸）などで，倉庫の入出庫を1日停止して，全社員一丸で（人海戦術で）行うこともある。

試験に出る
棚卸関連のエンティティが出てくる問題は，後述する事例1，事例2の他に，平成24年・午後Ⅱ 問2などもあるが，設問になったのは事例1と事例2になる。

【事例1】平成25年午後Ⅱ問2（スーパーマーケット）

> **関係スキーマ**
>
> 棚卸（<u>店舗コード</u>，<u>棚卸対象年月</u>，棚卸実施年月日）
> 棚卸明細（<u>店舗コード</u>，<u>棚卸対象年月</u>，<u>商品コード</u>，在庫数，棚卸数，棚卸差異数）

　この事例では，商品によって棚卸しをするものとしないものがあり，さらに棚卸しをしても在庫更新するものとしないものがある**（次頁の図内の（a））**。

　作業手順としては，（次頁の図内の「図3　実地棚卸しを記録する画面の例」のような）ハンディターミナルやタブレット端末の画面，あるいは棚卸記入表を用いて，実際に目で数えた数量を**'棚卸数'**に入力（棚卸記入表の場合は，そこに記入後に入力）していく。**'在庫数'**はコンピュータ上で管理している理論在庫数なので，その差を計算し**'棚卸差異数'**として記録する。

　実地棚卸が完了したら，次に，**'棚卸差異数'**がゼロではない商品に対して，数え間違いがないか再度確認したり，どこかに持ち出していないかを確認するなど，棚卸差異の原因を追及するのが一般的だ。それでも（数え間違いや見落としがなく）差異が発生していたら，その時点で差異を確定し，**"棚卸明細"**エンティティの**'棚卸数'**で，**"在庫"**エンティティの**'実在庫数'**を更新する（この事例では，在庫更新対象フラグが，在庫数を都度更新する対象となっている商品）。

　以上が，一般的な棚卸処理の流れになるが，この事例1も概ね一般的な流れである。

試験に出る
平成25年・午後Ⅱ 問2
主キーを含む全ての属性を解答させる出題有。

8. 実地棚卸しと在庫更新の対象

(1) 実地棚卸しをするか否か，在庫数を都度更新するか否かは，商品によって次の
ように分けている。

① 実地棚卸しをしない商品は，翌日まで品質を維持できない総菜など毎日の営
業終了後に廃棄するものである。

② 実地棚卸しをする商品は，在庫数を保持して，商品の販売・入荷の都度在庫
数を更新する商品と，在庫数を保持しない商品に分けている。在庫数を保持し
ない商品は，日をまたがった品質の維持はできるが，箱を開けて中身の一部だ
けを売場に補充していたり，カットされて入荷時と重さが変わったりして，在
庫数を更新できないものである。

(2) 実地棚卸しをする商品か否かは，棚卸対象フラグで区別している。

(3) 在庫数を都度更新する商品か否かは，在庫更新対象フラグで区別している。

(a)

<中略>

13. 実地棚卸し

(1) 棚卸対象フラグが，実地棚卸しの対象となっている商品については，月次で実
地棚卸しを行い，棚卸数，棚卸実施年月日を記録する。

(2) 在庫更新対象フラグが，在庫数を都度更新する対象となっている商品について
は，実地棚卸し時点の在庫数，棚卸差異数を記録する。

実地棚卸しを記録する画面の例を，図3に示す。

"棚卸"エンティティ

対象店舗   ：   004   ○△団地店   棚卸実施年月日 ：
棚卸対象年月 ：   2013 年   3 月   2013 年 3 月 31 日

棚卸明細

商品コード	商品名	在庫数	棚卸数	棚卸差異数
A0101001	○○丸大豆しょう油1L	200	202	2
A0101101	△△マヨネーズ	85	83	-2
A0203005	××カップラーメンみそ	60	60	0
⋮	⋮	⋮	⋮	⋮

図3 実地棚卸しを記録する画面の例   "棚卸明細"エンティティ

図 平成25年午後Ⅱ問2より

2.3 様々なビジネスモデル   257

【事例2】平成23年午後Ⅱ問2（オフィスじゅう器メーカ）

関係スキーマ

棚卸し（<u>棚卸年月</u>，実施年月日）
棚卸明細（<u>棚卸年月</u>，<u>倉庫拠点コード</u>，<u>部材番号</u>，棚卸数量，補正前倉庫内在庫数量，
　　　　補正数量）

　この事例では，'**補正前倉庫内在庫数量**'と'**補正数量**'が用
いられている。前者は，事例1の'**在庫数**'（コンピュータ上の理
論在庫）と同意で，後者も事例1の'**棚卸差異数**'と同意である。
棚卸終了後に，（再度確認しても差異が発生している場合は），こ
の"**棚卸明細**"エンティティの'**棚卸数量**'で，"**在庫**"エンティ
ティの'**倉庫内在庫数量**'を更新する。

試験に出る
平成23年・午後Ⅱ 問2
主キー以外の属性を解答させる
出題有。

2.3.3 受注管理業務

　受注管理とは，顧客から注文を受け，その注文品を出荷して売上計上するまでに行う一連の業務である。原則，注文を受けてから出荷または売上を計上するまでにタイムラグのある信用取引（掛取引ともいう）を実施している企業に必要な業務である。

　最もシンプルな一連の流れは次の通り。

> （1）受注入力画面から受注を登録する
> 　　（受注データ，受注明細データの作成）
> （2）売上または出荷後，不要になった受注データを消込む
> 　　（受注データ，受注明細データの消込み）
> （3）出荷忘れ等をしないように，日々，受注残を確認する
> 　　（受注残管理）

試験に出る
頻出。商品や製品を販売する販売管理業務以外にも，ホテルの予約や見積業務なども含めると結構よく出題されている。いずれも，トランザクションの発生になる

(1) 基本パターンを覚える

　受注に関する，最もシンプルな概念データモデルと関係スキーマは，図のようになる。

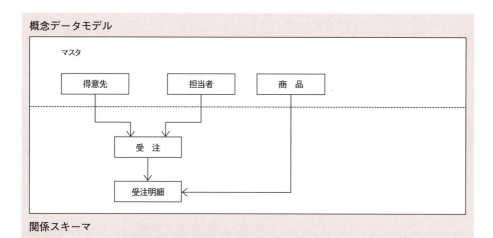

図：概念データモデル，関係スキーマの基本形

(2) 受注入力画面から読み取る

受注管理業務をテーマにする問題では，受注入力画面のサンプルを示していることが多い。いうまでもなく，受注入力画面からデータを投入し，受注データと受注明細データを作成しているので，画面の中にある項目が，そのまま"受注"や"受注明細"の属性になる。

そんな"受注入力画面"が，平成22年・午後Ⅱ問2で問題文の中に登場した（次図の「図2 キット製品に対応した受注画面の例」）。このときは，明細部分が，さらに「ヘッダ部＋明細部」に分割されるというものだったので，応用ケースといえるだろう。

厳密には，この受注入力画面を正規化していくプロセスになるが，ざっと見て"受注"と"受注明細"，各マスタに分けられるようにしておけば短時間で解答できる

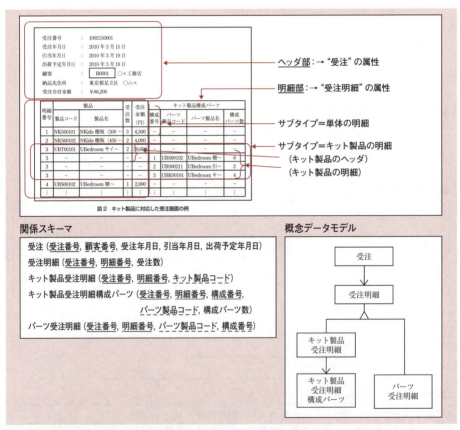

図：受注（受注入力画面）の概念データモデル，関係スキーマの例
（平成22年・午後Ⅱ問2をまとめたもの）

(3) 問題文でチェックする勘所

受注関連の記載箇所では，次のような点を確認しておこう。いずれも，関係スキーマや概念データモデルに影響する部分になる。

① 一つの受注で同じ商品等の指定が可能か？

これは受注明細の主キーを決定するときに関係するところになる。通常は，1回の受注が一つの"受注"になるので，仮に顧客がそのときに"同じ商品"を注文してきても，数量を加算すれば事足りる。そのため，一つの"受注"では，同じ商品を指定できないようにすることが多い。

そのときの主キーは，例えば｛受注番号，商品番号｝のようになる。しかし，一つの"受注"で同じ商品を何回も指定できる場合，少なくとも ｛受注番号，商品番号｝ にはできない。そういう違いがあるだろう。通常は，どちらのケースでも ｛受注番号，明細番号（行番号）｝ を主キーにすることで事足りるが，問題文にその違いが明記されているようなケースでは注意しておこう。

② 引当の有無

受注段階で引当を行っているかどうかをチェックする。引当を実施しているケースでは，"在庫"または"生産枠"に，受注番号などの属性が必要になる。引当に関しては，P.253 を参照。

表：受注業務に関するまとめ

問題文の表現	概念データモデル／関係スキーマ
受注単位に一意な受注番号を付与する	受注番号が主キー
・受注には複数明細を指定できる ・一つの受注で，複数の〜の注文を受け付けている	"受注"と"受注明細"が 1 対 N
〜は受注単位に指定する	〜は"受注"の属性
各明細行では，〜を指定する	〜は"受注明細"の属性
商品単価は，変更する可能性があるので，受注時点の商品単価である"受注単価"を記録する	"受注明細"に属性'受注単価'が必要

【事例1】平成30年午後Ⅱ問2（商談後の受注）

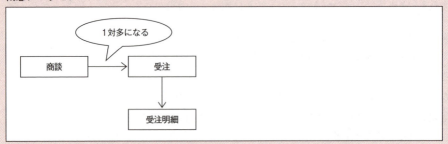

関係スキーマ

商談（商談#, 案件名, 案件内容, 商談年月日, 契約取引先コード, 技術営業社員コード）
受注（受注#, 商談#, 受注年月日, 出荷取引先コード）
受注明細（受注#, 受注明細#, 受注品目コード, 受注明細区分, 受注数量, 受注単価, 受注金額, 出荷予定年月日, 納入予定年月日）

　平成30年の午後Ⅱ問2では、"**商談**"後の案件について"**受注**"した場合の事例を取り上げている。この例では「**1件の商談で複数の受注が発生することがある**」前提で、「**どの商談に対する受注かが分かるようにする**」ことを求めている。したがって、概念データモデルと関係スキーマは上記のようになる。

　ちなみに、問題文には明記されていなかったが、上記の関係スキーマからは次の点が読み取れる。

- 商談は"取引先"単位で、受注は"出荷先"単位
- 受注単価は"受注"の都度異なる（品目単位に一律ではない）
- 受注金額は導出項目（受注数量×受注単価）だが、何かしらの理由で受注金額も保持するようにしている

【事例2】平成27年午後Ⅰ問2（案件からの受注）

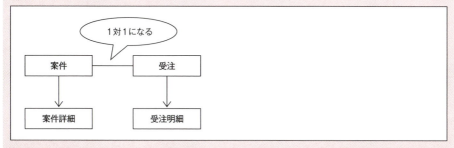

概念データモデル

関係スキーマ

案件（<u>案件番号</u>, 案件名, <u>案件状態コード</u>, 無効フラグ, 案件内容, 案件開始日, <u>顧客番号</u>, 受注見込額, <u>担当営業部コード</u>, <u>分割元案件番号</u>, <u>統合先案件番号</u>, …）
案件詳細（<u>案件詳細番号</u>, 案件詳細名, <u>案件番号</u>, 無効フラグ, 工事開始予定日, 工事終了予定日, <u>担当工事部コード</u>, 売上見込額, 労務費, 材料費, …）
受注（<u>受注番号</u>, 受注名, 受注日, 契約開始日, 契約終了日, 受注額, 契約種別, <u>案件番号</u>, …）
受注明細（<u>受注番号</u>, <u>受注明細番号</u>, 受注明細名, 受注明細額, <u>担当工事部コード</u>, …）

平成27年午後Ⅰ問2では，"商談"ではなく"案件"と1対1で対応付けられた"受注"テーブルのケースを取り上げている。"案件"テーブルには当該案件の案件状態（商談中, 受注, 失注, 消滅）を保持し, 案件状態が'受注'になった時点で, 案件ごとに受注として記録するという要件になっている。加えて, **「それ以降, 案件及び案件詳細が変更されることはない」** という運用になっている。

【事例3】平成30年午後Ⅰ問1（見積り後の受注）

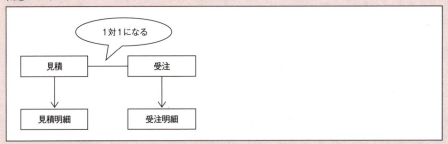

関係スキーマ

　見積（見積番号, 見積年月日, 見積有効期限年月日, 案件名, 納期年月日, 社員番号,
　　　営業所組織コード, 顧客コード）
　見積明細（見積番号, 商品コード, 数量, 見積単価）
　受注（受注番号, 受注年月日, 見積番号）
　受注明細（受注番号, 受注明細番号, 顧客コード, 設置事業所コード, 設置場所詳細,
　　　設置補足, 本体製品受注明細内訳番号）

　平成30年の午後Ⅰ問1では，"**見積（り）**"後の案件について"**受注**"した場合の事例を取り上げている。この例では「**成約に至ったときに，見積りと同じ単位で受注登録を行う**」前提で，「**該当する見積番号を登録する**」ことを求めている。したがって，概念データモデルと関係スキーマは上記のようになる。

　なお，上記の関係スキーマは次のような前提条件の元に設計されている。

- "見積"の属性のうち，'納期年月日'と'社員番号'，'営業所組織コード'は，"受注"でも必要な情報にもかかわらず"受注"には持たせていない。これは"受注"と"見積"との間に1対1のリレーションシップがあるためで，見積り時と受注時で変わってはいけないということを意味している
- 見積り時の明細と受注時の明細は単位が違う。前者は商品単位（商品コードで識別）で，後者は設置場所単位（顧客コードと設置事業所コードで識別）である。問題文にも「受注明細は設置の単位であり，本体製品1台単位，又はセット製品1セット単位に作成し」という記述がある。そのため，"見積"の属性にも'顧客コード'があるが，設置場所単位が'顧客コード'＋'設置事業所コード'なので"受注明細"にも持たせている
- 見積金額は，数量と単価から導出する

【事例4】平成27年午後I問1 (更新処理)

> **関係スキーマ**
>
> 販売書籍 (<u>商品番号</u>, 書籍区分, 販売価格)
> 新品書籍 (<u>商品番号</u>, 形態別書籍ID, 実在庫数, 受注残数, 受注制限フラグ)
> 中古書籍 (<u>商品番号</u>, 形態別書籍ID, <u>出品会員会員ID</u>, 品質ランク, 品質コメント,
>   ステータス)
> 注文 (<u>注文番号</u>, 会員ID, 注文日時)
> 注文明細 (<u>注文番号</u>, <u>商品番号</u>, 注文数)

平成27年の午後I問1では, 受注時の処理 (データベース更新処理) について言及している。対象商品は "書籍" で, "販売書籍" テーブルをスーパータイプ, "新品書籍" テーブル及び "中古書籍" テーブルをサブタイプに設計している。

試験に出る
平成27年・午後I 問1
受注時の引当処理によるデータベース更新処理の部分が出題されている。

<業務要件>

ECサイトで会員からの注文を受け付け, 在庫の引き当てを行う。注文日時, 注文した書籍のタイトルなどを記載した電子メールを, 会員宛てに送付する。

<データベースの処理>

- 受注時には "注文" テーブル及び "注文明細テーブル" に行を登録する
- 新品書籍の場合は, 受注した販売書籍に該当する, "新品書籍" テーブルの行の受注残数列の値を, 受注した数量を加算した値に更新する ("新品書籍" テーブルは実在庫数と受注残数で管理し, 出荷時に引き当てる運用なので)
- 中古書籍の場合は, 受注した販売書籍に該当する, "中古書籍" テーブルの行のステータス列の値を, '引当済' に更新する ("中古書籍" テーブルは1冊ごとに記録なので)

2.3 様々なビジネスモデル　265

2.3.4 出荷・物流業務

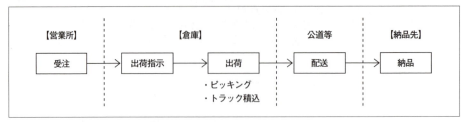

図：受注から出荷，納品までの流れの例（基本形）

　受注した商品は，（納期に最適なタイミングで）倉庫に出荷指示を出す。出荷指示を受けた倉庫では，ピッキング作業を行いトラックに積み込み，その後トラックが納品先まで出向いて（配送），到着後納品する。

　なお，"ピッキング"作業とは，在庫品を出庫するために倉庫から集めてくる作業のこと。出荷時期になった商品は納期に合わせて出荷指示書の中にまとめられる。そうしてあるタイミングで出荷指示書が発行され，それをもとに，決められた保管場所から順番に商品等を集めていく。

　ちなみに，ピッキングには，複数の取引先からの注文を商品ごとに集約し，1回の移動でピッキングする方法（商品別ピッキング）や，取引先ごとに商品を取っていく方法（取引先別ピッキング）などがある。また，出荷指示書を使わずに，棚番にピッキングする商品と数量を表示させるデジタルピッキングや，商品のピッキングまでも自動化した自動倉庫などもある。

（1）受注と出荷の関係の基本パターンを覚える

問題文に，出荷処理や出庫処理についての記述がある場合，まずは受注処理との関係を読み取ろう。そのポイントは，分割納品可能かどうかと，まとめて出荷することがあるのかどうかだ。

① 受注と出荷が1対1

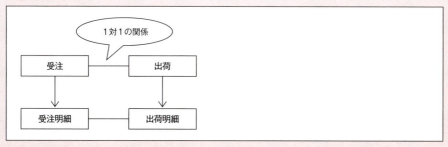

図：概念データモデル，関係スキーマの基本形

1つの受注（伝票）に対して，1つの出荷（伝票）を行うパターンは，**"受注"** エンティティと **"出荷"** エンティティ，または **"受注明細"** エンティティと **"出荷明細"** エンティティは1対1になる。後述する分割納品や複数受注の一括納品ではなく，伝票単位の一括納品で，次のようなケースが該当する。

- 1回の受注に対して，それらが全て揃ったタイミングで出荷する
- 出荷時点で無いもの（欠品）はキャンセル扱いする

"出荷" と **"受注"** が1対1なのか，**"出荷明細"** と **"受注明細"** が1対1なのか，はたまた両方なのか（図の例のように両方にリレーションシップが必要なのか）は，問題文から読み取る必要がある。

オプショナリティを付ける場合は，データの発生順を考慮すると，基本形はP.222のようになる。

問題文には，混乱しないように「分割納品はしない」とか，「まとめて出荷することはない」という記述があるはずだが，それらも無ければ1対1で考えるのが妥当な判断になる

2.3 様々なビジネスモデル

② 分割納品（受注と出荷が１対多）

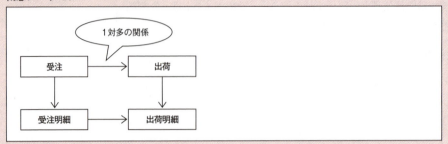

図：概念データモデル，関係スキーマの基本形

　分割納品とは，１回の注文に対して下記のような理由で何回かに分けて納品することをいう。もちろん１回で出荷することもあるが，**"受注"** エンティティと **"出荷"** エンティティ，または **"受注明細"** エンティティと **"出荷明細"** エンティティは１対多になる。

- １回の受注に対して揃ったもの（在庫があったもの）から出荷する
- １回の受注に対して異なる倉庫に出荷指示を出し，出荷指示の単位で出荷伝票や納品書を作成する
- １回の受注で納期の異なるものがある（納品希望日を **"受注"** ではなく **"受注明細"** に保持している場合は，**"受注明細"** と **"出荷明細"** は１対１になることもある）

　この分割納品が可能かどうかを問題文から読み取ろう。

③ 複数の受注伝票を一括納品（受注と出荷が多対1）

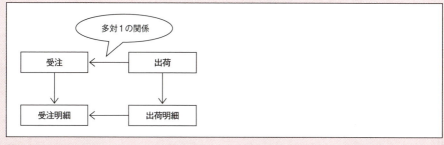

図：概念データモデル，関係スキーマの基本形

　分割納品とは逆に，複数回の受注を一定期間まとめて1回で出荷する場合は，**"受注"** エンティティと **"出荷"** エンティティ，または **"受注明細"** エンティティと **"出荷明細"** エンティティは多対1になる。但しこれは分割納品をしない場合で，分割納品もする場合には多対多になる（連関エンティティが必要になる）。

【事例1】 平成20年午後Ⅱ問2 （食品製造業）

図：製品出荷業務の流れ（平成20年午後Ⅱ問2の図4より）

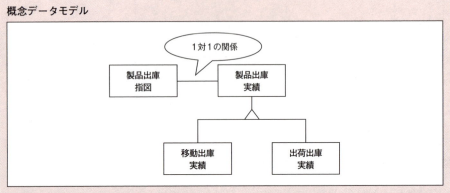

関係スキーマ

　　製品出庫指図（<u>出庫指図番号</u>，<u>製品品目コード</u>，<u>出庫製品倉庫コード</u>，出庫指図数量，
　　　　　　　出庫予定日）
　　製品出庫実績（<u>出庫実績番号</u>，<u>製品品目コード</u>，<u>出庫製品倉庫コード</u>，出庫数量，出庫日，
　　　　　　　<u>出庫指図番号</u>，出庫理由）
　　移動出庫実績（<u>出庫実績番号</u>）
　　出荷出庫実績（<u>出庫実績番号</u>，<u>出荷先コード</u>）

　この事例は，生産管理業務がメインのものであるが，最もオーソドックスな事例なので，基本形としてチェックしておこう。
　製品に対する注文を受けた部門から製品の出荷依頼を受けて，製品出荷指図を行い，その指図に従って製品を出荷し，実績を記録するところまでについても言及している。

表：製品出荷業務で用いられる情報（平成 20 年午後Ⅱ問 2 の表 5 より）

情報	説明
製品出荷依頼	受注に基づいて出荷依頼された製品の品目及び出荷数量
製品出荷指図	出荷対象の製品倉庫に対する出荷の指図
出荷出庫実績	製品倉庫からの出荷のための，出庫実績。出荷出庫に基づき，出荷元の製品在庫を更新する。

この事例では，**"製品出庫実績"** エンティティをスーパータイプとし，サブタイプに倉庫間移動を目的とした出庫の **"移動出庫実績"** エンティティと，受注に対する出荷を目的とした出庫の **"出荷出庫実績"** を設けている。

また，**"製品出庫指図"** エンティティと **"製品出庫実績"** エンティティは 1 対 1 の関係で，後からインスタンスが発生する **"製品出庫実績"** エンティティ側に外部キー **'出庫指図番号'** を保持している。

但し，指図の段階での **'出庫指図数量'** 及び **'出庫予定日'** と実績の **'出庫数量'** 及び **'出庫日'** を別々に保持しているところから，指図と実績で異なる可能性があることがわかる。

コラム　出庫と出荷

出庫と出荷は，同じような意味で使われることもある。物流の視点であれば特に差はないからだ。しかし，この問題のように厳密に使い分けることも少なくない。その場合，**"出庫"** は単に **"倉庫から出す作業"** の意味で使われ，**"出荷"** は **"顧客や市場に向けて（荷物として）出す時の一連の行為"** の意味で使われるのが一般的だ。少なくとも，自社の中での移動（工場での製造目的であったり別倉庫や営業所への移動）の時には **"出荷"** とはいわないし，最終的に顧客や市場向けではあるが，いったん別の場所に向かったり，タイムラグがある場合には **"出荷"** ではなく **"出庫"** が使われることもある。

2.3　様々なビジネスモデル　271

【事例2】平成20年午後Ⅱ問2（トレーサビリティ管理）

概念データモデル

【ロケーション】
履歴を把握する上で必要な，トランザクションの発生場所を汎化した概念である。ロケーションコードが主キーである。

【受払】
品目が移動すること，使用されること，作られることを汎化した概念である。ロケーションと品目について，受払の元と先を参照している。

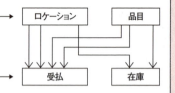

関係スキーマ

受払（受払種類，受入品目コード，受入ロット番号，受入ロケーションコード，
　　　払出品目コード，払出ロット番号，払出ロケーションコード，供給者ロット番号）
在庫（品目コード，ロット番号，ロケーションコード，在庫数量）

これは，トレーサビリティ管理の事例である。**トレーサビリティ（Traceability：追跡可能性）**とは，製品の生産から消費・廃棄に至るまでの流通経路を管理して追跡（バックトレース，フォワードトレース）を可能にする管理状態のことである。ポイントは，**"品目"**よりさらに細かい**"ロット番号"**と，ロケーションが移動したり製造したりするたびに**"受払"**エンティティを使って履歴をすべて管理するところにある。

そのあたりを，事例の一部（天つゆ500㎖を製造する工程）で示すと右ページの図のようになる。入庫，出庫，移動等が発生した場合，移動元を'**払出**'，移動先を'**受入**'に設定した**"受払"**を作成している（①④⑤⑥）。製造の場合は複数の**"受払"**を作成することで対応している（②③。**但し，右ページの下の図を参照。上の図は複数のうちの一つだけで，他は割愛している**）。

このようにデータを残しておけば，例えばロット番号403の天つゆ500㎖に何かあった場合，**"受払"**を逆にたどっていくことで，普通しょう油（111）やだし汁B（311），500㎖ PET（511），PETキャップ（611）までバックトレースできる。

なお，このトレーサビリティシステムを構築するには，流通経路にある各企業が協力して，ロットの追跡ができる仕組みを構築する必要がある

試験に出る

在庫管理業務の中でも，特にトレーサビリティ管理をテーマにした出題があった。トレーサビリティ管理の基本を押さえる上でも役に立つ貴重な問題になる
平成20年・午後Ⅱ問2

バックトレース
問題のあった"製品"の製造ロットを基点にして，製造に用いられた半製品の製造ロットや原料の調達ロットまでさかのぼるなど，製造工程と反対にバックしてトレースすること

フォワードトレース
問題のあった"部品"を基点にして，それを使用した半製品や製品に至るまでなど，製造工程と同じ方向にトレースすること

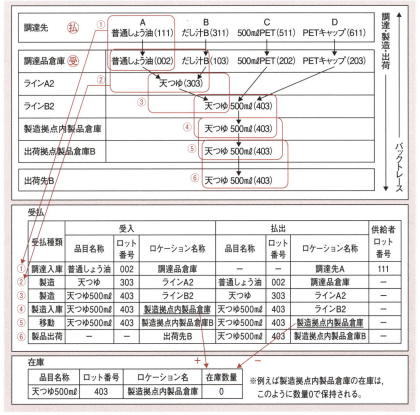

図：製造の流れと"受払","在庫"エンティティ

図：製造時に作成される"受払"

(2) 配送業務

過去問題には，数は少ないものの配送車の割り当て等の配送業務を加味したものもある。その場合，"**受注**"や"**出荷**"と"**配送**"の関係性を読み取らなければならない。

基本は，やはり"**出荷**"もしくは"**出荷明細**"エンティティと"**配送**"関連のエンティティ（配送車や手配）との間にリレーションシップを持たせるケースになる。例えば「**複数の出荷を1つのトラックに積み込んで配送する場合で，かつ1つの出荷が異なるトラックに積み込まれることが無いケース**」は下図のようになる。

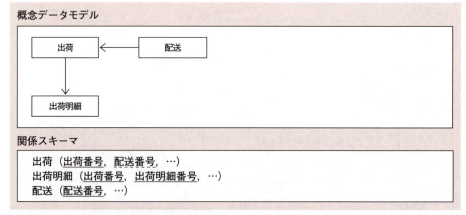

図：概念データモデル，関係スキーマの基本形

通常は，受注と出荷の間で1対多や多対1になっているので，出荷と配送の関係はシンプルになる。また，受注段階で配送車を割り当てる場合は，"**受注**"エンティティとの間にもリレーションシップが必要になるかもしれないが，特にそういう記述が無ければ，出荷するタイミングで配送を決めると考えればいいだろう。後は，過去問題の事例を参考に応用パターンを押さえていこう。

【事例1】平成15年午後Ⅱ問1（配送の事例）

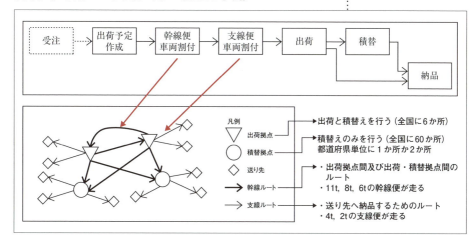

　この問題は"**出荷**"以後"**納品**"までの"**配送業務**"をテーマにしたものである（上図参照）。階層化された複数の物流拠点を持つ**ハブアンドスポーク方式**を取り上げている。

表：業務内容

業務名称	業務内容
出荷予定作成	受注情報から希望納期に到着させるためのリードタイムを逆算し，出荷情報を作成する
幹線便車両割付	① 出荷情報から各幹線ルートの荷物量を算出する（必要に応じて追加手配を行う） ② 各出荷情報を幹線便に割り振る（※1） ③ 各出荷情報の出荷状態を"幹線便車両割付済み"にする ※一つの出荷を複数の便に分けることはない
支線便車両割付	① 出荷情報から各支線ルートの荷物量を算出する（必要に応じて追加手配を行う） ② 各出荷情報を支線便に割り振る（※1） ③ 出荷状態を"支線便車両割付済み"にする ※できるかぎり一つの受注を一つの支線便にまとめる
出荷	幹線便車両割付業務，支線便車両割付業務の決定に基づいて出荷する
積替	幹線便の到着都度，個々の荷物を出荷情報に示される支線便に積み替える

※1では荷物の割当ては，次のように行っている。
- "配送車種類"の属性として'積載可能容積'を持つ（荷台の空間の積載ロスを見込んだ積載可能容積を設定している）
- "製品"の属性として，'製品容積'を持つ（実際の製品には，様々な形状があるので，'製品容積'は余裕を見て設定されている）
- 荷物量は，"製品"ごとに設定されている'製品容積'に製品数量を乗じて算出する

概念データモデル

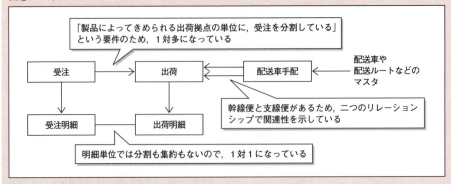

関係スキーマ

【マスタ】
物流拠点 (<u>物流拠点コード</u>, 物流拠点名称, 出荷機能フラグ)
　出荷拠点 (<u>物流拠点コード</u>, 物流拠点名称)
配送車種類 (<u>配送車種類コード</u>, 積載可能容積, 積載量)
配送ルート (<u>発地物流拠点コード</u>, <u>ルート番号</u>, 幹線支線区分)
　幹線ルート (<u>発地物流拠点コード</u>, <u>ルート番号</u>, 着地物流拠点コード, 幹線リードタイム)
　支線ルート (<u>発地物流拠点コード</u>, <u>ルート番号</u>)
地域 (<u>地域コード</u>, 地域名称, 発地物流拠点コード, ルート番号)
製品 (<u>製品番号</u>, 製品名称, 在庫物流拠点コード, 製品容積)

受注 (<u>受注番号</u>, 地域コード, 送り先名称, 送り先住所, 到着納期年月日)
受注明細 (<u>受注番号</u>, <u>受注明細番号</u>, 製品番号, 受注数量)
配送車手配 (<u>発地物流拠点コード</u>, <u>ルート番号</u>, <u>便番号</u>, <u>手配年月日</u>, 配送車種類コード)
出荷 (出荷状態, <u>出荷番号</u>, 受注番号, 出荷物流拠点コード, 出荷指示年月日,
　　　幹線便発地物流拠点コード, 幹線便ルート番号, 幹線便番号, 幹線便手配年月日,
　　　積替物流拠点コード, 積替指示年月日, 支線便発地物流拠点コード, 支線便ルート番号,
　　　支線便番号, 支線便手配年月日, 出荷実績年月日, 積替実績年月日, 納品実績年月日)
出荷明細 (<u>出荷番号</u>, <u>出荷明細番号</u>, 製品番号, 出荷数量, 受注番号, 受注明細番号)

注 "出荷機能フラグ" は, 当該の物流拠点が出荷拠点であることを表す属性。

これらを概念データモデルと関係スキーマで表すと次のようになる。この事例では, **"配送車"** エンティティや **"配送ルート"** エンティティをマスタとして設定するとともに, **"配送車手配"** エンティティを用いて, **"出荷"** エンティティと関連付けている。

【事例2】平成16年午後Ⅱ問2（コンビニストアチェーン）

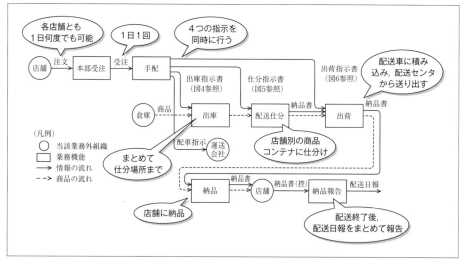

図：在庫品配送業務のフロー（平成16年午後Ⅱ問2図3より（ふきだし＝説明を追記））

　次は，コンビニエンスストアの配送物流のケースである。事例1と異なるのは，**"出荷"** エンティティと **"配車"** エンティティだけではなく，**"仕分"** エンティティ，**"納品"** エンティティに分けている点だ（業務フローは上記参照）。

表：業務内容

業務名	内容
手配	受注締め後に，出庫，仕分，配車，出荷を同時に指示する業務
出庫	出庫指示書をトリガに，倉庫→仕分場所
配送仕分	仕分指示書をトリガに，店舗別に仕分ける業務
出荷	出荷指示書をトリガに，仕分された商品を配送車に積込み，配送センタから送り出す業務
納品	配送車が担当の配送エリアを回り，店舗に納品する業務

　問題文には，**"手配"** で4つの指示（出庫指示，配車指示，仕分指示，出荷指示）に分けた理由は書いていないが，一般的には，指示する相手が異なる場合や，指示するタイミングが異なる場合に，その指示する相手単位や時期単位に分けることが多い。

この事例では「配送業務は，配送センタから配送エリア単位に商品が出荷され，配送車が担当の配送エリア内の全店舗に納品することで完了する形態」だとしている（図参照）。

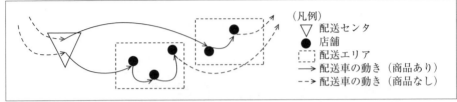

図：在庫品の配送業務形態（平成16年午後Ⅱ問2の図1より）

 そして，これらを概念データモデルと関係スキーマで表すと右頁のようになる。
 受注と仕分，納品は，明細レベルで全て1対1で対応付けられている。主キーは全て'**受注番号**'及び'**受注番号＋受注明細番号**'である。これは，一連の流れが受注単位で管理されていることを表している。
 ただ，個々の非キー属性にはそれぞれ別々に'数量'を保持している。これは問題文に「**日常は欠品を起こさないように業務運用されている。しかし，不測の事態による欠品の可能性は否定できないので，業務の各段階で実績の数量を記録している**」という要件に基づいた設計にしているからだ。受注数量と仕分数量，納品数量が異なる可能性があるためである。
 また，"**配車**"エンティティと"**出荷**"エンティティは1対1になっている。これは，例えば今回のように，配送エリア内に1台のトラックがあり，それが1日1回全店舗の荷物を積んで走るような場合で，出荷指示が配車単位になるケースに該当する。
 加えて，1台の車両には複数店舗の複数の受注が含まれているため，(当日の)"**出荷**"エンティティと"**仕分**"エンティティ（受注番号単位）との間には，1対多のリレーションシップが必要になる。
 なお，"**出庫**"エンティティと"**仕分明細**"エンティティの間に1対多のリレーションシップが書いてあるのは，出庫は1日1回商品ごとにまとめてピッキングし，仕分場所まで持ってくるからだ。

概念データモデル

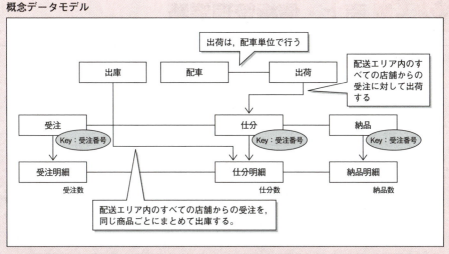

関係スキーマ

受注（受注番号, 店舗番号, 受注年月日時刻, 納品予定年月日）
受注明細（受注番号, 受注明細番号, 商品番号, 受注数量）
出庫（出庫番号, 配送センタ番号, 商品番号, 出庫実績数量, 出庫実績年月日時刻）
配車（配車番号, 配送エリアコード, 配送年月日, 車両番号, ドライバ氏名）
仕分（受注番号, 出荷番号）
仕分明細（受注番号, 受注明細番号, 出庫番号, 仕分数量）
出荷（出荷番号, 配車番号）
納品（受注番号, 納品年月日時刻）
納品明細（受注番号, 受注明細番号, 納品数量）

2.3.5 売上・債権管理業務

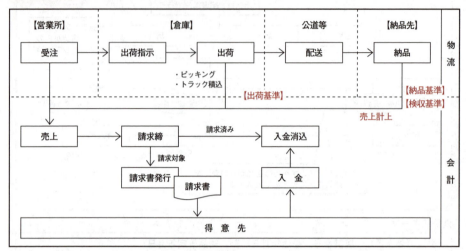

図：売上から請求，入金消込までの流れの例（基本形）

　得意先から受注した商品等を出荷し，納品が完了したら**"売上"**を計上する（売上計上処理）。そして，その**"売上"**は**"売掛金"**という債権として管理され，一定期間分をまとめて請求して回収する。その一連の処理の流れを簡潔にまとめたのが図になる。

　現金で取引をする場合には，請求締処理や請求書発行処理は必要ないが，企業間取引の場合は信用取引が一般的なので（午後Ⅰや午後Ⅱの問題になる事例でも企業間取引が多いため），この一連の流れを基本形としてイメージしておくといいだろう。

　なお，売上計上後の処理は，財務会計上**"記録"**が義務付けられている。したがって，ここの内容をさらに詳細に知りたい場合は，簿記の勉強が最適である。

　なお，売上を計上するタイミング（収益認識基準）は，いくつかの考え方があり，財務会計上は個々のビジネスに即した基準を適用しなければならないが，データベーススペシャリスト試験の問題になるレベルでは次の２つのいずれかでいいだろう。

① 出荷基準：出荷時
② 検収基準：納品・検収が完了し受領書をもらった時

試験に出る
債権管理業務に特化した問題もそれほど多くは無い。午後Ⅱでは，今のところこの問題ぐらいだろう
平成22年・午後Ⅱ 問1

参考

物販以外だと，2021年4月以降に始まる事業年度から上場企業等に義務付けられる収益認識基準やIFRSの第15号の基準のようにサービスを履行したタイミングなどもある。

(1) 基本パターンを覚える

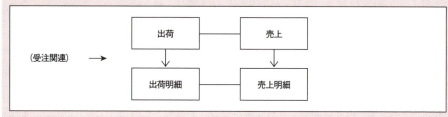

図：概念データモデル，関係スキーマの基本形

　上記は"**売上**"及び"**売上明細**"エンティティの基本パターンである。この例では"**出荷**"及び"**出荷明細**"エンティティを引き継いでいるが（外部キーでリレーションを張っているが），他に"**受注**"及び"**受注明細**"，"**納品**"及び"**納品明細**"エンティティを引き継いでいるケースもある。

　但し，過去問題を見る限り，"**売上**"関連のエンティティを使っているケースは，現金取引の小売業や販売分析系の問題が多い。つまり，"**売上**"関連のエンティティから開始するケースだ。そのため，上記のような基本パターンのケースは少ないが，財務会計システムへのデータ連携等を考える場合，出荷や納品という物流関連のデータと別に保持することも考えられるため，次のような点は意識しておいた方がいいだろう。

【債権管理部分が問われる場合に読み取ること】
- "**売上**"と"**売上明細**"エンティティの存在の有無
  - →出荷や納品ベースに請求しているかどうか？
- 請求に必要な情報をどこに保持しているか？
  - →"**売上**"，"**売上明細**"等の属性？それとも"**出荷**"，"**出荷明細**"？

（2）請求までの処理

　売上を計上した後，請求書を発行するまでに行う処理がある。売上計上後の取消処理や，返品，値引きなどの処理だ。売上計上後は，会計上記録を求められる部分になるので，その管理も厳密になる。

① 売上の取消処理（赤黒処理）

　売上入力後の売上訂正や取消処理は，たとえ，それが単純ミスだったとしても，内部統制上，その経緯を記録して保存しておく必要がある。そこで，売上訂正入力や売上取消入力を行った場合，まずマイナスの伝票を発行し，その後，訂正の場合は訂正後の伝票を発行する。前者を「赤伝」，後者を「黒伝」といい，こうした処理を「赤黒処理」と呼ぶ。

② 値引処理・返品処理（次頁の事例参照）

　商品を販売したら，値引や返品についても適切に処理しなければならない。値引処理では，売上伝票単位，明細行単位，請求書単位など，その対象がいくつか存在する点に注意が必要である。

　また，返品処理では，返品理由がいろいろある点に注意しなければならない。単純に交換目的の返品処理であれば，在庫管理上の処理だけでも構わないが，返金する場合は，①の売上の取消処理になるため赤黒処理が必要になる。

③ リベート処理

　リベートとは，報奨金，販売促進費，目標達成金，協力金などいろいろな別称があるが，端的にいうと，一定期間の売上実績に対するインセンティブである。その計算ルールは，企業によって大きく異なるし，複雑になっていることも多い。

　この処理は，特に請求までに行う処理ではない。請求段階で加味することもあれば，１年間の計算により翌年に考慮されることもある。用語の存在だけを覚えておいて，問題文に出てきたら，その要件をしっかりと読み取ろう。

【事例】平成 22 年午後Ⅱ問 1（受注取消，返品処理）

この事例では，売上の取消処理で赤黒処理を行うだけではなく，受注取消及び返品処理でも赤黒処理を行っている。

参考
ちなみに，後述している通り，この事例では請求対象は，出荷エンティティで把握している。

業務要件

〔受注の取消と返品〕
(1) 顧客は，商品出荷前の注文を取り消すことができる。取消は注文書単位に行い，特定のSKUの注文だけを取り消すことはできない。
(2) 顧客は，返品可能な商品に限り返品することができる。ただし，納品後 10 日以内に A 社の物流センタに到着することが条件となる。
(3) 取消又は返品があれば，受注数量及び出荷数量をすべてマイナスにした受注伝票及び出荷伝票（以下，赤伝という）を新たに作成する。さらに，一部の SKU だけが返品された場合は，返品された SKU を除く受注伝票及び出荷伝票（以下，黒伝という）を新たに作成する。
(4) 返品された商品は，商品の状態に応じて，在庫に戻されるか，又は処分される。

処理概要

受注取消	受注の取消を行う。受注と受注明細，及び出荷と出荷明細の赤伝を作成する。取り消された受注の受注番号（取消元受注番号）を赤伝に，赤伝の受注番号（取消先受注番号）を取消元に記録する。取消元の受注状態を"取消済"にする。
返品	返品の入庫を確認し，受注単位に返品処理を行う。受注と受注明細，及び出荷と出荷明細について，それぞれ赤伝と黒伝を作成する。返品対象の受注の受注状態を"取消済"にし，出荷の出荷状態を"返品済"にする。さらに，返品対象の出荷に対応するすべての出荷明細の返品区分に"返品"を記録する。赤伝と黒伝の出荷明細の返品区分には値を設定しない。

関係スキーマ

受注（<u>受注番号</u>，顧客番号，受注担当社員番号，受注年月日，受注状態　受注金額，消費税額，届先住所，取消元受注番号，取消先受注番号 …）
受注明細（<u>受注番号</u>，<u>受注明細番号</u>，SKUコード，受注数量，単価，…）
出荷（<u>出荷番号</u>，受注番号，出荷状態　出荷年月日，納品年月日，請求番号，取消元受注番号　取消先受注番号）
出荷明細（<u>出荷番号</u>，<u>出荷明細番号</u>，SKUコード，出荷数量，単価，返品区分）

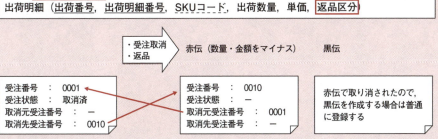

図：赤黒処理の設計例（平成 22 年午後Ⅱ問 1 より一部追記）

(3) 請求締処理と請求書発行処理

納品が完了すると，毎月1回など定期的に（時に不定期に）請求書を発行しなければならない。この時に行う処理が，請求締処理と請求書発行処理である。

① 請求締処理

信用取引の場合，いつからいつまでの売上分を請求するかということを取引先ごとに決めておく必要があるが，その区切りになる日を「**締日**」と呼ぶ。企業では，締日が来るたびに，請求締処理（請求締更新とも呼ぶ）を実行して，請求対象データを抽出し，請求内容を確定させる。

シンプルな例では，取引先（顧客）ごとに締日を設定するが，納品先，売上計上の単位，請求先と，それぞれ異なることも少なくない。

② 請求書発行処理

締処理が完了すると，続いて請求書を発行する。請求書は，3枚以上の複写になっていることが多い。その場合，例えば，1枚は取引先に送るもの，もう1枚は保存義務のある経理部門の控え，最後の1枚（以上）は営業部門などの関連部門の控えなどで使い分けたりする。

締日は "**20日**" や "**月末**" など取引先によって異なる。また月1回（月に締日が一つ）のケースが多いが，取引先によっては月に複数回や都度請求などもある。

【事例】平成 22 年午後Ⅱ問 1（請求関連）

問題文の記述

〔代金の請求〕
(1) 事業所では，月初日から月末日までに納品が済んだ受注を確認して，月締めを行う。事業所によって月締めのタイミングは異なるが，翌月の第 15 営業日までには前月分の月締めを行う規則になっている。
(2) 事業所では，顧客ごとに，月締めの対象月中に納品が済んだ受注の受注金額と消費税額を合計して請求金額を求め，請求書を作成して顧客に送付する。あわせて，請求金額を未収金額に計上する。請求書には，顧客番号と振込先口座番号も記載されている。振込先口座番号は，事業所ごとに異なっている。

月締め	事業所の月締めの時期に合わせて，対象月中に納品が済んだ受注の受注金額及び消費税額を，顧客別に集計する。さらに，請求対象年月が前月以前で，かつ，1 年以内の請求データの未収金額を月締めの時点での累積未収金額として集計し，請求状態を "未請求" にして，請求データを作成する。請求データ作成済の出荷は，出荷状態を "請求済" にする。また，請求年月日から 5 年経過した請求データを削除する。
請求	事業所ごとの月締めによって作成された請求データを確認して請求書を出力し，請求状態を "請求済" にする。あわせて，請求金額を未収金額として記録する。

関係スキーマ

出荷（<u>出荷番号</u>，<u>受注番号</u>，出荷状態，出荷年月日，納品年月日，<u>請求番号</u>，<u>取消元受注番号</u>，<u>取消先受注番号</u>）
出荷明細（<u>出荷番号</u>，<u>出荷明細番号</u>，<u>SKU コード</u>，出荷数量，単価，返品区分）
請求（<u>請求番号</u>，<u>顧客番号</u>，<u>事業所コード</u>，請求対象年月，請求年月日，請求金額，入金日，未収金額，累積未収金額，請求状態）

【処理の流れのまとめ】

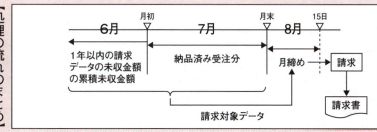

図：月締めと請求書発行処理の例（平成 22 年・午後Ⅱ問 1 より一部加筆）

　この事例では **"売上"** 関連のエンティティを使わずに，**"出荷"** 及び **"出荷明細"** から **"請求"** エンティティを作成している。

（4）入金処理と入金消込処理

　請求先から入金があると，債権を消滅させなければならない。この時に行うのが入金処理と入金に対する消込処理である。

　入金処理に関しては入金された金額，その方法（銀行振込，集金，手形など）を登録するだけの処理なので複雑な処理ではないが，入金に対する消込処理は複雑になる。請求金額と入金額が一致しない場合の消し込みを考慮する必要があるからだ。

【事例】平成 22 年午後Ⅱ問 1（入金関連）

問題文の記述

〔入金の確認〕

(1)　顧客は，請求書に記載されている請求年月日の翌月の月末日までに，請求金額を銀行振込によって支払う。その際，振込人欄に請求書に記載された顧客番号を記入する。

(2)　各事業所の請求担当者は，銀行から入金情報（振込人，入金日，入金額）を取得する。振込人欄に記載された顧客番号で，当該顧客の請求済で未入金の請求書と照合して，次のように消込みを行う。

　① 入金金額を未消込金額に設定し，ゼロを不足金額に設定する。

　② 請求年月日の古いものから順に，最新の請求まで，次のいずれかを行う。

　　・ 未消込金額が未収金額以上の場合，未消込金額から未収金額を差し引いた額を未消込金額に設定し，未収金額を消込金額として記録する。未収金額にゼロを設定する。
　　　(a)　　　　　　　　　　　(b)　　　　　　　　　(c)

　　・ 未消込金額がゼロよりも大きく，かつ，未消込金額が未収金額よりも小さい場合，未収金額から未消込金額を差し引いた額を，不足金額と未収金額に設定し，未消込金額を消込金額として記録する。未消込金額にゼロを設定する。
　　　(d)　　　　　　　　　　　　　　　　　　　　(e)

　　・ 未消込金額がゼロの場合，不足金額に未収金額を加算する。
　　　　　　　　　　　　　　　　(f)

(3)　消込みの結果，顧客ごとの不足金額がゼロより大きければ，不足金額の支払を求める。また，顧客ごとの未消込金額がゼロより大きければ，未消込金額を返金する。

〔損金処理〕

　請求後 1 年以内に回収できない請求は，未収金額をゼロにして損金処理を行う。

入金確認	事業所ごとに，銀行から取得した入金情報によって，顧客を特定し，その顧客の請求データと照合する。照合結果として，請求入金の消込金額を記録し，請求データの未収金額を更新する。同時に，未収金額がゼロになった請求は，請求データの請求状態を“入金済”にする。

関係スキーマ

請求（請求番号，顧客番号，事業所コード，請求対象年月，請求年月日，請求金額，入金日，未収金額，累積未収金額，請求状態）

入金（入金番号，振込人，入金日，入金金額）

請求入金（請求番号，入金番号，消込金額）

図：平成 22 年午後Ⅱ問 1 より

286　第 2 章　概念データモデル

この事例では，**"請求"**エンティティ，**"入金"**エンティティに加えて，その2つのエンティティを関連付ける**"請求入金"**エンティティを使って処理をしている。

　"請求"データを作成する時に，'**請求状態**'に**"請求済"**を，'**未収金額**'に**"請求金額"**を，それぞれ設定する。そして銀行から取得した入金情報を元に**"入金"**データを作成し，当該顧客の**"請求"**データと照合する。この時に**"請求入金"**データを作成して入金の消し込みを行うというわけだ。

　例えば，ある得意先への**"入金済"**になっていない（未収金額がゼロではない）請求データが4つ（4/30, 5/31, 6/30, 7/31, 合計2,200）残っているところに，1,200の入金があった場合は，下図のような処理になる。

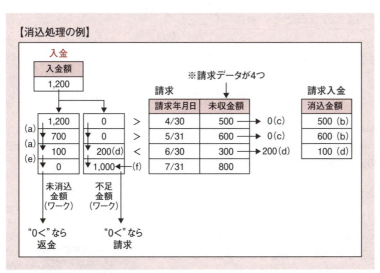

図：平成22年午後Ⅱ問1より

　図の(a)～(e)は，前頁の図内（問題文に加えた下線部分）に対応する処理である。ここを見れば，ワークエリアの**"未消込金額"**と**"不足金額"**を使って，請求データの古いものから順に'未収金額'を消し込んでいることがわかる。

2.3　様々なビジネスモデル　287

2.3.6 生産管理業務

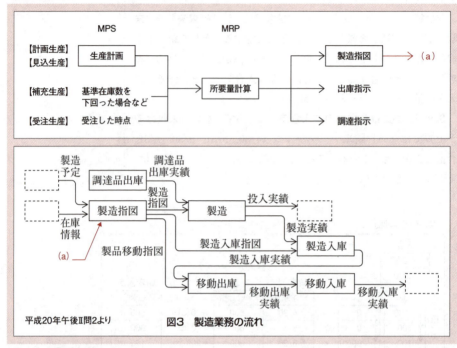

図：生産管理業務の流れの例

　生産管理業務とは，生産計画に基づいて（見込生産，計画生産の場合），あるいは在庫が少なくなった時（基準在庫を下回った場合の補充生産の場合），顧客からの注文があった時（受注生産の場合）などをきっかけに，必要なものを製造する一連の管理業務のことである。

　通常，生産計画は最終製品の単位（自動車等）で計画されるが，これを **MPS（Master Production Schedule）** という。そして，この MPS を基に，所要量計算を実施して不足する部分を手配する。この所要量を計算し手配する部分を，特に **MRP（Material Requirements Planning）** という（ここまでが図の上段）。

　諸々の手配が完了し準備が整った段階で，製造指図を出して製造を始める。製品が完成すると製造実績を記録して終了する（図の下段）。ざっとこのような流れになる。

> **試験に出る**
>
> 午後Ⅱでメーカ（製造業）を題材にした問題は割と多いが，その中で，ここで説明する生産管理や製造業務が出題されているものは以下の問題くらいになる。在庫管理や物流の方がメインになっている問題も多く，複雑な割には，あまり出題としては多くはないという印象だ。
> 平成 20 年・午後Ⅱ 問2
> 平成 30 年・午後Ⅱ 問2
> 平成 31 年・午後Ⅱ 問2
> 対象とする製品は，いずれも複雑なものではなく，パンの製造（H31）やしょうゆやタレ（H20）などシンプルなものである。製菓ライン（H30）という機械がやや複雑だったぐらいだ。

システムフローは下図のようになる。これは，製品の生産計画を登録し，その計画に基づいて所要量計算を行い，①在庫があるものは倉庫に対して出庫指示を出し，②購買が必要なものは購買データを作成して仕入先に注文し，③組立てが必要なものは製造指図（組立指示）を出している。この基本的な流れを把握しておこう。

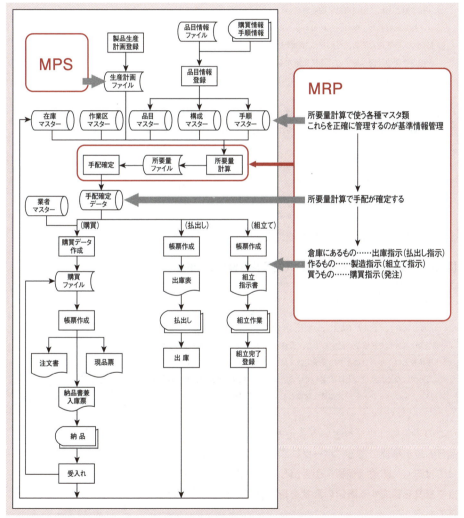

図：生産管理システムフローの例（情報処理技術者試験 AE 平成 13 年・午後 I より）

(1) 生産計画

　生産計画の部分は，これまでのところ設問で問われることはなかった。なので，あまり意識する必要はないが，どのように記載されているかぐらいは目を通しておこう。

【事例1】平成29年午後Ⅱ問2（計画生産，補充生産の例）

> (4)　計画生産品の生産・物流
> 　①　四半期ごとに，販売目標と販売実績から向こう12か月分の需要を予測する。
> 　②　予測した需要と工場の生産能力から，商品別物流センタ別に，向こう12か月分の入庫数量を決め，月別商品別物流センタ別入庫計画を立てる。このとき，前の四半期の計画は最新の計画に更新する。
> 　③　月別商品別物流センタ別入庫計画は，立案時に計画値を設定し，生産入庫時に実績値を累計する。
> 　④　工場は，月別商品別物流センタ別入庫計画の計画値に対する実績値の割合が低い商品について，入庫先物流センタを決めて生産し，その都度，生産入庫を行う。
> 　⑤　在庫補充の方式は，営業所だけに適用する。
> (5)　補充生産品の生産・物流
> 　①　在庫補充の方式は，在庫をもつ全ての拠点に適用する。
> 　②　物流センタでは，生産工場別に補充要求を行う。
> 　③　工場は，上位拠点がないので，補充要求の代わりに生産要求を行う。

【事例2】平成22年午後Ⅱ問2（生産枠を使用した例）

> 5.　在庫と生産枠
> 　(1)　パーツごとに基準在庫数を決めて，在庫を保有している。
> 　(2)　受注に対して在庫が不足しない場合，受注したパーツは，在庫から引き当てる。
> 　(3)　受注に対して在庫が不足する場合，受注したパーツは，生産枠から引き当てる。生産枠とは，年月日ごとの生産予定数を設定したものである。生産枠は，パーツごとではなく，部位ごとに設定している。また，生産枠の登録は，毎月最終営業日に，向こう2か月分の営業日を対象として生産管理室が行っている。

　この事例では生産枠という考え方を用いている。ポイントは，品目の最小単位である**"パーツ"**ごとに生産計画を立てているわけでは無く，**部位（棚板，引き出しユニット，キャスタなど組み立て家具を構成する類似の形状を持つ要素）単位にしているところである。**

(2) MRP (Material Requirements Planning)

資材所要量計画。製品の需要計画（基準生産計画：MPS）に基づき，その生産に必要となる資材及び部品の手配計画を作成する一連の処理のことである。

通常，製品（この最終製品を独立需要品目と呼ぶ）は，多くの資材や部品（その製品を構成する品目を従属需要品目と呼ぶ）から構成されている。そのため，最終製品（独立需要品目）の需要計画を立てても，そのままでは，いつ，どの資材・部品がどれだけ必要なのかがわからない。そこで，その製品を構成品目（従属需要品目）に展開して，手配計画を立てるというわけである。

用語解説

MPS（master production schedule）
基準生産日程計画。最終製品の一定期間の期別の所要量(需要量)のこと

試験に出る
平成31年・午後Ⅰ 問3で階層化された部品構成表について出題されている

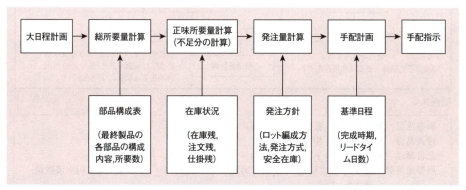

図：MRPの手順

① 総所要量計算（品目マスタと品目構成マスタなどを使って，独立需要品目を従属需要品目に展開。生産計画(大日程計画)の（製品の）必要生産量から，各部品の"総所要量"を算出する）
② 正味所要量計算（各部品の総所要量から，各部品の手持在庫を引いて，手配が必要な"正味所要量"を計算）
③ 発注量計算（ロット，発注方式，安全在庫などを考慮し，発注量を計算する）
④ 手配計画（製品の納期，リードタイムから，いつ発注するのかを計画する）
⑤ 手配指示

参考

MRPを利用するときに，必要になるのが品目マスタや品目構成マスタなどの基準情報である。生産管理システムにおいて，基準情報の管理は非常に重要である。計画的な生産活動をするには，この基準情報の正確さが重要になるからだ。なお，生産管理システムにおいては，基準情報は各種マスタテーブル（品目マスタ，品目構成マスタ，手配マスタ，工程マスタなど）として管理される

【事例】平成30年午後Ⅱ問2（所要量展開の事例）

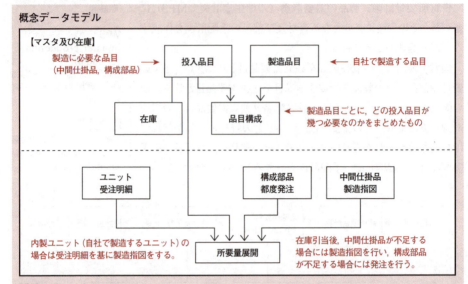

この事例では，次のような流れを想定している。

① 受注

顧客から注文があると**"受注"**と**"受注明細"**に記録する。

② 製造指図（製造するもののみ）

"受注明細"は複数のサブタイプを持つが，そのうちの**"ユニット受注明細"**は，さらに自社で作成する内製ユニットと，他社から購入する構成ユニットに分けられる。このうち内製ユニット（受注明細の品目が**"製造品目"**に該当する場合）に関しては製造を指図する。

③ 所要量展開

"製造品目"に必要な投入品目とその数量を**"品目構成"**に基づいて求める。具体的には，**"製造品目"**マスタの製造品

目コード（下図の(a)）を**"品目構成"**マスタにセットして読み込み（同(b)），投入品目とその所要量を（同(c)）求める（同(d)）というイメージになる。

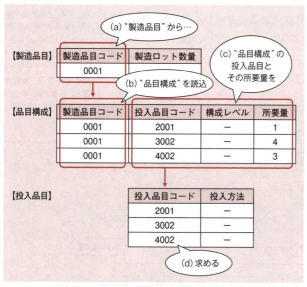

図：各マスタを使った所要量展開の例

但し，投入品目には中間仕掛品と構成部品があり，中間仕掛品は，さらに中間仕掛品や構成部品で構成されているため，階層化されている。

④ **在庫引当**

各中間仕掛品及び各構成部品の在庫引当を行う。

→ 中間仕掛品の在庫が不足する場合

中間仕掛品をさらに部品展開し，各構成部品ごとに在庫引当を行う

⑤ **"所要量展開"のデータ作成**

⑥ **手配**

在庫引当で不足したものを…

- 中間仕掛品は製造指図を行う**（製造＃を記録）**
- 構成部品は発注を行う**（発注＃を記録）**

(3) 製造指図と実績入力

実際の生産は，製造指図を行うことによって開始する。1回の製造指図では，「いつ（製造予定日），何を（製造品品目コード），どこで（製造ラインコード），いくつ（製造予定数量）作るのか？」が決められている。

この後，その製造指図単位（製造番号単位）に，資材や半製品を投入したらその都度実績入力を行い"投入実績"データを作成し，製造がすべて完了したら製造実績を入力して"製造実績"データを作成する。

用語解説

製造番号（製番：せいばん）
1回の製造指示に割り当てられた一意の番号。「製造オーダーNo.」や「指図番号（指番）」のことで，そのまま製造ロット番号とすることもある。製造番号（同一製品ならすべて同じ番号）よりも細かいレベルの管理単位。この製造番号で，指図発行以後の生産を管理することを製造番号管理（製番管理）と呼ぶ。日本では，多くの製造業で製番管理を実施している

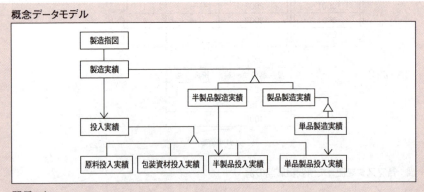

図：製造業務の概念データモデルと関係スキーマの例（平成20年・午後Ⅱ問2を一部加工）

2.3.7 発注・仕入（購買）・支払業務

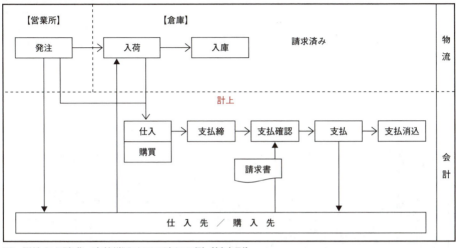

図：発注から請求、支払消込までの流れの例（基本形）

　ここでは、発注から仕入、支払にいたるまでの一連の流れを説明する。これらの処理は、これまで説明してきた受注から売上、請求、入金にいたる一連の販売業務の裏返しである。そのため、販売業務をしっかりと理解していさえすれば、仕入業務や購買業務の方は理解しやすいだろう。

　但し、ここに掲載している3つの事例を見ても明らかだが、発注処理には複数のパターンがある。分納発注方式や都度発注方式、定量発注方式だ。一般的にも次のように、定量発注方式と定期発注方式に分けて説明されることが多い。

　定量発注方式とは、「在庫が3,000個を下回ったら10,000個発注する」というように、あらかじめ決めておいた水準を在庫が下回った時に一定量を発注する方式になる。

　また、定期発注方式とは、「毎月1日」というように、ある決まった時期（定期）に、発注する量をその都度変えながら行う発注方式である。在庫量をチェックするのは、発注するとき（上記の例では、毎月1日）だけでいいので、定量発注方式に比べて、在庫管理が楽になるが、その分欠品する可能性も高くなるという特徴がある。

定量発注方式は、需要の変動が小さく、比較的安価な商品で在庫切れを起こしてはならない重要商品や部品などに向いている。また、定期発注方式は、需要変動の大きい季節物や流行物、比較的高価なもので、都度売り切りたいものに向いている。

(1) 発注業務

　発注業務とは，生産で使用する資材や部品を購買先に，または販売目的の商品を仕入先に注文することである。ほかに，消費目的の消耗品や備品などを購買するときにも発注処理が行われる。発注業務は，発注先からすると受注業務になる。そのため，ちょうど受注処理の裏返しだと考えれば理解しやすい。

> **試験に出る**
> 発注や購買業務は在庫を左右することになるので，在庫管理業務と合わせて出題されることが多い。その中で，発注や購買業務をメインテーマにした出題は下記の通り。在庫管理業務と合わせて押さえておきたいテーマだ
> 平成25年・午後Ⅱ問1
> 平成18年・午後Ⅱ問2

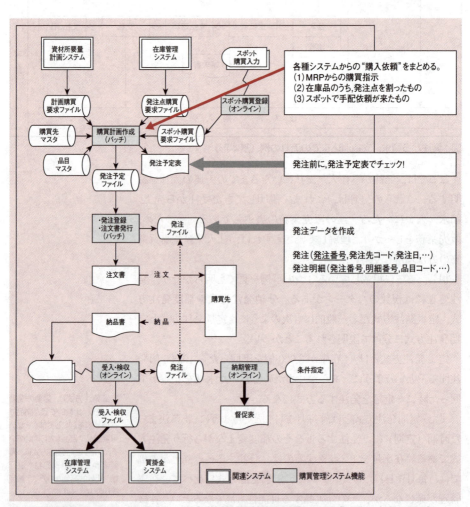

図：資材購買管理システム処理フローの例（情報処理技術者試験 AE 平成9年・午後Ⅰ問4）

(2) 入荷業務

発注した"もの"が倉庫に到着すると，倉庫では入荷処理を行ってその荷物を引き取るわけだが，一般的には以下のような処理を入庫処理といっている。

- 入荷検品処理
  （入荷予定表と実際の商品・納品書との突合せチェック）
- 受入検査
- 流通加工
- 保管場所に商品を収納する
- 発注残の消込み

(3) 仕入管理業務

発注品の入荷処理が完了したら，仕入計上を行う。売上計上の時には，出荷基準や検収基準などがあったが，仕入計上の場合は，入荷したタイミングで計上することが多い（一部，検査に長期間を要するものを除く）。

(4) 買掛管理業務

発注品を受け取った後（入荷後）は，仕入先や購買先に対して債務が発生する。ちなみに，商品だろうが資材・部品だろうが，消耗品だろうが債務には変わりない。いずれにせよ，債務が発生したら，これをきちんと管理しなければならない。

具体的には，月に1回または数回，自社で設定している締日に支払締処理を実施する。この処理で，今回支払い対象のものを抽出し確定させる。続いて，支払予定表（明細）を作成しておく。

(5) 支払業務

仕入先や購買先から請求書が送られてくると，支払予定表と突合せチェックを行い，内容を確認する（支払確認処理）。特に誤りがなければ，振込一覧表を出力したり，ファームバンキングシステムに対して「口座振込データ」を作成したり，出金処理を実施する。最後は，出金確認後，買掛データを消し込んで（支払消込処理）一連の処理は完了する。

用語解説

流通加工
流通段階で商品に手を加えることで，昔から行われていた商品の値付や包装などから，最近ではパソコンのセットアップなど高度になってきている

【事例1】平成18年午後Ⅱ問2 （オフィスじゅう器メーカ）

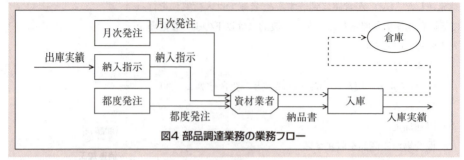

図 部品調達業務の業務フロー（平成18年午後Ⅱ問2より）

概念データモデル

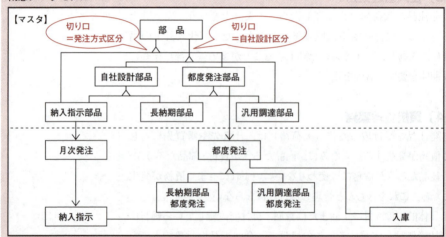

関係スキーマ

部品（部品番号, 部品名, 自社設計区分, 発注方式区分, …）
 　自社設計部品（部品番号, 納期区分, …）
 　都度発注部品（部品番号, 納期区分, …）
 　納入指示部品（部品番号, …）
 　長納期部品（部品番号, …）
 　汎用調達部品（部品番号, …）
月次発注（月次発注番号, 部品番号, 月次発注数量, 発注日時）
納入指示（納入指示番号, 月次発注番号, 納入指示数量, 納入指示日時, 受入予定日時）
都度発注（都度発注番号, 部品番号, 発注数量, 発注日時, 回答納期日時）
 　長納期部品都度発注（都度発注番号）
 　汎用調達部品都度発注（都度発注番号, 資材業者コード, 購入単価）
入庫（入庫番号, 納入指示番号, 都度発注番号）

この事例では，部品の特性によって**納入指示方式（月次発注）**
と**都度発注方式**に分けて発注処理が行われている。

発注方式	内　　　　容
納入指示方式 （月次発注）	毎月1回，納入指示方式が適用される部品単位で，翌月必要な数量を資材業者に対して発注する。ただし，月次発注時点では納入は行われず，毎日1回，資材業者に対して納入を指示する。納入指示数量は，倉庫の出庫実績と当該部品の納入ロットサイズから算出する。
都度発注方式	長納期部品の発注では，資材業者に納期を確認した上で発注する。汎用調達部品の発注では，発注可能な資材業者に対して，希望する購入単価，納期，発注数量を伝えて，適した回答をした資材業者に発注する。

　納入指示方式では，1回の**"月次発注"**に対して複数回の**"納
入指示"**があり，1回の**"納入指示"**に対して1回の**"入庫"**が
あるため，図のような概念データモデルになる。同様に，都度発
注方式では，1回の**"都度発注"**に対して1回の**"入庫"**が発生
する。
　また，管理しているマスタのうち**"部品"**マスタの構成が複雑
になっているところも特徴である。しかもこの問題では，この概
念データモデルから，さらに在庫管理システムと統合した**"部品"**
マスタが問われている（設問3）。したがって，今後の午後Ⅱ試
験問題でも発注対象となる部品や原材料，購買品などのマスタは，
スーパータイプ，サブタイプを駆使した複雑なものになっている
ことを想定しておこう。

2.3　様々なビジネスモデル　　299

【事例2】平成 25 年午後Ⅱ問 1 （OA 周辺機器メーカ）

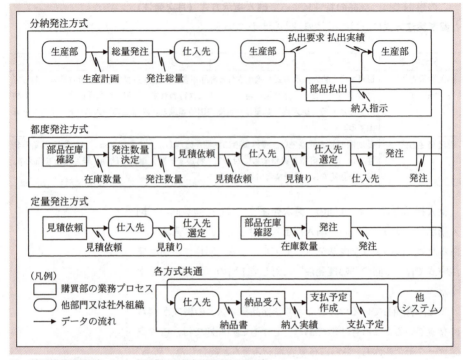

図　部品購買業務プロセス（平成 25 年午後Ⅱ問 1 より）

この事例では，次のように 3 種類の発注方式を採用している。

発注方式	内　　容
分納発注方式	予め契約している仕入先に対し，生産計画に合わせて月間発注総量を事前に提示し，必要となった時点で具体的な納入年月日と納入数量を確定させて指示を出す（納入指示）。月間発注総量は，前々月最終営業日に見積もり，前月最終営業日に見直しを行う。
都度発注方式	在庫の推移や生産見通し，価格変動等を考慮して，発注ごとに仕入先や発注数量を決定し発注する。
定量発注方式	毎日の業務終了時に在庫数量を確認し，部品ごとの所定の数量（発注点在庫数量）を下回っている場合，一定数量を発注する。仕入先は，過去の納入実績から優先順位が設定されており，見積結果とその優先順位によって都度決定される。

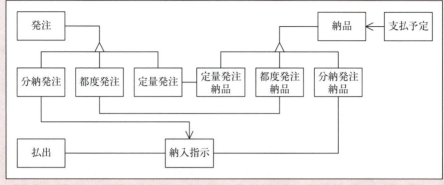

分納発注方式は，いわゆる内示発注と確定発注で製造業者がよく行っている方式である。事前に内示発注をするのは，仕入先等に供給量を確保しておいてもらうことが目的になる。

但し，内示発注の場合は，当初の発注総量と実際の納入量に差がある場合（特に，大幅に減少した場合）トラブルになることがある。その点，この問題では，必ず総発注数量以上になるように月間の最終の納入指示で調整している。したがって，前月最終営業日に見直しを行った時点で確定発注となり，それ以後は単なる納入指示になる。

【事例3】平成25年午後Ⅱ問1 （OA周辺機器メーカ）

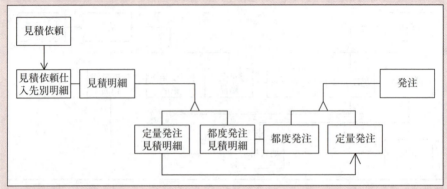

概念データモデル

関係スキーマ

見積依頼（見積依頼番号, 見積依頼年月日, 部品番号, 希望数量, 見積担当社員番号,
　　　　定量発注都度発注区分, 希望開始年月日, 希望終了年月日, 希望納期, …）
見積依頼仕入先別明細（見積依頼番号, 見積依頼明細番号, 仕入先コード, 選定結果, …）
見積明細（見積依頼番号, 見積依頼明細番号, 見積受領年月日, 部品番号, 単価,
　　　　納入可能数量, 定量発注都度発注区分, 開始年月日, 終了年月日, 納入LT,
　　　　納期年月日, …）
定量発注見積明細（見積依頼番号, 見積依頼明細番号, …）
都度発注見積明細（見積依頼番号, 見積依頼明細番号, …）

　事例2の3つの発注方式のうち，都度発注方式と定量発注方式に関しては，発注することが決定すると，複数の仕入先候補に見積依頼を行うところから始める（**"見積依頼"**）。仕入先候補から入手した見積りは**"見積依頼仕入先別明細"**に登録する。これは1回の**"見積依頼"**に対して複数あるので1対多の関係になる。そして，このうちの一つを仕入先として契約し発注する。その時に登録するのが**"見積明細"**エンティティと，**"発注"**エンティティだ。いずれも**"都度発注"**と**"定量発注"**のサブタイプを持つ。

　さらに定量発注方式の場合，数か月～1年ごとに，あらかじめ部品ごとに補充部品仕入先候補として登録してある仕入先に対して見積りを依頼して仕入先を決定しておく。その後，在庫数量が発注点在庫数量を下回った部品を発注することにしている。これは複数回の可能性があるため，**"定量発注見積明細"**と**"定量発注"**は1対多になっている。

関係スキーマ

3

第3章

ここでは，関係スキーマについて説明する。関係スキーマとは，関係を関係名とそれを構成する属性名で表したもの。情報処理技術者試験では，午後Ⅰ・午後Ⅱの両試験で必ず登場している第2章の概念データモデルに並ぶ最重要キーワードの一つといえるだろう。

物流拠点（拠点コード, 拠点名）
配送地域（配送地域コード, 配送地域名, 拠点コード）
郵便番号（郵便番号, 配送地域コード）
配送車両（車両番号, 拠点コード）
チェーン法人（チェーン法人コード, チェーン法人名, 業界シェア, ロット逆転禁止フラグ）
チェーンDC（チェーン法人コード, チェーンDCコード, 梱包方法区分, チェーンDC名,
　　　　　配送地域コード）
チェーン店舗（チェーン法人コード, チェーン店舗コード, チェーンDCコード, チェーン店舗名）
商品分類（商品分類コード, 商品分類名）
商品（商品コード, 商品名, 販売単価, 商品分類コード, 流通方法区分, ケース内ピース入数）
　PB商品（　　　a　　　）
　NB商品（　　　b　　　）
製造ロット（商品コード, 製造ロット番号, 製造年月日, 使用期限年月）
商品カテゴリ（　　　c　　　）
商品カテゴリ明細（チェーン法人コード, 商品カテゴリコード, 商品コード）
納入商品最終ロット（チェーン法人コード, チェーンDCコード, 商品コード, 製造ロット番号）
荷姿区分（荷姿区分, 荷姿名）
締め契機（締め年月日, 回目, 締め時刻）
　ア（　　　d　　　）
引当在庫（　　　e　　　）
払出在庫（　　　f　　　）

図：令和3年午後Ⅱ問2より

これが
関係スキーマだ！

3.1	関係スキーマの表記方法
3.2	関数従属性
3.3	キー
3.4	正規化

アクセスキー **V** （小文字のブイ）

3.1 関係スキーマの表記方法

概念データモデル同様，情報処理技術者試験では，午後Ⅰ試験及び午後Ⅱ試験における問題冊子の最初のページに関係スキーマの表記ルールも示されている。過去問題で確認してみよう。「**問題文中で共通に使用される表記ルール**」という説明文が付いているのがわかるだろう。最初に，そのルールを理解し，慣れておく必要があるだろう。

本書の過去問題解説
本書の過去問題の解説では，この表記ルールに即した解答の場合，「表記ルールに従っている」という説明はいちいちしていない。受験者の常識として割愛しているので，演習に入る前に，理解しておこう

● 令和4年度試験における「問題文中で共通に使用される表記ルール」

以下の説明は，令和4年度試験における「問題文中で共通に使用される表記ルール」のうち，関係スキーマのところだけを抜き出したものである。最初に，このルールから理解していこう。

---

2. 関係スキーマの表記ルール及び関係データベースのテーブル（表）構造の表記ルール

(1) 関係スキーマの表記ルールを，図5に示す。

　　　　関係名（属性名1，属性名2，属性名3，…，属性名n）
　　　　　　　　図5　関係スキーマの表記ルール

① 関係を，関係名とその右側の括弧でくくった属性名の並びで表す。[1] これを関係スキーマと呼ぶ。
② 主キーを表す場合は，主キーを構成する属性名又は属性名の組に実線の下線を付ける。
③ 外部キーを表す場合は，外部キーを構成する属性名又は属性名の組に破線の下線を付ける。ただし，主キーを構成する属性の組の一部が外部キーを構成する場合は，破線の下線を付けない。

(2) 関係データベースのテーブル（表）構造の表記ルールを，図6に示す。

　　　　テーブル名（列名1，列名2，列名3，…，列名n）
　　　　　図6　関係データベースのテーブル（表）構造の表記ルール

関係データベースのテーブル（表）構造の表記ルールは，(1) の①～③で"関係名"を"テーブル名"に，"属性名"を"列名"に置き換えたものである。

注[1]　属性名と属性名の間は"，"で区切る。

主キーの意味
➡ P.314 参照
外部キーの意味
➡ P.317 参照

図：令和4年度の「問題文中で共通に使用される表記ルール」
※関係スキーマの説明部分のみ抽出

3.2 関数従属性

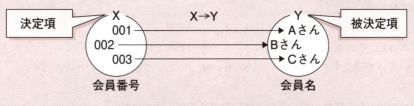

図：関数従属性の説明図

　関係スキーマの属性間には、関数従属性が存在するものがある。関数従属性とは、関係スキーマを考えるときの非常に重要な概念である。情報処理技術者試験でも、正規化する時、候補キーを抽出する時など様々なシーンで利用される。

　その関数従属は、「項目Xの値を決定すると、項目Yの値が一つに決定される」というような事実が成立するときに使われる。このとき、項目Yは項目Xに関数従属しているといい、これをX→Yと表記する。また、この場合、Xを**決定項**、Yを**被決定項**という。

> **試験に出る**
> ①平成28年・午前Ⅱ問3
> ②平成25年・午前Ⅱ問2
> 　平成20年・午前 問22
> 　平成17年・午前 問24
> ③令和04年・午前Ⅱ問4
> ④令和04年・午前Ⅱ問3
> 　平成24年・午前Ⅱ問5

● **関数従属性の推論則**

　関数従属性には、次に示す推論則が成立する（次の、X, Y, Z, 及びWは、属性集合（属性を要素とする集合））。

反射律	YがXの部分集合ならば、X→Yが成立する。
増加律	X→Yが成立するならば、{X, Z} → {Y, Z} が成立する。
推移律	X→YかつY→Zが成立するならば、X→Zが成立する。
擬推移律	X→Yかつ {W, Y} →Zが成立するならば、{W, X} →Zが成立する。推移律はWが空集合 {φ} の場合である。
合併律	X→YかつX→Zが成立するならば、X→ {Y, Z} が成立する。
分解律	X→ {Y, Z} が成立するならば、X→YかつX→Zが成立する。

● 関数従属性の表記方法と例

続いて，関数従属性の表記方法について説明しておこう。難しい説明はさておき，イメージとしては「"→"の元が一つ決まれば，"→"の先も一つに決まる」と考えておけば良い。実際の試験問題でも，その程度の解釈で十分だ。その点を次の表記方法で確認しておこう。

ただ，過去の試験では，たまに特殊な表記方法を使っていることがあった。その場合，問題文にはきちんとその意味を書いてくれているので混乱することはないだろうが，知っておいて損はないだろう。

次の図は，ある属性の値次第で，関数従属する先が異なっているというケース。例にあるように"小問タイプ"の値によって関連する属性の組が異なっている。

一方，次ページの図は，属性をグループ化したうえでそのグループに名称を付与しているイメージだ。一部，繰り返し項目（複数の値）を表す"＊"も使用されている。

参考

関数従属性で使う矢印（→）は，概念データモデルの図の中でエンティティ間をつなぐリレーションシップの矢印"→"と違う点に注意

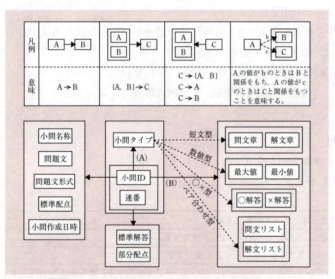

図：関数従属性の例（平成22年・午後Ⅰ問1より引用）

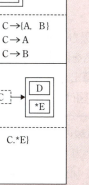

図2 関数従属性の表記法

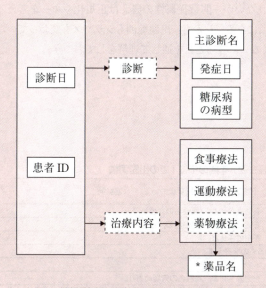

図5 関係"診療"の属性間の主な関数従属性（改）

注1 ＊：複数の値又は値の組を取り得ることを表す。
注2 関係の表記は，次のとおりである。
　　　R(X1, X2, ..., Xn)
　　　　R：関係名，Xi (i=1, 2, ..., n)：属性名又は関係を表す。
注3 同じ関係内の同じ属性名は，"関係名.属性名"のように関係名を付けて区別する。例えば，"紹介先.病院名"，"紹介元.病院名"など。

図：平成21年・午後Ⅰ問1の出題例

参考　関数従属性を読み取る設問

設問例

表の属性と関係の意味及び制約を基に，図○を完成させよ。
　　　　　には，属性名を記述し，関数従属性は図○の表記法に従うこと。また，導出される関数従属性は，省略するものとする。（補足：表と図は，右側ページを参照）

最終出題年度

平成25年

　平成25年まで，午後Ⅰ試験の問1で必ず出題されていた「データベースの基礎理論」。その中でも，毎年必ず出題されていたのが，この関数従属性を読み取る設問になる。未完成の関数従属性の図に矢印を加えて完成させるというものだ。

　下表に記しているように，平成26年以後は設問単位でも出題されていない。したがって出題される可能性は低いかもしれないが，関数従属性の概念は正規化やキーを考える時の基礎になるので知識としては必須になる。しかも，出題範囲もシラバスも変わっていないので，いつ何時復活してもおかしくない。ざっと目を通して理解をしておこう。

表：過去21年間の午後Ⅰでの出題実績

年度／問題番号	設問内容（ある関係について…）の要約
H14- 問1	“関数従属性を表した図”を完成させよ。（属性名の穴埋めのみ）
	“関数従属性を表した図”を完成させよ。（属性名の穴埋めのみ）
H15- 問1	“関数従属性を表した図”を完成させよ。
H17- 問1	関数従属性の，誤っているものを答えよ。
H18- 問1	インスタンス例の穴埋め。
H19- 問1	“関数従属性を表した図”を完成させよ。属性名の穴埋めあり。
	関数従属性の，誤っているものを答えよ。
H20- 問1	“関数従属性を表した図”を完成させよ。属性名の穴埋めあり。
H21- 問1	“関数従属性を表した図”を完成させよ。属性名の穴埋めあり。
	関数従属性の，誤っているものを答えよ。
H22- 問1	関数従属性の，誤っているものを答えよ。
	図中には示されていない決定項が異なる関数従属性を二つ挙げよ。
H23- 問1	“関数従属性を表した図”を完成させよ。
H24- 問1	“関数従属性を表した図”を完成させよ。
H25- 問1	“関数従属性を表した図”を完成させよ。

第3章　関係スキーマ

● **着眼ポイント**

関数従属性は問題文の中に記述されている。その場所は，多くの場合次のようになる。これらの中から，後述する特定の表現（"一意"など）や"→"を頼りに，一つ一つ丁寧に関数従属性を読み取っていく。

① 問題文中
② 表「属性及びその意味と制約」…個々の属性を説明している表
③ 図「関係○○の関数従属性」…"→"で関数従属性を示している（未完成もあり）
④ 帳票サンプル，画面サンプル

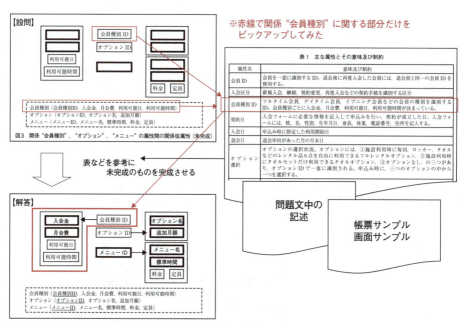

図：関数従属性を読み取る問題（平成23年度午後Ⅰ問1より）

関数従属性を読み取る"場所"のうち，表（前ページの着眼ポイント②）と図（同③）の例。以後，この図表の例を使って説明していく。

表：属性及びその意味と制約

属性	意味と制約
会員番号	本通信教育講座に会員登録している受講生に割り振られた一意な番号
氏名，住所，性別	受講生の氏名，住所，性別
講座名	開講している講座名
受講番号	受講生が新規に講座の受講を申し込むたびに振られる一意な番号である。同じ講座を2度申し込むことはできない
学費支払日	学費が支払われた年月日
開始日	教材セットを送付した年月日
修了日	修了証書申請が受講生からあり，資格認定で承認された年月日
提出日	課題提出の受付年月日。同じ日に同じ講座内で二つ以上の課題答案を同時に提出することはできない
課題答案	課題，レポートなどの答案
課題番号	各講座ごとに定められている課題の連番。同じ番号の課題を再提出する場合もありえる
指導者	課題答案の添削指導者。受講生の受講番号ごと，課題番号ごとに事前に担当の指導者を割り振る
講評，点数	課題答案の添削結果の講評，点数
返却日	課題答案を返却した年月日

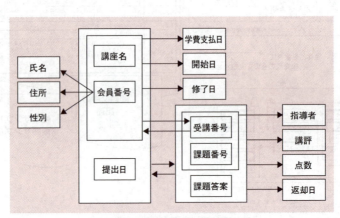

図：関係"通信講座"の関数従属性

①	通信講座（会員番号，氏名，住所，性別，講座名，受講番号，学費支払日，開始日，修了日，提出日，課題答案，課題番号，指導者，講評，点数，返却日）
②	受講生（会員番号，氏名，住所，性別） 受講（講座名，会員番号，受講番号，学費支払日，開始日，修了日） 課題添削（受講番号，提出日，課題答案，課題番号，指導者，講評，点数，返却日）

図2：関係スキーマ

● 関数従属性を読み取れる表現

　関数従属性は，「～が決まれば，…も決まる」という表現のように，原則，そのままの言葉の意味を読み取って反映させればいい。しかし，中には普段使わない特有の表現もある。それを知らなければ，ついつい見落としてしまうかもしれない。そこで，ここではよく使われる表現をいくつか紹介する。もちろんこれだけに限らないがひとまず確認してほしい。そして，慣れない表現があれば，ここで覚えてしまおう。

　　Ⅰ.「一意」
　　Ⅱ.「同じ□□を登録することができない」
　　Ⅲ.「□□ごとに○○が一つ定まる」
　　Ⅳ. 帳票や画面の中の項目

Ⅰ.「一意」

　問題文中に「一意」という表現が出てきたら，そこに関数従属性を見出すことができる。この「一意」という言葉には，「意味や値が一つに確定していること」（大辞林）という意味がある。データベース基礎理論においては，ある集合の中で，その要素一つ一つを識別できる「文字列」や「番号」などが割り振られていることを示している。要するに，その項目を決定項とし，その項目によって識別された対象を被決定項とする関数従属性が成立しているというわけだ。

　例えば，表中の「会員番号」や「受講番号」には，それぞれ「一意な番号」という表現が含まれている。よって，次に示す関数従属性が存在する。

例題の文		関数従属性の例
会員番号	受講生に割り振られた一意な番号である	会員番号→受講生の属性
受講番号	受講生が新規に講座の受講を申し込むたびに振られる一意な番号である	受講番号 → {講座名, 会員番号}

　また，要件によっては，複数の項目によって一意性が保たれていることがある。同じく表の例だと，「課題番号」には，「各講座ごとに定められている課題の連番」と記されている。よって，{講座名, 課題番号} を決定項とし，課題の属性（表だけだとこれ以上は読み取れない）が決まることになる。

例題の文		関数従属性の例
課題番号	各講座ごとに定められている課題の連番	{講座名, 課題番号} → {課題の属性}

3.2　関数従属性　　311

Ⅱ.「同じ□□を登録することができない」

　問題文中に「同じ□□を登録することができない」という表現が出てきたら，そこに関数従属性を見出すことができる。「□□」で示される項目の値は重複していないということを示しているので，その項目の値も一意に定まるというわけだ。難しい表現だと，その項目を決定項とし，その項目によって識別された対象を被決定項とする関数従属性が成立しているといえる。

　表中の「受講番号」を見ると，「（同じ受講生は）同じ講座を2度申し込むことはできない」とある。このことは，「受講者」と「講座」は1組しかないことを示しており，さらに，その組（{会員番号，講座名}）と「受講番号」が1対1になっていることを表している。したがって，次に示す関数従属性が存在する。

	例題の文	関数従属性の例
受講番号	同じ受講者が同じ講座を2度申し込むことはできない	受講番号 → {会員番号，講座名}

　もう一つ別の具体例を使って説明しよう。表中の「提出日」には，「課題提出の受付年月日。同じ日に同じ講座内で二つ以上の課題答案を同時に提出することはできない」と記されている。この意味を「同じ受講者が同じ日に同じ講座内で，異なる課題答案を二つ以上提出できない」ととらえ直すと，次の関数従属性が成立する。

	例題の文	関数従属性の例
提出日	同じ受講者が同じ日に同じ講座内で，異なる課題答案を二つ以上提出できない	{会員番号，講座名，提出日} → {会員番号，講座名，課題番号，課題答案}

Ⅲ.「□□ごとに○○が一つ定まる」

　問題文中に「□□ごとに○○が一つ定まる」を意味する表現が出てきたら，そこに関数従属性を見出すことができる。「□□」で示される項目を決定項とし，「○○」で示される項目を被決定項とする関数従属性が成立しているからだ。なお，過去問題を分析すると，「一つ定まる」ことが明確に示されていないケースがある。その場合，「複数定まる」ことが明記されていなければ，「一つ定まる」ものと判断してよい。実際のところ，文脈や常識から「一つ」であることが容易に判断できるように配慮されていることが多い。以下の具体例で確認しよう。

	例題の文	関数従属性の例
指導者	受講生の受講番号ごと，課題番号ごとに事前に担当の指導者を割り振る	{受講番号，課題番号} → 指導者

Ⅳ. 帳票や画面の中の項目

　問題文の中で示されている帳票や画面の中にも，関数従属性を見出すことができる。つまり，帳票や画面の中にある項目が属性であり，個々の属性間には決定項や被決定項が存在しているというわけだ。

　例えば，問題に図のような"課題"とその添削結果になる"課題添削"の結果レポートに関するサンプル（の図）が紹介されていたとしよう。この図を見ただけでも，次のような仮説を立てることは可能だ。

- ｛講座名，課題番号｝→ 課題の内容
- ｛講座名，課題番号，会員番号｝ → ｛提出日，課題答案｝
  もしくは，｛講座名，課題番号，会員番号，提出日｝→ ｛課題答案｝
- 会員番号 → 氏名
- ｛講座名，課題番号，会員番号｝→ ｛点数，指導者，返却日，講評｝

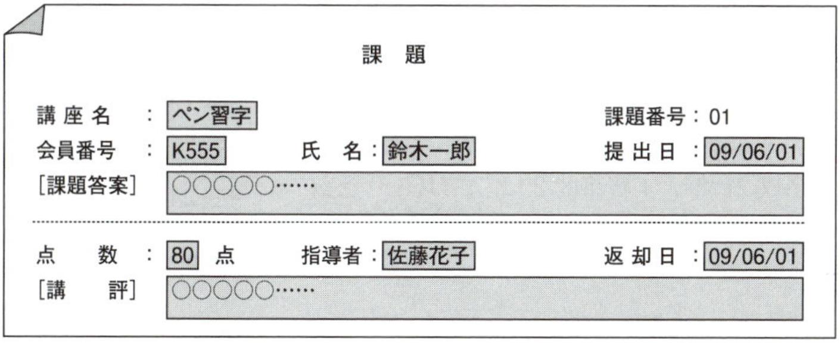

図：課題添削の具体例

　図を見る限り，上部が決定項で，下部が被決定項のように見えるし，そう推測できる。他の関数従属性に関する仮説は，経験や常識から導出されるものだろう。もちろん，最終的に問題文を読まなければ"確定"することはできないが，こうした推測をもとに問題文を読み進めていくことで，効率良く関数従属性を見極めることができる。

ワンポイントアドバイス

　関数従属性の表現方法は，ここで紹介した代表的なもの以外にも存在する。過去問題でチェックしなければいけないのは，その"表現"だ。午後Ⅰの関数従属性に関する過去問題を解いてみて，反応できなかったり，間違えたりした部分の"表現"を覚えていこう。そうすれば，試験本番時に，きちんと正解を得られるだろう。

3.3 キー

関係（表）において，タプル（行）を一意に識別するための属性もしくは属性集合を"キー"という。次のような種類がある。

> [参照]
> 「1.3.1 CREATE TABLE」の主キー制約を参照

● 主キー（primary key）

関係（もしくは表）の中に一つだけ設定するキーが主キーである。**一意性制約と非ナル制約（NULL が認められない）** を併せ持つもので，候補キーの中から最もふさわしいものが選ばれる。

> [試験に出る]
> 平成17年・午前 問23

● 候補キー（candidate key）

関係（もしくは表）の中に複数存在することもあるキーが候補キーである。"主キー"の候補となるキーである。候補キーの条件は，①タプルを一意に識別できることに加え，②**極小であること**（スーパーキーの中で極小のもの）。

主キーとは異なり，**NULL を許容する属性を持つ**（もしくは含む）ものでも可。例えば，平成21年・午後I問2でも，**NULL を許可する**属性を含む組を候補キーと明言している。

> [試験に出る]
> ①平成23年・午前Ⅱ 問2
> ②令和02年・午前Ⅱ 問3
> 　平成30年・午前Ⅱ 問3
> 　平成27年・午前Ⅱ 問3
> 　平成21年・午前Ⅱ 問2
> 　平成19年・午前 問22
> ③平成29年・午前Ⅱ 問4
> ④平成28年・午前Ⅱ 問7
> 　平成24年・午前Ⅱ 問6

● スーパーキー（super key）

関係（もしくは表）の中に，候補キーの数以上に存在するのがスーパーキーである。タプルを一つに特定できるという条件さえ満たせばいい（極小でなくていい）ので，どうしても数が多くなる。具体的には，**候補キーに，様々な組み合わせで他の属性を付け足したものになる**。したがって，関係（もしくは表）の，全ての属性もスーパーキーの一つになる。

>
> **NULL**
> 「属性が値を取りえない」こと。"0"や" "（スペース）とも異なるもので，"0"だと決定したわけではなく，"未定である"という状態を表すときなどに使用する

主キー，候補キー，スーパーキーの違いの例

次のような1人の社員に対して複数のデータを管理している社員名簿がある。

社員番号	連番	氏名	性別	電話番号	住所
0001	01	三好康之	男性	072-XXX-XXXX	兵庫県 ……
0001	02	三好康之	男性	090-YYYY-YYYY	兵庫県 ……
0002	01	松田幹子	女性	03-ZZZZ-ZZZZ	NULL
0003	01	山下真吾	男性	090-WWWW-WWWW	東京都渋谷区 ……
0003	02	山下真吾	男性	NULL	神奈川県 ……

※自宅の電話番号は家族で共有している場合があるので一意にはならない前提

この表では，'社員番号'と'連番'，及び'社員番号'と'電話番号'と'住所'の組合せで一意になる。つまり，候補キーが，次のようになる。

候補キー {社員番号，連番}，{社員番号，電話番号，住所}

候補キーのうち，電話番号や住所にはNULLを許容しており，社員番号と連番はいずれもNULLを許容していない。そのため，主キーは{社員番号，連番}になる。

主キー {社員番号，連番}

スーパーキーは，二つの候補キーに，それぞれ"他の属性"を様々な組合せで付け足したものすべてになるので下記のようになる。これでも全部ではない。そういう特性上，スーパーキーは実務では使われない。あくまでも理論に登場するだけなので，その意味を知ってさえいれば良いだろう。

スーパーキー {社員番号，連番}，{社員番号，連番，氏名}，{社員番号，連番，氏名，性別}，…
{社員番号，電話番号，住所}，{社員番号，連番，電話番号，住所}，…

"極小"の意味

候補キーの定義に使われる"極小"とは，属性集合の中で，余分な属性を含まない必要最小限の組合せのことをいう。どれか一つでも欠ければ一意性を確保できなくなる組合せのことだ。

候補キーとスーパーキーの違いを見てもらえればよくわかると思う。

"極小" ➡ {社員番号，連番}
{社員番号，連番，氏名}
{社員番号，連番，性別}
{社員番号，連番，電話番号}
{社員番号，連番，氏名，性別}
{社員番号，連番，氏名，性別，電話番号}
…
{社員番号，連番，氏名，性別，電話番号，住所}

⇕ すべてスーパーキー

● サロゲートキー（surrogate key）

エンティティが本来持つ属性からなる主キー（都道府県名など）を"ナチュラルキー"もしくは"自然キー"という。そのナチュラルキーに対して，"代わりに"付与されるキーのことをサロゲートキーという。サロゲートキーは"連番"に代表されるようにそれ自体に意味はなく，一意性を確保して主キーとして使うためだけに付与される。具体的には，次のようなケースで使われることが多い。

- **主キーが複合キーの場合**
  主キーが複数の属性で構成されている場合（複合キー），それを扱いやすくしたいときに，"連番"（サロゲートキー）に置き換える。

- **データウェアハウスで，長期間の履歴を管理したい場合**
  そのテーブルの主キーとは別に"連番"を割り当てて管理する。データウェアハウスの管理システムで，自動的に割り当てられることもある。

（例）社員 ID ではなくサロゲートキーを使った例

srg_key	社員 ID	社員名	…
00001	0001	三好康之	…
00002	0002	山田太郎	…
00003	0003	川田花子	…
00004	0001	山下真吾	…

長期間の履歴を管理する場合，その期間内にマスタが変更される可能性がある。「社員 ID = 0001 の社員は，5 年前には"三好"だったが，その後退職したので，ID = 0001 を"山下"に，再度割り当てた。」ようなケースだ。このように，長期間の"履歴"を管理しようと考えると，社員 ID とは別に"連番"を割り当て，両者を別物だとわかるようにしておかなければならない。サロゲートキーを使わない場合は，利用期間の日付をキーに持たせたりする。

試験に出る
平成 22 年・午前 II 問 4
平成 20 年・午前 問 30
平成 18 年・午前 問 26
平成 16 年・午前 問 27

試験に出る
平成 24 年・午後 I 問 3

主キーではない候補キーのことを alternate key（代理キー）というが，サロゲートキーを使った場合にも，元々存在していたナチュラルキーは，"主キーではない候補キー"になるので alternate key（代理キー）という。

情報処理技術者試験では，サロゲートキーを"代用キー"もしくは"代用のキー"と言っている。しかし，開発の現場では"代理キー"や"代替キー"と言うこともある。
また，サロゲートキーを使った場合の元の主キーは，平成 20 年度の問題では"代替キー"としていたが，平成 22 年度の問題では"代理キー（alternate key）"に改めている。しかし，先に説明した通り，代理キーや代替キー＝サロゲートキーと使う場合があるので代理キー，代替キー，代用キーの定義が迷走している状況である

● 外部キー (foreign key)

ほかのリレーションの主キー(又は候補キーでもよい)を参照する項目を**外部キー**という。

例えば,次の例のように,エンティティA,B間の関連が1対1の場合,片方の主キーをもう片方の属性に組み入れて外部キーとすることがある。

図:1対1の場合

関連が1対多の場合,関係A(1側)の主キーを関係B(多側)に組み入れて外部キーとする。

図:1対多の場合

関連が多対多の場合,新たに連関エンティティを設ける。これをエンティティCとおき,関係Cに対応付けられるとする。このとき,関係A,関係Bのそれぞれの主キーを関係Cに組み入れて外部キーとする。

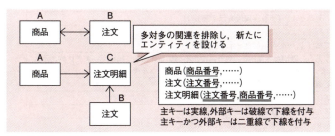

図:多対多の場合

試験に出る
令和02年・午前Ⅱ 問6
平成30年・午前Ⅱ 問2
平成28年・午前Ⅱ 問5
平成26年・午前Ⅱ 問3
平成24年・午前Ⅱ 問2
平成20年・午前 問32
平成18年・午前 問28

参照 外部キーに対しては,テーブル作成時に'参照制約'を定義することができる。本書では,参照制約については第1章SQLのところ(1.3.1 CREATE TABLE)で詳しく説明しているので,合わせてチェックしておくと理解が深まるだろう

左記の例(図:1対1の場合)では,Aの主キーをBの外部キーとして設定しているが,1対1の関係の場合,逆にBの主キー(契約番号)をAの外部キーとして設定することも可能することも理屈の上では可能になる。しかし,通常は先にインスタンスが作成される方の主キー(例だと"見積")を,その後,そのインスタンスに対応して作成される方(例だと"契約")に外部キーとして設定する。逆だと,登録できないからだ。ビジネスルールから,その点を読み取ろう

連関エンティティの主キー
この例では,エンティティ"注文明細"の主キーを構成する属性は,同時に外部キーにもなっている

参考	**候補キーを（すべて）列挙させる設問**

> **設問例**
>
> 関係 "加盟企業商品" の候補キーをすべて列挙せよ。

> **最終出題年度**
>
> **令和3年**

　候補キーに関する設問も午後Ⅰ試験の定番の時期があった。平成 26 年以後，問 1 が「データベースの基礎理論」から「データベース設計」に変わってからも，平成 29 年までは設問単位で出題されていた。その後平成 30 年，31 年は出題されていなかったが，令和 3 年に復活している。そのため優先順位を下げることなく，候補キーの意味，候補キーの考え方などは押さえておきたいところになる。そして時間的に余裕があれば，解き方もチェックしておこう。

表：過去 21 年間の午後Ⅰでの出題実績

年度／問題番号	設問内容の要約（関係 "○○" の…or "○○" テーブルの）
H14- 問 1	候補キーをすべて挙げよ。（関数従属性を示す図あり）
H15- 問 1	候補キーをすべて挙げよ。（関数従属性を示す図あり）
	どの候補キーにも属さない属性（非キー属性）をすべて挙げよ。（関数従属性を示す図あり）
H16- 問 1	どの候補キーにも属さない属性（非キー属性）をすべて挙げよ。（関数従属性を示す図あり）
	候補キーをすべて挙げよ。（関数従属性を示す図あり）
H17- 問 1	候補キーをすべて列挙せよ。（関数従属性を示す図あり）
H18- 問 1	候補キーをすべて列挙せよ。（関数従属性を示す図あり）
H19- 問 1	候補キーをすべて列挙せよ。（関数従属性を示す図あり）
H21- 問 1	候補キーをすべて挙げよ。（関数従属性を示す図あり）
問 2	二つの候補キーがある。適切な主キーと，もう一つが不適切な理由を，候補キーを具体的に示し，60 字以内で述べよ。（関数従属性を示す図なし。未完成のテーブル構造）
H22- 問 1	候補キーをすべて列挙せよ。（関数従属性を示す図あり）
問 2	候補キーを二つ挙げよ。（関数従属性を示す図なし。未完成のテーブル構造）
H23- 問 1	候補キーを一つ答えよ。（関数従属性を示す図あり）
問 2	候補キーを一つ示せ。（関数従属性を示す図なし。未完成のテーブル構造）
H24- 問 1	候補キーをすべて答えよ。（関数従属性を示す図あり）
H25- 問 1	候補キーを全て答えよ。（関数従属性を示す図あり）
問 2	候補キーを全て答えよ。（関数従属性を示す図なし。未完成のテーブル構造）
H26- 問 1	候補キーを全て答えよ。（関数従属性を示す図あり）
H27- 問 1	候補キーを全て答えよ。（関数従属性を示す図なし。未完成の関係スキーマ）
H28- 問 1	候補キーを全て答えよ。（関数従属性を示す図なし。未完成の関係スキーマ）
H29- 問 1	候補キーを全て答えよ。（関数従属性を示す図なし。未完成の関係スキーマ）
R03- 問 1	候補キーを全て答えよ。（関数従属性を示す図なし。未完成の関係スキーマ）

●着眼ポイント

　候補キーを列挙させる問題には，大別して二つのパターンがある。最もオーソドックスなものは，問題文中に以下の情報が提示されているパターンだ。

　　　・関係スキーマもしくは，テーブル構造
　　　・関数従属性を示す図

　最低限この2つの情報があれば，候補キーを列挙できる。ひとまず，この最も多い典型的なパターンを「関数従属性を示す図を使って解答するパターン」としておこう。そして，もう一つが「関数従属性を示す図」がないパターンである。関数従属性を示す図の代わりに，「表：属性及びその意味と制約」や，問題文中の記述を読み取って解答しなければならない。基礎理論（問1に多い）ではなく，データベース設計の問題（問2に多い）で取り上げられている。このパターンは，ここでは「関数従属性を示す図を使わずに解答するパターン」としておこう。

　また，過去に問われている設問のパターンは四つ。

　　　①候補キーをすべて列挙する設問
　　　②候補キーを一つ挙げる設問（一つだけ挙げれば良い設問）
　　　③非キー属性をすべて挙げる設問
　　　④候補キーのうち主キーになれるもの，なれないものに関する設問

　以上の，どのパターンに関する設問なのかをしっかりと見極めたうえで，解答しよう。

●候補キーを見つけ出すプロセス

　それでは，続いて，候補キーを見つけ出すプロセスについて考えてみよう。候補キーを探し出すプロセスには様々な方法がある。上記の②のように，一つの候補キーを探し出すだけなら，「すべての属性を一意に決定する属性の極小の組合せ」を，仮説−検証を繰り返して試行錯誤のもと見つけ出せば良い。それで十分事足りるだろう。

　難しいのは，候補キーが複数ある場合で，それらを"すべて"挙げなければならない設問だ。前ページの設問パターンで言うと①や③，場合によっては④もそうである。"すべて"なので，漏れがあってはならない。

　そういうことで，ここでは，次の関係"病歴"の関数従属性を示す図を使って，"すべて"候補キーを列挙するプロセスを見ていこう。漏れをなくすための考え方を重点的に理解してもらいたい。

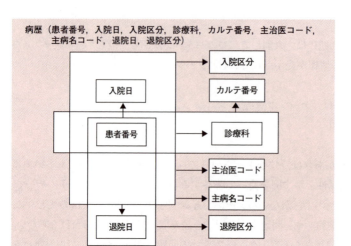

図：関係"病歴"の関数従属図

【手順1】

すべての「→」の始点をピックアップする。

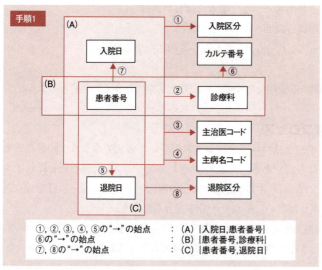

図：候補キーの探し方【手順1】

【手順2】

次に，手順1でピックアップした候補キーの候補（A，B，Cの3つ）が，すべての属性を一意に決定できるかどうかをチェックする。これは，候補キーになる可能性のある各属性（及び属性集合）の数だけ順番に行っていく（今回の例だと3つ）。まず，手順2-1では（A）をチェックする。

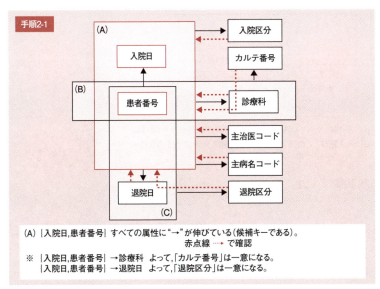

図：候補キーの探し方【手順2-1】

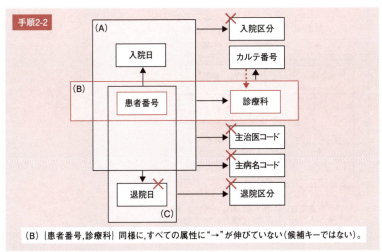

図：候補キーの探し方【手順2-2】

3.3 キー　321

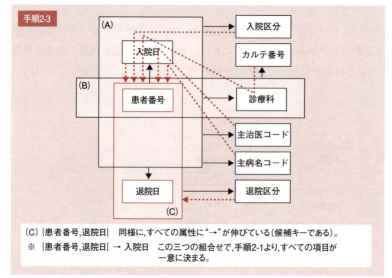

図：候補キーの探し方【手順2-3】

【手順3】

ある属性から候補キーに「→」と「←」の両方の矢印が伸びている場合，その属性も候補キーの一部とみなすことができるため，置換えが発生する。今回の例では置換えが発生しないので，確認だけ行う。

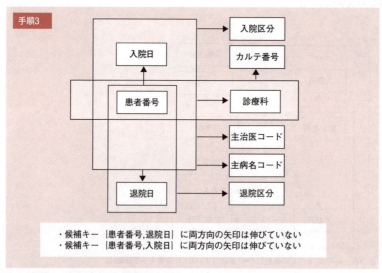

図：候補キーの探し方【手順3】

候補キーは，{患者番号，入院日}，{患者番号，退院日} になる。
ちなみに，次のようなケースなら，置換えが発生する。

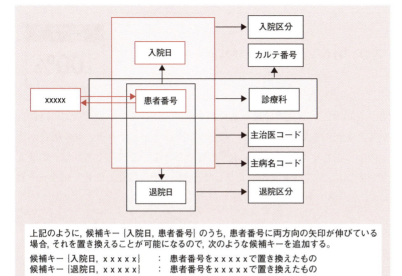

図：候補キーの置換えがある場合

● 結果的に候補キーが見つからなかった場合

　この方法も万能ではない。最終的に候補キーが見つからないこともある。そのときは，候補キーの定義に立ち返って考えれば良い。候補キーとは，全ての属性を一意に決定する属性の"極小の組合せ"である。したがって，候補キーの"候補"の中で，最も候補キーの位置に近いものに，「(残っている) 一意に決定できない属性」や「その属性を一意に決定できる属性」を加えるなどして考える。つまり，極小になるように残りの属性を少しずつ加えていくというわけだ。

● イレギュラーなケースの確認（二つの"→"が被決定属性に向いている場合）

　候補キーを探す設問では，たまにトリッキーなものもある。平成24年度の午後I問1がそうだった。普通に"→"を辿っていくと，属性aが候補キーに見えた。しかし，この問題では，一つだけおかしなところがあった。被決定属性（bとする）に，二つの"→"が向いていたのだ。問題文でビジネスルールを確認すると，片方のルートも，もう片方のルートも保持しなければならないとのこと。そうなると，属性aだけではタプルが一意に決まらない。属性bが二つあるので。そういうケースでも，少しずつ候補キーに属性を加えるなどして，極小の組合せを見出さなければならない（詳細は平成24年度の午後I問1を参照）。

参考 主キーや外部キーを示す設問

設問例

関係 "物品" 及び "社員" の主キー及び外部キーを示せ。

出現率
100%

　主キーや外部キーを示せという設問は毎年必ず，午前Ⅱ，午後Ⅰ，午後Ⅱ全ての時間区分で出題されている。上記の設問例のように，未完成の関係スキーマやテーブル構造が提示されていて，その中の主キーや外部キーを示せと要求されている設問もあれば，第3正規形に分割したり，新たにテーブルを追加したりしたときに，その構造と併せて主キーや外部キーを答えるようなケースもある。

表：過去21年間の午後Ⅰでの出題実績

年度／問題番号	設問内容の要約（関係 "○○" の…or "○○" テーブルの）
H14-問4	主キー及び外部キーを示せ。※ 主キーを示すのは2問。
H15-問3	主キーを示せ。
H16-問3	主キー及び外部キーを答えよ。
H17-問2	主キー及び外部キーを示せ。
H18-問2	主キー及び外部キーを示せ。※ 主キーを示すのは全部で4問。
H19-問1	適切な主キーを一つ挙げよ。
問2	（欠落しているテーブル構造と），テーブルの主キーを示せ。
H20-問1	主キーを一つ挙げよ。
問2	主キー及び外部キーを示せ。
H21-問2	（第3正規形に分解し）主キー及び外部キーも併せて答えよ。
	（二つの候補キーがある。）適切な主キーと，もう一つが不適切な理由を，候補キーを具体的に示し，60字以内で述べよ。
H22-問1	（第3正規形に分解し）主キーは下線で示せ。
H23-問1	（第3正規形に分解し）主キーは下線で示せ。
H24-問2	（欠落しているテーブル構造と），テーブルの主キーを示せ。
H25-問1	（第3正規形に分解し）主キーは下線で示せ。
H26-問1	（第3正規形に分解し）主キーは下線で示せ。
H27-問1	（第3正規形に分解し）主キー及び外部キーを明記した関係スキーマを示せ（他多数）。
問2	（空欄）に入れる適切な外部キーとなる属性の属性名を答えよ。
H28-問1	（第3正規形に分解し）主キー及び外部キーを明記した関係スキーマを示せ（他多数）。
問3	テーブル構造を示し，主キーは下線で示せ。
H29-問1	（第3正規形に分解し）主キー及び外部キーを明記した関係スキーマを示せ（他多数）。
H30-問1	主キー及び外部キーを明記した関係スキーマを示せ（他多数）。
H31-問1	主キーを表す実線の下線及び外部キーを表す破線の下線を明記すること。
R02-問1	主キーを表す実線の下線及び外部キーを表す破線の下線を明記すること。
R03-問1	主キーを表す実線の下線及び外部キーを表す破線の下線を明記すること。
R04-問1	主キーを表す実線の下線及び外部キーを表す破線の下線を明記すること。

324　　第3章　関係スキーマ

● 着眼ポイント

① **テーブル構造図から主キーを見つける（仮説）**

テーブル構造図から主キーを見つける。その際，"○○コード"，"○○番号"，"○○ID"など，名称から主キーであると判断できる項目に着目する。多くの場合，マスタテーブルはこのような方法で簡単に主キーを見つけることができる。（ただし，あくまでもそれだけで判断するのは"仮説レベル"にとどめておこう。必ず，問題文を読んで検証する必要がある（→②）。問題文中の記述から裏付けを取っておくとよい）。

② **問題文中の記述から主キーを見つける（検証）**

①で複数の項目がある場合（複合主キー）や構造が複雑な場合などは，テーブル構造図からだけでは判断できない。そこで，問題文中の記述をもとに，候補キーを見つける方法を適用して主キーを見つけ出す。関数従属図が示されていなくても，文章から関数従属性を読み取って候補キーを見つけ出し，候補キーの一つを選んで主キーとする。

③ **候補キーから主キーを決める**

前の設問において，全ての候補キーを列挙させているようなケースで，複数の候補キーが判明している場合で，どれを主キーにすべきか問われているケースがある。その場合は，**NULL を許容するかどうかをチェックすればいい**。過去の情報処理技術者試験では，候補キーは NULL を許容するが，主キーは許容しないというスタンスを取っている。したがって，そこが問われることが多い。その時に，NULL に関して明示していない場合は，**登録順序をチェックする**。先に登録する方が主キーになる。その場合，一時的かもしれないが，他の候補キーが NULL になることが考えられるからだ。

④ **外部キーを見つける**

マスタテーブルを参照する外部キーについては，問題文の記述やテーブル構造図を活用しながら，マスタテーブルの主キー項目の名称を手がかりにして見つけ出す。具体的には，**同じような名称（例：社員コードと使用者コード）を手がかりに，問題文の記述から関連を確認する**。特に，①で候補に挙がったもので主キーでなく，他のテーブルの主キーになっているものは，外部キーである可能性が高い。

3.3 キー   325

●主キーや外部キーを見つけ出すプロセス

それでは，次の図を使ってそのプロセスを見ていこう。

F君は，物品管理業務のまとめに基づき，テーブル構造を図4のように設計した。
このテーブル構造を見たG氏は，幾つかの問題点を指摘した。

問題点① 　主キー，外部キーが明示されていない。
問題点② 　"物品" テーブルの構造が冗長である。
問題点③ 　物品構成品が廃棄済になったかどうかが判断できない。
問題点④ 　現況調査リストに記入された内容がデータベース上で管理できない。
問題点⑤ 　過去の使用部署変更時の承認者を特定できない場合がある。

物品

物品番号	物品名	子番号	物品構成品名	単位	購入単価	購入年月日

購入部署コード	購入者コード

現在使用部署コード	現在代表使用者コード	現在設置場所コード

使用部署コード1	代表使用者コード1	設置場所コード1	変更年月日1	変更理由1
使用部署コード2	代表使用者コード2	設置場所コード2	変更年月日2	変更理由2
使用部署コード3	代表使用者コード3	設置場所コード3	変更年月日3	変更理由3
使用部署コード4	代表使用者コード4	設置場所コード4	変更年月日4	変更理由4

現況調査結果

物品番号	調査年度	確認日付	確認者コード	確認結果

部署

部署コード	部署名

役職

役職コード	役職名

社員

社員コード	社員氏名	所属部署コード	役職コード

設置場所

設置場所コード	設置場所名

図4 テーブル構造

設問1 　G氏が指摘した問題点①と②に関する次の問いに答えよ。
　　　 (1) 図4の "物品" 及び "社員" テーブルの主キー及び外部キーを示せ。

図：問題点とテーブル構造（平成14年・午後Ⅰ問4より）

【手順1】

着眼ポイントの①で示した「テーブル構造図から主キーを見つける方法」で，次のような仮説を立てる。

"物品" テーブル＝"物品番号"，"子番号"，"購入部署コード"，"購入者コード"，
　　　　　　　　"現在使用部署コード"，"現在代表使用者コード"，
　　　　　　　　"現在設置場所コード"，"使用部署コード1〜4"，
　　　　　　　　"代表使用者コード1〜4"，"設置場所コード1〜4"

326　　第3章 関係スキーマ

"現況調査結果" テーブル = "物品番号"，"確認者コード"

"部署" テーブル = "部署コード"（確定）

"役職" テーブル = "役職コード"（確定）

"社員" テーブル = "社員コード"，"所属部署コード"，"役職コード"

"設置場所" テーブル = "設置場所コード"（確定）

【手順 2】

着眼ポイントの②に示した方法で，問題文中の記述から主キーを確定させる（ここでは，問題文は省略しているが，実際の解答プロセスでは問題文から該当箇所をピックアップして確認する）。

【手順 3】

着眼ポイントの③に示した方法で外部キーを探す。ここでは，"物品" テーブルと "社員" テーブルのテーブル構造図から，解答の候補を探す。

"物品" テーブルの "購入部署コード" → "部署" テーブルの "部署コード"

"物品" テーブルの "購入者コード" → "社員" テーブルの "社員コード"

"物品" テーブルの "現在使用部署コード" → "部署" テーブルの "部署コード"

"物品" テーブルの "現在代表使用者コード" → "社員" テーブルの "社員コード"

"物品" テーブルの "現在設置場所コード" → "設置場所" テーブルの "設置場所コード"

"物品" テーブルの "使用部署コード 1 〜 4" → "部署" テーブルの "部署コード"

"物品" テーブルの "代表使用者コード 1 〜 4" → "社員" テーブルの "社員コード"

"物品" テーブルの "設置場所コード 1 〜 4" → "設置場所" テーブルの "設置場所コード"

"社員" テーブルの "所属部署コード" → "部署" テーブルの "部署コード"

"社員" テーブルの "役職コード" → "役職" テーブルの "役職コード"

後は，問題文の記述からこの対応付けが正しいかどうかを確認する。

ワンポイントアドバイス

主キーと外部キーを示す設問は，午後Ⅱの問題では 100% 出題される。午後Ⅱの方では，候補キーを求めるプロセスはなく，いきなり主キーや外部キーを設定する。そのためだと思うが，「受注は，受注番号で一意に識別される。」など，比較的明確かつシンプルに定義されていることが多い（そちらの方が現実に近いかもしれない）。問題の数も多いので，午後Ⅱの問題を解く過程で，どういう記述（文，文章）が主キーや外部キーだと判断する基準になるのかを，しっかりと覚えておこう。

3.3 キー 327

3.4 正規化

　正規化とは，ある対象を，ある一定のルールに基づいて加工していくことをいう。データベースの用語として使用される場合は（これが，情報処理技術者試験では最もメジャーな使い方），"ある対象"はデータで，"ある一定のルール"が正規化理論になる。

● 正規化の目的

　正規化は，データの冗長性（無駄なところ）を排除し，独立性を高めるために行われる。しかし，一つ間違えば，分割したデータ間に矛盾が発生し，整合性がなくなることになりかねない。そのため，きちんとしたルールにのっとって整合性や一貫性を確保しながら独立性を高めていくというわけだ。

　具体的には，「1事実1箇所（1 fact in 1 place）」にすることで，更新時異状が発生しないようにすること。難しい表現を使うのなら，それが正規化の目的になる。

● 正規化の種類

　正規化には，非正規形（正規化がまったく行われていない状態）から，第1正規形，第2正規形，第3正規形，第4正規形，第5正規形まである。第3正規形に関しては，ボイス・コッド正規形という正規形もある。

非正規形	→	3.4.1 参照
第1正規形	→	3.4.2 参照
第2正規形	→	3.4.3 参照
第3正規形	→	3.4.4 参照
ボイス・コッド正規形	→	3.4.5 参照
第4正規形	→	3.4.6 参照
第5正規形	→	3.4.7 参照

試験に出る
① 平成19年・午前 問23
② 平成19年・午前 問24

多くのシステムで，「顧客マスタ」「取引先マスタ」「受注データ」など，複数のテーブルやファイルに分割されているのは "正規化" の結果である。用語の定義は難しいが，実務では，その程度のイメージ（＝テーブル設計するときのやり方）で十分である

冗長性の排除
日々発生するデータを，「顧客マスタ」「取引先マスタ」「受注データ」などに分割するのも，冗長性を排除するためだ

「1事実1箇所（1 fact in 1 place）」，更新時異状は「3.4.8 更新時異状」を参照

正規形には第6正規形を最終形とする概念もあるが，過去に出題実績がないため，本書では今のところ扱わない

● 情報無損失分解

　情報無損失分解とは，分解後の関係を自然結合したら，分解前の関係を復元できる分解のことをいう。厳密な定義は次の通り。

　関係 R が関係 R1, R2, …, Rn に無損失分解できるとは，以下が成立するときをいう。

　　R = R1 * R2 * … * Rn
　　Ω = X1 ∪ X2 ∪…∪ Xn （ある属性が複数の関係の中含まれていてもよい）

※ Ω=R の全属性集合, X1, X2, …, Xn =R1, R2, …, Rn の全属性集合

　簡単に言えば，情報無損失分解とは**「分解⇔組立（結合）を繰り返しても同じ結果になるような分解」**ということである。第3正規形にまで分解しても問題ない根拠にある存在だと言えよう。

　そう考えれば，「（第3正規形まで）正規化する」というのは，「結合したらいつでも元の状態を再現できる」，すなわち「情報が損失しないこと」が前提だからできることだといえる。

試験に出る

①令和03年・午前Ⅱ 問5
　平成31年・午前Ⅱ 問7
　平成28年・午前Ⅱ 問8
②平成26年・午前Ⅱ 問4
③平成22年・午前Ⅱ 問6

試験に出る

適切でない情報無損失分解
　平成19年・午後Ⅰ 問1

3.4.1 非正規形

非正規形は次のように定義される。

[非正規形の定義]
リレーション R の属性の中に，単一でない値が含まれている。

次の図は売上伝票の例であるが，伝票1枚分をテーブルの1行に見立てると，売上明細部分の{商品コード，商品名，単価，数量，小計}が繰返し項目になっていることがわかる。この繰返し項目が，非単純属性又は非単純定義域といわれるもので，非正規形モデルに見られる属性とされている。

試験に出る
非正規形
第1正規形でない理由

用語解説
単一でない値
図の売上伝票の中の売上明細のように一つの属性の中に繰返し項目があるもの。多値属性ともいうが，試験センターの公表する平成18年・午後Ⅰ問1の解答例では，(反対語の単値属性を)"単一値"と表現しているため，ここでもそれに倣って"単一でない値"という表現にしている

参考
非正規形とは，伝票や帳票をそのままテーブルにしたようなものである

図：売上伝票

図：非正規形のテーブル例とデータ例

3.4.2 第 1 正規形

第 1 正規形は次のように定義される。

［第 1 正規形の定義］
リレーション R のすべての属性が，単一値である。

試験に出る
平成 27 年・午前 II 問 6
平成 20 年・午前 問 23
平成 17 年・午前 問 25

第 1 正規形のテーブルを作るには，**繰返し項目をなくして単純な形にすればよい。**

先ほどの非正規形のデータから繰返し項目をなくして，次の図のように明細部分に合わせてテーブルを設計する。つまり，非正規形で｜伝票番号｜ごとに 1 行のデータとしていたものを，｜伝票番号，商品コード｜ごとのデータとすることによって，繰返し項目をなくしたものが第 1 正規形である。この例では，非正規形の｜伝票番号｜単位の 3 行のデータが，次の図のように｜伝票番号，商品コード｜単位の 7 行のデータになる。その場合，伝票を一意に表す "伝票番号" と，明細を一意に表す "商品コード" の二つを連結したものが主キーになる。

売上

伝票番号	店舗ID	店舗名	店舗住所	売上日	商品コード	商品名	単価	数量	小計	合計	消費税	請求額	担当者ID	担当者名
1	01	銀座店	東京都○○	2002.9.9	ERS-A-01	消しゴムA	100	2	200	1,500	75	1,575	2001	鈴木花子
1	01	銀座店	東京都○○	2002.9.9	SPN-B-03	シャーペンB	300	1	300	1,500	75	1,575	2001	鈴木花子
1	01	銀座店	東京都○○	2002.9.9	LNC-XY-01	弁当XY	1,000	1	1,000	1,500	75	1,575	2001	鈴木花子
2	01	銀座店	東京都○○	2002.9.10	SPN-B-03	シャーペンB	300	2	600	1,000	50	1,050	1023	佐藤太郎
2	01	銀座店	東京都○○	2002.9.10	BPN-C-04	ボールペンC	100	4	400	1,000	50	1,050	1023	佐藤太郎
3	01	銀座店	東京都○○	2002.9.10	LNC-XY-01	弁当XY	1,000	1	1,000	1,200	60	1,260	2001	鈴木花子
3	01	銀座店	東京都○○	2002.9.10	JUC-W-01	ジュースW	100	2	200	1,200	60	1,260	2001	鈴木花子

図：第 1 正規形のデータの例

第 1 正規化後のテーブル構造は次のようになる。

売上 1（伝票番号, 店舗 ID, 店舗名, 店舗住所, 売上日, 合計,
　　　消費税, 請求額, 担当者 ID, 担当者名, 商品コード,
　　　商品名, 単価, 数量, 小計）

3.4　正規化　331

3.4.3 第2正規形

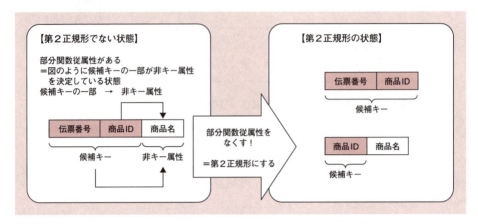

第2正規形は次のように定義される。

[第2正規形の定義]
リレーションRが次の二つの条件を満たす。
(1) 第1正規形であること
(2) すべての非キー属性は、いかなる候補キーにも部分関数従属していない（完全関数従属である）こと

第2正規化されたテーブルは、非キー属性が、候補キーに完全関数従属した形になっている。

● 完全関数従属性と部分関数従属性

"完全関数従属している状態"とか"完全関数従属性という性質"は、①関数従属（候補キー：X）→（非キー属性：Y）が成立するが、②（候補キー：Xの真部分集合）→（非キー属性：Y）は成立しないときの状態及び性質のことである（上図の右側）。逆に、①ではあるが、②が成立・存在している状態及び性質のことを"部分関数従属している"とか"部分関数従属性"という（上図の左側）。

試験に出る
令和02年・午前Ⅱ 問5
平成29年・午前Ⅱ 問7
平成24年・午前Ⅱ 問8
平成16年・午前 問23

試験に出る
平成17年・午後Ⅰ 問1

参考

候補キーが単一キー（候補キー＝一つの属性）の場合、第2正規形の定義を（必然的に）満たしている。第2正規形の条件を満たしているかどうかを判断しなければならないのは、複合キーである（候補キーが2つ以上の属性で構成されている）場合に限られる

用語解説

非キー属性
候補キーの一部にも含まれない属性

● 第 2 正規化の具体例

第 1 正規形のテーブルから部分関数従属性を排除すると，第 2 正規形のテーブルになる。先ほどの売上伝票を第 2 正規化すると，次のようになる。

図：第 1 正規形から第 2 正規形への変換例

まず，第 1 正規形のテーブル"売上"から部分関数従属性を排除する。主キーの部分集合である"伝票番号"には，"店舗 ID"以下 9 項目の属性が，"商品コード"には"商品名"以下 2 項目の属性が関数従属しているため，これを分解する。その結果，次のようなテーブル構造になる。

> 売上明細（伝票番号, 商品コード, 数量, 小計）
> 商品（商品コード, 商品名, 単価）
> 売上ヘッダ（伝票番号, 店舗 ID, 店舗名, 店舗住所, 売上日,
> 合計, 消費税, 請求額, 担当者 ID, 担当者名）

3.4 正規化

3.4.4 第3正規形

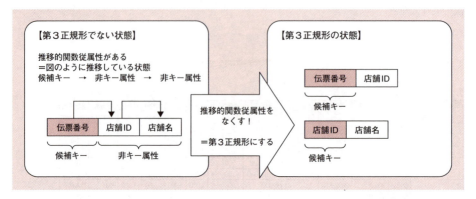

第3正規形は次のように定義される。

[第3正規形の定義]
リレーションRが次の二つの条件を満たす。
(1) 第2正規形であること
(2) すべての非キー属性は，いかなる候補キーにも推移的関数従属していない

● 推移的関数従属性

関数従属が推移的に行われているとき，これを推移的関数従属性という。

集合Rの属性X，Y，Zにおいて，

① X → Y
② Y → X ではない
③ Y → Z （ただし，ZはYの部分集合ではない）

の三つの条件が成立しているときに，"Z"は"X"に推移的に関数従属している。

このとき，次の二つが成立する。

（i）X → Z
（ii）Z → X ではない

試験に出る
①令和04年・午前Ⅱ 問5
　平成30年・午前Ⅱ 問4
　平成22年・午前Ⅱ 問8
②平成20年・午前 問24
③平成21年・午前Ⅱ 問5
④平成22年・午前Ⅱ 問9
　平成19年・午前 問25
　平成17年・午前 問26

試験に出る
3つの成立条件
3つの成立条件を知らないと解けない設問が出ている
　平成25年・午後Ⅰ 問1
　平成25年・午後Ⅰ 問2

（例1）これは推移的関数従属性ではない！

この三つの成立条件の例を具体的に示すと，このようになる。前ページの図と同様に，「店舗ID→店舗名→住所」と関数従属性が推移してはいるが，「店舗名→店舗ID」の関係がある（同じ店舗名は絶対に付けないルールなど）ため推移的関数従属性は存在しない。したがって，この例は第3正規形になる。

試験に出る
①平成31年・午前Ⅱ 問8
　平成26年・午前Ⅱ 問6
②令和03年・午前Ⅱ 問3

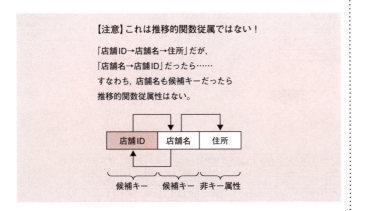

（例2）これは推移的関数従属性だ！

逆に，この図は推移的関数従属性の例である。「｛伝票番号，得意先ID｝ → ｛得意先ID，商品ID｝ →得意先別商品別単価」で，かつ「｛得意先ID, 商品ID｝ → ｛伝票番号, 得意先ID｝」ではない。つまり，｛得意先ID, 商品ID｝のように，候補キーの一部＋非キー属性なら推移していると考えよう。

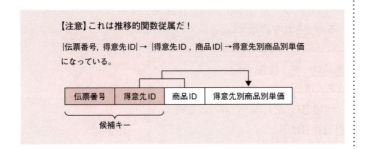

3.4 正規化

● 第3正規化の具体例

　第2正規形のテーブルから推移的関数従属性を排除すると，第3正規形のテーブルになる。先ほどの売上伝票の例を第3正規化すると，次のようになる。

第2正規形

売上明細

伝票番号	商品コード	数量	小計
1	ERS-A-01	2	200
1	SPN-B-03	1	300
1	LNC-XY-01	1	1,000
2	SPN-B-03	2	600
2	BPN-C-04	4	400
3	LNC-XY-01	1	1,000
3	JUC-W-01	2	200

商品

商品コード	商品名	単価
ERS-A-01	消しゴムA	100
SPN-B-03	シャーペンB	300
LNC-XY-01	弁当XY	1,000
BPN-C-04	ボールペンC	100
JUC-W-01	ジュースW	100

売上ヘッダ

伝票番号	店舗ID	店舗名	店舗住所	売上日	合計	消費税	請求額	担当者ID	担当者名
1	01	銀座店	東京都○○	2002.9.9	1,500	75	1,575	2001	鈴木花子
2	01	銀座店	東京都○○	2002.9.10	1,000	50	1,050	1023	佐藤太郎
3	01	銀座店	東京都○○	2002.9.10	1,200	60	1,260	2001	鈴木花子

第3正規形（途中）

売上明細

伝票番号	商品コード	数量	小計
1	ERS-A-01	2	200
1	SPN-B-03	1	300
1	LNC-XY-01	1	1,000
2	SPN-B-03	2	600
2	BPN-C-04	4	400
3	LNC-XY-01	1	1,000
3	JUC-W-01	2	200

商品

商品コード	商品名	単価
ERS-A-01	消しゴムA	100
SPN-B-03	シャーペンB	300
LNC-XY-01	弁当XY	1,000
BPN-C-04	ボールペンC	100
JUC-W-01	ジュースW	100

売上ヘッダ

伝票番号	店舗ID	売上日	合計	消費税	請求額	担当者ID
1	01	2002.9.9	1,500	75	1,575	2001
2	01	2002.9.10	1,000	50	1,050	1023
3	01	2002.9.10	1,200	60	1,260	2001

店舗

店舗ID	店舗名	店舗住所
01	銀座店	東京都○○

担当者

担当者ID	担当者名
2001	鈴木花子
1023	佐藤太郎

図：第2正規形から第3正規形への変換

　テーブル"売上ヘッダ"には，"店舗ID"に対する"店舗名"，"店舗住所"，及び"担当者ID"に対する"担当者名"といった推移的関数従属性が含まれているのでそれを排除する。

売上明細（伝票番号，商品コード，数量，小計）
商品（商品コード，商品名，単価）
売上ヘッダ（伝票番号，店舗ID，売上日，合計，消費税，
　　　　　　請求額，担当者ID）
店舗（店舗ID，店舗名，店舗住所）
担当者（担当者ID，担当者名）

336　第3章　関係スキーマ

さらに，第3正規化する際には導出項目も一緒に取り除く。テーブル"売上ヘッダ"の"合計","消費税","請求額"，テーブル"売上明細"の"小計"を削除し，次のテーブルを得る。

参考

小計など，計算によって得られる項目を導出項目という。通常，導出項目は第3正規形にする段階で取り除かれる。例に登場した"小計"のように，推移的関数従属性を排除するタイミングで多くの導出項目はおのずと取り除かれてしまう。ただし，すべての導出項目が候補キーに対して推移的に関数従属しているわけではない

売上明細（<u>伝票番号</u>, <u>商品コード</u>, 数量）
商品（<u>商品コード</u>, 商品名, 単価）
売上ヘッダ（<u>伝票番号</u>, 店舗ID, 売上日, 担当者ID）
店舗（<u>店舗ID</u>, 店舗名, 店舗住所）
担当者（<u>担当者ID</u>, 担当者名）

第3正規形(途中)

売上明細

伝票番号	商品コード	数量	~~小計~~
1	ERS-A-01	2	200
1	SPN-B-03	1	300
1	LNC-XY-01	1	1,000
2	SPN-B-03	2	600
2	BPN-C-04	4	400
3	LNC-XY-01	1	1,000
3	JUC-W-01	2	200

商品

商品コード	商品名	単価
ERS-A-01	消しゴムA	100
SPN-B-03	シャーペンB	300
LNC-XY-01	弁当XY	1,000
BPN-C-04	ボールペンC	100
JUC-W-01	ジュースW	100

売上ヘッダ

伝票番号	店舗ID	売上日	~~合計~~	~~消費税~~	~~請求額~~	担当者ID
1	01	2002.9.9	1,500	75	1,575	2001
2	01	2002.9.10	1,000	50	1,050	1023
3	01	2002.9.10	1,200	60	1,260	2001

店舗

店舗ID	店舗名	店舗住所
01	銀座店	東京都○○

担当者

担当者ID	担当者名
2001	鈴木花子
1023	佐藤太郎

自明な関数従属性

　データベーススペシャリスト試験には「自明な関数従属性」という用語がしばしば登場する(他にも「自明な多値従属性」とか「自明な結合従属性」という用語もある)。この"自明な"というのは,「当たり前で,証明しなくても常に成立する」という意味の数学用語"trivial"を訳したもので,そこから**「(当たり前のように) 常に成立する関数従属性」**を**"自明な関数従属性"**と言っている。厳密な定義は次の通りだが,どういうものが自明な関数従属性なのか幾つかの例を挙げるので,その"例"でイメージを掴んでおけばいいだろう。

属性集合 A,B があり,B は A の部分集合とする。このとき,A → B は常に成立する。

　このような関数従属性を自明な関数従属性という。

【例】関係 "顧客"
　　　顧客 (顧客名,住所,電話番号,性別,生年月日)

　上記の関係 "顧客" を使って「B は A の部分集合とする」ということを説明すると,例えば次のような関係性のことになる。

- 属性集合 A {顧客名,住所,電話番号,性別,生年月日}
- 属性集合 B1 {顧客名}
- 属性集合 B2 {顧客名,性別}
- 属性集合 B3 {顧客名,住所,電話番号,性別,生年月日}
- 属性集合 B…

　上記の属性集合 B1 〜属性集合 B3 までは,全て「A の部分集合」である。つまり単純に "A の一部" だと考えればいい。ゆえに属性集合 A の部分集合は,この例だと関係 "顧客" の個々の属性から全ての組合せにいたるまで,他にもいくつかの部分集合がある。
　この時,次の関数従属性が成立する。

- {顧客名,住所,電話番号,性別,生年月日} → {顧客名}
- {顧客名,住所,電話番号,性別,生年月日} → {顧客名,性別}
- {顧客名,住所,電話番号,性別,生年月日}
　　　→ {顧客名,住所,電話番号,性別,生年月日}

　部分集合とは B1 〜 B3 のようなものだから,当たり前だが A → B は必ず成立する。A に含まれる属性だから当然だ。この「(当たり前のように) 常に成立する関数従属性を自明な関数従属という。

また，自明な関数従属性に対して **「自明ではない関数従属性」** がどのようなものかをイメージできていれば，より理解が進むだろう。自明ではない関数従属性とは，常に"当たり前"とは限らない関数従属性のこと。関係"顧客"以外も含めて例を挙げれば，次のような関数従属性になる。

- 顧客名　→　収入
- 店長　→　店舗
- 固定電話の電話番号　→　住所

要するに，いつも関数従属性としてピックアップしているものだ。業務要件やルールに基づいたもの。それらが **「自明ではない関数従属性」** になる。

スキルUP！

"極小"と"真部分集合"

データベースの基礎理論を学習していると，普段使わないような，やたら難解な言葉をよく目にする。この"極小"と"真部分集合"もその類のものだろう。ベースが数学なので仕方ないことで，合格者に聞くと「少しずつ慣れていくしかない」とのこと…。

極小とは，属性集合の中で，余分な属性を含まず，どれか一つでも欠ければ一意性を確保できなくなる組合せのこと。候補キーの説明では必ず登場する。簡単に言えば「全てを一意に決定する必要最低限の属性の組合せ（正にそれが候補キー）」で，難しい表現をすると「キーのいかなる真部分集合もスーパーキーにならない」という状態になる。

一方，真部分集合とは，ある集合（A）とその部分集合（B）において，(A) = (B) ではなく，(A) の中には (B) にはない要素が存在するという状態のとき，「(B) は (A) の真部分集合である」ということだ。図で見るとわかりやすい。

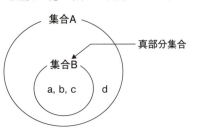

参考 第○正規形である根拠を説明させる設問

設問例

関係"診療・診断"は，第1正規形，第2正規形，第3正
規形のうち，どこまで正規化されているか。また，その根拠
を60字以内で述べよ。

最終出題年度

令和3年

　午後Ⅰ試験のデータベース基礎理論に関する問題では，第○正規形である根拠，理由を
問う設問が出題されていた。

表：過去21年間の午後Ⅰでの出題実績

年度／問題番号	設問内容（ある関係について…）の要約
H14-問1	第1, 2, 3のどれに該当するか。その根拠を60字以内で述べよ。
H15-問1	第1であるが第2正規形でない。その根拠を，具体的に60字以内で述べよ。
	推移的関数従属の例を一つ挙げよ。
H16-問1	第1, 2, 3のどれに該当するか。その根拠を60字以内で述べよ。
	推移的関数従属の例を一つ挙げよ。
	自明でない多値従属性の例を記述せよ。
	ボイスコッド正規形であるが，第4正規形ではない。その理由を述べよ（穴埋め問題）
H17-問1	適切な正規形名を答えよ。その根拠を70字以内で述べよ。
H18-問1	適切な正規形名を答えよ。その根拠を60字以内で述べよ。
	推移的関数従属の例を一つ挙げよ。なければ"なし"と記述せよ。
	部分関数従属の例を一つ挙げよ。なければ"なし"と記述せよ。
	第何正規形か。判定根拠を60字以内で述べよ。
	第1正規形の条件を満たさなくなる。その理由を30字以内で述べよ。
問2	第2正規形でない理由を，列名を示し具体的に70字以内で述べよ。
H19-問1	第1, 2, 3のどこまで正規化されているか。その根拠を具体的に三つ挙げ，それぞれ40字以内で述べよ。
H20-問1	推移的関数従属の例を一つ挙げよ。
	第3正規形になっている関係を一つ挙げよ。
	第1, 2, 3のどこまで正規化されているか。その根拠を二つ挙げ，それぞれ20字以内及び60字以内で述べよ。
問2	第2正規形でない理由を40字以内で述べよ。
H21-問1	推移的関数従属の例を一つ挙げよ。なければ"なし"と記述せよ。
	第1正規形を満たしていない。その理由を30字以内で述べよ。
	第1, 2, 3のどこまで正規化されているか。その根拠を60字以内で述べよ。
問2	第2正規形でない理由を，列名を用いて具体的に60字以内で述べよ。
H22-問1	正規形を答えよ。（判別根拠は選択制，具体例を一つ挙げる）
H23-問1	第1正規形を満たしていない。その理由を40字以内で述べよ。
	正規形を答えよ。（判別根拠は選択制，具体例を一つ挙げる）
H24-問1	どこまで正規化されているか（根拠の説明なし）
問2	第1, 2, 3のどこまで正規化されているか。その根拠を75字以内で述べよ。
H25-問1	部分関数従属性，推移関数従属性の有無，具体例を一つ答えよ。
	第1, 2, 3のどこまで正規化されているか（根拠の説明なし）。
問2	正規形を答えよ。（判別根拠は選択制，具体例を一つ挙げる）※表記法あり

340　　第3章 関係スキーマ

年度／ 問題番号	設問内容（ある関係について…）の要約
H26- 問 1	正規形を答えよ。（判別根拠は選択制，具体例を一つ挙げる）※ 表記法あり
	第 1，2，3 のどこまで正規化されているか（根拠の説明なし）。
H27- 問 1	部分関数従属性，推移的関数従属性の有無，具体例を一つ答えよ。※ 表記法あり
	第 1，2，3 のどこまで正規化されているか（根拠の説明なし）。
H28- 問 1	部分関数従属性，推移的関数従属性の有無，具体例を一つ答えよ。※ 表記法あり
	第 1，2，3 のどこまで正規化されているか（根拠の説明なし）。
H29- 問 1	部分関数従属性，推移的関数従属性の有無，具体例を一つ答えよ。※ 表記法あり
	第 1，2，3 のどこまで正規化されているか（根拠の説明なし）。
R03- 問 1	部分関数従属性，推移的関数従属性の有無，具体例を一つ答えよ。※ 表記法あり
	第 1，2，3 のどこまで正規化されているか（根拠の説明なし）。

●着眼ポイント

この類の設問への対応策は，次の 3 つのステップを踏むのがベスト。

① 本書の「3.4 正規化」を熟読して正規化に関する正しい知識を身に付ける
② ここで説明する解答表現の常套句（表現パターン）を暗記する
③ A，B，C は，必要に応じて，問題文中の具体例に置き換える

　平成 22 年度は**「部分関数従属性及び推移関数従属性の"あり"又は"なし"で示せ。"あり"の場合は，その関数従属性の具体例を示せ。」**という指定で，常套句を覚えていなくても解答できるように配慮されていたが，それまでは左ページの表のように"60 字前後での解答表現"が要求されている。常套句を暗記しておかないと対応が難しいだろう。

●常套句

　それではここで，設問に応じた常套句を紹介していこう。最もよく出題されるのが，第 1 正規形から第 3 正規形までの根拠である。いずれも，「該当する正規形の定義を満たす（すなわち，該当する正規形を含むそれより下位の定義全てを満たす）点」と，「それより一つ上位の正規形の定義を満たさない点」を説明している（第 3 正規形に関しては，別段の要求がある時を除き，第 4 正規形を満たしていない点に言及しないケースが多い）。

　また，設問の指示は「60 字で述べよ。」というものが最も多いが，前述の平成 22 年度のようなケースや，「その根拠を 2 つ（もしくは 3 つ）挙げよ」というケース（平成 19 年度午後 I 問 1）などもあるので，その指示に対して正確に反応できるように何パターンかは覚えておこう。

3.4　正規化　　341

【第1正規形である理由】

①全ての属性が単一値で，②候補キー｛A，B｝の一部であるBに非キー属性のCが部分関数
従属するため（46字）

　①非正規形ではなく，第1正規形の条件をクリアしている理由を説明している部分（10字）
　②第2正規形にはなっていない理由を説明している部分。
　　A，B，Cには，それぞれ一例となる属性を問題文中から探し出して
　　置き換える。
　※「40字以内で述べよ」等，字数が足りず①と②を両方に言及できない場合は
　　②を優先する。

【第2正規形である理由】

①全ての属性が単一値で，②候補キーからの部分関数従属がなく，③推移的関数従属性A→B
→Cがあるため（46字）

　①非正規形ではなく，第1正規形の条件をクリアしている理由を説明している部分（10字）
　②第2正規形の条件もクリアしている理由を説明している部分（16字）
　　「候補キーに完全関数従属し（12字）」という表現でもOK
　③第3正規形にはなっていない理由を説明している部分
　　A，B，Cには，それぞれ一例となる属性を問題文中から探し出して
　　置き換える。
　※「40字以内で述べよ」等，字数が足りず①～③の全てに言及できない場合の
　　優先順位は③，②，①の順。

【第3正規形である理由】

①全ての属性が単一値で，②候補キーからの部分関数従属がなく，③候補キーからの推移的
関数従属性もないため（48字）

　①非正規形ではなく，第1正規形の条件をクリアしている理由を説明している部分（10字）
　②第2正規形の条件もクリアしている理由を説明している部分（16字）
　　「候補キーに完全関数従属し（12字）」という表現でもOK
　③第3正規形の条件もクリアしている理由を説明している部分（20字）
　※部分関数従属や推移関数従属の例がないので，原則，置き換えは発生しない。

図：正規形の根拠を述べる常套句

● A，B，C を具体例に置き換える

　文章で解答を組み立てる場合は，設問で指定が無くても，（常套句のA，B，C）を具体
例に置き換えて解答しなければならない（原則，第3正規形の場合，具体例そのものがなく，
第4正規形でない理由も問われないことが多いので，第3正規形の根拠を解答する場合を
除く）。この点については，平成20年度の採点講評でも，次のように，直接的に言及され
ているので十分注意しよう。

> 根拠及び問題点の指摘は，問題文中の属性，関数従属性などを用いて具体的に記述し
> てほしい。

平成20年度の採点講評（午後I問1）より抜粋した該当箇所

342　　第3章 関係スキーマ

候補キー {A, B} の一部である B に，非キー属性 C が部分関数従属するため

⬇

候補キー **{伝票番号，明細番号}** の一部である **"伝票番号"** に，非キー属性 **{売上金額，従業員番号}** が部分関数従属するため

常套句内の A，B，C を文中の具体例に置き換えた例

● その他の常套句

出題頻度は高くないが，他の正規形についても常套句を掲載しておく。

● 第1正規形でない理由

「属性○は,属性△の集合であり,単一値ではないため（24字）」
「属性○が繰り返し項目であり単一値ではないため（22字）」
「属性○の値ドメインが関係であり,単一値ではないため（25字）」

● ボイス・コッド正規形である理由

「すべての属性が単一値で,すべての関数従属性が,自明であるか,候補キーのみを
決定項として与えられている（50字）」

● 第4正規形である理由

「すべての属性が単一値で,すべての多値従属性が,自明であるか,候補キーのみを
決定項として与えられている（50字）」

● 第5正規形である理由

「すべての属性が単一値で,すべての結合従属性が,自明であるか,候補キーのみを
決定項として与えられている（50字）」

図：正規形の理由を述べる常套句（応用）

〈参考〉「属性○の値ドメインが関係であり」という表現に関して

上記に記しているように "第1正規形でない理由" の常套句として「値ドメイン」という言葉が使われている。これは，平成 18 年度午後Ⅰ問1の解答例で使われた表現だ。しかし，筆者の勉強不足や経験不足によるものなのかもしれないが，これまで，このような表現を使ったことがなかった。そういう人が多いだろう。しかし，難しく考えなくても良い。平成 23 年度の特別試験では，「値ドメインが関係であり」という表現はなくなっている。他の常套句（第2正規形，第3正規形の根拠）でも，「属性○は単一値であり…」という表現に統一されていることから，あえてそれを表現しなくても問題はない。なお，ドメインが関係であることも解答に含める場合，"値ドメイン" ではなく，単なる「定義域」や「ドメイン」でも意味が通るので，正解になると考えられる。

3.4　正規化　　343

参考　第3正規形まで正規化させる設問

設問例

関係"答案"を，第3正規形に分解した関係スキーマで示せ。
なお，主キーは，下線で示せ。

出現率
100%

　第3正規形まで正規化させる問題は，下表の中にある問題のように「第3正規形になっていない関係スキーマやテーブルが提示されている」パターンはめっきり減ったが，概念データモデルや関係スキーマを完成させる問題の場合，そもそも第3正規形にしなければならない。したがって，右ページの「テーブルを分割して第3正規形にしていくプロセス」は，頭の中に叩き込んでおいて，短時間で正確に分割できるようにしておこう。

表：過去21年間の午後Iでの出題実績

年度／問題番号	設問内容の要約（関係"○○"の…or"○○"テーブルの）
H14-問1	関係"○○"を第3正規形に分割した関係を，関係スキーマの形式で記述せよ。
	関係"○○"を更に分割するとしたら，どのように分割すればよいか。関係スキーマの形式で記述せよ。
問4	"○○"テーブルが冗長なテーブル構造である。これを冗長性のないテーブル構造に変更して，テーブルの主キーを示せ。
H15-問1	関係"○○"を第3正規形に分割した関係を，関係スキーマの形式で記述せよ。
問3	"○○"テーブルが冗長なテーブル構造である。これを冗長性のないテーブル構造に変更して，テーブルの主キーを示せ。
H16-問1	第3正規形に分割した結果を，関係スキーマの形式で記述せよ。
問3	ある問題を解決するために"社員"テーブルの構造を変更することにした。適切な"社員"テーブルの構造を，解答に当たって，必要に応じて複数テーブルに分割し，冗長でないテーブル構造とすること。また，テーブル名及び列名は，格納するデータの意味を表す名称とすること。
H17-問1	（更新時異状による）不都合を解消するために分割した関係を，…関係スキーマの形式で記述せよ。
問2	"注文"テーブルを，"注文"テーブルと"注文明細"テーブルに分割せよ。なお，解答に当たって，冗長でないテーブル構造とすること。また，分割前の"注文"テーブルに含まれていない列は追加しないこと。
H18-問2	ある不具合を解消するため，"○○"テーブルの構造を変更することにした。…必要に応じ複数のテーブルに分割し，冗長でないテーブル構造にすること。
H19-問1	（更新時異状による）不都合を解消するために，関係"○○"を二つの関係に分割せよ。（2問）
H21-問1	関係"○○"を，第3正規形に分割せよ。
問2	"○○"テーブルを第3正規形に分割せよ。（2問）
H22-問1	第3正規形に分解した関係スキーマで示せ。主キーは，下線で示せ。（3問）
H23-問1	第3正規形に分解した関係スキーマで示せ。
問2	"○○"テーブルを第3正規形の条件を満たすテーブルに分解せよ。
H24-問1	第3正規形に分解した関係スキーマで示せ。
問2	第3正規形に分解した"○○"テーブルの構造を示せ。
H25-問1	第3正規形に分解した関係スキーマで示せ。
H26-問1	第3正規形に分解した関係スキーマで示せ。

H27- 問 1	第 3 正規形に分解し，主キー及び外部キーを明記した関係スキーマで示せ。
H28- 問 1	第 3 正規形に分解し，主キー及び外部キーを明記した関係スキーマで示せ。
H29- 問 1	第 3 正規形に分解し，主キー及び外部キーを明記した関係スキーマで示せ。
R03- 問 1	第 3 正規形に分解し，主キー及び外部キーを明記した関係スキーマで示せ。

※概念データモデル等を完成させる問題で第 3 正規形にすることが前提の問題の記載は割合している

● 着眼ポイント

図のような手順で，更新時異状を引き起こしている関数従属性を情報無損失分解していけば良い。

● テーブルを分割して第 3 正規形にしていくプロセス

以下に，テーブルを第 3 正規形にしていくプロセスをまとめておく。詳細は，「3.4 正規化」を読まないとならないが，一連の基本的な手順を知っていれば，短時間で解答できるので，ここで全体の流れを押さえておこう。

(1) 非正規形→第 1 正規形
- 繰返し項目をなくして単純な形にする。
- もとの主キー＋繰り返し項目のキーを主キーにする。
- 詳細は「3.4.2 第 1 正規形」参照。

(2) 第 1 正規形→第 2 正規形
- 主キーをチェックして部分関数従属性があれば，それを排除する。
- 具体的には部分関数従属しているものを別テーブルとする。
- 詳細は「3.4.3 第 2 正規形」参照。

(3) 第 2 正規形→第 3 正規形
- 非キー属性をチェックして推移関数従属性があれば，それを排除する。
- 具体的には推移関数従属しているものを別テーブルとする。
- 詳細は「3.4.4 第 3 正規形」参照。

※ 主キーが明確でない場合
- 関数従属性のあるものから順に正規化する。
- 第 1，第 2，第 3・・・という順番にとらわれない。
- 主キーを推測するなど柔軟に対応。

3.4 正規化

345

3.4.5 ボイス・コッド正規形

ボイス・コッド正規形は，次のように定義される。

> [ボイス・コッド正規形の定義]
> リレーションRに存在するあらゆる関数従属性に関して，次のいずれかが成立する（Rの関数従属性をX→Yとする）。
> (1) X→Yは**自明な関数従属性**である
> (2) XはRの**スーパーキー**である

この定義だと少々わかりにくいので，例を使って説明する。

● 第3正規形でもあり，ボイス・コッド正規形でもある例

まずは，第3正規形まで進めていった関係のうち，ボイス・コッド正規形にもなっている例を，下記の関係"顧客"を用いて，ボイス・コッド正規形の定義に該当するか否かという視点で見ていこう。

> 【例】関係"顧客"
> 顧客（電話番号，顧客名，住所，性別，生年月日）

この関係の中の「**あらゆる関数従属性**」とは次のようなもの。

- 電話番号 → 顧客名
- 電話番号 → 性別
- 電話番号 → 住所
- 電話番号 → 生年月日

これらの関数従属性はすべて自明な関数従属性ではない。 したがって，続いて（2）の条件を満たしているかどうかを確認する。

この例の場合，全ての関数従属性が'電話番号'によってのみ決定されることになる。'電話番号'は主キーなので当然スーパーキーでもある。したがって，条件（1）は満たしていなくても，条件（2）を満たしているので，この例は**第3正規形でもありボイス・コッド正規形でもある。**

試験に出る
ボイス・コッド正規形
第3正規形との相違，ボイス・コッド正規形への分解

参照
スーパーキー，候補キー
「3.3 キー」を参照

参考
自明な関数従属性は左記のように抽出しない。候補キーを求める時などに抽出する関数従属性自体が，自明ではないから抽出していることになる。逆に言うと，抽出しない「**あらゆる関数従属性**」には，"{電話番号，顧客名}→顧客名"のような自明な関数従属性も含まれるが，それらは（1）の条件を満たしていることになる

● 第3正規形ではあるが，
ボイス・コッド正規形ではない例

　次は，第3正規形まで進めていった関係のうち，ボイス・コッド正規形にはなっていない例を見ていこう。

【例】関係"受講"

受講（学生，科目，教官）

但し，次の関数従属性も存在している

教官→科目（※ 一つの科目に教官は1人とは限らない）

したがって候補キーは二つある

｛学生，科目｝，｛学生，教官｝

　「自明ではない関数従属性」をピックアップすると，今回は下記の二つになったとしよう。

* ｛学生，科目｝ → 教官
* 教官 → 科目

　このうち，｛学生，科目｝は主キーなので当然スーパーキーでもある。したがって（2）の条件もクリアしている。しかしもうひとつの関数従属性の'教官'は，候補キーの一部ではあるものの候補キーではないのでスーパーキーではない。したがって（2）の条件をクリアしていないので，第3正規形ではあるものの，ボイス・コッド正規形ではないことになる。

● ボイス・コッド正規形かどうかの見極め方法

　以上の2例を比較すると多少理解しやすくなると思うが，**候補キーが一つの場合，第3正規形まで進めていくとおのずとボイス・コッド正規形になる。**自明ではない関数従属性が，全てその候補キーで一意に決定されるため（2）の条件をクリアするからだ。

　しかし，この例のように**①候補キーが複数あり，②その中に，候補キーの一部が決定項（例：教官）となっている関数従属性がある**場合（すなわち，全ての決定項が候補キーではない場合），それは第3正規形でもボイス・コッド正規形ではないことになる。

3.4　正規化　　347

●ボイス・コッド正規形ではなく第3正規形にとどめる理由

正規化理論の学習を進めていると，必ず「実務的には，ボイス・コッド正規形は不要。第3正規形でとどめておく。」というニュアンスの説明を耳にするだろう。情報処理技術者試験でも，ボイス・コッド正規形がテーマの問題は別にして，概念データモデルや関係スキーマを完成させる事例解析問題では，第3正規形でとどめておくのが基本である。その理由を考えてみよう。

① ボイス・コッド正規形は，全ての関数従属性が保存されるわけではない

第3正規化までの情報無損失分解は，関数従属性保存分解になる。これに対して，ボイス・コッド正規形では，全ての関数従属性が保存されるわけではない。

先の例をボイス・コッド正規形にするため，次のように正規化を進めたとしよう。

受講

学生	科目	教官
鈴木	英語	ジェニファー
鈴木	数学	丹羽
佐藤	英語	ポール
佐藤	数学	丹羽
高橋	哲学	宇野

担任

教官	科目
ジェニファー	英語
ポール	英語
丹羽	数学
宇野	哲学

受講（ボイス・コッド正規形）

学生	教官
鈴木	ジェニファー
鈴木	丹羽
佐藤	ポール
佐藤	丹羽
高橋	宇野

担任

教官	科目
ジェニファー	英語
ポール	英語
丹羽	数学
宇野	哲学

図：第3正規形からボイス・コッド正規形へ

この場合，「関数従属性① ｛学生，科目｝→教官」を保存するテーブルが分解により失われる。その結果，例えば実際には「鈴木君が，ジェニファー先生の担当する英語の授業を受けていた」としても，「学生："鈴木"，教官："ポール"」のようなデータも登録できてしまう。ポールは英語の先生なので，事実に反するデータ登録が可能となってしまう。

> **試験に出る**
>
> **第3正規形にとどめる理由**
> データ整合性を保証するために，ボイス・コッド正規形まで正規化せずに第3正規形にとどめる

② 第3正規形の問題点は整合性制約で回避する

ただ、ボイス・コッド正規形が可能にもかかわらず、第3正規形で止めておくと、それはそれで問題が発生することがある。例えば、図の「関数従属性に基づいて作成したテーブル」の例で、「丹羽」教官の教えている科目の名称が「数学」から「数学Ⅰ」に変更されたとしよう。このとき、次のレコードを更新する必要がある。

"担任"テーブルの3行目の項目"科目"
"受講"テーブルの2行目と4行目の項目"科目"

要するに"受講"テーブルの2行目と4行目を同時に更新しなければ、整合性が失われてしまうことになる。

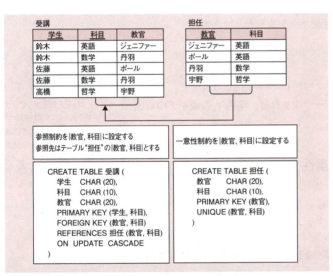

図：テーブル"受講"とテーブル"担任"の参照制約

この問題に対しては、正規化だけでは限界があるため、テーブルを実装するときに整合性を取って回避する。具体的には、図のように一意性制約と参照制約を使う。

3.4.6 第4正規形

第4正規形は次のように定義される。

> [第4正規形の定義]
> リレーションRに存在するあらゆる多値従属性に関して、次のいずれかが成立する。今、Rの多値従属性をX→→Yと書く。
>
> (1) X→→Yは自明な多値従属性である
> (2) XはRのスーパーキーである

第4正規形とは、**①ボイス・コッド正規形を満たしており、②自明でない多値従属性を含まない正規形**だと言える。

●多値従属性

多値従属性とは、{鈴木} →→ {スキューバダイビング, スキー}のように、**「項目Xの値が一つ決まれば、項目Yの値が1つ以上決まる性質」**のことである。

●自明ではない多値従属性

ここで、自明ではない多値従属性というのは、次の"ビジネスルール"のように、互いに独立な意味を持つ多値従属性が存在していることをいう。表現は"X→→Y｜Z"。

① 1人の社員は複数の趣味を持つ。同じ趣味を持つ複数の社員がいる
② 1人の社員は複数の資格を持つ。同じ資格を持つ複数の社員がいる

これを多値従属性で表記すると、「社員氏名→→趣味｜資格」となる。

試験に出る
平成23年・午後Ⅰ 問1
平成18年・午後Ⅰ 問1
平成16年・午後Ⅰ 問1

参考

ボイス・コッド正規形までのメインテーマであった"関数従属性"に似た用語だが、その関数従属性は**「項目Xの値が一つ決まれば、項目Yの値が一つに決まるという性質」**のものなので、多値従属性の特殊な形になる

● 第4正規形への分解例

　全ての決定項が候補キーであるボイス・コッド正規形まで正規化を進めると，同時に第4正規形になっているケースが多い。

　しかし，この例のように①**非キー属性が存在せず，②複合キー**である場合で，その中に自明でない多値従属性が含まれていると第4正規形の条件を満たしていないことになる。要するに，第4正規形ではないケースとは，候補キーの内部に決定項と被決定項の両方があるケースだとイメージすればいいだろう。

非キー属性が存在している場合，例えば，先の例でも"{社員氏名, 趣味, 資格}→点数"（点数は非キー属性）のような関数従属性がある場合，"社員氏名→趣味"と"社員氏名→資格"とに分解すると，"{社員氏名, 趣味, 資格}→点数"の関数従属性が保持できなくなるため，情報無損失分解はできない

ボイス・コッド正規形だが第4正規形ではない例

社員趣味資格(**社員氏名**, **趣味**, **資格**)

自明でない多値従属性(1)	社員氏名→→趣味
自明でない多値従属性(2)	社員氏名→→資格

社員氏名	趣味	資格
鈴木	スキューバダイビング	TE(DB)
鈴木	スキューバダイビング	Oracle Master
鈴木	スキー	TE(DB)
鈴木	スキー	Oracle Master

図：第4正規形ではない例

　こうした自明ではない多値従属性がある場合，第4正規形まで進める場合はこれを分解する。具体的には(X →→ Y | Z)の関係にあるものを，(X →→ Y)と(X →→ Z)の二つの関係に分解する。

第4正規形に分割した例

社員趣味(**社員氏名**, **趣味**)

自明な多値従属性	社員氏名→→趣味

社員氏名	趣味
鈴木	スキューバダイビング
鈴木	スキー

社員資格(**社員氏名**, **資格**)

自明な多値従属性	社員氏名→→資格

社員氏名	資格
鈴木	TE(DB)
鈴木	Oracle Master

図：第4正規形に分解した例

3.4.7 第5正規形

第5正規形は次のように定義される。

試験に出る
平成18年・午後I 問1
※ 解答例に出てくるだけ

[第5正規形の定義]

リレーション R に存在するあらゆる結合従属性に関して，
次のいずれかが成立する。今，R の結合従属性を ＊ (A1,
A2, …, An) と書く。

(1) ＊ (A1, A2, …, An) は自明な結合従属性である
(2) Ai（i は 1 から n までの整数）は，R のスーパーキーで
ある

第5正規形とは，①**ボイス・コッド正規形を満たしており**，②
自明でない結合従属性を含まない正規形だと言える。

● 結合従属性

結合従属性とは，ざっくり言うと多値従属性が分解後に2つに
なるケースに対して，それ以上に分解可能な場合のことをいう（後
述の例で確認）。

つまり，学習の順番で言うと，第4正規形の多値従属性が先に
出てくるので混乱するが，多値従属性は結合従属性の特殊な形
になる。第4正規形のところでも説明した通り，関数従属性が多
値従属性の特殊な形になるので，全体的には次のようなイメージ
になる。

結合従属性＝ A が決まれば，1つ以上の B が決定される
　　　　　　　3つ以上に分解される

> 多値従属性（A →→ B|C）2つに分解される
>
> > 関数従属性（A → B:A が決まれば B が決まる）

352　　**第3章 関係スキーマ**

● 第5正規形への分解例

例えば図に示すような以下の三つのビジネスルールが存在するとしよう。

① 一つの量販店は複数の商品種別を取り扱っており，一つの商品種別は複数の量販店で取り扱われている
② 一つの商品種別は複数のメーカから仕入れており，メーカは複数の商品種別を納入している
③ 一つの量販店は複数のメーカと取り引きしており，メーカは複数の量販店と取引している

この三つのビジネスルールに対応する関係"量販店別取扱商品種別"，"取引メーカ別取扱商品種別"，"量販店別取引メーカ"を結合すると，関係"販売"を得ることができる。その逆に，"販売"を情報無損失分解して，"量販店別取扱商品種別"，"取引メーカ別取扱商品種別"，"量販店別取引メーカ"という三つの関係を得ることができる。つまり，次式が成立する。

販売 = 量販店別取扱商品種別 * 取引メーカ別取扱商品種別 * 量販店別取引メーカ

このとき，関係"販売"は「結合従属性を持つ」という。これを表記するときは，「*{{ }}」という記号を用い，分解後の関係ごとに属性を中括弧 { } の中に列挙する。

* {{量販店, 取扱商品種別}, {取扱商品種別, 取引メーカ}, {量販店, 取引メーカ}}

関係"量販店別取扱商品種別"，"取引メーカ別取扱商品種別"，"量販店別取引メーカ"のように，これ以上，複数個の関係に分解できないとき，これら三つの関係は，それぞれ第5正規形である。分解後の関係が1個であるとき（これ以上分解できないとき），分解前と分解後の関係が等しいことは自明である。更に，分解後の関係が複数個であっても，分解前と等しい関係が分解後の関係の中に1個含まれていれば，情報無損失分解が成立することも自明である

第4正規形だが第5正規形ではない例（3分解可能）
販売(<u>量販店, 取扱商品種別, 取引メーカ</u>)

自明でない結合従属性	*{{量販店,取扱商品種別},{取扱商品種別,取引メーカ},{量販店,取引メーカ}}

量販店	取扱商品種別	取引メーカ
△△カメラ	パソコン	F芝電気
○○電器	テレビ	F芝電気
○○電器	パソコン	ZONY
○○電器	パソコン	F芝電気

図：第5正規形ではない例

第5正規形に分解した例

量販店別取扱商品種別 (量販店, 取扱商品種別)

自明な結合従属性	*{量販店, 取扱商品種別}

量販店	取扱商品種別
△△カメラ	パソコン
○○電器	テレビ
○○電器	パソコン

取引メーカ別取扱商品種別 (取扱商品種別, 取引メーカ)

自明な結合従属性	*{取扱商品種別, 取引メーカ}

取扱商品種別	取引メーカ
パソコン	F芝電気
テレビ	F芝電気
パソコン	ZONY

量販店別取引メーカ (量販店, 取引メーカ)

自明な結合従属性	*{量販店, 取引メーカ}

量販店	取引メーカ
△△カメラ	F芝電気
○○電器	F芝電気
○○電器	ZONY

図：第5正規形に分解した例

●第3正規形であれば，第5正規形も満たしていることが多いということに関して

最後に，第3正規形（ボイス・コッド正規形）まで正規化を進めれば，それで第5正規形の条件を満たしていることが多いという点について，通常よくある事例を元に考えてみよう。

難しい言葉で言うと「関数従属性以外の多値従属性が存在しない場合」，及び「関数従属性以外の結合従属性が存在しない場合」である。

例として，「第3正規形」の説明に登場したテーブル"売上明細"，"商品"，"売上ヘッダ"，"店舗"，"担当者"を用いる。

> 売上明細（<u>伝票番号</u>，<u>商品コード</u>，数量）
> 商品（<u>商品コード</u>，商品名，単価）
> 売上ヘッダ（<u>伝票番号</u>，店舗ID，売上日，担当者ID）
> 店舗（<u>店舗ID</u>，店舗名，店舗住所）
> 担当者（<u>担当者ID</u>，担当者名）

参考

条件(2)の意味するところは，「関数従属性以外の結合従属性が存在しない場合は，ボイス・コッド正規形を満たしている」ということである

売上明細

伝票番号	商品コード	数量
1	ERS-A-01	2
1	SPN-B-03	1
1	LNC-XY-01	1
2	SPN-B-03	2
2	BPN-C-04	4
3	LNC-XY-01	1
3	JUC-W-01	2

商品

商品コード	商品名	単価
ERS-A-01	消しゴムA	100
SPN-B-03	シャーペンB	300
LNC-XY-01	弁当XY	1,000
BPN-C-04	ボールペンC	100
JUC-W-01	ジュースW	100

売上ヘッダ

伝票番号	店舗ID	売上日	担当者ID
1	01	2002.9.9	2001
2	01	2002.9.10	1023
3	01	2002.9.10	1023

店舗

店舗ID	店舗名	店舗住所
01	銀座店	東京都○○

担当者

担当者ID	担当者名
2001	鈴木花子
1023	佐藤太郎

図：第3正規形まで正規化した例

これらのテーブルには，候補キー以外のものを決定項とする関数従属性が含まれていない（ただし，自明な関数従属性を除く）。つまり，第3正規形の定義だけでなく，ボイス・コッド正規形の定義をも満たしている（そして，第4，第5正規形の定義をも満たしていることをこれから示す）。

　テーブル "売上ヘッダ" の関数従属性は，

　　　伝票番号→ ｛店舗 ID，売上日｝

である。

　さて，関数従属性は多値従属性の一種であるから，上記の関数従属性は，次に示すような多値従属性として表記することができる。

　　　伝票番号→→店舗 ID
　　　伝票番号→→売上日

　これは，自明でない多値従属性である。それゆえ，テーブル "売上ヘッダ" は第4正規形の条件（1）を満たさない。しかし，決定項 ｛伝票番号｝ は候補キーであるため，条件（2）を満たしている（候補キーはスーパーキーの一種であるため）。よって，第4正規形である。

　さて，上記の関数従属性に分解律を適用すると，次の二つの関数従属性を得ることができる。

　　　伝票番号→店舗 ID
　　　伝票番号→売上日

各々の関数従属性において，決定項と被決定項を項目にとるテーブルを作ることができる。つまり，テーブル"売上ヘッダ"は，テーブル"売上ヘッダ店舗"とテーブル"売上ヘッダ売上日"に分解することができる。これら三つのテーブルは候補キーが共通であり，テーブルの行数は同じである。

　売上ヘッダ店舗（伝票番号，店舗ID）
　売上ヘッダ売上日（伝票番号，売上日）

テーブル"売上ヘッダ店舗"とテーブル"売上ヘッダ売上日"を，結合列｛伝票番号｝で自然結合すれば，元のテーブル"売上ヘッダ"を得ることができる。よって，次に示すような結合従属性として表記することができる。

　＊｛｛伝票番号，店舗ID｝，｛伝票番号，売上日｝｝

これは，自明でない結合従属性である。それゆえ，テーブル"売上ヘッダ"は第5正規形の条件（1）を満たさない。しかし，結合従属性を構成する属性集合｛伝票番号，店舗ID｝，｛伝票番号，売上日｝は，テーブル"売上ヘッダ"のスーパーキーである（なぜなら，候補キー｛伝票番号｝を含んでいるため）。つまり，条件（2）を満たしている。よって，第5正規形である。

したがって，テーブルがボイス・コッド正規形の定義を満たしており，かつ，関数従属性以外に多値従属性と結合従属性が存在しない場合は，第5正規形の定義をも満たしている。

次のようにシンプルに考えればわかりやすい。

　第2正規形：関数従属（候補キー→非キー属性）を排除
　第3正規形：関数従属（非キー属性→非キー属性）を排除
　BCNF：関数従属（非キー属性→候補キー）を排除
　第4正規形：第5正規形（候補キー→候補キー）を排除
　※"候補キー"はいずれも複合キーで，その一部というイメージ

実務で登場する多くのテーブルには，関数従属性以外に多値従属性と結合従属性が存在しない。よって，ボイス・コッド正規化を施せば，第5正規形になる

BCNFの場合，正確には別の候補キーの一部になっているので"非キー属性"とは言えない。主キー以外の属性のことである

3.4.8 更新時異状

正規化が不十分だと，テーブルへ新しい行を挿入するときや，不要となった行を削除するとき，あるいは項目を修正するときに様々な異状が発生する。これを更新時異状という。

更新時異状が起きるテーブルには冗長性があるので，これを排除して「1事実1箇所」(1 fact in 1 place)とすることが正規化の目的である。

そこで，更新時異状の発生するテーブルの例を，第2正規化されていない場合と第3正規化されていない場合の二つのケースに分けて説明する。

試験に出る
平成22年・午前 問7

用語解説

1事実1箇所
一つの事実が，一つのテーブルの，1行の中だけに存在していること。あるいは，一つの従属性(事実関係)だけが一つのテーブルに実装されていること

●第2正規化されていない場合の更新時異状の例

店舗ID	店舗名	商品ID	商品名	在庫数
01	東京店	001	パソコンA	10
01	東京店	002	パソコンB	5
02	大阪店	001	パソコンA	8
03	名古屋店	003	プリンタC	2

主キー：店舗ID, 商品ID
関数従属性：店舗ID→店舗名, 商品ID→商品名
　　　　　　{店舗ID, 商品ID}→在庫数

図：在庫テーブル

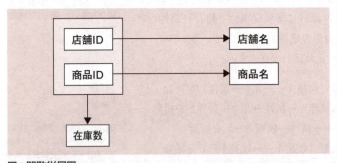

図：関数従属図

冗長性

このテーブルでは「店舗ID：01，店舗名："東京店"」と「商品ID：001，商品名："パソコンA"」が複数の箇所に存在している（冗長性がある）。

挿入時の更新時異状

在庫する店舗が未決定の新規商品「商品ID：004，商品名："デジカメD"」を在庫テーブルに挿入したいとき，{店舗ID，店舗名，在庫数} を NULL 値にしたままで {商品ID，商品名} を挿入しようとすると，店舗IDは主キーの一部なので，主キー制約に反する。つまり挿入できない。

修正時の更新時異状

「商品ID：001，商品名："パソコンA"」のデータが誤っており，実は「商品ID：001，商品名："パソコンE"」だった場合，データ修正が必要だが，その際，同じ情報が存在する複数の行を同時に更新しないと，整合性が失われてしまう。

削除時の更新時異状

名古屋店が閉店となった場合，該当する行を削除すると，「商品ID：003，商品名："プリンタC"」という情報が失われる。この行を失わないように {店舗ID，店舗名，在庫数} を NULL にしようとすると，主キー制約に反する。

参考：主キーにはNULLを設定できない

●第3正規化されていない場合の更新時異状の例

社員ID	社員氏名	役職ID	役職名称
001	鈴木	905	社長室長
002	佐藤	106	課長
003	高橋	106	課長

主キー：社員ID
関数従属性：役職ID→役職名称，社員ID→社員氏名，社員ID→役職ID

図：社員テーブル

3.4 正規化

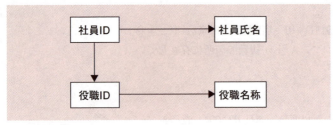

図：関数従属図

冗長性

「役職ID：106，役職名："課長"」が複数の箇所に存在しているため，役職情報｛役職ID，役職名称｝に冗長性があるといえる。

挿入時の更新時異状

新しい役職「役職ID：108，役職名："営業本部長"」の設置を計画していて，辞令を交付する社員はまだ決まっていない場合を考えてみる。このとき，｛社員ID，社員氏名｝をNULL値にしたままで｛役職ID，役職名称｝の関係を挿入しようとすると，主キー制約に反するため，挿入できない。

修正時の更新時異状

「役職ID：106，役職名："課長"」を修正する際，同じ情報が存在する複数の行を同時に更新しないと，整合性が失われる。

削除時の更新時異状

鈴木氏が退職する予定なので，その行を削除しようとすると，「役職ID：905，役職名："社長室長"」という情報が失われる。この行を失わないように｛社員ID，社員氏名｝をNULLにしようとすると，主キー制約に反する。

参考 | 更新時異状の具体的状況を指摘させる設問

設問例

関係 "治療・指導" は，タプルの挿入に関してどのような問題があるか。30 字以内で具体的に述べよ。

最終出題年度

平成25年

データベースの基礎理論の問題が出題されていた平成 25 年までは，更新時異状に関する問題もよく出題されていた。この問題の最大の特徴は，50 字や 60 字の解答が求められている点だ。平成 26 年以後は出題されていないが，今度いつ出題されるかわからない。面食らうことのないように準備をしておきたい 1 問だと言える。

表：過去 21 年間の午後 I での出題実績

年度／問題番号	設問内容の要約（関係 "○○" の…or "○○" テーブルの）
H14- 問 1	関係 "○○" は，データ削除時に不都合が生じる。その状況を具体的に 50 字以内で述べよ。
H15- 問 1	関係 "○○" は，データ更新時に不都合が生じる。その状況を，具体的に 50 字以内で述べよ。
H16- 問 1	この関係では，申込みの際に不都合が生じることがある。どのような不都合かを，具体的に 50 字以内で述べよ。
H17- 問 1	関係 "○○" は，データ登録時に不都合が生じる。その状況を 50 字以内で述べよ。
H19- 問 1	関係 "○○" は，…情報の登録に際して不都合が生じることがある。その状況を具体的に 45 字以内で述べよ。
H20- 問 1	関係 "○○" は，タプルの挿入に関してどのような問題があるか。40 字以内で具体的に述べよ。
H21- 問 1	関係 "○○" は，タプルの挿入に関してどのような問題があるか。30 字以内で具体的に述べよ。
H23- 問 1	関係 "○○" は，更新時に不都合なことが生じる。その状況を 60 字以内で具体的に述べよ。
H25- 問 1	関係 "○○" は，タプル挿入に関してどのような問題があるか。35 字以内で具体的に述べよ。

平成 23 年度午後 I 問 1 の問題は，多少それまでの傾向と変わっていた。設問の「更新」が，広義の意味で用いられていたからだ。

データベースの「更新」という用語には，狭い意味と広い意味とがある。狭義の更新は，既存のレコードのどれかの項目の値を変更すること（SQL の UPDATE に相当）を意味している。一方，広義の更新は，関係のインスタンスを変更することを意味している。つまり，狭義の更新（UPDATE）だけでなく，レコードの挿入（INSERT）と削除（DELETE）も含む概念になる。

平成 23 年度−問 1 に対する試験センターの解答例では，広義の更新，すなわち，DELETE 時，UPDATE 時，INSERT 時の異常になっていた。それまでは，全て狭義の "更新" だったので，今後は使い分けに注意しなければならない。

3.4 正規化

●着眼ポイント

　更新時異状は，第3正規形にまで正規化されていないことが原因で発生する。そのため最初に実施しなければならないことは，その"関係○○"や"○○テーブル"が第何正規形なのか，（まず間違いなく，第1もしくは第2正規形なので）部分関数従属性や推移関数従属性がどこに存在しているのかを探し出すことだ。後は，次のように常套句をベースに，具体的な属性名に置き換えて文章をまとめる。

　① ここで説明する解答表現の常套句（表現パターン）を暗記する
　② A，B，Cは，必要に応じて，問題文中の具体例に置き換える

●常套句

　それではここで，その"常套句"について考えてみよう。設問で問われていることを分類すると，大きく3つに分けることができる。次ページの表に見られるように（データやタプルの）登録時，更新時，削除時である。さらに，登録時には2つの解答が可能なことが多いので，ここでも二種類の常套句を用意している。結果，合計4つの常套句になる。こちらも表で確認できるだろう。なお，ここでは解説の便宜上，これら四つをA～Dの型に分けている。このA型からD型に分けているのは本書内部だけの話なので，その点だけ注意してほしい（本書を知らない人には全く通用するものではない）。

　それはさておき，解答例（表）を見てもらえば明白だが，一見すると，常套句を利用しているようには見えないだろう。字数も30字から60字と幅があるので，どこを優先してどこをカットするのかも，判断に困るということを受験生からよく聞く。そこで，ここでの常套句の説明に関しては，必要な要素を3つないしは4つに分解している。原則，具体的な不都合になるケースを一つ上げて，必須の文言で締めくくっている。いずれも，解答例と突き合わせて見てもらった方が理解しやすいだろう。多少，わかりにくいかもしれないので，ある程度時間をかける必要があるかもしれないところだと思う。

表：常套句

更新時異状を引き起こす関数従属性のパターン	更新時異状の状況		
	タイミング	型	常套句 （下記の①～④を要求字数によって取捨選択しながら組み立てる）
R1(A,B,C,D) において，部分関数従属 (B → C) が存在する R2(A,B,C) において，推移関数従属 (B → C) が存在する	挿入時 登録時	A	【主キー {A，B} の組合せが未登録の場合で説明するとき】 ①（主キー（A 及び A，B）が未定の場合の状況を具体的に説明した文言）の ②（B と C の組合せ，あるいは B に関する情報）は， ③主キーが NULL となるので ④登録できない（必須の文言）
		B	【主キー {A，B} の組合せが既に登録されている場合で説明するとき】 ①（A が登録されている状況の一例）時の登録で ②（B と C の組合せ，あるいは B に関する情報）が ③"冗長になる"又は，"重複して登録するため不整合が生じる"（択一で必須の文言）
	修正時 更新時	C	①（A が異なり B が同じである複数の行の一例を示す）で， ②（B と C の組合せ，あるいは B に関する情報が）冗長であるため， ③これらを同時に修正しないと整合性が失われる（必須の文言）
	削除時	D	①（B と C の組合せ，あるいは B に関する情報）が ②特定の 1 行にしか存在しない場合において ③（主キーになる A や A，B）を削除すると，①が（永久に）失われる（必須の文言）

　参考までに，過去問題の解答例（試験センター公表分）を，上記の常套句の型別，①～④別に分類，及び分解してみた。中には番号が前後していたり，字数によってすべての要素を入れることができなかったりしているが，ほぼ，上記の常套句の概念，考え方で対応できていることがわかるだろう。最初は，理解しにくいかもしれないが，じっくりと確認してもらいたい。

年度／問題	
H16-問 1	A 型「申込時，①旅券を取得していない②顧客の情報は，③主キーが NULL となるので，④登録できない（40字）」 B 型「①旅券更新又は再発行後の登録で，②{氏名，連絡先，生年月日，性別}の情報が③冗長になる（42字）」
H17-問 1	A 型「③主キー制約のため，①年月度の値が決まらないと②氏名や住所などの顧客情報を④登録できない（40字）」 B 型「②氏名や住所などの顧客情報が③冗長であり，重複して登録するため不整合が生じる可能性がある（42字）」
H19-問 1	A 型「②車名や新車価格など車の情報を，①該当する具体的な査定車が現れるまで，④登録できない（39字）」 B 型「①同じ車種の査定車が複数ある場合に，②車情報を③重複して登録しなければならない（36字）」
H20-問 1	B 型「伝票番号に従属する②属性"販売店コード"などが③冗長なデータとなる（31字）」
H21-問 1	A 型「①診断しても，指導を行わないと②情報を④登録できない（23字）」
H23-問 1	C 型「①②属性"予約枠 ID"と，"予定日時"，"メニュー ID"の組合せを③同時に更新しないと不整合が生じる（48字）」

●表の常套句の（　）内を具体例に置き換える

　解答例を見ると明らかだが，①や②など常套句の（　）内の部分は，問題文をよく読んで，具体的な状況，具体的な属性，具体的な情報に置き換えて解答しなければならない。例えば，問題文に次のような文章があったとしよう。

3.4　正規化

363

H19-1 の例

設問：「関係"査定車"は，車情報の登録に際して不都合が生じることがある。その状況を，具体的に 45 字以内で述べよ。」

STEP-1：登録時の不都合なので，A 型もしくは B 型の常套句を使用すると決める。

STEP-2：問題文を読んで，関係"査定車"の関係スキーマを確認し，第何正規形で，部分関数従属性もしくは推移関数従属性がどこに存在するのかを確認する（ここでは，その結果だけを示す）。

　　　　査定車（販売店番号，モデル，査定日，車台番号，登録番号，年式，車検，車体色，
　　　　　　　　走行距離，主要装備，車名，製造元，新車価格，排気量）

　　　　候補キー＝ {車台番号，査定日}

　　　　部分関数従属：車台番号→ {モデル，年式} …①

　　　　推移関数従属：モデル→ {車名，製造元，排気量，新車価格} …②

STEP-3：問題文を読んで，上記の①②のどちらで更新時異状を引き起こすのかをチェックする。

　　　　今回のケースだと，査定日に登録する情報を細かく定義している記述がないので，一部常識で行間を読み取って考えていく。すると①の場合は，おそらく査定情報が登録されるタイミングで，車台番号，モデル，年式などの情報も登録されると推測できるので，だとしたら更新時異状を引き起こすことはないと判断できる。一方，②の場合は，本来，査定とは無関係に存在，すなわち登録されていなければならない。しかし，これまで一度も査定がないモデルの場合，登録することができない。ひとつはこれになる。また，特定のモデルの車が既に査定されている場合，モデルと，その {車名，製造元，排気量，新車価格} が重複して登録されることになる。もうひとつはこれになる。よって，このケースで常套句を加工してみる。

　　　　A 型「②車名や新車価格など車の情報を，①該当する具体的な査定車が現れるまで，④登録できない（39 字）」

　　　　B 型「①同じ車種の査定車が複数ある場合に，②車情報を③重複して登録しなければならない（36 字）」

重要キーワード

ここでは，データベースに関する重要キーワードの説明をする。主として午前Ⅱ問題で出題されること，午後試験を解く上での常識事項をまとめてみた。知識の確認に使うことを想定している。

1. データベーススペシャリストの仕事
2. ANSI/SPARC3層スキーマアーキテクチャ
3. トランザクション管理機能
4. 障害回復機能
5. 分散データベース
6. 索引（インデックス）
7. 表領域

1 データベーススペシャリストの仕事

データベーススペシャリストの主要業務を図に示した。この図のようにデータベース関連業務を，上流を担当するDAと下流を担当するDBAに分けることがある。

試験に出る
平成19年・午前 問20

DA（Data Administrator） とは，情報システム全体のデータ資源を管理する役割を持ち，システム開発工程において，分析・論理設計といった**上流フェーズ**（概念データモデルの作成／検証，論理データモデルの作成／検証）を担当する者をいう。

他方，**DBA（Database Administrator）** とは，データの器となるデータベースの構築と維持を行う役割を持ち，システム開発工程では，実装・運用・保守といった**中流以降のフェーズ**（DBMSの選定と導入以後のフェーズ）を担当する者をいう。

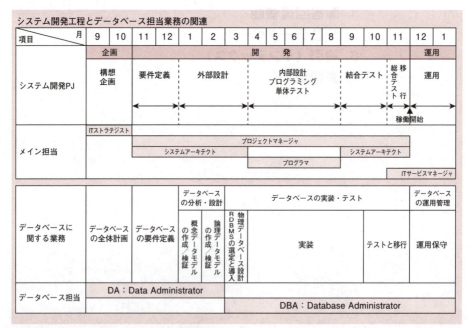

図：データベーススペシャリストの主要業務

2 ANSI/SPARC3層スキーマアーキテクチャ

ANSI/SPARC3層スキーマアーキテクチャは，データベースの構造を3階層（概念スキーマ，外部スキーマ，内部スキーマ）で説明するモデルで，ANSI/SPARC（ANSI Standards Planning And Requirements Committee）が1978年に発表したものである。3層に分けることで，物理的データ独立性及び論理的データ独立性が確保できるとしている。

試験に出る
① 平成29年・午前Ⅱ 問1
　 平成27年・午前Ⅱ 問1
　 平成24年・午前Ⅱ 問1
　 平成16年・午前 問21
② 平成21年・午前Ⅱ 問1
　 平成19年・午前 問21
　 平成17年・午前 問21

参考

情報処理技術者試験では，ANSI/SPARC3層スキーマとしているが，ANSI/X3/SPARCということもある

外部スキーマ	ユーザがアクセスするスキーマ。実世界が変化しても，ユーザが利用する応用プログラムは影響を受けないという論理データ独立性を持つ。RDBMSにおける（SQLの）ビューなど
概念スキーマ	データ処理上必要な現実世界のデータ全体を定義し，特定のアプリケーションプログラムに依存しないデータ構造を定義するスキーマ。関係データベースの場合は，実表（テーブル）全体を指す
内部スキーマ	概念スキーマをコンピュータ上に実装するためのスキーマ。実装に当たっては，直接編成ファイルやVSAMファイルなどの物理ファイルを用いる。実世界が変化しても，データベースそのものは影響を受けない（物理データ独立性）

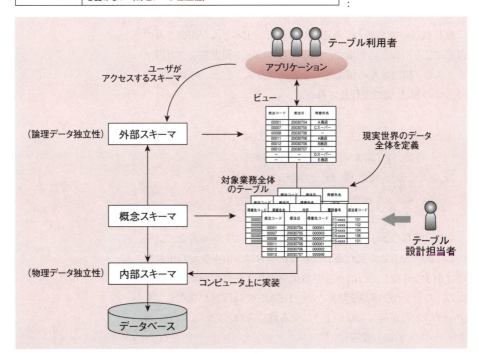

図：ANSI/SPARC3層スキーマアーキテクチャ

3 トランザクション管理機能

DBMSにはデータを効率よく処理するための様々な機能がある。その中で，障害が発生してもデータに矛盾が起こらないようにする機能をトランザクション管理機能という。まず，トランザクションとはどのようなものなのかを説明し，次にトランザクションを管理する機能であるコミットメント制御や排他制御について見ていく。

(1) トランザクションと ACID 特性

ACID特性とはトランザクションの持つべき性質のことである。ACID特性はよく試験で問われるため，その性質を十分理解しておく必要がある。

● トランザクション

トランザクションとは，ユーザから見た一連の処理のまとまりのことである。

銀行振込の例を考えてみる。M銀行で，山本さんが川口さんの口座に2万円振り込む場合，山本さんの口座の預金額を2万円マイナスし，川口さんの預金額に2万円プラスする。この処理を次の二つのSQL文で実行してみる。

```
SQL1： UPDATE 預金口座 SET 預金額 ＝ 預金額 － 20000
          WHERE 口座番号 ＝ 山本さんの口座番号
SQL2： UPDATE 預金口座 SET 預金額 ＝ 預金額 ＋ 20000
          WHERE 口座番号 ＝ 川口さんの口座番号
```

もし，最初のSQL1が実行された直後にシステム障害などが発生し，次のSQL2が実行されなかった場合は，山本さんの預金額だけが少なくなり，川口さんへお金を振り込む処理が成立しなくなる。このような事態を防ぐため，DBMSでは障害が発生してもデータに矛盾が起こらないようにする機能を持っている（「(2) コミットメント制御」参照）。

368　**第4章　重要キーワード**

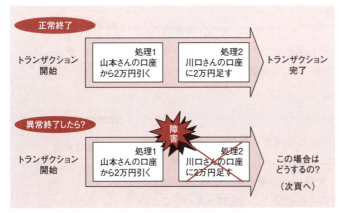

図：トランザクションとは

● ACID 特性

トランザクションは，次に示す **ACID（アシッド）特性**を持つ。この ACID 特性を持つことによってトランザクションの信頼性が得られる。これを実現するために，DBMS は，トランザクション管理機能（**コミットメント制御機能**，**排他制御機能**，**障害回復機能**）を装備している。

ACID 特性とは，次の四つの性質の頭文字をとったものである。

ACID 特性	意　味	実現する機能
原子性 (Atomicity)	トランザクションは，完全に実行されるか，まったく実行されないかのどちらかでなければならない	コミットメント制御
一貫性 (Consistency)	トランザクションは，データベース内部で整合性が保たれなければならない	排他制御 (同時実行制御)
独立性 (Isolation)	トランザクションは，同時に実行しているほかのトランザクションからの影響を受けず，並行実行の場合も単独で実行している場合と同じ結果を返さねばならない	
耐久性 (Durability)	トランザクションの結果は，障害が発生した場合でも，失われないようにしなければならない	障害回復

> **試験に出る**
> **全体**
> 　平成 29 年・午前Ⅱ 問 16
> **原子性**
> 　令和 04 年・午前Ⅱ 問 15
> 　平成 30 年・午前Ⅱ 問 18
> 　平成 28 年・午前Ⅱ 問 17
> 　平成 18 年・午前 問 41
> 　平成 17 年・午前 問 42
> 　平成 16 年・午前 問 39
> **一貫性**
> 　平成 23 年・午前Ⅱ 問 14
> **耐久性**
> 　平成 20 年・午前 問 41

(2) コミットメント制御

　コミットメント制御は，トランザクションのACID特性の一つである原子性を確保するための機能で，データベースへの更新を確定するコミットと，データベースへの更新を取り消すロールバックからなる。

● コミットとロールバック

　トランザクション内のすべての処理が実行されたときに，その更新結果を確定することを**コミット**という。また，トランザクションの途中に何らかのエラーが発生した場合に，処理を取り消し，トランザクション開始以前の状態に戻すことを**ロールバック**という。

　「(1)トランザクションとACID特性」で説明した振込トランザクションを実行するアプリケーションの場合，処理の流れは次の図のようになる。

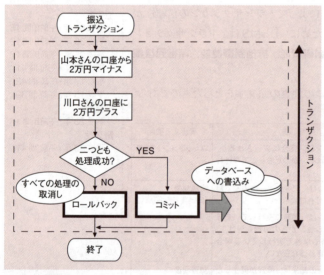

図：振込処理フロー

COMMIT 文
トランザクションを確定するSQL文

ROLLBACK 文
トランザクションを取り消すSQL文

(3) 排他制御（同時実行制御）

トランザクションの一貫性及び独立性を確保するための機能を排他制御という。

DBMSには，複数のトランザクションを並行実行させる機能が必要である。しかし，何の制御機能も持たずに，ただ複数のトランザクションを自由に実行させてしまうと，同じテーブルに対して参照や更新を行っている場合，個々のトランザクションが他のトランザクションの影響を受けて，**ロストアップデート**などタイミングによっては誤った結果（期待しない結果）になってしまう。

それを回避するために，DBMSはトランザクションスケジューリング機能によって，並行実行されているトランザクションを直列実行可能（直列化可能性）になるように制御している。このときに，行っているのが排他制御である。

排他制御は主に，データベースの**ロック**によって実現している。ロックとは，読み書きする対象データに鍵をかけて，ほかのトランザクションからのアクセスを制限することである。

● 直列化可能性（serializability）

二つのトランザクションT1とT2を並列に実行した結果が，それぞれを逐次実行させた結果(T1の完了後にT2を実行した結果，又はT2の完了後にT1を実行した結果)とが等しい場合，このトランザクションスケジュールは，**直列化可能性**が保証されているという。

> **試験に出る**
> 平成21年・午前Ⅱ 問13

> **試験に出る**
> 平成17年・午後Ⅰ 問4

> **試験に出る**
> ①平成18年・午前 問42
> ②令和02年・午前Ⅱ 問11
> 　平成30年・午前Ⅱ 問11
> 　平成26年・午前Ⅱ 問11
> ③平成25年・午前Ⅱ 問19
> ④平成24年・午前Ⅱ 問19
> 　平成19年・午前 問42
> 　平成17年・午前 問43

スキルUP!

ロストアップデート

排他制御を全く行わない場合には，ロストアップデートが発生する可能性がある。ロストアップデートとは，あるデータに対して，トランザクションAが更新した後にトランザクションBが上書き更新してしまって，トランザクションAの更新内容が失われてしまうこと。

例えば，元データが"10"の時，トランザクションA，トランザクションBが同時にこのデータを読み込み（ゆえに，両方とも元データは"10"だという認識），"10"を加算して書き込んだとしよう。本来であれば，両方の"10"加算が反映され"30"にならないといけないのに，トランザクションAが"20"で書き込んだ後に，トランザクションBも"20"で上書きしてしまい，結果，"20"になってしまう不具合。

---

3 トランザクション管理機能　371

● ロックの種類

ロックの種類には，**専有ロック**と**共有ロック**がある。一般的にトランザクションは，データを読む前に共有ロックを実施し，データを書き込む前に専有ロックを施す。データに共有ロックがかかっている場合，後から専有ロックをかけることはできない。専有ロックがかかっている場合，共有ロックも専有ロックもかけることはできない。

表：共有ロックと専有ロックの競合

		既にかかっているロック	
		共有ロック	専有ロック
かけようとするロック	共有ロック	○	×
	専有ロック	×	×

後述するISOLATON LEVELとロックの関係について，過去問題では〔RDBMSの仕様〕で，次のように説明している。

> 〔RDBMSの主な仕様〕
> 　在庫管理システムに用いているRDBMSの主な仕様は，次のとおりである。
> 1. ISOLATIONレベル
> 　選択できるトランザクションのISOLATIONレベルとその排他制御の内容は，表1のとおりである。ただし，データ参照時にFOR UPDATE句を指定すると，対象行に専有ロックを掛け，トランザクション終了時に解放する。
> 　ロックは行単位で掛ける。共有ロックを掛けている間は，他のトランザクションからの対象行の参照は可能であり，更新は共有ロックの解放待ちとなる。専有ロックを掛けている間は，他のトランザクションからの対象行の参照，更新は専有ロックの解放待ちとなる。
>
> 　　　表1　トランザクションのISOLATIONレベルとその排他制御の内容
>
> | ISOLATIONレベル | 排他制御の内容 |
> |---|---|
> | READ COMMITTED | データ参照時に共有ロックを掛け，参照終了時に解放する。
データ更新時に専有ロックを掛け，トランザクション終了時に解放する。 |
> | REPEATABLE READ | データ参照時に共有ロックを掛け，トランザクション終了時に解放する。
データ更新時に専有ロックを掛け，トランザクション終了時に解放する。 |
>
> 　索引を使わずに，表探索で全ての行に順次アクセスする場合，検索条件に合致するか否かにかかわらず全行をロック対象とする。索引探索の場合，索引から読み込んだ行だけをロック対象とする。

図：ISOLATIONレベルとロックの関係（平成31年午後Ⅰ問2より）

試験に出る
令和03年・午前Ⅱ 問14
平成29年・午前Ⅱ 問18

共有ロック
ほかのトランザクションからの共有ロックは許すが，専有ロックは許さない。リードロックともいう

専有ロック
ほかのトランザクションからの共有ロックも専有ロックも許さない。排他ロックやライトロックともいう。（以前は占有ロックという漢字だった）

● ロックの粒度

ロック対象となるデータの単位を**ロックの粒度**という。ロックの粒度は，タプル（行），ブロック（ページ），テーブル，データベースなどがある。

例えば，ロックの粒度が行ならば，トランザクションは同時に同じテーブルにアクセス可能である。ロックの粒度がテーブルの場合，同じテーブルにアクセスしようとする別のトランザクションは，テーブルに対するロックが解除されるまで待たされることになる。

● 2相ロック方式

ロックのかけ方によっては，直列可能であること（複数のトランザクションが同時実行された結果と，逐次実行された結果とが同じになること）を保証できないこともある。そこで確実に**直列化可能性を保証**したい場合に使うのが2相ロック方式だ。

2相ロック方式とは，読込み・書込みを行うデータにロックを取得していく相（第1相：拡張相という）と，ロックを解除していく相（第2相：縮退相という）の2相からなるロック方式の総称である。第1相が終了してから第2相を実行するルールなので，同一トランザクション内で**一度ロックを解除したら，再度ロックをかけ直すことはできない**。共有ロックも専有ロックも可能で，デッドロックは発生する。

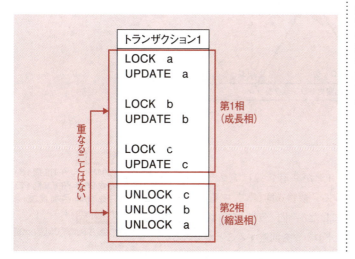

ロックの粒度が大きくなるに従ってロックの制御は容易になるが，ロックの待ち時間が長くなる。逆に，ロックの粒度が小さいとロックの待ち時間は短縮できるが，ロックの制御処理が複雑になる

試験に出る
① 平成29年・午前Ⅱ 問15
② 平成18年・午前 問34
③ 令和03年・午前Ⅱ 問13
　 平成27年・午前Ⅱ 問13
　 平成22年・午前Ⅱ 問15

2相ロック方式は，2相ロッキングプロトコル 2PL（ツーフェーズロック）などともいう。情報処理技術者試験でも以前は2相ロッキングプロトコルとしていた。

2相ロック方式にはいくつかの方式に分類されている。図のようにトランザクション内で個々の資源を利用する直前に順次獲得していく方式をStrict2PL，トランザクション開始時にすべての資源にロックをかける方式をC2PLという。

● デッドロック

二つのトランザクションが互いの処理に必要なデータをロックし合っているために，処理が続行できなくなった状態のことを**デッドロック**という。

例えば，在庫テーブルにロックをかけてから，商品テーブルにロックをかけようとしている在庫数変更トランザクションと，商品テーブルにロックをかけてから，在庫テーブルにもロックをかけようとする商品名変更トランザクションが同時に実行されたとする。在庫数変更トランザクションは，商品テーブルに共有ロックをかけようとしても，商品名変更トランザクションがロックをかけているため，実行待ちになってしまう。同様に，商品名変更トランザクションも，在庫テーブルのアンロック（ロックの解放）を待ち続ける。

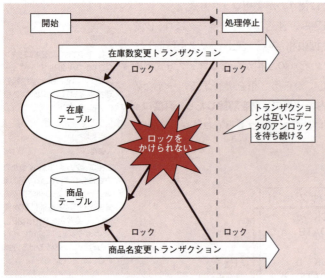

図：デッドロック

● デッドロックの回避

複数のトランザクションが共有資源にアクセスする時に，ロックをかけて処理する**"順番を同じ"** にする（テーブルを処理する順番を同じにしたり，同一テーブルは必ず昇順に処理するなど）と，デッドロックを回避することができる。

試験に出る
①平成24年・午前Ⅱ 問13
　平成20年・午前 問43
②平成20年・午前 問38

試験に出る
デッドロックが発生しない方式
➡ P.375 スキルUP! 参照
　平成16年・午前 問40

本文の例は，"テーブル"全体へのロックの場合だが，ある一つのテーブルに対して行レベルでロックする場合も同じく，複数のトランザクションでロックをかけて処理する**"順番が異なる"** 時（(1→2)と(2→1)など）に，デッドロックが発生することがある。

デッドロックの解除
発生してしまったデッドロックを解除するには，デッドロックが発生しているトランザクションのうち少なくとも一つのトランザクションをアボート（トランザクション処理において，処理中のトランザクションを取り消すこと）する以外に方法はない。

試験に出る
①令和04年・午前Ⅱ 問13
　平成25年・午前Ⅱ 問17
②平成16年・午前 問35

試験に出る
その他，午後問題で何度も出題されている。

- **デッドロックの検出**

  デッドロックの検出には，一定時間ロック待ちになっているトランザクションを探し出すタイムアウトによる方法と，待ちグラフを作成し，閉路（ループ）を検出する方法がある。

  待ちグラフとは，デッドロックを検出するために使われるデータ構造。節点をトランザクション，辺を処理対象データとする有向グラフで，辺の向きがロック要求の向きである。このグラフにおいて閉路（ループ）を持つとデッドロックとなる。

  > **試験に出る**
  > **待ちグラフ**
  > ①平成30年・午前Ⅱ問16
  > 　平成26年・午前Ⅱ問15
  > 　平成22年・午前Ⅱ問17
  > 　平成19年・午前問37
  > 　平成17年・午前問39
  > ②平成28年・午前Ⅱ問13
  > ③平成31年・午前Ⅱ問10
  > 　平成25年・午前Ⅱ問10

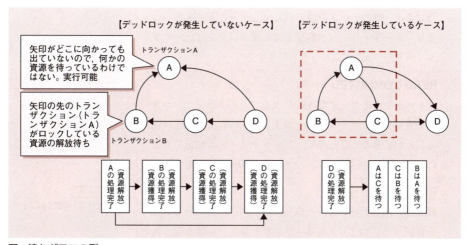

図：待ちグラフの例

スキルUP!

ロック方式以外の排他制御（デッドロックは発生しない）

- **時刻印アルゴリズム**

  時刻印アルゴリズムとは，二つのトランザクションにおいて競合が発生した場合，先に開始したトランザクションから順番に実行するようスケジューリングする方法である。後から実行したトランザクションはアボートされ，再び実行される。これは，トランザクションで共有するデータが少ない場合に有効である。

- **楽観的方法／楽観アルゴリズム**

  トランザクション処理において，書込み処理を行うまでは排他制御の操作を行わず，データの書込みが発生した段階で初めて，そのデータがほかのトランザクションが更新したデータと同じでないかどうかチェックする方式。対象のデータが，ほかのトランザクションが更新したデータと同じであれば，自トランザクションをロールバックし，リスタートする。

(4) 隔離性水準（ISOLATION LEVEL）

隔離性水準とは，トランザクションの独立性もしくは分離性のレベルのことである。独立性阻害要因（ダーティリード，ノンリピータブルリード，ファントムリード）を認めるかどうかによって，次のように四つのレベルに分けられる。

READ UNCOMMITTED

最も分離レベルが低いため，トランザクションのスループットは上がるものの，他のトランザクションで変更されたコミット前のデータを読み込んでしまうことがある。つまり，**ダーティリードが発生してしまう**（ノンリピータブルリード，ファントムリードも発生する）。

READ COMMITTED

コミットされたデータだけ読み取る。他のトランザクションで変更されたデータでも，コミットされるまでは読み取ることができなくなるので，**ダーティリードは抑止できる**（ノンリピータブルリード，ファントムリードは発生する）。

REPEATABLE READ

繰り返し同じデータを読み取っても，同じ内容であることを保証する。つまり，**あるトランザクションで読み取ったデータは，別のトランザクションで更新できなくなる**。したがってノンリピータブルリードは抑止できる（ただし，当該テーブルに行の追加や削除は可能なのでファントムリードは発生する）。

SERIALIZABLE

複数のトランザクションをいくら実行させても，その影響を受けずに一つずつ実行したのと同じ結果を保証する。ダーティリード，ノンリピータブルリード，ファントムリードのいずれも発生しない。つまり，**あるトランザクションが参照したテーブルには，追加，更新，削除のいずれもできなくなる**。最も強力な隔離レベルだが，**排他待ちが起きやすくなる**ためトランザクションのスループットは一番悪くなる。

試験に出る
①平成 30 年・午前Ⅱ 問 17
②令和 03 年・午前Ⅱ 問 7
　平成 31 年・午前Ⅱ 問 9
　平成 25 年・午前Ⅱ 問 9
③平成 22 年・午前Ⅱ 問 18

試験に出る
①平成 24 年・午前Ⅱ 問 15
②平成 18 年・午前 問 35

試験に出る
令和 04 年・午前Ⅱ 問 14

試験に出る
平成 30 年・午前Ⅱ 問 14

● 独立性阻害要因

ここで,独立性阻害要因のダーティリード,ノンリピータブルリード,ファントムリードについて説明しておこう。ISOLATION LEVEL との関係は下表のようになる。

表：ISOLATION LEVEL と独立性阻害要因の関係

ISOLATION LEVEL	ダーティリード	ノンリピータブルリード	ファントムリード
READ UNCOMMITTED	発生する	発生する	発生する
READ COMMITTED	発生しない	発生する	発生する
REPEATABLE READ	発生しない	発生しない	発生する
SERIALIZABLE	発生しない	発生しない	発生しない

● ダーティリード (dirty read)

他のトランザクションで更新された "コミット前" のデータを読み込んでしまうことをダーティリードという。そのままコミットされればいいが,その更新が取り消されると "取り消された更新" を処理することになって不整合が発生する。

試験に出る
①平成 27 年・午前Ⅱ 問 16
②平成 26 年・午前Ⅱ 問 14
　平成 23 年・午前Ⅱ 問 15

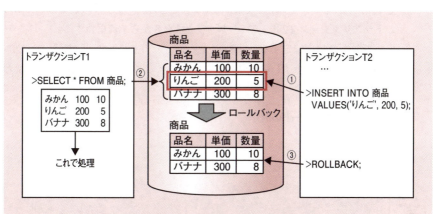

① トランザクション T2 で "りんご" のレコードを挿入する。
② T1 が "商品" テーブルを検索するとロックがかかっていないため "りんご" も検索できる。
③ T2 で "りんご" の挿入を取り消す(ロールバック)が,②では,T1 で取り消されたデータが読まれてしまっており,そのまま処理が続く可能性がある。

図：ダーティリードの例

- ノンリピータブルリード

  ノンリピータブルリードとは，同じデータを2回リードしたときに値が異なる可能性のある読み方のことをいう。1回目と2回目の間に別のトランザクションによりデータが変更され，不整合が発生する可能性がある。ファジーリードともいう。

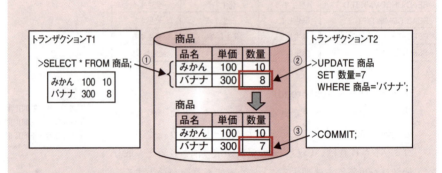

① T1が"商品"テーブルを検索する（このときの"バナナ"の数量は8である）。
② トランザクションT2で，"バナナ"の数量を8から7に更新する。
③ 更新した数量を確定する（コミット）。この後，T1が再度，"商品"テーブルを検索すると"バナナ"の数量は7と検索される（1回目と2回目で値が変わっている）。

図：ノンリピータブルリードの例

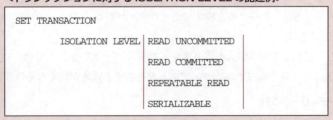

- **ファントムリード**

1回目と2回目のリードの間に，他のトランザクションによってデータが追加されてしまう読み方をファントムリードという。1回目にはなかった"幻=ファントムのデータ"が発生し，不整合になる可能性がある。

> 試験に出る
> 平成29年・午前Ⅱ 問17

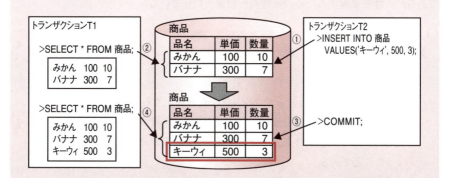

① トランザクションT2で"キーウィ"のレコードを挿入する。
② T1が"商品"テーブルを検索すると，まだコミットされていないため，"キーウィ"のレコードは検索されない。
③ 挿入したレコードを確定する（コミット）。
④ T1が再度"，商品"テーブルを検索すると"，キーウィ"のレコードも検索される（1回目にはなかったデータが出現している）。

図：ファントムリードの例

4 障害回復機能

DBMSでは，新規に挿入したデータや更新内容が失われることがあってはならない。このため，DBMSは，障害が発生してもトランザクション処理結果が失われないというACID特性の一つである耐久性を実現するための障害回復機能を持っている。

(1) 障害の種類

データベースの障害には，次のようなものがある。

- **トランザクション障害**

  処理のエラーなどで，トランザクションが異常終了すること。例えば，クライアントとの通信障害により，トランザクション処理中にエラーが発生し，トランザクションが異常終了するようなことである。

- **システム障害**

  電源断，DBMSの障害，OSの障害などが発生したために，DBMSが停止すること。ただし，ハードディスクなどの2次記憶上にあるデータベースへの被害はない。

- **媒体障害**

  ハードディスククラッシュなどで，2次記憶上のデータベースが失われること。

(2) 障害回復に必要な機能とファイル

障害回復に必要な機能とファイルは，次の三つである。

- **バックアップ**

  ある時点でのデータベースのコピーを取得したもの。

- **チェックポイント**

  トランザクション処理におけるデータの更新は，ディスク内のデータを操作せずに，メモリ上にバッファの内容を更新する。このメモリ上のバッファの内容と，2次記憶上のデータベースの内容を一致させるタイミングのことを**チェックポイント**という。チェックポイントはトランザクションの途中でも発生する。

試験に出る
障害発生時の対応
　平成21年・午後Ⅱ問1

試験に出る
　平成25年・午前Ⅱ問16

380　　第4章 重要キーワード

- ログファイル
  データベースに対して行ったすべての操作の履歴を記録しておくファイル。処理の種類，更新時刻，**更新前イメージ**，**更新後イメージ**などが書き込まれる。
  ログ先書き（WAL：Write Ahead Logging）プロトコルの場合の更新処理手順は次のようになる。データベースの更新，コミットの前にログファイルの書込みが行われる。

  更新前イメージのログファイルへの書出し
  ↓
  更新後イメージのログファイルへの書出し
  ↓
  データベースの更新
  ↓
  コミット

(3) 障害回復処理

ログファイルを使用して障害回復を実現する方法に，ロールバックとロールフォワードがある。

- ロールバック
  ロールバックとは，ログの更新前イメージを新しいものから順に適用し，現時点のデータベースを特定の時点まで戻すことによってデータベースを回復することである。

- ロールフォワード
  ロールフォワードとは，ある時点で作成されたバックアップなどに対し，ログの更新後イメージを用いて更新結果を古いものから順に適用し，現時点あるいは特定の時点までデータベースを回復することである。

試験に出る
①令和02年・午前Ⅱ 問4
　平成29年・午前Ⅱ 問6
　平成27年・午前Ⅱ 問5
　平成21年・午前Ⅱ 問3
②平成28年・午前Ⅱ 問16
　平成25年・午前Ⅱ 問18
③平成24年・午前Ⅱ 問17
　平成21年・午前Ⅱ 問11
　平成18年・午前 問37
　平成16年・午前 問36
④平成31年・午前Ⅱ 問2

用語解説

更新前イメージ
更新前のデータ。更新後のデータベースから更新前の状態に戻すUNDO処理のために使用される

更新後イメージ
更新後のデータ。更新前のデータベースから更新後の状態にするREDO処理のために使用される

試験に出る
①平成26年・午前Ⅱ 問13
　平成24年・午前Ⅱ 問14
　平成22年・午前Ⅱ 問16
　平成19年・午前 問38
②平成17年・午前 問40
③平成19年・午前 問39

間違えやすい

コミットとチェックポイント
コミットとは，トランザクションの処理結果を確定し，ログファイルにトランザクション完了の記録を書き出すことである。コミット処理実行後は，稼働中のDBMS内で整合性がとれている状態である。チェックポイントは，稼働中のDBMSで管理しているデータと2次記憶上のデータベースの内容との同期をとるタイミングのことである

(4) 障害回復の手順

障害の種類によって，回復の手順が異なる。

- **トランザクション障害からの回復**
  トランザクションを実行しているプログラムが処理をロールバックし，データベースをトランザクション開始前の状態に戻すことにより回復する。
- **システム障害からの回復**
  データベースを再起動し，障害発生直前のチェックポイントを基準に，ロールバックとロールフォワードを組み合わせて，トランザクションの回復処理を行う。
- **媒体障害からの回復**
  障害が発生した2次記憶装置の交換や再フォーマットなどを実施し，バックアップコピーの復元を行った後，データベースを再起動する。

次にトランザクションの状態別の回復処理例を示す。

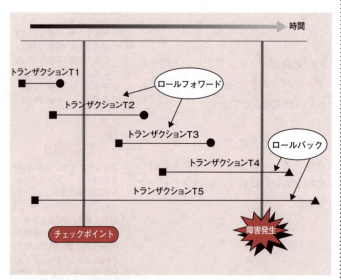

図：データベースの回復処理

試験に出る
①平成20年・午前 問39
②平成27年・午前Ⅱ 問14
　平成23年・午前Ⅱ 問13
　平成20年・午前 問44
　平成18年・午前 問36
③平成25年・午前Ⅱ 問14

用語解説

暗黙のロールバック
データベースが障害発生などにより再起動した場合，自動的に回復処理が行われ，障害発生時に未確定のトランザクションをロールバックする。この再起動時に自動的に実施されるロールバックのことを「暗黙のロールバック」という

トランザクション T1：
　チェックポイント前に処理が完了しているため，回復処理は不要。

トランザクション T2：
　チェックポイント時に処理中であったが，障害発生前に処理が完了しているため，ログファイルの更新後イメージを使ってチェックポイントからロールフォワードを実行する。

トランザクション T3：
　チェックポイント後にトランザクションが開始されているが，障害発生前に処理が終了しているため，T2と同様にロールフォワードにより回復する。

トランザクション T4：
　チェックポイント後に開始され，障害発生時にコミットされていないため，トランザクションをロールバックさせることで回復処理を行う。

トランザクション T5：
　チェックポイント前に開始され，障害発生時にコミットされていない。したがって，T4と同様に，トランザクションをロールバックさせることで回復処理を行う。

◆チェックポイントの後，障害発生までに完了しているトランザクションは，ロールフォワードする
◆障害発生時に実行中のトランザクションは，ロールバックする

(5) バックアップとリストア

平成28年度の午後I問2で，RDBMSのバックアップに関する問題が出題された。その問題にそって，バックアップの基本的な知識を説明する。

---

1. バックアップ機能

   (1) バックアップの単位には，データベース単位とテーブル単位がある。

   (2) バックアップの種類には，取得するページの範囲によって，全体バックアップ，増分バックアップ及び差分バックアップがある。

     ① 全体バックアップには，全ページが含まれる。

     ② 増分バックアップには，前回の全体バックアップ取得後に変更されたページが含まれる。ただし，前回の全体バックアップ取得以降に増分バックアップを取得していた場合は，前回の増分バックアップ取得後に変更されたページだけが含まれる。

     ③ 差分バックアップには，前回の全体バックアップ取得後に変更された全てのページが含まれる。

   (3) 全体バックアップと増分バックアップの場合は，バックアップ取得ごとにバックアップファイルが作成される。差分バックアップの場合は，2回目以降の差分バックアップ取得ごとに，前回の差分バックアップファイルが最新の差分バックアップファイルで置き換えられる。

   (4) バックアップ取得に要する時間は，バックアップを取得するページ数に比例する。

2. 復元機能

   (1) バックアップを用いて，バックアップ取得時点の状態に復元できる。

   (2) 復元の単位は，バックアップの単位と同一である。データベース単位のバックアップを用いて，特定のテーブルだけを復元することはできない。

3. 更新ログによる回復機能

   (1) バックアップを用いて復元した後，更新ログを用いたロールフォワード処理によって指定の時刻の状態に回復できる。

   (2) 更新ログによる回復に要する時間は，更新ログの量に比例する。

コラム バックアップの種類

バックアップには，全体バックアップを基準に，差分バックアップと増分バックアップがある。

- **全体バックアップ（フルバックアップ）**
  対象データのすべてをバックアップする方法。毎日全体バックアップを取る場合，毎日それなりに多大な時間がかかるが，障害時には直近に取得した全体バックアップから復元するだけなので，最も短時間で復旧できる。
- **差分バックアップ**
  全体バックアップからの変更箇所だけを対象とする方法。前回の全体バックアップからの差分のみをバックアップするため，バックアップに要する時間は小さくなるが，復元する時には，"前回の全体バックアップ"をまず戻し，そこに"直近の差分バックアップ"をさらに戻す必要がある。
- **増分バックアップ**
  前回のバックアップ取得時からの変更箇所だけをバックアップする方法。差分バックアップと違い前回の増分バックアップ以降に変更された箇所もバックアップする。下図のように，毎日バックアップを取得する場合，前日からの変更箇所のみのバックアップになるため，バックアップに要する時間は最も小さい。しかし，復元する時には，全体バックアップと，それ以後の増分バックアップを全て用いる必要があるので，通常最も時間がかかる。

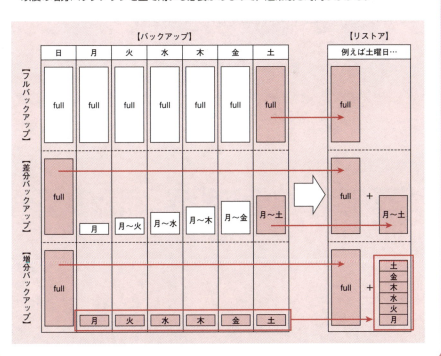

(6) ディザスタリカバリ (Disaster Recovery：略称DR)

試験に出る
平成26年・午前Ⅱ 問20

　自然災害等によって発生する"大規模なシステム障害"に対して，復旧・回復することをディザスタリカバリという。BCP（事業継続計画）の一役を担う重要な概念である。このディザスタリカバリを計画する際に検討する重要な指標に次のようなものがある。

- RTO（Recovery Time Objective）
  災害等によってシステムに障害が発生し，使用できなくなってから再び使用できるようになるまでの時間。許容できるRTOを許容停止時間という。
- RPO（Recovery Point Objective）
  システムが再稼働した時に，データが災害発生前のどの時点まで復旧させなければならないかを示す指標。例えば，毎日夜間の業務終了後にバックアップを取っている場合で，障害発生時にはそのバックアップを使ってデータ復旧させる方法を採用している場合，RPOは前日業務終了時点になる。

5 分散データベース

　分散データベースは，ネットワーク上に複数存在するデータベースを，一つのデータベースのように使用できるものである。

(1) 分散データベース機能

　分散データベースとして，どのような機能が必要かを示したものが，C.J.Date の「分散データベースの 12 のルール」である。

　また，分散データベースの要件として透過性がある。透過性とは，データベースが分散していることを利用者に意識させないことを意味する。分散データベースの透過性には，以下のようなものがある。

試験に出る
分散データベースの透過性
・**移動に対する透過性**
　　平成 28 年・午前Ⅱ 問 18
　　平成 26 年・午前Ⅱ 問 19
・**複製に対する透過性**
　　平成 23 年・午前Ⅱ 問 20
・**分割に対する透過性**
　　平成 19 年・午前 問 36

表：分散データベースの 12 のルール

ルール	説明	透過性
ローカルサイトの自律	ローカルなデータ操作は自サイトでのみ行う。他サイトの影響を受けない	
中央サイトからの独立	中央サイトのみで行われる処理は存在しない	
無停止運転	(利用者から見た) データベースは決して停止しない	
存在場所からの独立	利用者は，データの実際の格納場所を意識する必要がない	・移動に対する透過性 ・位置に対する透過性
分割からの独立	表を列や行で分割し，分散して格納されていても，一つの表として利用できる	・分散に対する透過性 ・分割に対する透過性
複製からの独立	分散サイトで，データを重複して持っていても，利用者は意識する必要がない	・重複に対する透過性 ・複製に対する透過性
分散問合せ処理	一つの問合せで，分散して格納されたデータにアクセスできる	・アクセスに対する透過性
分散トランザクション処理	トランザクションをサブトランザクションとして分割し，分散して実行しても，トランザクションの原子性・一貫性が保てる	・障害に対する透過性
ハードウェアからの独立	分散サイトは異なるハードウェアで構成可能である	・データモデルに対する透過性 ・規模に対する透過性
ソフトウェアからの独立	分散サイトは異なるソフトウェアで構成可能である	
OS からの独立	分散サイトは異なる OS で構成可能である	
DBMS からの独立	分散サイトは異なる DBMS (関係データベース，オブジェクトデータベース等) で構成可能である	

試験に出る

5　分散データベース　　387

(2) 分散問合せ処理

複数のサーバにテーブルが分散配置されているような場合において，ユーザがこれらを結合した結果を問い合わせるとき，結合処理の性能を向上させるため最適化を図る必要がある。次に，三つの処理方法を挙げる。

● 入れ子ループ法（ネスト・ループ法）

表Aと表Bを結合する時の最も単純な方法。表Aから1行取り出して（下図の①），表Bの1行1行と順番に結合可能かどうかを見ていく。そうして，結合可能な場合は結合して（下図の②），表Bの突合せが終われば続いて表Aから次の1行を取り出す。それを，表Aの全ての行を実行して完了する（下図の③）。

> 試験に出る
> 平成21年・午前Ⅱ 問12
> 平成17年・午前 問44

> 試験に出る
> 令和03年・午前Ⅱ 問15
> 平成29年・午前Ⅱ 問19
> 平成27年・午前Ⅱ 問17
> 平成24年・午前Ⅱ 問18

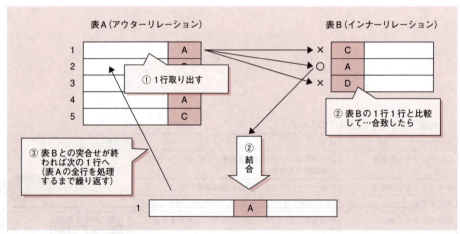

図：入れ子ループ法の処理イメージ

要するに"全組合せの処理"になるので，最悪の場合の処理量は次のようになる。

処理量 ＝ 表Aの行数 × 表Bの行数

なお，入れ子ループ法の表Aをアウターリレーション（外表）といい。表Bをインナーリレーション（内表）という。そのインナーリレーション（内表）にインデックスが付与されていれば，インナーリレーション（内表）を全件突合せ処理しなくてもよくなる。

● 準結合法（セミジョイン法）

　まず，結合対象となる列を片方のサイトに送信し，受信先サイトは送られた列との結合処理を行う。その後，結合結果と受信した列を送信元サイトに送り返す。送信元サイトは，送り返された結果に対して必要な結合処理を実施する。これは，通信量削減のために考案された方法である。

> **試験に出る**
> ①平成31年・午前Ⅱ 問17
> 　平成22年・午前Ⅱ 問19
> 　平成19年・午前 問44
> 　平成16年・午前 問44
> ②令和02年・午前Ⅱ 問18
> 　平成25年・午前Ⅱ 問20
> 　平成18年・午前 問39

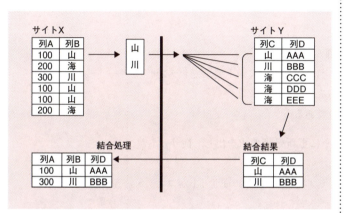

図：準結合法

● ソートマージ法（マージ結合法）

　二つのテーブルを，それぞれ結合対象となる列でソートし，ソート済みのテーブルをマージ処理しながら結合する方法。

　後述するハッシュ関数同様，結合対象となる列が多い場合に効果的だが，等結合の場合は通常ハッシュ関数の方が高速である。したがって，等結合以外の結合条件で使用される。また，結合対象となる列に索引を付けておけば，事前のソート処理が不要になるので，より高速になる。

● ハッシュ法

　結合する列に対してハッシュ関数を使ってハッシュ値を求め，ハッシュ値が同じものを結合する方法。二表の結合列のハッシュ値を求める性質上，等結合にしか使用できないという特徴を持つ。

　結合する列が多い場合に，その結合する列をまとめてハッシュ値にするので有効になる。また，ソートマージ法と比較すると事前のソートが必要ない。

> **試験に出る**
> **ハッシュ法が等結合にしか使えない**
> H28 午前Ⅱ・問11

(3) 分散トランザクション

分散データベースでは，一つのトランザクションを複数のサイトにまたがって処理する。この場合，トランザクションの**原子性**が失われないように，**コミットメント制御**を行う。具体的には，主サイトの指示を受け，従サイトがコミットメント処理を実行する。

なお，コミットメント制御には1相コミットメント制御，2相コミットメント制御がある。

● 1相コミットメント制御

1相コミットメント制御とは，1回のコミット要求でトランザクションを確定する方法である。

基本手順は，次のとおりである。

① 主サイトが，従サイトに更新処理要求を出し，従サイトが更新処理を行う。
②③ 順次主サイトがコミット要求を出し，従サイトがコミットする。

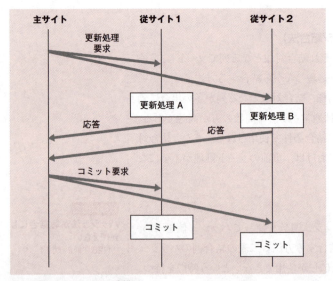

図：1相コミットメント制御

> **試験に出る**
> ①令和03年・午前Ⅱ 問12
> 　平成27年・午前Ⅱ 問12
> 　平成24年・午前Ⅱ 問12
> 　平成20年・午前 問40
> 　平成17年・午前 問41
> ②平成29年・午前Ⅱ 問14

1相コミットメント制御の問題点
従サイト1のコミット完了後に，従サイト2に障害が発生するような場合，コミット処理完了サイトとコミット処理未完了（ロールバック）のサイトができてしまい，トランザクションの原子性が保たれなくなる。

● 2相コミットメント制御

　2相コミットメント制御では，処理が終了しても，主サイトが従サイトに対してコミット指示を出す前に，コミット可否の問合せを行う（下図の①）。その間，従サイトはコミットもロールバックも可能な**セキュア状態**になる。すべての従サイトからコミット可能の返事を得てから，改めてコミット指示を行う（下図の②）。コミット可否問合せの結果一つでもコミット不可能なサイトがあった場合，主サイトは全サイトに対してアボート指示を出し，トランザクションを取り消す。

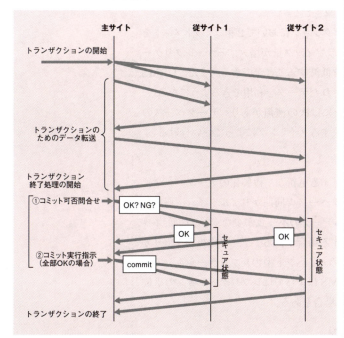

図：2相コミットメント制御

> **試験に出る**
> ①平成26年・午前Ⅱ 問12
> ②平成16年・午前 問37
> ③平成18年・午前 問38
> ④平成25年・午前Ⅱ 問13
> ⑤平成31年・午前Ⅱ 問15
> 　平成28年・午前Ⅱ 問14
> 　平成23年・午前Ⅱ 問12
> 　平成19年・午前 問40

セキュア状態
主サイトよりコミット可否の問合せ(コミット準備指示)を受け取ってからコミット指示，又はロールバック指示を受け取るまでの状態のこと。従サイトは，応答を返すと，主サイトから指示があるまでコミットもロールバックも行えない

2相コミットメント制御の問題点
すべてのサーバがセキュア状態にあるとき障害が発生すると，障害の回復を待ち続けてしまうという問題がある

スキルUP！

3相コミットメント制御

　3相コミットメント制御では，各サイトが障害の回復を待ち続けることがないように，コミット可能かどうかを全サイトに確認した後，さらにコミット準備指示の確認（プリコミット）を送信し，最後にコミット指示を行う。2相コミットメント制御では，全サイトがセキュア状態であれば待ち続けるしかなかったが，3相コミットメント制御ではタイムアウトによるアボートが実施できる。

(4) レプリケーション

　遠隔地に分散している分散データベース間で，個々のサイトが持っているデータベースの内容の一部，又は全部を，一定間隔で複写することを**レプリケーション**という。分散データベースにおいては，特定のデータのみにアクセスが集中し，特定のサイト及び特定のネットワークに負荷が集中する場合がある。これを回避するため，レプリケーションの機能を用いて，複数のサイトがデータのコピーを持ち，データを利用するユーザやアプリケーションを分散させることで，データベースへのアクセス負荷やネットワークトラフィックの負荷を軽減させる。

　一般的に，分散トランザクションにおいて2相コミットメントを採用するとネットワークトラフィック量が増大するが，レプリケーションを利用すればこれを低減することができる。また，DBMSの障害発生時にも，複製されたデータを利用できるようになる。

　なお，レプリケーションには次の種類があり，データベースの更新内容を各サイトに反映するタイミングによって使い分ける。

● 同期レプリケーション

　オリジナルのデータに対する更新が，複製側のデータベースに即時に反映される。データベースの同期がリアルタイムに取られる方式である。時間によるデータの不一致が少なくなる反面，ネットワークへの負荷が増大する場合がある。データの更新をトリガにして複製が行われるため，イベント型のレプリケーションであるともいえる。また，DBMSによってはレプリケーションの単位がトランザクションごとの場合もある。

● 非同期レプリケーション

　オリジナルと複製とのデータの同期が，一定の間隔をおいて実行される。これは通常，更新ログの送信及び複製サイトへのログの反映という処理で実現される。データベースの同期はリアルタイムで行われないが，ネットワークへの負荷は軽減される。複製側サイトは読取り専用で運用される場合が多い。レプリケーションが一定時間ごとに実施されるためバッチ型のレプリケーションであるともいえる。また，更新ログではなくデータベースイメージ（スナップショット）を複製サイトに送信する方式を採用しているDBMSもある。

試験に出る

平成28年・午後Ⅱ 問1
平成21年・午後Ⅱ 問1

6 索引（インデックス）

　索引を利用すれば，利用しない場合に比べて検索を高速化できる。ある表の，一つ以上の列に対して索引を指定すると，指定された列は一定の順序で並べられ検索が高速になる。特に，**ランダムアクセス**や**範囲指定**した時に効果的である。

　索引を指定する場合，CREATE IDX のように，索引を作成する CREATE 文を実行する方法や，（CREATE TABLE 文で）テーブルを作成するときに，PRIMARY KEY や，UNIQUE を指定したりする方法がある。

試験に出る
平成 21 年・午前Ⅱ 問 10
平成 19 年・午前 問 43

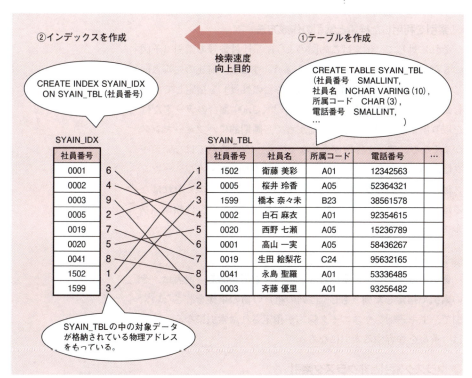

図：テーブルと索引の関係（例）

● 索引を利用しない検索＝全件検索（フルスキャン）

ある表を作成した時に，索引を使用していないテーブルでは，物理的に入力された順番に配置されるので，どの列に対してもランダムに並んでいる（下図の SYAIN_TBL）。

そのため，全く索引を持たない状態の SYAIN_TBL に対して，例えば WHERE 句を使って「社員番号が 1500 番台の社員」を検索した場合，その対象となるデータがどこに存在しているのかわからないので，1 件目から最終データまで全てのデータを 1 件ずつチェックしていくことになる。これを**"全件検索"**とか**"フルスキャン"**という。データ件数が少なければ問題はないが，当然だが，データ件数が多くなればなるほど検索時間も長くなってしまう。

● 索引を利用した検索と索引の作成方法

それに対して，例えばこの図のように「社員番号の索引（下図の SYAIN_IDX）」を作成したとしよう。すると，前述の処理と同じ WHERE 句に「社員番号が 1500 番台の社員」を指定して検索した場合，その索引を利用して効率よく 1500 番台のデータだけを取り出すことができる。したがって，画期的にパフォーマンスがよくなる。データ件数が多くなっても，1500 番台ではないデータは読み込むことがないので，データ量が増えてもパフォーマンスはさほど変わらない。したがって，データ件数が多くなればなるほど，索引を利用した検索と，索引を利用できない全件検索（フルスキャン）のパフォーマンスの差は大きくなる。

● ユニーク索引と非ユニーク索引

索引には，ユニーク索引と非ユニーク索引がある。前者は，その索引で指定した列（もしくは列の組）の値の重複を許さない索引で，主キー制約やユニーク制約が指定された索引になる。後者は，重複を許容する索引になる。

● クラスタ索引と非クラスタ索引

また，クラスタ索引と非クラスタ索引という分類もある。通常，テーブルを作成した場合，そのテーブルそのもののデータの並びは保証されない。図の "SYAIN_TBL" のように，特に何の順番に並んでいるわけでもない（そのために，索引を別途作成する）。

しかし，その索引が"クラスタ索引"の場合は，その指定した列の並びと，データの並びが同じになる。したがって，例えば「社員番号10番から70番までを抽出」したい時，すなわち連続した範囲を指定してデータを処理するような時に，（通常は，複数のデータの集まりであるページ単位に抽出するので）物理 I/O の回数を減らすことができる。"ごそっとまとめて"取り出せるようなイメージだ。

前の図のテーブルの並びはランダムだったが，SYAIN_TBL の社員番号をクラスタ索引とすると，下図のようなイメージになる。例えばこの RDBMS の仕様における SYAIN_TBL が，1ページにデータ3件まで格納可能だとしたら，「社員番号10番から70番までを抽出」したい時に，対象となる1ページを読み込むだけでいい。

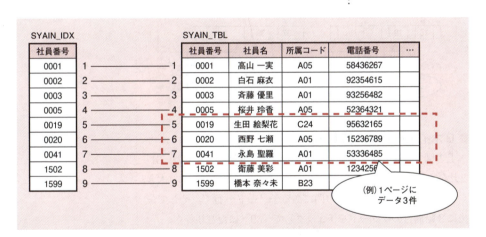

なお，非クラスタ索引とは，クラスタ化されていない索引のことなので，先の図のようなイメージになる。

● **索引の種類**

このように，索引を利用すれば検索速度が向上するが，索引といってもいくつかの種類がある。代表的な索引に，B木インデックス，ハッシュインデックス，ビットマップインデックスなどがあるので，それぞれどのようなものかを把握しておこう。

(1) B木インデックス

　B木インデックスは，木構造の一種であるB木の概念を用いたインデックスである。木構造は，根（root）を頂点に，枝（ブランチ），葉（leaf）と深くなっていく構造だが（下図参照），B木の場合，さらに**"バランス"**を取ること（つまり，階層レベル，深さが等しい）と，**"多分木"**（複数の子ノードを持つ）であるという性質を持っているのが特徴だ。

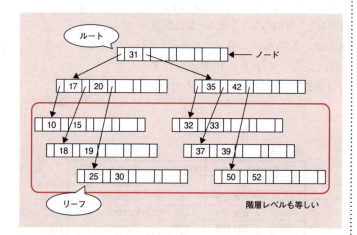

● B木インデックスの探索方法

　上の図で，例えば"39"を探索する場合，最初にルートの"31"と比較して右の子ノードへ行き，次に子ノードの"35"より大きく"42"より小さいのでその間にある子ノードへ行く。そして最後に3階層目の子ノードをチェックして"39"にたどり着く。

　この図には全部で17のキー値が登録されているので，全件検索だと17回の比較が必要になるが，B木インデックスを使った場合，画期的に比較回数が減ることがわかるだろう。

● B木の特徴

　B木は，図のように，一つのノードに複数個（今回は4個）の値を持つが，その数をn個とすると，その"n"を使って次のように特徴を説明できる。

試験に出る
平成28年・午前Ⅱ 問2

用語解説

ルート
親ノードを持たないノード

用語解説

リーフ
子ノードを持たないノード。新たに値が追加される場合には，ルートや途中のブランチで留まることはなく，まずはリーフに追加される。

対象	式や説明	この図のようにn＝4の場合
位数	n／2	2
ルート以外のノードの値の数	・n／2～n個の間 ・50％以上	2個～4個
子ノードの数	最大n＋1	最大5ノード

他には，ルートからの階層レベルが等しいという特徴もある。

● B木への要素（キーなど）の追加

それではここで，B木に要素を追加した時の動きを見ながら，今一度，B木の特徴を確認しておこう。

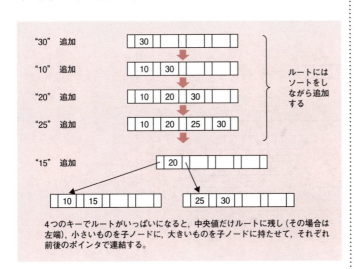

4つのキーでルートがいっぱいになると，中央値だけルートに残し（その場合は左端），小さいものを子ノードに，大きいものを子ノードに持たせて，それぞれ前後のポインタで連結する。

　この図では，何もない状態のルートに，"30"から順番に"15"まで5つの数字を格納している。今回の場合，最大4つのキーを持つB木なので，4つ目の数字まではその中でソートしながらルートに格納されていく。しかし，5つ目の数字"15"を追加しようとした時に，もうルートノードに場所がないので，中央値の"20"をルートに残し，それより小さい値が2つの子ノードを一つと，それより大きい値が2つの子ノードを一つ作成する。そして，それぞれポインタでつなぐ。こうすることでバランスを取っているというわけだ。

参考

このように，ルートやノードがいっぱいになった後に一つの値を追加しようとしたときに，中央値を取ってその前後で子ノードを作成するので，「ルート以外のノードは，最大キー値（この図なら4）の半分以上の値を持つ」という性質を持つ。

(2) B＋木インデックス

　B＋木インデックスは，B木構造の一種で，原則，その性質を受け継いだインデックスである。B木インデックスは，キー値のランダムアクセスを高速化するものだが，そこに，順次処理の高速化も可能にする。つまり，ランダムアクセス時には，B木と同じくルートから検索するが，順次アクセス時には，リーフを順番に辿っていく。そのため，リーフのノードにはデータが格納され，さらにリーフ間の順序性を保つために，リストで連結されている。

　このように，ランダムアクセスでも，順次アクセスでも高速化されるため，多くのRDBMS製品で実装されている。

試験に出る
平成18年・午前 問40

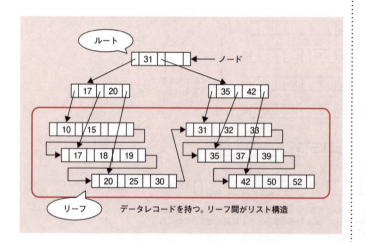

(3) ビットマップインデックス

ビットマップインデックスとは，図のようにある列に対して，その列の"取り得る値"ごとにビットマップを作成するインデックスである。

図の例では，属性'性別'に対してビットマップインデックスを設定している。この例の'性別'のように，（通常）男もしくは女の二値しかない，すなわち取り得る値が少ない場合は，ビットマップインデックスを設定するのに向いていると言える。

試験に出る

平成 30 年・午前Ⅱ 問 15
平成 27 年・午前Ⅱ 問 15
平成 25 年・午前Ⅱ 問 15
平成 23 年・午前Ⅱ 問 16

インデックス "世代"

	社員番号	社員名	性別	世代	…			男	女		20	30	40	50
rowid1	0001	三好　康之	男	30	…	rowid1		1	0		0	1	0	0
rowid2	0002	山下　真吾	男	30	…	rowid2		1	0		0	1	0	0
rowid3	0003	松田　幹子	女	20	…	rowid3		0	1		1	0	0	0
rowid4	0004	…	男	40	…	rowid4		1	0		0	0	1	0
rowid5	0005	…	女	20	…	rowid5		0	1		1	0	0	0
rowid6	0006	…	女	30	…	rowid6		0	1		0	1	0	0
rowid7	0007	…	男	50	…	rowid7		1	0		0	0	0	1
rowid8	0008	…	男	40	…	rowid8		1	0		0	0	1	0
	…	…	…	…	…			…	…			…		

メインテーブル　　　　　　　　　　　　　　　インデックス "性別"

(例) SELECT　＊　FROM　メインテーブル　WHERE　性別＝'男'　AND　世代＝20

※ WHERE句のANDやOR操作だけで行える検索に対しては，該当する値のビットマップの論理積（両方1になるもの）を求めるだけなので，高速検索が可能。

他にも，次のような処理や検索に向いている。

- DWH システム（少数の異なる値を持つ属性に対する検索）
- インデックス指定した属性に対して，WHERE 句の AND や OR 操作による絞り込み
- インデックス指定した属性に対する NOT を用いた否定検索

逆に，向かないのは，属性が取り得る値がバラバラで（一意もしくは一意に近く），数も多い場合。ビットマップそのものが肥大化する。そのため，多数の値を持つ属性に対して境界線を引くような絞り込み（BETWEEN など）には向かない。

6 索引（インデックス）　　　399

(4) ハッシュ

ハッシュとは，キー値の集合に対し，ハッシュ関数によりキー値やポインタ（レコードの格納場所）が格納されている番地を求める方法である。キー値やポインタを格納する配列のことを**ハッシュ表**という。

例えば，ハッシュ関数"H-SYOHIN"を「商品番号（4桁）の各桁の数値の和を17で割った余りの数値」とする。そのとき，商品「商品番号 430：テレビ」や「商品番号 1002：ビデオ」の場合，ハッシュ関数の結果は次のようになる。

```
H-SYOHIN (430) = 7, H-SYOHIN (1002) = 3
```

ここから導き出されるハッシュ表を参照して，対象となるレコードを参照する。ハッシュ関数で数値の余りを用いる場合，シノニム（後述）を発生しにくくするため，素数を用いることが多い。

> **試験に出る**
> 平成16年・午前 問42

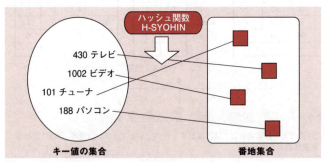

図：ハッシュ関数

● シノニム

ハッシュ関数の結果が同じキー値があった場合，これをシノニムという。例えば，先ほどの関数"H-SYOHIN"の場合，

```
H-SYOHIN (101) = H-SYOHIN (1100) = H-SYOHIN (1001) = 2
H-SYOHIN (188) = H-SYOHIN (818) = H-SYOHIN (8899) = 0
```

このようにハッシュ関数の結果が重なってしまった場合には，次のような対処方法がある。

● オープンハッシュ法

オープンハッシュ法とは，結果が重なった番地からハッシュ表

ハッシュの利点を生かすためには，シノニムを発生させないようにする

ハッシュ関数の結果の番地から順にキー値を検索し，ハッシュ表の最終位置まで検索しても一致するキーが見つからなければ，先頭から検索を開始する

を順番に検索し，空きがあった場所に結果を格納する方法である。

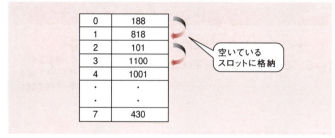

図：オープンハッシュ法

● チェインニング法

　結果が重なった番地と**あふれ領域**をポインタでつなぎ，そこにキー値やポインタを格納する。ハッシュ関数の結果とハッシュ表のキー値が一致しない場合は，あふれ領域を順に検索していく。

用語解説

あふれ領域
チェインニング法を用いる際，シノニムが発生したデータを格納する領域のこと

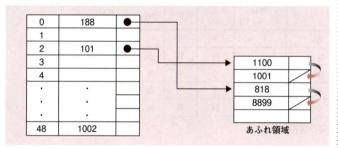

図：チェインニング法

● ハッシュインデックスの検索レコード件数と平均アクセス時間

　ハッシュ関数を用いて，データの格納アドレスを直接得るため，平均アクセス時間は以下のようになる。

7 表領域

ここ数年のうち何度か，データベースの物理設計に関する問題が午後Ⅱ問1で出題されている。そこで改めて，表領域について整理しておこう。

試験に出る
平成28年・午後Ⅱ 問1
平成27年・午後Ⅱ 問1
平成26年・午後Ⅱ 問1

(1) 表領域とは

ディスク上の物理的なデータ格納領域を，表領域という。RDBMSを利用する場合，最初に表領域を作成する。

表領域には，データディクショナリなどを格納するシステム表領域，ソートなどに使用される一時領域，ログ表領域，ロールバック表領域，及びユーザが作成するテーブルと索引のデータを格納するユーザ表領域などがある。

Memo

例えば，Oracleデータベースでは，CREATE TABLESPACE文で表領域を作成する。その時に，データファイル名やデータサイズ（自動拡張も可能）を指定して，その大きさのファイルを作成する。

装置名	内蔵／外付け	ミラーリング	容量 (Gバイト)	入出力 速度	信頼性	価格
HDD1	内蔵	あり	100	中	高	―
HDD2	外付け	なし	100	高	低	中
HDD3	外付け	なし	400	中	中	低
HDD4	外付け	あり	200	高	高	高
HDD5	外付け	あり	200	高	高	高

表：システムで使用するディスク装置の構成

装置名	割り当てられる表領域
HDD1	システム表領域，ログ表領域，ロールバック表領域
HDD2	一時表領域，すべての索引用のユーザ表領域
HDD3	マスタTS，メーカTS，顧客TS，商品TS，SKUTS，在庫TS
HDD4	受注TS，出荷明細TS，請求TS
HDD5	受注明細TS，出荷TS，入金TS，請求入金TS

表：表領域のディスク装置への割当（案）

● ユーザ表領域

ユーザが作成するテーブルや索引のデータを格納する領域のことを表領域という。表領域の中でも最も大きな割合を占める部分になる。上記の表でもHDD3～HDD5までのディスク3本分，

総計 1TB の表領域のうち，8 割の 800GB を占めることからもわかるだろう。

なお，HDD が複数用意されている場合は，同一プログラムでアクセスするテーブルは，HDD を分けると処理が速くなることがある。この例でも，"受注 TS" と "受注明細 TS" や，"出荷 TS" と "出荷明細 TS" が，ある処理プログラムで，同時に参照・更新されるので，異なるディスク装置（HDD4 と HDD5）に配置して入出力の競合を避けるように考えられている。

また，信頼性に関しては，テーブル用のユーザ表領域は高い信頼性が要求されるが（HDD3,HDD4），索引用のユーザ表領域は，索引そのものが再作成によって復旧できるので，信頼性が低くても構わない（HDD2）。

● システム表領域

RDBMS をインストールした時に作成される表領域で，データディクショナリなどが格納される。データディクショナリには，テーブルや索引，ビューの定義情報，ストアドプロシージャのソースやコンパイル済みコードなどを含んでいる。

● ログ表領域／ロールバック表領域

データベースを更新すると，更新前のログと更新後のログを取得する。万が一，障害が発生した場合には，更新前ログや更新後ログを使用して，ロールバック処理したり，ロールフォワード処理をしたりする。そうしたログを格納しておくための領域である。

● 一時表領域

一時的に利用する作業領域のことを一時表領域とか，一時作業領域という。SQL 文で，ソートをする時などに利用する。一時的な作業領域なので，信頼性がそれほど高くなくてもかまわないが，高速処理できる HDD が適している。

(2) テーブルのデータ所要量見積り

テーブルや索引を定義する場合，当該テーブルの必要サイズも合わせて定義する。その場合の計算手順は，次のようになる。

7　表領域　403

① 表から，見積行数，平均行長，ページサイズを得る
② 1ページの平均行数を計算する
　（ページサイズ－データページのヘッダ部の長さ）
　　×（1－空き領域率）÷平均行長
　※小数点以下を切り捨て
③ 必要ページ数を計算する
　見積行数÷1ページの平均行数
　※小数点以下を切り上げ
④ データ所要量を計算する
　必要ページ数×ページサイズ

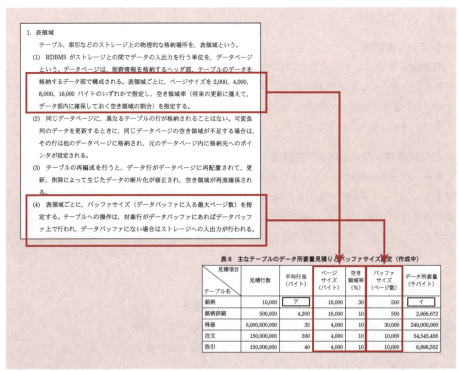

図：平成26年度問1より

　図の"銘柄"テーブルを例に，実際に計算してみよう。データページのヘッダ部の長さは100バイトとする。

① 表から，"銘柄"の見積行数＝10,000行，平均行長＝1,080

バイト，ページサイズ＝16,000バイトを確認する。
② 1ページの平均行数を計算する
（16,000バイト－100バイト）×（1－0.3）÷1,080バイト
＝10.30555…
※ 小数点以下を切り捨てるので，10（行）／ページ
③ 必要ページ数を計算する
10,000行÷10行／ページ＝1,000ページ
④ データ所要量を計算する
1,000ページ×16,000バイト＝16,000,000バイト

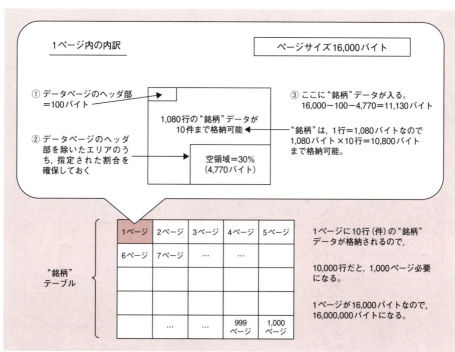

図："銘柄"テーブルのページへの格納イメージ

この条件の場合，表のように"銘柄"テーブルは16,000,000バイト必要になる。

(3) バッファサイズ

HDDなどの外部記憶装置に保存しているデータを取り出す場合，物理I/Oが発生し処理に時間がかかってしまう。そこで，検

索を高速化するためにバッファエリアが使用される。バッファエリアは，メモリやCPUなどの高速処理できる装置に確保されるエリアになるが，そこに確保できる大きさがバッファサイズになる。例えば，表の"銘柄"テーブルは，バッファサイズ＝500と定義されているが，これは，バッファエリアに500ページ分のデータが配置できることを示している。この例だと，全部で1,000ページなので，半分のデータはバッファエリアに持たせることができるというわけだ。

そして，バッファエリアにあるデータを検索できる割合をバッファヒット率という。これが100％なら，全ての検索対象データがバッファ内にあることになる。通常，検索効率を上げるには，バッファヒット率が高くなるようにいろいろ工夫することになる。

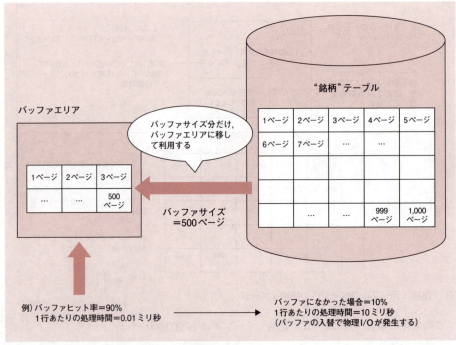

図：HDDとバッファエリア，バッファサイズの関係

令和4年度 秋期
本試験問題・解答・解説

ここには，令和4年10月に行われた最新の試験問題，及びその解答・解説を掲載する。
本書の「解答」ではIPA公表の解答例を転載している。

午後Ⅰ問題

午後Ⅰ問題の解答・解説

午後Ⅱ問題

午後Ⅱ問題の解答・解説

午前Ⅰ，午前Ⅱの問題とその解答・解説は，翔泳社のWebサイトから
ダウンロードできます。ダウンロードの方法は，本書のviiiページをご覧
ください。

令和4年度 秋期
データベーススペシャリスト試験
午後Ⅰ 問題

試験時間　12:30 〜 14:00（1時間30分）

注意事項

1. 試験開始及び終了は，監督員の時計が基準です。監督員の指示に従ってください。
2. 試験開始の合図があるまで，問題冊子を開いて中を見てはいけません。
3. 答案用紙への受験番号などの記入は，試験開始の合図があってから始めてください。
4. 問題は，次の表に従って解答してください。

問題番号	問1〜問3
選択方法	2問選択

5. 答案用紙の記入に当たっては，次の指示に従ってください。
   (1) B又はHBの黒鉛筆又はシャープペンシルを使用してください。
   (2) 受験番号欄に受験番号を，生年月日欄に受験票の生年月日を記入してください。正しく記入されていない場合は，採点されないことがあります。生年月日欄については，受験票の生年月日を訂正した場合でも，訂正前の生年月日を記入してください。
   (3) 選択した問題については，次の例に従って，選択欄の問題番号を〇印で囲んでください。〇印がない場合は，採点されません。3問とも〇印で囲んだ場合は，はじめの2問について採点します。
   (4) 解答は，問題番号ごとに指定された枠内に記入してください。
   (5) 解答は，丁寧な字ではっきりと書いてください。読みにくい場合は，減点の対象になります。

〔問1，問3を選択した場合の例〕

注意事項は問題冊子の裏表紙に続きます。
こちら側から裏返して，必ず読んでください。

6. 退室可能時間中に退室する場合は，手を挙げて監督員に合図し，答案用紙が回収されてから静かに退室してください。

退室可能時間	13:10 ～ 13:50

7. **問題に関する質問にはお答えできません。**文意どおり解釈してください。

8. 問題冊子の余白などは，適宜利用して構いません。ただし，問題冊子を切り離して利用することはできません。

9. 試験時間中，机上に置けるものは，次のものに限ります。

なお，会場での貸出しは行っていません。

受験票，黒鉛筆及びシャープペンシル（B 又は HB），鉛筆削り，消しゴム，定規，時計（時計型ウェアラブル端末は除く。アラームなど時計以外の機能は使用不可），ハンカチ，ポケットティッシュ，目薬

これら以外は机上に置けません。使用もできません。

10. 試験終了後，この問題冊子は持ち帰ることができます。

11. 答案用紙は，いかなる場合でも提出してください。回収時に提出しない場合は，採点されません。

12. 試験時間中にトイレへ行きたくなったり，気分が悪くなったりした場合は，手を挙げて監督員に合図してください。

13. 午後Ⅱの試験開始は <u>14:30</u> ですので，<u>14:10</u> までに着席してください。

試験問題に記載されている会社名又は製品名は，それぞれ各社又は各組織の商標又は登録商標です。

なお，試験問題では，™ 及び ® を明記していません。

©2022　独立行政法人情報処理推進機構

問1　アフターサービス業務に関する次の記述を読んで，設問に答えよ。

　住宅設備メーカーの A 社は，アフターサービス業務（以下，AS 業務という）のシステム再構築で，業務分析を行って概念データモデルと関係スキーマを設計した。

〔現状業務の分析結果〕
1.　社内外の組織，人的資源の特性
　(1) カスタマーセンター（以下，CC という）は，A 社に一つだけある組織である。
　(2) CC の要員であるカスタマー係（以下，CC 要員という）は，社員番号で識別し，氏名をもつ。
　(3) ビジネスパートナー（以下，BP という）は，A 社の協業先企業で，BP コードで識別し，BP 名，所在地をもつ。AS 業務の範囲の BP には，販売パートナー（以下，SLP という）と点検修理パートナー（以下，ASP という）がある。
　　① SLP は，販売店，工務店など，A 社の製品をエンドユーザー（以下，EU という）に販売，設置をする企業であり，後述する問合せの登録を行う。SLP は SLP フラグで分類し，業種と前年販売高をもつ。
　　② ASP は，点検修理の委託先企業で，全国を数百のサービス地域に分け，サービス地域の幾つかごとに 1 社と契約している。ASP は ASP フラグで分類し，後述するカスタマーエンジニア（以下，CE という）の人数である CE 数をもつ。
　(4) CE は，ASP に所属する技術者で，ASP ごとの CE 番号であらかじめ登録している。氏名をもつ。
　(5) EU は，製品の利用者で，EU 番号で識別し，氏名，住所，住所から定まるサービス地域，電話番号，更新年月日をもつ。
2.　製品などのもの，点検修理項目の特性
　(1) 製品は，A 社が製造販売する製品で，製品コードで識別し，製品名をもつ。
　(2) 製品シリーズは，製品の上位の分類で，床暖房パネル，乾燥機などがある。製品シリーズコードで識別し，製品シリーズ名をもつ。
　(3) 登録製品には，販売した製品を利用する EU を登録する。
　　① 登録製品は，製品製造番号で識別する。登録製品には，製品コード，利用者の EU 番号，登録製品の更新年月日を記録している。

410　令和4年度秋期 本試験問題・解答・解説

②　登録製品の利用者は，集合住宅での入退居や住宅の売買で変わり得るので，把握の都度，利用している EU を登録又は更新する。

(4) 点検修理項目は，出張による点検修理で発生し得る CE の作業項目で，メンテナンスコード（以下，MT コードという）で識別し，点検修理項目名をもつ。動作確認，分解点検，ユニット交換などがある。

3.　問合せの登録

(1) 製品使用者の使用上の不具合や違和感が A 社に対する問合せとなる。

(2) 問合せは，製品使用者から直接又は SLP 経由で CC に入る。

(3) 問合せの媒体は，Web 上の問合せフォームか電話による通話である。いずれであるか媒体区分で分類する。

(4) 一つの問合せは，問合せフォームから入る 1 件の問合せ文又は 1 回の通話で，問合せ番号で識別し，問合せ年月日時刻，問合せ内容のほかに，製品使用者への連絡のための情報として，お名前と電話番号を記録する。この段階での連絡のための情報は，登録されている EU のものとは関連付けない。

(5) 製品使用者が直接入れる問合せは通話と問合せフォームの両方があり得るが，SLP 経由の場合は問合せフォームからに限定している。

(6) 入った Web 問合せに対して CC 要員が製品使用者に電話をかける。その Web 問合せが SLP 経由だった場合，製品使用者にどの SLP から受け継いだかを伝えるために，Web 問合せに経由した SLP の BP コードを記録している。

(7) 通話は，成立しなくても 1 回の通話としている。通話が成立しないケースは，受信の場合は CC 要員の応答前に切れるケース，発信の場合は相手が話し中又は応答がないケースである。通話の成立は通話成立フラグで分類する。

(8) 通話の場合，通話した CC 要員の社員番号，通話時間，受信か発信かの受発区分，音声データである通話音声を記録している。

(9) 問合せは，製品使用者が勘違いしていたり他社製品であったりすることもあり，この場合の問合せは，後述する案件化をすることなく終わる。

4.　問合せの案件化

(1) 問合せに対して，回答のために CC から電話をかける必要又は点検修理の必要があれば，問合せを案件化し，案件番号を発番して案件を登録する。

(2) 案件は，対象製品が登録済みの登録製品に合致すればその登録製品と，合致

しなければ新たな登録製品を登録して関連付ける。その際，EU が未登録又は更新が必要であれば，EU の登録又は更新も併せて行う。

(3) 案件には，案件の登録年月日と更新年月日，EU に対する回答内容，案件の完結を判断するための完結フラグをもつ。

(4) 案件化した問合せ及びその後の問合せは案件に従属させる。

5. 出張の手配

(1) 案件に対して，どのような内容で点検修理を要するか決まると出張手配を行う。

(2) 出張手配は，案件に対して 1 回行い，EU に了解を得て出張年月日と出張時間帯を決める。

6. 出張の実施

(1) 手配された出張を実施すると，実施年月日と実施時間帯，担当した CE，解決したか判断するための解決フラグを記録する。

(2) また，点検修理の内訳を AS 実施記録として，実施した MT コード，実施金額を記録する。

〔修正改善要望の分析結果〕

1. ユニット及び要管理機能部品の追加

(1) ユニットは，部品の集合で，ユニットコードで識別し，ユニット名，ユニット概要，製造開始時期，製造終了時期をもつ。熱交換器，水流制御器などがある。

① 製品の故障は，いずれかのユニットで発生する。

② 製品シリーズごとに，用いているユニットを登録する。

(2) 機能部品は，主要な部品で，機能部品番号で識別し，機能部品名，後述する要管理内容，製造開始時期，製造終了時期をもつ。ポンプや液晶板などがある。

① 機能部品は，複数ユニット間で共通化を進めている。

② 機能部品に起因する故障の頻発を予見した場合，その機能部品を要管理機能部品として要管理内容を登録し，組み込んでいるユニットと関連付ける。

2. FAQ 及びキーワードの整備

(1) 既出の問合せ内容と回答内容の組を FAQ として登録することで，新たな問合せに対して FAQ を確認して迅速に正しい回答ができるようにする。

① FAQ は，FAQ 番号で識別し，問合せ内容，回答内容，点検修理の必要性を分類する要点検修理フラグ，発生度ランクをもつ。

② FAQ は，点検修理が必要となる要点検修理 FAQ とその必要のないその他の FAQ に分類し，要点検修理フラグで分類する。

③ 要点検修理 FAQ には，対象のユニットが何か設定するとともに，対応する点検修理項目を関連付けておく。

④ FAQ には，問合せ内容の解釈によって類似の FAQ が複数存在し得るので，類似する FAQ を関連 FAQ として関連付け，関連度合いを A～C の 3 段階に分けて関連度ランクとして設定する。

(2) FAQ 中に存在するキーワード（以下，KW という）をあらかじめ登録し，FAQ とその中で用いられる KW を関連付ける。KW は KW そのもので識別し，補足説明をもつ。

(3) 案件で EU への回答に適用した FAQ は，案件適用 FAQ として案件に関連付け，可能性の高い FAQ の順に可能性順位を記録する。

〔概念データモデルと関係スキーマの設計〕

1. 概念データモデル及び関係スキーマの設計方針

    (1) 概念データモデル及び関係スキーマの設計は，まず現状業務について実施し，その後に修正改善要望に関する部分を実施する。

    (2) 関係スキーマは第 3 正規形にし，多対多のリレーションシップは用いない。

    (3) 概念データモデルでは，リレーションシップについて，対応関係にゼロを含むか否かを表す"○"又は"●"は記述しない。

    (4) サブタイプが存在する場合，他のエンティティタイプとのリレーションシップは，スーパータイプ又はいずれかのサブタイプの適切な方との間に設定する。

    (5) スーパータイプに相当する関係スキーマには，必ずサブタイプを分類する属性を明示する。

    (6) 同一のエンティティタイプ間に異なる役割をもつ複数のリレーションシップが存在する場合，役割の数だけリレーションシップを表す線を引く。

2. 〔現状業務の分析結果〕に基づく設計

    現状の概念データモデルを図 1 に，現状の関係スキーマを図 2 に示す。

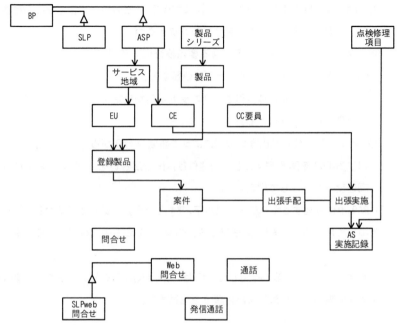

図1 現状の概念データモデル（未完成）

```
CC要員（社員番号, 社員氏名）
BP（BPコード, BP名, 所在地, SLPフラグ, ASPフラグ）
SLP（BPコード, 業種, 前年販売高）
ASP（BPコード, CE数）
CE（BPコード, CE番号, CE氏名）
サービス地域（サービス地域コード, 拠点名, 所在地, BPコード）
EU（EU番号, 氏名, 住所, サービス地域コード, 電話番号, 更新年月日）
製品シリーズ（製品シリーズコード, 製品シリーズ名）
製品（製品コード, 製品名, 製品シリーズコード）
登録製品（製品製造番号, 製品コード, EU番号, 更新年月日）
点検修理項目（MTコード, 点検修理項目名）
問合せ（問合せ番号, ［ ア ］ ）
Web問合せ（問合せ番号, ［ イ ］ ）
SLPweb問合せ（問合せ番号, ［ ウ ］ ）
通話（問合せ番号, ［ エ ］ ）
発信通話（問合せ番号, ［ オ ］ ）
案件（案件番号, 製品製造番号, 登録年月日, 更新年月日, 回答内容, 完結フラグ）
出張手配（案件番号, ［ カ ］ ）
出張実施（案件番号, 実施年月日, 実施時間帯, 担当BPコード, 担当CE番号, 解決フラグ）
AS実施記録（案件番号, 実施MTコード, 実施金額）
```

図2 現状の関係スキーマ（未完成）

3. 〔修正改善要望の分析結果〕に関する設計

修正改善要望に関する概念データモデルを図3に，修正改善要望に関する関係スキーマを図4に示す。

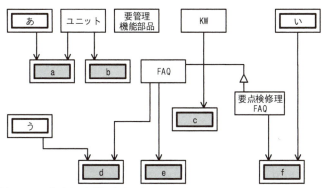

注記　設問の都合上，網掛け部分は表示していない。
図3　修正改善要望に関する概念データモデル（未完成）

```
ユニット（ユニットコード，ユニット名，ユニット概要，製造開始時期，製造終了時期）
要管理機能部品（機能部品番号，機能部品名，要管理内容，製造開始時期，製造終了時期）
KW（KW，補足説明）
FAQ（FAQ番号，問合せ内容，回答内容，要点検修理フラグ，発生度ランク）
要点検修理FAQ（FAQ番号，ユニットコード）
 a  （ キ ）
 b  （ ク ）
 c  （ ケ ）
 d  （ コ ）
 e  （ サ ）
 f  （ シ ）
```

注記1　図中の a ～ f には，図3の a ～ f と同じ字句が入る。
注記2　設問の都合上，網掛け部分は表示していない。

図4　修正改善要望に関する関係スキーマ（未完成）

解答に当たっては，巻頭の表記ルールに従うこと。また，エンティティタイプ名，関係名，属性名は，それぞれ意味を識別できる適切な名称とすること。関係スキーマに入れる属性名を答える場合，主キーを表す下線，外部キーを表す破線の下線についても答えること。

設問1　現状の概念データモデル及び関係スキーマについて答えよ。

　　(1) 図1中の欠落しているリレーションシップを補って図を完成させよ。

　　(2) 図2中の　　ア　　～　　カ　　に入れる一つ又は複数の適切な属性名を補って関係スキーマを完成させよ。

設問2　修正改善要望に関する概念データモデル及び関係スキーマについて答えよ。

　　(1) 次の問いに答えて図3を完成させよ。

　　　(a) 図3中の　　あ　　～　　う　　には，図1に示した現状の概念データモデル中のエンティティタイプ名のいずれかが入る。　　あ　　～　　う　　に入れる適切なエンティティタイプ名を答えよ。

　　　(b) 図3中の欠落しているリレーションシップを補え。

　　(2) 図4中の　　キ　　～　　シ　　に入れる一つ又は複数の適切な属性名を補って関係スキーマを完成させよ。

問2　データベースの実装に関する次の記述を読んで，設問に答えよ。

　　専門商社のB社では，見積業務で利用するシステム（以下，見積システムという）
の，マスター保守に伴う調査業務を改善中である。また，見積システムのパブリッ
ククラウドへの移行を計画している。

〔パブリッククラウドが提供するサービスの主な仕様〕
1.　オブジェクトストレージ
　　オブジェクトストレージには，任意のファイルを保存することができる。RDBMS
とは独立して稼働し，RDBMS の障害時にも影響を受けずに，ファイルにアクセスす
ることができる。
2.　RDBMS
　　PaaS として提供される RDBMS は，インスタンスごとに割り当てられた仮想マシ
ンで稼働する。
　　(1) ログ
　　　　ログはログファイルに記録する。ログファイルの切替え時に，切替え前に使
　　　用していたログファイル（以下，アーカイブログという）を，オブジェクトス
　　　トレージに保存する。ログ切替えの時間間隔は，任意に設定することができる。
　　(2) バックアップ
　　　　①　データベース全体のフルバックアップを，オブジェクトストレージに保存
　　　　する。バックアップは，データベースを停止して，オフラインで取得する。
　　　　バックアップを取るタイミングは，任意に設定することができる。
　　　　②　オブジェクトストレージに保存したフルバックアップとアーカイブログを
　　　　使って，データベースを回復することができる。
　　(3) レプリケーション
　　　　ログを使って，RDBMS のデータをほかの RDBMS に複製する。複製元のテーブル
　　　に対する変更操作（挿入・更新・削除）を複製先のテーブルに自動的に反映す
　　　る。
　　　　レプリケーションには，同期型と非同期型がある。
　　　　①　同期型では，複製先でログをディスクに出力した後，複製元のトランザク

ションがコミットされる。

　②　非同期型では，複製先へのログの到達を待たずに，複製元のトランザクションがコミットされる。

(4) トリガー

　テーブルに対する変更操作（挿入・更新・削除）を契機に，あらかじめ定義した処理を実行する。

　①　実行タイミングを定義することができる。BEFORE トリガーは，テーブルに対する変更操作の前に実行され，更新中又は挿入中の値を実際の反映前に修正することができる。AFTER トリガーは，変更操作の後に実行され，ほかのテーブルに対する変更操作を行うことができる。

　②　トリガーを実行する契機となった変更操作を行う前と後の行を参照することができる。参照するには，操作前と操作後の行に対する相関名をそれぞれ定義し，相関名で列名を修飾する。

〔見積システムの概要〕

1．テーブル

　主なテーブルのテーブル構造を図1に示す。

```
仕入先（仕入先コード，会社名，…）
社員（社員コード，社員名，…）
商品（商品コード，メーカー名，商品名，モデル名，定価，更新日）
見積依頼（見積依頼番号，仕入先コード，社員コード，見積依頼日）
見積依頼明細（見積依頼番号，明細番号，商品コード，数量）
見積回答（見積依頼番号，仕入先コード，社員コード，見積回答日）
見積回答明細（見積依頼番号，明細番号，商品コード，数量，仕入単価，モデル名，定価）
```

図1　主なテーブルのテーブル構造（一部省略）

2．仕入先への見積依頼業務

(1) B 社の社員は，顧客からの引き合いを受けて，仕入先への見積依頼を入力する。見積依頼番号を採番し，"見積依頼"，"見積依頼明細"テーブルに見積依頼の内容を登録する。

(2) 仕入先に見積りを依頼し，回答を受け取る。

418　令和4年度秋期 本試験問題・解答・解説

(3) 仕入先からの回答を入力する。対応する見積依頼の見積依頼番号を参照し，"見積回答"，"見積回答明細"テーブルに見積回答の内容を登録する。商品のモデル名，定価が変更されたことが分かることがある。この場合，当該商品は，"見積回答明細"テーブルに変更後の内容を登録する。ただし，"商品"テーブルへの反映は後日行う。

〔"商品"テーブルの履歴管理〕

モデル名又は定価のいずれかが変更されたが，変更が"商品"テーブルへ反映されていない商品を調べるため，図2に示す SQL 文を定期的に実行している。

```
SELECT A.モデル名 AS 新モデル名, C.モデル名 AS 旧モデル名, A.定価 AS 新定価, C.定価 AS
       旧定価
FROM 見積回答明細 A INNER JOIN 見積回答 B ON A.見積依頼番号 = B.見積依頼番号
INNER JOIN 商品 C ON A.  [  a  ]  = C.  [  a  ]
WHERE B.見積回答日 > C.更新日
  AND (A.モデル名 <> C.モデル名  [  b  ]  A.定価 <> C.定価)
```

図2　商品の変更を調べる SQL 文（未完成）

1.　"商品"テーブルの設計変更

"商品"テーブルを更新すると，過去の属性情報は失われてしまう。そこで，商品属性情報の変更を履歴として保存するために，"商品"テーブルの設計変更を行うことにした。ただし，既存のアプリケーションプログラムには，極力影響を与えないようにする必要がある。表1に示す2案を検討した結果，案2を採用した。

表1　"商品"テーブルの設計変更案

	変更後のテーブル構造
案1	商品（商品コード, メーカー名, 商品名, モデル名, 定価, 更新日, 適用開始日, 適用終了日）
案2	商品（商品コード, メーカー名, 商品名, モデル名, 定価, 更新日, 適用開始日, 適用終了日） 商品履歴（商品コード, メーカー名, 商品名, モデル名, 定価, 更新日, 適用開始日, 適用終了日）

注記1　"商品履歴"テーブルの主キーは表示していない。
注記2　適用開始日は，その行の適用が開始される日，適用終了日は，その行の適用が終了される日。適用終了日が未定の場合は NULL が設定される。

午後I問題　419

案2の実装に当たり，"商品"テーブルへの列の追加，"商品履歴"テーブルの作成，及び主キーの追加を表2のSQL1に示すSQL文で行った。

また，同一の適用開始日に同一の商品を複数回更新することはない前提で，"商品"テーブルの更新時に行う追加の処理を，表2のSQL2に示すトリガーで実装した。

表2　"商品"テーブルを変更するSQL文及びトリガーを定義するSQL文（未完成）

SQL	SQL文（上段：目的，下段：SQL文）
SQL1	"商品"テーブルへ適用開始日列，適用終了日列を追加する。 "商品履歴"テーブルを作成し，主キーを追加する。 ALTER TABLE 商品 ADD COLUMN 適用開始日 DATE DEFAULT CURRENT_DATE NOT NULL; ALTER TABLE 商品 ADD COLUMN 適用終了日 DATE; CREATE TABLE 商品履歴 LIKE 商品; ALTER TABLE 商品履歴 ADD PRIMARY KEY(　　c　　,　　d　　);
SQL2	次のトリガーを定義する。 ・"商品"テーブルの更新時に，適用開始日がNULLの場合，現在日付に更新する。 ・"商品"テーブルの更新時に，対象行の更新前の行を"商品履歴"テーブルに挿入する。このとき，挿入行の適用終了日には，更新後の行の適用開始日の前日を設定する。 CREATE TRIGGER トリガー1　　e　　 UPDATE ON 商品 　REFERENCING OLD AS OLD1 NEW AS NEW1 FOR EACH ROW 　SET NEW1.適用開始日 = COALESCE(NEW1.適用開始日, CURRENT_DATE); CREATE TRIGGER トリガー2　　f　　 UPDATE ON 商品 　REFERENCING OLD AS OLD2 NEW AS NEW2 FOR EACH ROW 　INSERT INTO 商品履歴 　VALUES (OLD2.商品コード, OLD2.メーカー名, OLD2.商品名, OLD2.モデル名, 　　OLD2.定価, OLD2.更新日,　　g　　.適用開始日, 　　ADD_DAYS(　　h　　.適用開始日, -1));

注記1　CREATE TABLE A LIKE Bは，テーブルBを基にして同じ列構成のテーブルAを定義する。

注記2　OLD1, OLD2, NEW1, NEW2は，トリガーを実行する契機となったテーブルに対する変更操作が行われた行を参照する相関名を表す。OLD1及びOLD2は変更前，NEW1及びNEW2は変更後の行を参照する。

注記3　ADD_DAYS(引数1, 引数2)は，引数1（日付型）から引数2（整数型）日後の日付を返すユーザー定義関数である。ただし，引数1がNULLの場合はNULLを返す。

2．データ移行

"見積回答"，"見積回答明細"テーブルから"商品"，"商品履歴"テーブルへデータを移行するため，商品のモデル名又は定価のいずれかが変更されたことの履歴を，図3のSQL文で調べた。"見積回答"，"見積回答明細"テーブルの内容を表3，表4に示す。SQL文の結果を表5に示す。

表 5 の内容を基に，"商品"テーブルを更新，又は"商品履歴"テーブルへ挿入することでデータを移行した。移行前の"商品"テーブルの状態によらず，変更があった全商品を更新した。また，表 2 の SQL2 に示すトリガーは未定義の状態で行った。

```
WITH Q1 AS (SELECT A.商品コード, A.モデル名, A.定価, B.見積回答日,
  LAG(A.モデル名) OVER (PARTITION BY A.商品コード ORDER BY B.見積回答日) AS 前行モデル名,
  LAG(A.定価) OVER (PARTITION BY A.商品コード ORDER BY B.見積回答日) AS 前行定価
  FROM 見積回答明細 A INNER JOIN 見積回答 B ON A.見積依頼番号 = B.見積依頼番号),
Q2 AS (SELECT Q1.* FROM Q1 WHERE Q1.前行定価 IS NULL
  OR Q1.モデル名 <> Q1.前行モデル名 [  b  ] Q1.定価 <> Q1.前行定価)
SELECT ROW_NUMBER() OVER (ORDER BY Q2.商品コード, Q2.見積回答日) AS 行番号,
  Q2.商品コード, Q2.定価, Q2.モデル名, Q2.見積回答日 AS 適用開始日,
  ADD_DAYS(LEAD(Q2.見積回答日)
    OVER (PARTITION BY Q2.商品コード ORDER BY Q2.見積回答日), -1) AS 適用終了日
FROM Q2 ORDER BY Q2.商品コード, 適用開始日;
```

注記 1　ADD_DAYS(引数 1, 引数 2)は，引数 1（日付型）から引数 2（整数型）日後の日付を返すユーザー定義関数である。ただし，引数 1 が NULL の場合は NULL を返す。
注記 2　図中の [b] には，図 2 の [b] と同じ字句が入る。
注記 3　LAG 関数は，ウィンドウ区画内で順序付けられた各行に対して，現在行の 1 行前の行の列の値を返す。1 行前の行がない場合は NULL を返す。
注記 4　LEAD 関数は，ウィンドウ区画内で順序付けられた各行に対して，現在行の 1 行後の行の列の値を返す。1 行後の行がない場合は NULL を返す。

図 3　商品の変更履歴を調べる SQL 文（未完成）

表 3　"見積回答"テーブルの内容

見積依頼番号	仕入先コード	社員コード	見積回答日
2019000101	A001	AB490656	2019-04-01
2020001201	A001	AH000032	2020-09-01
2022000201	B002	AA000232	2022-05-01
2022001201	A001	AH000657	2022-09-01

表 4　"見積回答明細"テーブルの内容

見積依頼番号	明細番号	商品コード	数量	仕入単価	モデル名	定価
2019000101	1	1	1	800	M1	1000
2019000101	2	2	1	1750	M2	2000
2019000101	3	3	1	2600	M3	3000
2020001201	1	1	1	800	M1-1	1000
2022000201	1	2	1	1800	M2-1	2000
2022001201	1	1	1	900	M1-2	1100

表5　SQL 文の結果（未完成）

行番号	商品コード	定価	モデル名	適用開始日	適用終了日
1	1	1000	M1	2019-04-01	
2	1	1000	M1-1	2020-09-01	i
3	1	1100	M1-2	j	k
4	2	2000	M2	2019-04-01	
5	2	2000	M2-1	2022-05-01	
6	3	3000	M3	2019-04-01	

注記　網掛け部分は表示していない。

〔基盤設計〕

1. RPO，RTO の見積り

　　見積システムをパブリッククラウドに移行した場合の，RDBMS のディスク障害時の RPO 及び RTO を，次のように見積もった。

(1) 利用するパブリッククラウドの仕様に基づいて，データベースのフルバックアップは 1 日に 1 回取得し，ログの切替えは 5 分に 1 回行い，回復時にはオブジェクトストレージに保存したフルバックアップとアーカイブログを使って回復する，という前提で見積もる。

(2) RPO は，障害発生時に失われる　　ア　　に依存するので，最大　　イ　　分とみなせる。

(3) RTO のうち，データベースの回復に掛かる時間は，フルバックアップからのリストア時間と，ログを適用するのに掛かる時間の合計である。

(4) フルバックアップからのリストア時間は，データベース容量が 180 G バイト，リストア時のディスク転送速度を 100 M バイト／秒と仮定すると　　ウ　　秒である。ここで，1 G バイトは 10^9 バイト，1 M バイトは 10^6 バイトとする。

(5) ログを適用する期間が最大になるのは，フルバックアップ取得後の経過時間が最大になる 24 時間である。ログが毎秒 10 ページ出力されると仮定すると，適用するログの量は最大　　エ　　ページである。ログを適用するのに掛かる時間は，バッファヒット率を 0 %，同期入出力時間がページ当たり 2 ミリ秒と仮定すると最大　　オ　　秒である。

2. 参照専用インスタンス

　　商品の変更履歴を調べるために実行する SQL 文の負荷が大きく，見積システムへ

の影響が懸念された。そこで，影響を最小化するために，参照専用インスタンスを本番インスタンスとは別に作成し，調査は参照専用インスタンスで行うことにした。また，全テーブルについて，本番インスタンスから参照専用インスタンスへ，非同期型のレプリケーションを行うことにした。

3. 参照専用インスタンスへのフェイルオーバーによる業務継続

　　RPO及びRTOを短くするために，本番インスタンスが障害になった場合，参照専用インスタンスにフェイルオーバーして，参照専用インスタンスを使用して業務を継続できるかを検討した。検討の結果，非同期型のレプリケーションを行う前提だと，参照専用インスタンスでは，本番インスタンスでコミット済みの変更が失われる可能性があることが分かった。

設問1　〔“商品”テーブルの履歴管理〕について答えよ。

　　(1) 図2中の　　a　　，　　b　　に入れる適切な字句を答えよ。

　　(2) “商品”テーブルの設計変更について，表1中の案1を採用した場合，ほかのどのテーブルの，どの制約を変更する必要があるか。テーブル名と制約を全て答えよ。

　　(3) 表2中の　　c　　～　　h　　に入れる適切な字句を答えよ。

　　(4) 表5中の　　i　　～　　k　　に入れる適切な字句を答えよ。

　　(5) 表5のうち，“商品”テーブルへの更新行，“商品履歴”テーブルへの挿入行に当たる行を，それぞれ行番号で全て答えよ。

設問2　〔基盤設計〕について答えよ。

　　(1) 本文中の　　ア　　～　　オ　　に入れる適切な字句又は数値を答えよ。

　　(2) “2. 参照専用インスタンス”について，参照専用インスタンスへのレプリケーションを非同期型にすると，見積システムへの影響を最小化できるのはなぜか。レプリケーションの仕様に基づいて，30字以内で答えよ。

　　(3) “3. 参照専用インスタンスへのフェイルオーバーによる業務継続”について，参照専用インスタンスでは，本番インスタンスでコミット済みの変更が失われる可能性がある。どのような場合か。レプリケーションの仕様に基づいて，30字以内で答えよ。

問3　データベースの実装と性能に関する次の記述を読んで，設問に答えよ。

　　事務用品を関東地方で販売するC社は，販売管理システム（以下，システムという）
にRDBMSを用いている。

〔RDBMSの仕様〕

　1.　表領域

　　（1）テーブル及び索引のストレージ上の物理的な格納場所を，表領域という。

　　（2）RDBMSとストレージとの間の入出力単位を，ページという。同じページに，異
　　　なるテーブルの行が格納されることはない。

　2.　再編成，行の挿入

　　（1）テーブルを再編成することで，行を主キー順に物理的に並び替えることがで
　　　きる。また，再編成するとき，テーブルに空き領域の割合（既定値は30％）を
　　　指定した場合，各ページ中に空き領域を予約することができる。

　　（2）INSERT文で行を挿入するとき，RDBMSは，主キー値の並びの中で，挿入行のキ
　　　ー値に近い行が格納されているページを探し，空き領域があればそのページに，
　　　なければ表領域の最後のページに格納する。最後のページに空き領域がなけれ
　　　ば，新しいページを表領域の最後に追加し，格納する。

〔業務の概要〕

　1.　顧客，商品，倉庫

　　（1）顧客は，C社の代理店，量販店などで，顧客コードで識別する。顧客にはC社
　　　から商品を届ける複数の発送先があり，顧客コードと発送先番号で識別する。

　　（2）商品は，商品コードで識別する。

　　（3）倉庫は，1か所である。倉庫には複数の棚があり，一連の棚番号で識別する。
　　　商品の容積及び売行きによって，一つの棚に複数種類の商品を保管することも，
　　　同じ商品を複数の棚に保管することもある。

　2.　注文の入力，注文登録，在庫引当，出庫指示，出庫の業務の流れ

　　（1）顧客は，C社が用意した画面から注文を希望納品日，発送先ごとに入力し，C
　　　社のEDIシステムに蓄える。注文は，単調に増加する注文番号で識別する。注文

する商品の入力順は自由で，入力後に商品の削除も同じ商品の追加もできる。

(2) C社は，毎日定刻（9時と14時）に注文を締める。EDIシステムに蓄えた注文をバッチ処理でシステムに登録後，在庫を引き当てる。

(3) 出庫指示書は，当日が希望納品日である注文ごとに作成し，倉庫の出庫担当者（以下，ピッカーという）を決めて，作業開始の予定時刻までにピッカーの携帯端末に送信する。携帯端末は，棚及び商品のバーコードをスキャンする都度，システム中のオンラインプログラムに電文を送信する。

(4) 出庫は，ピッカーが出庫指示書の指示に基づいて1件の注文ごとに行う。

① 棚の通路の入口で，携帯端末から出庫開始時刻を伝える電文を送信する。

② 棚番号の順に進みながら，指示された棚から指示された商品を出庫する。

③ 商品を出庫する都度，携帯端末で棚及び商品のバーコードをスキャンし，商品を台車に積む。ただし，一つの棚から商品を同時に出庫できるのは1人だけである。また，順路は1方向であるが，通路は追い越しができる。

④ 台車に積んだ全ての商品を，指定された段ボール箱に入れて梱包する。

⑤ 別の携帯端末で印刷したラベルを箱に貼り，ラベルのバーコードをスキャンした後，梱包した箱を出荷担当者に渡すことで1件の注文の出庫が完了する。

〔システムの主なテーブル〕

システムの主なテーブルのテーブル構造を図1に，主な列の意味・制約を表1に示す。主キーにはテーブル構造に記載した列の並び順で主索引が定義されている。

```
顧客（顧客コード，顧客名，…）
顧客発送先（顧客コード，発送先番号，発送先名，発送先住所，…）
商品（商品コード，商品名，販売単価，注文単位，商品容積，…）
在庫（商品コード，実在庫数，引当済数，引当可能数，基準在庫数，…）
棚（棚番号，倉庫内位置，棚容積，…）
棚別在庫（棚番号，商品コード，棚別実在庫数，出庫指示済数，出庫指示可能数，…）
ピッカー（ピッカーID，ピッカー氏名，…）
注文（注文番号，顧客コード，注文日，締め時刻，希望納品日，発送先番号，…）
注文明細（注文番号，注文明細番号，商品コード，注文数，注文額，注文状態，…）
出庫（出庫番号，注文番号，ピッカーID，出庫日，出庫開始時刻，…）
出庫指示（出庫番号，棚番号，商品コード，注文番号，注文明細番号，出庫数，出庫時刻，…）
```

図1　テーブル構造（一部省略）

表1　主な列の意味・制約（一部省略）

列名	意味・制約
棚番号	1以上の整数：棚の並び順を表す一連の番号
注文状態	0：未引当，1：引当済，2：出庫指示済，3：出庫済，4：梱包済，5：出荷済，…
出庫時刻	棚から商品を取り出し，商品のバーコードをスキャンしたときの時刻

〔システムの注文に関する主な処理〕

　　注文登録，在庫引当，出庫指示の各処理をバッチジョブで順に実行する。出庫実
績処理は，携帯端末から電文を受信するオンラインプログラムで実行する。バッチ
及びオンラインの処理のプログラムの主な内容を，表2に示す。

表2　処理のプログラムの主な内容

処理		プログラムの内容
バッチ	注文登録	・顧客が入力したとおりに注文及び商品を，それぞれ"注文"及び"注文明細"に登録し，注文ごとにコミットする。
	在庫引当	・注文状態が未引当の"注文明細"を主キー順に読み込み，その順で"在庫"を更新し，"注文明細"の注文状態を引当済に更新して注文ごとにコミットする。
	出庫指示	・当日が希望納品日である注文の出庫に，当日に出勤したピッカーを割り当てる。 ・注文状態が引当済の"注文明細"を主キー順に読み込む。 ・ピッカーの順路が1方向となる出庫指示を"出庫指示"に登録する。 ・"出庫指示"を主キー順に読み込み，その順で"棚別在庫"を更新し，"注文明細"の注文状態を出庫指示済に更新する。 ・注文ごとにコミットし，出庫指示書をピッカーの携帯端末に送信する。
オンライン	出庫実績	・出庫開始を伝える電文を携帯端末から受信すると，当該注文について，"出庫"の出庫開始時刻を出庫を開始した時刻に更新する。 ・棚及び商品のバーコードの電文を携帯端末から受信すると，当該商品について，"棚別在庫"，"在庫"を更新し，また"出庫指示"の出庫時刻を棚から出庫した時刻に，"注文明細"の注文状態を出庫済に更新してコミットする。 ・商品を梱包した箱のラベルのバーコードの電文を携帯端末から受信すると，"注文明細"の注文状態を梱包済に更新し，コミットする。

注記1　二重引用符で囲んだ名前は，テーブル名を表す。
注記2　いずれの処理も，ISOLATION レベルは READ COMMITTED で実行する。

〔ピーク日の状況と対策会議〕

　　注文量が特に増えたピーク日に，朝のバッチ処理が遅延し，出庫作業も遅延する
事態が発生した。そこで，関係者が緊急に招集されて会議を開き，次のように情報
を収集し，対策を検討した。

1. システム資源の性能に関する基本情報

   次の情報から特定のシステム資源に致命的なボトルネックはないと判断した。

   (1) ページングは起きておらず，CPU 使用率は 25％程度であった。

   (2) バッファヒット率は 95％以上で高く，ストレージの入出力処理能力（IOPS，帯域幅）には十分に余裕があった。

   (3) ロック待ちによる大きな遅延は起きていなかった。

2. 再編成の要否

   アクセスが多かったのは"注文明細"テーブルであった。この 1 年ほど行の削除は行われず，再編成も行っていないことから，時間が掛かる行の削除を行わず，直ちに再編成だけを行うことが提案されたが，この提案を採用しなかった。なぜならば，当該テーブルへの行の挿入では予約された空き領域が使われないこと，かつ空き領域の割合が既定値だったことで，割り当てたストレージが満杯になるリスクがあると考えられたからである。

3. バッチ処理のジョブの多重化

   バッチ処理のスループット向上のために，ジョブを注文番号の範囲で分割し，多重で実行することが提案されたが，デッドロックが起きるリスクがあると考えられた。そこで，どの処理とどの処理との間で，どのテーブルでデッドロックが起きるリスクがあるか，表 3 のように整理し，対策を検討した。

表 3　デッドロックが起きるリスク（未完成）

ケース	処理名	処理名	テーブル名	リスクの有無	リスクの有無の判断理由
1	在庫引当	在庫引当	在庫	ある	a
2	出庫指示	出庫指示	棚別在庫	ない	b
3	在庫引当	出庫指示	注文明細	ない	c

注記　ケース 3 は，ジョブの進み具合によって異なる処理のジョブが同時に実行される場合を表す。

4. 出庫作業の遅延原因の分析

   出庫作業の現場の声を聞いたところ，特定の棚にピッカーが集中し，棚の前で待ちが発生したらしいことが分かった。そこで，棚の前での待ち時間と棚から商品を取り出す時間の和である出庫間隔時間を分析した。出庫間隔時間は，ピッカーが出庫指示書の 1 番目の商品を出庫する場合では当該注文の出庫開始時刻からの

時間，2番目以降の商品の出庫の場合では一つ前の商品の出庫時刻からの時間である。出庫間隔時間が長かった棚と商品が何かを調べたSQL文の例を表4に，このときの棚と商品の配置，及びピッカーの順路を図2に示す。

表4 SQL文の例（未完成）

SQL文（上段：目的，下段：構文）
ホスト変数hに指定した出庫日について，出庫間隔時間の合計が長かった棚番号と商品コードの組合せを，出庫間隔時間の合計が長い順に調べる。
WITH TEMP(出庫番号, ピッカーID, 棚番号, 商品コード, 出庫時刻, 出庫間隔時間) AS (SELECT A.出庫番号, A.ピッカーID, B.棚番号, B.商品コード, B.出庫時刻, B.出庫時刻 - 　COALESCE(LAG(B.出庫時刻) OVER (PARTITION BY 　x　 ORDER BY B.出庫時刻), 　　A.出庫開始時刻) AS 出庫間隔時間 FROM 出庫 A JOIN 出庫指示 B ON A.出庫番号 = B.出庫番号 AND 出庫日 = CAST(:h AS DATE)) SELECT 棚番号, 商品コード, SUM(出庫間隔時間) AS 出庫間隔時間合計 FROM TEMP GROUP BY 棚番号, 商品コード ORDER BY 出庫間隔時間合計 DESC

注記　ここでのLAG関数は，ウィンドウ区画内で出庫時刻順に順序付けられた各行に対して，現在行の1行前の出庫時刻を返し，1行前の行がないならば，NULLを返す。

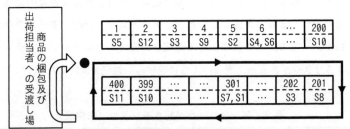

凡例　●通路入口　→出庫作業の順路　↻商品の梱包及び受渡し場を通る順路
注記　太枠は一つの棚を表し，枠内の上段は棚番号，下段はその棚に保管した商品の商品コードを表す。

図2　棚と商品の配置，及びピッカーの順路（一部省略）

表4中の　x　に，B.出庫番号，A.ピッカーID，B.棚番号のいずれか一つを指定することが考えられた。分析の目的が，特定の棚の前で長い待ちが発生していたことを実証することだった場合，　x　に　あ　を指定すると，棚の前での待ち時間を含むが，商品の梱包及び出荷担当者への受渡しに掛かった時間が含まれてしまう。　い　を指定すると，棚の前での待ち時間が含まれないので，分析の目的を達成できない。

分析の結果，棚 3 番の売行きの良い商品 S3（商品コード）の出庫で長い待ちが発生したことが分かった。そこで，出庫作業の順路の方向を変えない条件で，多くのピッカーが同じ棚（ここでは，棚 3 番）に集中しないように出庫指示を作成する対策が提案された。しかし，この対策を適用すると，表 3 中のケース 2 でデッドロックが起きるリスクがあると予想した。

例えば，あるピッカーに，1 番目に棚 3 番の商品 S3 を出庫し，2 番目に棚 6 番の商品 S6 を出庫する指示を作成するとき，別のピッカーには，1 番目に棚 ┃ う ┃ の商品 ┃ え ┃ を出庫し，2 番目に棚 ┃ お ┃ の商品 ┃ か ┃ を出庫する指示を同時に作成する場合である。

設問1 "2. 再編成の要否"について答えよ。

(1) 注文登録処理が"注文明細"テーブルに行を挿入するとき，再編成で予約した空き領域が使われないのはなぜか。行の挿入順に着目し，理由を RDBMS の仕様に基づいて，40 字以内で答えよ。

(2) 行の削除を行わず，直ちに再編成だけを行うと，ストレージが満杯になるリスクがあるのはなぜか。前回の再編成の時期及び空き領域の割合に着目し，理由を RDBMS の仕様に基づいて，40 字以内で答えよ。

設問2 "3. バッチ処理のジョブの多重化"について答えよ。

(1) 表 3 中の ┃ a ┃ ～ ┃ c ┃ に入れる適切な理由を，それぞれ 30 字以内で答えよ。ここで，在庫は適正に管理され，欠品はないものとする。

(2) 表 3 中のケース 1 のリスクを回避するために，注文登録処理又は在庫引当処理のいずれかのプログラムを変更したい。どちらかの処理を選び，選んだ処理の処理名を答え，プログラムの変更内容を具体的に 30 字以内で答えよ。ただし，コミット単位と ISOLATION レベルを変更しないこと。

設問3 "4. 出庫作業の遅延原因の分析"について答えよ。

(1) 本文中の ┃ あ ┃ ～ ┃ か ┃ に入れる適切な字句を答えよ。

(2) 下線の対策を適用した場合，表 3 中のケース 2 で起きると予想したデッドロックを回避するために，出庫指示処理のプログラムをどのように変更すべきか。具体的に 40 字以内で答えよ。ただし，コミット単位と ISOLATION レベルを変更しないこと。

令和4年度 午後Ⅰ 問1 解説

問 1

■ IPA 公表の出題趣旨と採点講評

出題趣旨

概念データモデリングでは，データベースの物理的な設計とは異なり，実装上の制約に左右されずに実務の視点に基づいて，対象領域から管理対象を正しく見極め，モデル化する必要がある。概念データモデリングでは，業務内容などの実世界の情報を総合的に理解・整理し，その結果を概念データモデル及び関係スキーマに反映する能力が求められる。

本問では，住宅設備メーカーのアフターサービス業務を題材として，与えられた状況から概念データモデリングを行う能力を問うものである。具体的には，①トップダウンにエンティティタイプ及びリレーションシップを見抜く能力，②ボトムアップにエンティティタイプ及び関係スキーマを分析する能力，③設計変更による概念データモデル及び関係スキーマの適切な変更を行う能力を問う。

採点講評

問 1 では，住宅設備メーカーのアフターサービス業務を題材に，概念データモデルと関係スキーマについて出題した。全体として正答率は平均的であった。

設問 1 では，(2)の正答率が低かった。サブタイプが存在する場合には，どのような場合にそのサブタイプに該当するかを表す識別子の役割を担う属性が必要になる。このような属性の存在に注意して関係スキーマを設計してほしい。また，概念データモデル及び関係スキーマにおけるトランザクションの設計では，そのトランザクションがどのような状態にあるかまで注意深く読み取って必要な外部キーを設計してほしい。

設問 2 では，同じエンティティタイプ間の関連について，リレーションシップと外部キーの正答率が低かった。マスター間の関連を設定する必要のあるエンティティタイプとそのリレーションシップについて，異なるマスターとの間だけでなく，同じマスターとの間のケースもあることを注意深く読み取ってほしい。

■ 問題文を確認する

本問の構成は以下のようになっている。

問題タイトル：アフターサービス業務（データベース設計）

題材：住宅設備メーカー

ページ数：7P

第1段落　〔現状業務の分析結果〕

第2段落　〔修正改善要望の分析結果〕

第3段落　〔概念データモデルと関係スキーマの設計〕

　　　　　図1　現状の概念データモデル（未完成）

　　　　　図2　現状の関係スキーマ（未完成）

　　　　　図3　修正改善要望に関する概念データモデル（未完成）

　　　　　図4　修正改善要望に関する関係スキーマ（未完成）

令和4年の問1は，例年通りの**「データベース設計」**だった。午後Ⅰの1問として出題されるのは（試験センターが公表している平成21年以後では）必ず，問1で問われるのは平成26年から今回（令和4年）まで9年連続なので想定通りの出題である。

但し，今回の**「データベース設計」**は，概念データモデルと関係スキーマの完成に関する設問だけで構成されている。問題文の構成も，2段階にはなっているものの**「業務の概要」**と**「未完成の概念データモデルと関係スキーマ」**だけで，問題文を読解しながら粛々とこなしていけばいい。この手の問題を得意としている人にとってはラッキーだったと思う。ボリューム（ページ数）は，例年よりも1ページ多い7ページになっている点にだけ注意しながら解答していけばいいだろう。

■ 設問を確認する

設問1も設問2も午後IIと同じ**「概念データモデル，関係スキーマの完成」**である。午後II対策をしていれば，その技術で解答できる設問で，午後Iとしての準備は不要な部分だ。ここは想定通りなので，想定していた手順で解答すればいいところになる。

設問		分類	過去頻出
1	1	概念データモデルの完成（リレーションシップを記入）	あり
	2	関係スキーマの完成（属性の穴埋め，主キー，外部キー）	あり
2	1	概念データモデルの完成（エンティティ名，リレーションシップを記入）	あり
	2	関係スキーマの完成（属性の穴埋め，主キー，外部キー）	あり

■ 解答戦略－45分の使い方－を考える

問題文と設問を確認したら，次に時間配分を考える。このとき，時間を計測して過去問題を解く練習をしていたことが役に立つ。今回は**「データベース設計」**に関するものなので，次のような手順で時間配分を考える。

【データベース設計の問題の構成要素と確認】

① データベース設計の問題の3点セット

   a)   概念データモデルの図

   b)   関係スキーマの図

   c)   主な属性とその意味・制約の表（今回はこの表はない）

② 問題文の該当箇所の対応付け

   →   その中で説明されるものが，どのエンティティのものなのかを確認

③ 設問の確認

   a)   概念データモデルの完成

       エンティティの追加はあるのか？

リレーションシップの追加はあるのか？　ゼロと 1 は？
b)　その他，正規化やキーに関する基礎理論の問題があるのか？
→ 既に確認済み。なし。

今回の**「データベース設計」**は，概念データモデルと関係スキーマの完成に関する設問だけで構成されている。読解すべき問題文は次のようになる。

設問 1　図 1，図 2 の完成：**〔現状業務の分析結果〕**段落。約 2.5 ページ
設問 2　図 3，図 4 の完成：**〔修正改善要望の分析結果〕**段落。約 1 ページ

問題文の長さだけを考えれば，設問 1 と設問 2 の時間比率は 2 対 1 ぐらいになる。この 1 問を 45 分で解答しようと考えた時，設問 1 で 30 分，設問 2 で 15 分という配分になる。

しかし，関係スキーマの完成に関する解答数で考えると，設問 1 が 6 つ，設問 2 も 6 つになる。リレーションシップの追加は何本あるのかはわからないが，設問 2 にはエンティティ名を答える設問もある。

結果的に設問 2 は簡単だったので，設問 1 で 30 分，設問 2 で 15 分という配分が妥当だったことになるが，問題を解く前にその判断はできない。そこで，こうしたケースでは，前詰めということも踏まえて，設問 1 を 20 分から 25 分，設問 2 を残りの時間で解いていこうという戦略が妥当だろう。午後 I の 1 問目に問 1 を解答する場合はなおさらだ。**「できるだけ速く」**を意識して，ケアレスミスや多少の読み落としを恐れることなく，速く解くことを心がけよう。

設問1

設問1の解答例

設問		解答例・解答の要点	備考
設問1	(1)	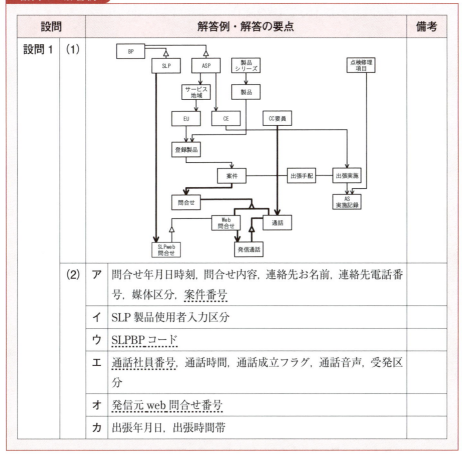	
	(2) ア	問合せ年月日時刻, 問合せ内容, 連絡先お名前, 連絡先電話番号, 媒体区分, <u>案件番号</u>	
	イ	SLP 製品使用者入力区分	
	ウ	SLPBP コード	
	エ	<u>通話社員番号</u>, 通話時間, 通話成立フラグ, 通話音声, 受発区分	
	オ	<u>発信元 web 問合せ番号</u>	
	カ	出張年月日, 出張時間帯	

　設問1は，未完成の概念データモデルと関係スキーマを完成させる問題になる。概念データモデルに関して，今回はリレーションシップの追加だけを考えればいい。エンティティの追加はなく，リレーションシップも0と1を区別する必要もないシンプルなものだ。他方，関係スキーマに関しては空欄の属性を埋める問題になる。

　したがって，最初に軽く問題文と**「図1　現状の概念データモデル（未完成）」**及び**「図2　現状の関係スキーマ（未完成）」**を対応付けて，どこに何の説明が書かれているのかを把握する**(STEP-1)**。その後，問題文の該当箇所を順次読み進めながら**空欄（ア）〜空欄（カ）**の埋められる部分から埋めていけばいいだろう。その際に，外部キーか否かを判断して，必要に応じてリレーションシップを加えていこう。

STEP-1. 概念データモデル，関係スキーマ，問題文を対応付ける

まずは「**図1　現状の概念データモデル（未完成）**」と「**図2　現状の関係スキーマ（未完成）**」，及び問題文の該当箇所を対応付ける（**解説図1**）。この時の手順は次のように考える。

① **図2**のエンティティに連番を振る。今回は全部で20ある。

② 今回は**図1**に追加しないといけないエンティティはないので，**図1**にも①に対応する連番を振るか，もしくはおおよその位置をチェックしておく。

③ 続いて，ざっくりで良いので分類する。今回は，問題文の〔**現状業務の分析結果**〕段落に20のエンティティは全てが説明されている。それを「**1. から 5.**」に分けて説明しているので，そのくくりで分類するといいだろう。

以上で，いったん対応付けは完了だ。後は，そのまま**STEP-2**に進んでもいいし，速く処理したければ**STEP-2**と**STEP-3**を後回しにして（場合によっては，多少点数を落としても全体で高得点を狙うために，2問解いた後に時間が余った時だけチェックしようと考えて），**STEP-4**から着手してもいいだろう。

あるいはここで，（問題文を読む前に）**図1**に記載済みのリレーションシップと**図2**の記載済みの外部キー（点線の下線，実線の下線）だけを対応付けて，**図1**に欠落しているリレーションシップがないかどうかを軽くチェックしてみるのもいいだろう。具体的には次のような感じになる。

④ **図2**に記載済みの外部キーのうち，容易に確認できる点線の下線のものをひとつピックアップする。

⑤ その外部キーに対するリレーションシップが**図1**に記載されているかどうかをチェックする。無ければ追加する。

⑥ **図2**に記載済みの外部キーのうち，主キーもしくは主キーの一部を構成する実線の下線の外部キーだと思われるものをひとつピックアップする。

⑦ その外部キーに対するリレーションシップが**図1**に記載されているかどうかをチェックする。無ければ追加する。

どういう手順で解答するのかを決めたら，**STEP-2**もしくは**STEP-4**に進んでいこう。

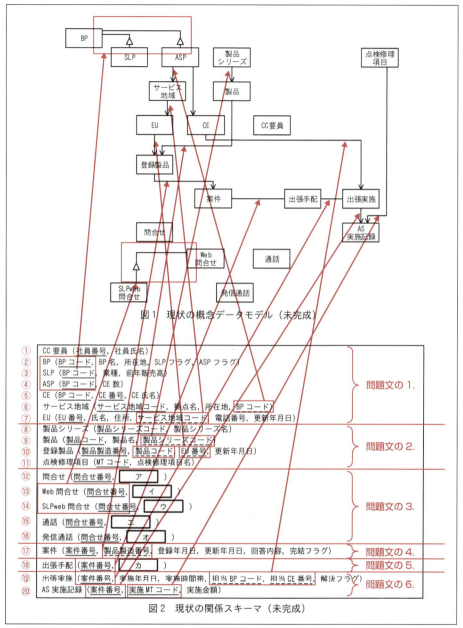

図1 現状の概念データモデル（未完成）

図2 現状の関係スキーマ（未完成）

解説図1　STEP-1　図1，図2の対応付け

STEP-2. 問題文１ページ目の「1. 社内外の組織，人的資源の特性」の読解

---

1. 社内外の組織，人的資源の特性

  (1) カスタマーセンター（以下，CC という）は，A 社に一つだけある組織である。　主キー OK!

(a)(2) CC の要員であるカスタマー係（以下，CC 要員という）は，社員番号で識別し，
氏名をもつ。

(b)(3) ビジネスパートナー（以下，BP という）は，A 社の協業先企業で，BP コード　主キー OK!
で識別し，BP 名，所在地をもつ。AS 業務の範囲の BP には，販売パートナー（以
下，SLP という）と点検修理パートナー（以下，ASP という）がある。

(c)① SLP は，販売店，工務店など，A 社の製品をエンドユーザー（以下，EU とい
う）に販売，設置をする企業であり，後述する問合せの登録を行う。SLP は
SLP フラグで分類し，業種と前年販売高をもつ。

(d)② ASP は，点検修理の委託先企業で，全国を数百の サービス地域に分け，(g) サー
ビス地域の幾つかごとに１社と契約している。ASP は ASP フラグで分類し，後
述するカスタマーエンジニア（以下，CE という）の人数である CE 数をもつ。

(e)(4) CE は，ASP に所属する技術者で，ASP ごとの CE 番号であらかじめ登録してい
る。氏名をもつ。　主キー OK!

(f)(5) EU は，製品の利用者で，EU 番号で識別し，氏名，住所，住所から定まるサー
ビス地域，電話番号，更新年月日をもつ。　主キー OK!

解説図 2　問題文の読み進め方

  ここには，"**CC 要員**"から"**EU**"までの７つのエンティティに関することが書かれている。問題文の「**図 2　現状の関係スキーマ（未完成）**」でいうと上から順番に数えて１番目から７番目までだ。いずれも完成形で示されているので（空欄がない形で示されているので），「**図 1　現状の概念データモデル（未完成）**」のリレーションシップを追加する必要があるかどうかだけをチェックする。

  この時，時間が無ければ**図 1** と**図 2** の対比だけで確認したり，後回しにして**空欄（ア）**から**空欄（オ）**までが問われている「**問合せ関連**」の記述箇所（問題文の２ページ目の〔**現状業務の分析結果**〕段落の「**3. 問合せの登録**」部分。この解説では **STEP-4**）から先に着手したりしてもいいだろう。この試験は時間との闘いなので，自分の解答速度を考えてどう処理するのかを決めるようにしよう。

■ チェックする場合

  チェックする場合は次のように対応付ける。情報処理技術者試験では，問題文が綺麗に体系化されていて，かつ表現も統一されているので，そういう点を最大限に活用すると速く確認できる。

- 解説図2の **(a)** の記述＝問題文の図2の **"CC 要員"** の属性
- 解説図2の **(b)** の記述＝問題文の図2の **"BP"** の属性
- 解説図2の **(c)** の記述＝問題文の図2の **"SLP"** の属性
- 解説図2の **(d)** の記述＝問題文の図2の **"ASP"** の属性
- 解説図2の **(e)** の記述＝問題文の図2の **"CE"** の属性
- 解説図2の **(f)** の記述＝問題文の図2の **"EU"** の属性
- 解説図2の **(g)** の記述＝問題文の図2の **"サービス地域"** の属性

　この問題でも，解説図2の赤枠で囲っている部分のように，すべて **「～は」** という主語から始まっているので，どこに何の説明が書いているのかを把握しやすくなっている。しかも，関係スキーマの上から下への並びと，問題文の説明の順番もおおよそ同じような順番にしてくれている。**"サービス地域"** だけは文中に埋もれた形になっているが，それ以外の6つのエンティティはすべて順番に対応付けることができるだろう。

　これらの点は **"暗黙の規則"** として覚えておいた方が良い。それを前提にして問題文を読解していけば，短時間で状況を把握できるからだ。

　チェックする点は，必要な属性と，主キーや外部キーの設定になる。この時に，どういう記述があればどう考えるのかが重要になる。情報処理技術者試験では，次のような観点で考えればいいだろう。もちろん，いずれも例外が存在する可能性もあるが，まずはこの考えでいいと考えよう。

- **「～で識別し」** という表現は **"主キー"** になる。
- **「～をもつ」** という表現は，必要な属性になる。
- **「フラグで分類し」** という表現は，共存的サブタイプをもつことになる。
- 点線の下線は外部キーなので，そのリレーションシップが**図1**に存在していることを確認する。
- 実線の下線の中にも外部キーが存在する可能性があるので，その可能性を考えながら**図1**のリレーションシップの中に存在するか，存在しないから追加する必要があるのかを判断する。

　結果的に，**図1**には追加するリレーションシップもないし，**空欄（ア）**から**空欄（カ）**に追加すべき属性もないことを確認して終了する。

STEP-3. 問題文 1 ページ目〜 2 ページ目の「2. 製品などのもの，点検修理項目の特性」の読解

```
  2.  製品などのもの，点検修理項目の特性
                              主キー OK!
(a)(1)  製品は，A 社が製造販売する製品で，製品コードで識別し，製品名をもつ。

(b)(2)  製品シリーズは，製品の上位の分類で，床暖房パネル，乾燥機などがある。
 主キー
 OK!  製品シリーズコードで識別し，製品シリーズ名をもつ。

(c)(3)  登録製品には，販売した製品を利用する EU を登録する。
         主キー OK!
   ①  登録製品は，製品製造番号で識別する。登録製品には，製品コード，利用
      者の EU 番号，登録製品の更新年月日を記録している。

   ②  登録製品の利用者は，集合住宅での入退居や住宅の売買で変わり得るので，     現段階では
      把握の都度，利用している EU を登録又は更新する。                      考慮しなくてもいい

(d)(4)  点検修理項目は，出張による点検修理で発生し得る CE の作業項目で，メンテ
      ナンスコード（以下，MT コードという）で識別し，点検修理項目名をもつ。動
      作確認，分解点検，ユニット交換などがある。          主キー OK!
```

解説図 3　問題文の読み進め方

　ここには，"**製品シリーズ**" から "**点検修理項目**" までの 4 つのエンティティについて書かれている。問題文の「**図 2　現状の関係スキーマ（未完成）**」でいうと上から順番に数えて 8 番目から 11 番目までだ。ここも，いずれも完成形で示されているので（空欄がない形で示されているので），「**図 1　現状の概念データモデル（未完成）**」のリレーションシップを追加する必要があるかどうかだけをチェックする。

　なお，ここも時間が無ければ**図 1** と**図 2** の対比だけで確認したり，後回しにして**空欄（ア）**から**空欄（オ）**までが問われている「**問合せ関連**」の記述箇所（問題文の 2 ページ目の〔**現状業務の分析結果**〕段落の「**3. 問合せの登録**」部分。この解説では **STEP-4**）から先に着手したりしてもいい。その点は STEP-2 と同じ考えでいいだろう。

■ チェックする場合

　ここもチェックする場合は **STEP-2** 同様に対応付ける。

　　・解説図 3 の **(a)** の記述＝問題文の図 2 の "**製品**" の属性
　　・解説図 3 の **(b)** の記述＝問題文の図 2 の "**製品シリーズ**" の属性
　　・解説図 3 の **(c)** の記述＝問題文の図 2 の "**登録製品**" の属性
　　・解説図 3 の **(d)** の記述＝問題文の図 2 の "**点検修理項目**" の属性

STEP-2 にはなかった次の観点を加えて考えればいいだろう。

・「**A は B の上位の分類で**」という表現は，A と B が 1 対多の関係にあることを示す。
・「**〜を記録している**」という表現は必要な属性になる。

　ここも結果的に，**図 1** には追加するリレーションシップもないし，**空欄（ア）**から**空欄（カ）**に追加すべき属性もなかった。**(3)** で登録製品について説明しているところの②の記述は，"**登録製品**"エンティティ内の'**EU 番号**'が運用中に変わるという話をしているだけで，現状の**図 1** 及び**図 2** で考慮することは無い。

　今後「**その履歴を取りたい**」という要望が出てきた時には，"**登録製品**"エンティティの履歴を管理するエンティティが必要になる。そのことだけ覚えておけばいいだろう。設問 2 で問われる可能性がある時に思い出せるように，「**未だ使っていない部分**」だとマークしておく程度でいいだろう。

午後Ⅰ問題の解答・解説　　441

STEP-4. 問題文１ページ目の「3. 問合せの登録」の読解

3.　問合せの登録

(1) 製品使用者の使用上の不具合や違和感がA社に対する問合せとなる。

(2) 問合せは，製品使用者から直接又はSLP経由でCCに入る。

(3) 問合せの媒体は，Web上の問合せフォームか電話による通話である。いずれであるか媒体区分で分類する。(a)

(4) 一つの問合せは，問合せフォームから入る１件の問合せ文又は１回の通話で，問合せ番号で識別し，(b) 問合せ年月日時刻，問合せ内容(c)のほかに，製品使用者への連絡のための情報として，お名前と電話番号を記録する。(d) この段階での連絡(e)のための情報は，登録されているEUのものとは関連付けない。

(5) 製品使用者が直接入れる問合せは通話と問合せフォームの両方があり得るが，(f) SLP経由の場合は問合せフォームからに限定している。

(6) 入ったWeb問合せに対してCC要員が製品使用者に電話をかける。そのWeb問(g)合せがSLP経由だった場合，製品使用者にどのSLPから受け継いだかを伝えるために，Web問合せに経由したSLPのBPコードを記録している。(h)

(7) 通話は，成立しなくても１回の通話としている。通話が成立しないケースは，受信の場合はCC要員の応答前に切れるケース，発信の場合は相手が話し中又は応答がないケースである。通話の成立は通話成立フラグで分類する。(i)

(8) 通話の場合，(j) 通話したCC要員の社員番号，通話時間，受信か発信かの受発区分，音声データである通話音声を記録している。

(9) 問合せは，製品使用者が勘違いしていたり他社製品であったりすることもあり，この場合の問合せは，後述する案件化をすることなく終わる。

解説図４　問題文の読み進め方

　ここから**空欄（ア）～空欄（オ）**が関係してくるところになる。そのため，この解説図４の部分からは１行１行大切に処理していかなければならない。そして，**"属性"**らしきものを見つけたら，順番に（片っ端から）ピックアップ（マーク）していこう。反応すべきところは，解説図４の中に赤字で記入している **(a)** ～ **(j)** になる。どのように考えればいいのかを順番に見ていこう。

(a)「媒体区分で分類する」

　この **「～区分で分類する」** という記述から，スーパータイプとサブタイプのリレーションが存在することと，サブタイプが排他的サブタイプであることがわかる。そこで，問題文の**「図２　現状の関係スキーマ（未完成）」**をチェックして，次のように対象となるエンティティを確定させる。

　　・スーパータイプ：**"問合せ"**

　　・サブタイプ：**"Web問合せ"**，**"通話"**

442　令和４年度秋期 本試験問題・解答・解説

空欄ア，イ，ウに何かしら主キーが入らない限り，これらの主キーもすべて **‘問合せ番号’** で同じなので間違いないだろう。そして，問題文の **「図1　現状の概念データモデル（未完成）」** には，そのリレーションシップが記載されていないのでリレーションシップを追加する。加えて，**“問合せ”** エンティティにも **「サブタイプを分類する属性を明示する」** 必要があるので，**“問合せ”** エンティティには **‘媒体区分’** を持たせる。

・**“問合せ”** をスーパータイプ，**“Web問合せ”** と **“通話”** をサブタイプとするリレーションシップ（解説図5の追加A）。
・**“問合せ”** に **‘媒体区分’** を持たせる（空欄（ア））。

(b)「問合せ番号で識別し」

　この記述から，問題文の **「図2　現状の関係スキーマ（未完成）」** 中のエンティティのうち，今回解答しようとしている **“問合せ”** から **“発信通話”** までの5つのエンティティの主キーが **‘問合せ番号’** ではないから推測する。問題文の **「図1　現状の概念データモデル（未完成）」** の **“Web問合せ”** と **“SLPweb問合せ”** の間のリレーションシップから，**“SLPweb問合せ”** は **“Web問合せ”** のサブタイプになっていることが確認できるし，おそらく **“発信通話”** も **“通話”** のサブタイプだと考えられるからだ（この後の記述で確定させる）。そのあたりのことを **「図2　現状の関係スキーマ（未完成）」** で確認しておく（特に追加する属性はない）。

(c)「問合せ年月日時刻，問合せ内容」

　この記述から，**‘問合せ年月日時刻’**，**‘問合せ内容’** の二つの属性が必要だということがわかる。但し，**“問合せ”** から **“発信通話”** までの5つのエンティティは，スーパータイプとサブタイプの関係にあると思われるので，どのエンティティに持たせるのかを考えなければならない。

　常識的に考えて，問合せフォームから入る問合せにも，電話による通話から入る問合せにも必要な属性だと考えられる。さらに，SLP経由の問合せにも発信通知の場合でも必要だと考えられる。時間的に余裕があれば，念のため **「〜には問合せ年月日時刻と問合せ内容は記録しない」** という否定的表現が無いことを確認してもいいだろう。今回もそうした記述はないので，**‘問合せ年月日時刻’**，**‘問合せ内容’** はスーパータイプの **“問合せ”** の属性だと判断する（空欄（ア））。

(d)「お名前と電話番号を記録する」

　この **「記録する」** という記述は，よく使われる表現だ。この記述を見つけたら，原則，属性として持たせる必要があると考える。後は，前述の **(c)** 同様，どのエンティティに持たせるのかを考える。ここも常識的に考えて5つのエンティティ全てに必要だし，特にそれを否定する記述もないので **‘連絡先お名前’** と **‘連絡先電話番号’** は，**“問合せ”** エンティティの属性だと判断する（空欄（ア））。

午後I問題の解答・解説　443

なお，解答例では‘連絡先お名前’と‘連絡先電話番号’という表現を用いている。これは，
“EU”の属性にある‘氏名’や‘電話番号’と区別するためだと思われる。問題文の6ページ目の
「解答に当たっては…」から始まる注意書きの文には「**エンティティタイプ名，関係名，属性名は，
それぞれ意味を識別できる適切な名称とすること。**」と明記されている。そのため，原則「**被って
はいけない**」わけだ。これは，以前から変わらないルールなので，覚えておいて順守するように心
がけよう。今回は，解説図4の **(d)** の直後に「**この段階での連絡のための情報は，登録されている
EU のものとは関連付けない。**」とヒントまで与えてくれている。反応できるようにしておこう。

(e)「**この段階での連絡のための情報は，登録されている EU のものとは関連付けない。**」
　この記述の中の「**EU**」については，問題文1ページ目の〔**現状業務の分析結果**〕段落の「**1. 社
内外の組織，人的資源の特性**」の **(5)** に記載されている。製品の利用者に関するもので，氏名も
電話番号も保持している。それは「**図2　現状の関係スキーマ（未完成）**」でも確認できる。その
ため，前述の **(d)** で説明したように，“問合せ”エンティティに持たせようと考えている‘**お名前**’
と‘**電話番号**’も，本来ならば，“**EU**”エンティティを参照するようにしなければならない（すな
わち，“問合せ”エンティティには，外部キーとして“**EU**”エンティティの主キーを持たせなけれ
ばならない）。冗長になってしまうからだ。
　にもかかわらず，（前述の **(d)** で）‘連絡先お名前’と‘連絡先電話番号’が“問合せ”エンティ
ティの属性に必要だと判断したのは，この“**EU のものとは関連付けない**”と明記されているから
だ。それゆえ，“**EU**”エンティティを参照せずに，そのまま“問合せ”エンティティの属性に持た
せるようにしなければならない。

(f)「**SLP 経由の場合は問合せフォームからに限定している**」
　この記述の「**SLP**」とは，販売パートナーのことである。そして，「**図1　現状の概念データモ
デル（未完成）**」には，“Web 問合せ”エンティティをスーパータイプ，“SLPweb 問合せ”エン
ティティをサブタイプとするリレーションシップが記載されている。“SLPweb 問合せ”が“問合
せ”のサブタイプではなく“Web 問合せ”のサブタイプになっているのは，この要件（販売パー
トナー経由で入ってくる問い合わせは，通話は無くて，問合せフォームからだけになるという記
述）があるからだ。それが確認できる記述になる。
　そして，スーパータイプに該当する“Web 問合せ”エンティティには，“SLPweb 問合せ”エン
ティティかどうかを識別する属性が必要になる。今回は，スーパータイプに対してサブタイプが一
つしかないが，“SLPweb 問合せ”エンティティか否かは排他的な関係になる。根拠は「**3. 問合せ
の登録**」の **(2)** に記載されている「**問合せは，製品使用者から直接又は SLP 経由で CC に入る。**」
というところ。「**又は**」というのはどちらか一方という意味だからだ。サブタイプを識別する属性は
排他的サブタイプを示す「**区分**」で表現する。例えば解答例のように‘**SLP 製品使用者入力区分**’

444　**令和4年度秋期 本試験問題・解答・解説**

などという適当な名称を付けて，"Web 問合せ"エンティティに持たせる（空欄（イ））。

(g)「入った Web 問合せに対して CC 要員が製品使用者に電話をかける」

この記述から，"Web 問合せ"エンティティと"発信通話"エンティティの間に何かしらのリレーションシップが必要だと判断する。後から発生するのは"発信通話"エンティティになるのは明白なので，"発信通話"エンティティに，"Web 問合せ"エンティティの主キー'発信元 Web 問合せ番号'を外部キーとしてもたせる（空欄（オ））。

加えて，そのリレーションシップが「図1　現状の概念データモデル（未完成）」には存在していないので追加する。この時に考えなければならないのは1対1にするのか1対多にするのかだ。問題文を読み進めると，「(7) 通話は，成立しなくても1回の通話としている。通話が成立しないケースは，受信の場合は CC 要員の応答前に切れるケース，発信の場合は相手が話し中又は応答がないケースである。」という記述がある。つまり，相手が話し中や応答がないケースも1回の通話とカウントするということなので，1回の"Web 問合せ"に対して複数回"発信通話"が発生すると考えるのが妥当だろう。逆に「こちらから電話をするのは1回だけにする」という限定的な記述もないので，そう考えるのが妥当だと判断する。したがって，"Web 問合せ"エンティティと"発信通話"エンティティの間のリレーションシップは1対多になる（解説図5の追加B）。

(h)「Web 問合せに経由した SLP の BP コードを記録している」

まず，この記述から"SLPweb 問合せ"エンティティには"SLP"エンティティの主キーである'BP コード'を外部キーとして持たせる必要があることがわかる。

但し，問題文の「図2　現状の関係スキーマ（未完成）」内には主キーとなる'BP コード'を持つエンティティが複数存在しているため，"SLP"エンティティの主キーだと特定するために，解答例のように'SLPBP コード'という名称にする。単に'BP コード'という名称にしてしまうと，どのエンティティとの間のリレーションシップか判別できないからだ。以上より，"SLPweb 問合せ"エンティティの属性に'SLPBP コード'（外部キー）を持たせる（空欄（ウ））。

加えて，「図1　現状の概念データモデル（未完成）」にもリレーションシップを追加する。特に「ひとつの SLP からはひとつの問合せしかできない」などという記述もないので，常識的にひとつの SLP からは複数の問合せが発生すると考えられる。したがって，追加する"SLP"エンティティと"SLPweb 問合せ"エンティティのリレーションシップは1対多になる（解説図5の追加C）。

(i)「通話の成立は通話成立フラグで分類する」

この記述から，"通話"エンティティに'通話成立フラグ'が必要なことがわかる（空欄（エ））。「分類する」という表現を使っている時にはサブタイプを持つことも多いが，今回はサブタイプを

午後I問題の解答・解説　445

持っていない。通話成立時も，不成立時も必要な属性が変わらないからだろう。単純に通話の内容を成立か不成立かを判断しているだけのものだと考えられる。

(j)「通話した CC 要員の社員番号，通話時間，受信か発信かの受発区分，音声データである通話音声を記録している」

　「**CC 要員の社員番号**」という記述より，**"CC 要員"エンティティの主キーを外部キー（'通話社員番号'）として持たせる（空欄（エ））**必要があることがわかるだろう。外部キーなので「**図1 現状の概念データモデル（未完成）**」にリレーションシップも追加しなければならない。この時1対1の可能性もゼロではないが，そういう記述は見当たらないし，かつ常識的に考えて，ひとりの CC 要員は何度も通話をするはずなので，**"CC 要員"エンティティと"通話"エンティティとの間のリレーションシップは1対多とする（解説図5の追加 D）**。

　そして，その後に続く記述から**'通話時間，受発区分，通話音声'も"通話"エンティティの属性に加える（空欄（エ））**。

　また，この属性の中には**'受発区分'**があり，問題文の「**図1 現状の概念データモデル（未完成）**」と「**図2 現状の関係スキーマ（未完成）**」に"**発信通話**"エンティティがあることなどから，"**発信通話**"エンティティは"**通話**"エンティティのサブタイプではないかと考える。問題文の記述内容や図1と図2のエンティティの記載されている位置，主キーが（おそらく）同じだという点なども含めて総合的に考えれば確定できる。

　しかし，問題文の「**図1 現状の概念データモデル（未完成）**」には，そのリレーションシップが記載されていない。そこで，**"通話"エンティティと"発信通話"エンティティの間にスーパータイプとサブタイプを表すリレーションシップを追加する（解説図5の追加 E）**。

　さらに，"**発信通話**"エンティティが"**通話**"エンティティのサブタイプだと判断したので，ここまでに"**通話**"エンティティ及び"**発信通話**"エンティティの属性だと考えてきたものが，そのままでいいのかどうかも再確認しておこう。"**通話**"エンティティの属性だと考えていた（**空欄（エ）**の）**'通話社員番号'，'通話時間'，'受発区分'，'通話音声'，'通話成立フラグ'**のいずれも，発信通話の時にも必要な属性だと考えられる。また，"**発信通話**"エンティティの属性だと考えていた（**空欄（オ）**の）**'発信元 web 問合せ番号'**も，スーパータイプの"**通話**"エンティティには必要ないので，そのままでいいことがわかる。以上より，これまで確定させてきた**空欄（エ）と空欄（オ）**はそのままで問題ないこともわかる。

　以上より，解説図4の部分（問題文の2ページ目の〔現状業務の分析結果〕段落の「**3. 問合せの登録**」部分）を熟読して確認できる**空欄（ア）**から**空欄（オ）**（解説図6）と，図1に追加するリレーションシップを一旦確定させる（**解説図5**）。

● 概念データモデル（図1）への追加（その1）

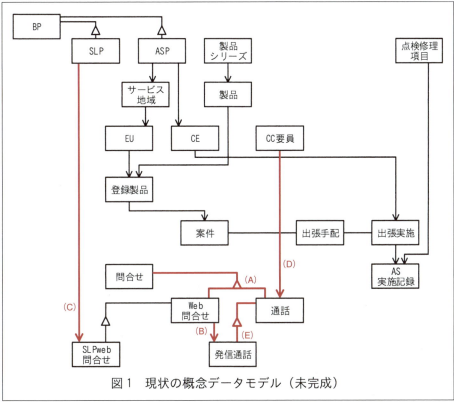

解説図5　ここで追加するリレーションシップ（赤線）

● 関係スキーマ（図2）への追加（その1）

問合せ（問合せ番号，問合せ年月日時刻，問合せ内容，連絡先お名前，連絡先電話番号，媒体区分）※未完成。完成はSTEP-5

Web問合せ（問合せ番号，SLP製品使用者入力区分）

SLPweb問合せ（問合せ番号，SLPBPコード）

通話（問合せ番号，通話社員番号，通話時間，通話成立フラグ，通話音声，受発区分）

発信通話（問合せ番号，発信元web問合せ番号）

解説図6　空欄の解答（枠内），赤字が今回追加した部分

STEP-5. 問題文2ページ目の「4. 問合せの案件化」から次のページの「6. 出張の実施」までの読解

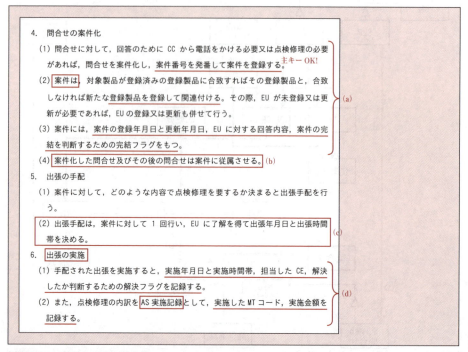

解説図7 問題文の読み進め方

続いて、解説図7の部分（問題文の2ページ目の〔現状業務の分析結果〕段落の「4. 問合せの案件化」から「6. 出張の実施」まで）を熟読する。解答戦略を考えるうえで、**空欄（カ）**は"出張手配"エンティティに関するものなので「5. 出張の手配」だけを読んで解答することも考えられるが、次のような観点からその前後を含めて処理した方が得策だと考えた方が良いだろう（もちろん解答手順は自由なので、この手順に限らないが）。

- 「**5. 出張の手配**」の冒頭に「(1) 案件に対して、…」という記述があることで、**空欄（カ）**を解く上で、案件に関する理解も必要になることが想定される。
- 「**4. 問合せの案件化**」も「**6. 出張の実施**」も量的に多くない。
- （**図1**に）追加するリレーションシップがあるかもしれない。
- （**図2**の）**空欄（ア）**から**空欄（オ）**に必要な属性が、まだあるかもしれない。
- どうせ最終的には問題文全てに目を通す必要がある。

(a)「4. 問合せの案件化」の（1）から（3）

問題文の「4. 問合せの案件化」の（1）から（3）に記載されていることは，**"案件"**エンティティに関する記述になる。時間があれば，**STEP-2**や**STEP-3**同様に，主キーや属性を確認しながら読み進めていけばいいだろう。ポイントはそれぞれ次のようになる。

- 問題文の**(1)**…**"案件"**エンティティの主キーが**'案件番号'**であることに関する記述。
- 問題文の**(2)**…**"案件"**エンティティの**'製品製造番号'**が外部キーであること。**"登録製品"**エンティティとの間にリレーションシップが必要なことに関する記述。
- 問題文の**(3)**…**"案件"**エンティティに必要となる上記以外の属性に関する記述。

必要だと思われるリレーションシップも全て**図1**に記載済みである。特に追加すべきものはない。また，**"案件"**エンティティの話が中心で，**空欄（ア）**から**空欄（オ）**及び**空欄（カ）**にも追加すべき必要な属性は見当たらない。

(b)「案件化した問合せ及びその後の問合せは案件に従属させる」

この記述には注意が必要である。この表現は**"問合せ"**エンティティと**"案件"**エンティティの間に，何かしらのリレーションシップが必要だということを示唆しているからだ。この記述は次の二つのことを意味する。

- 問合せは，案件となったタイミングで，その案件に紐づける
- 案件化された後の問合せは，発生したタイミングで当該案件に紐づける

いずれも**「問合せ」**を**「案件」**に紐づけるので，**"問合せ"エンティティ側に，"案件"エンティティの主キーである'案件番号'を外部キーとして（'案件番号'として）持たせることになる（空欄（ア））**。後から発生する**「案件」**を，先に発生している**「問合せ」**に従属させるのではない点には注意しよう。逆にならないように。

後は，図1に追加するリレーションシップが**「1対1」**なのか**「1対多」**なのかを考える。改めてこの記述を解釈してみると，**「案件化した問合せ及びその後の問合せ（を，ひとつの）案件に従属させる」**という解釈ができるので，ひとつの案件に対して複数の問合せが発生する表現だということがわかるだろう。以上より，**"問合せ"エンティティと"案件"エンティティのリレーションシップは多対1になる（解説図8の追加F）**。

(c)「出張手配は，案件に対して1回行い，EUに了解を得て出張年月日と出張時間帯を決める。」

　この記述の前半部分から，**"案件"**エンティティと**"出張手配"**エンティティに1対1のリレーションシップが存在することがわかる。ただ，**「図1　現状の概念データモデル（未完成）」**には，そのリレーションシップが記載済みなので，特に図1に追加するものはない。加えて，後から発生する**"出張手配"**エンティティ側に，**"案件"**エンティティの主キーを外部キーとして持たせる必要があるが，それも**「図2　現状の関係スキーマ（未完成）」**には記載済みだ。**"出張手配"**エンティティの主キー**'案件番号'**が外部キーも兼ねている。

　また，この記述の後半部分には，**"出張手配"**エンティティに必要な属性が記載されている。EUに了解を得て決定した出張年月日と出張時間帯だ。これらは**空欄（カ）**に必要な属性になるので，**"出張手配"エンティティに，'出張年月日'，'出張時間帯'を持たせる（空欄（カ））。**

(d)「6. 出張の実施」

　最後に，問題文の**「6. 出張の実施」**をチェックしておく。この時の視点は前述の通りだ。問題文の**「図2　現状の関係スキーマ（未完成）」**内の**"出張実施"**エンティティと**"AS実施記録"**エンティティの属性をチェックするとともに，図1へのリレーションシップの追加が必要ないかを確認する。

- **"出張実施"**エンティティと**"CE"**エンティティ間の多対1のリレーションシップは**図1**に記載済み
- **"出張実施"**エンティティと**"出張手配"**エンティティ間の1対1のリレーションシップも**図1**に記載済み
- **"出張実施"**エンティティと**"AS実施記録"**エンティティ間の1対多のリレーションシップも**図1**に記載済み
- **"AS実施記録"**エンティティと**"点検修理項目"**エンティティ間の多対1のリレーションシップも**図1**に記載済み
- **空欄（ア）**から**空欄（カ）**に追加する属性もない

　以上より，これで設問1を完了する。

● 概念データモデル（図1）への追加（その2）

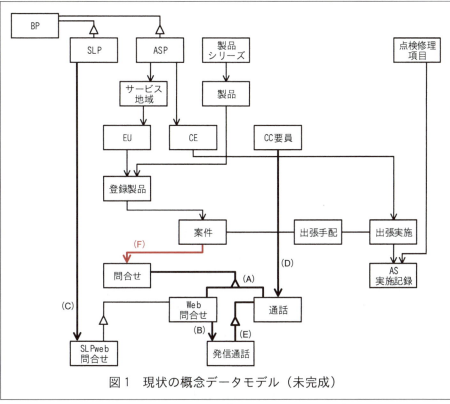

解説図8　ここで追加するリレーションシップ（赤線）

● 関係スキーマ（図2）への追加（その2）

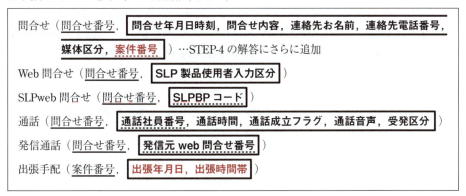

解説図9　空欄の解答（枠内），赤字が今回追加した部分

■ 設問2

設問2の解答例

設問				解答例・解答の要点	備考
設問2	(1)	(a)	あ	製品シリーズ	
			い	点検修理項目	
			う	案件	
		(b)			
	(2)	キ		<u>製品シリーズコード</u>, <u>ユニットコード</u>	
		ク		<u>ユニットコード</u>, 機能部品番号	
		ケ		<u>FAQ番号</u>, <u>KW</u>	
		コ		<u>案件番号</u>, <u>FAQ番号</u>, 可能性順位	
		サ		<u>FAQ番号</u>, <u>関連FAQ番号</u>, 関連度ランク	
		シ		<u>FAQ番号</u>, <u>MTコード</u>	

　設問2も，設問1同様未完成の概念データモデルと関係スキーマを完成させる問題になる。こ
こも基本的には設問1と同じ手順で考えていけばいいが，問題文も短いし，**「図3 修正改善要望
に関する概念データモデル（未完成）」**と**「図4 修正改善要望に関する関係スキーマ（未完成）」**
も空欄ばかりなので，設問1の解説における**「STEP-1. 概念データモデル，関係スキーマ，問題
文を対応付ける」**は割愛してもいいだろう。問題文を読み進めながら，図3及び図4と対応付け
て解答すればいい。問題文の該当箇所は，問題文3ページ目の**〔修正改善要望の分析結果〕段落**
になる。

452　令和4年度秋期 本試験問題・解答・解説

STEP-1. 問題文3ページ目の「1. ユニット及び要管理機能部品の追加」の読解

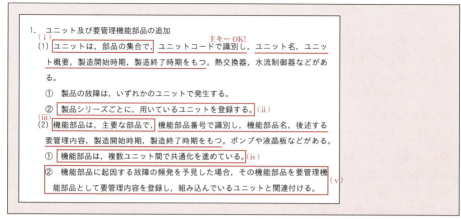

解説図10　問題文の読み進め方

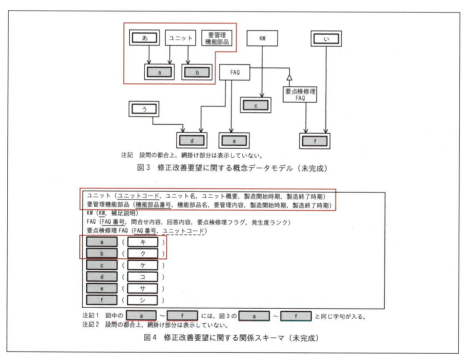

解説図11　問題文の該当箇所と概念データモデル（図3），関係スキーマ（図4）の対応付け

解説図10にピックアップした問題文の箇所には，**「ユニット」**と**「機能部品」**についての説明がある。この説明は解説図11の赤枠の部分に対応していると推測できる。この**解説図11**を見て，

午後I問題の解答・解説　453

これまでよく問われてきた連関エンティティをテーマにした出題の可能性を考えるべきだろう。具体的には，次のような推測だ。

・エンティティタイプ"空欄あ"と"ユニット"は多対多の関係ではないか？
・エンティティタイプ"空欄a"と"空欄b"は連関エンティティではないか？
・エンティティタイプ"ユニット"と"要管理機能部品"も多対多の関係ではないか？

あくまでも推測なので，違っている可能性も十分あると考えて，違っていたらすぐに軌道修正をする前提で問題文を処理していくと速く解答できることが多い。

なお，結果的に設問2は，すべてが連関エンティティに関するものになっている。設問2を解きながらその点に気付くことができれば，そこからは加速度的に速く解けるようになるだろう。

（ⅰ）「ユニットは，部品の集合で」

この記述を含む文で，"ユニット"エンティティの属性が確認できる。問題文の**「図4 修正改善要望に関する関係スキーマ（未完成）」**では，"ユニット"エンティティは完成形になっているので確認だけすればいいだろう。特に問題ないことがわかるだろう。

また，**「部品の集合である」**という記述から，"ユニット"エンティティと**「部品」**が1対多であることもわかる。後は，ここで言う**「部品」**が何を指すのかを考えればいい。

ユニットの例は**「熱交換器，水流制御器など」**である。設問1で考えた図1のエンティティタイプだと"製品"や"製品シリーズ"が**「モノ」**を表しているので近いが，常識的に**「製品」**は**「部品」**ではない。完全な別物だ。したがって，図1と図2には**「部品」**らしきものはない。製品シリーズの例が**「床暖房パネル，乾燥機など」**なので，部品ではないのは当然のこと，次のような概念になる。これでイメージしておこう。

・製品シリーズ（床暖房パネル，乾燥機など）は，複数の製品の集合
・製品は，複数のユニット（熱交換器，水流制御器など）の集合
・ユニットは，複数の部品の集合

では**「部品」**に関する記述はどこにあるのだろうか。それは，このまま問題文を読み進めればすぐにわかると思う（後述。**「(ⅲ)「機能部品は，主要な部品で，」**に続く」）。

（ⅱ）「製品シリーズごとに，用いているユニットを登録する。」

この記述から，"製品シリーズ"エンティティと"ユニット"エンティティの間にリレーションシップが必要だと判断できる。しかし，**「図3 修正改善要望に関する概念データモデル（未完成）」**と**「図4 修正改善要望に関する関係スキーマ（未完成）」**には，"製品シリーズ"エンティティに関する記述がない。そこで，次の仮説を立てることになる。

・“空欄あ”が“製品シリーズ”ではないか?

・“空欄a”は,“製品シリーズ”と“ユニット”の連関エンティティではないか?

　　※図3の“ユニット”,“空欄あ”,“空欄a”の三者間のリレーションシップより

　この仮説は,“製品シリーズ”エンティティと,“ユニット”エンティティが多対多の関係であれば立証できる。問題文の〔概念データモデルと関係スキーマの設計〕段落の「1. 概念データモデル及び関係スキーマの設計方針」の「(2) 関係スキーマは第3正規形にし,多対多のリレーションシップは用いない。」という記述があるので,多対多の場合は連関エンティティを用いて1対多に分けなければならないからだ。そこで,再度問題文をチェックするとともに,常識を加味してチェックする。

　問題文の「製品シリーズごとに,用いているユニットを登録する。」という記述をわかりやすく言い換えると,「製品シリーズ（床暖房パネル,乾燥機など）ごとに,その製品シリーズが用いているユニットを登録する。」という感じになる。この時,ひとつの製品シリーズ（例えば乾燥機）には複数のユニットがあると考えるのが妥当な考え方になる。普通に誰もがそう考えるだろう。そうでなければ,（レアケースなので）「ひとつの製品シリーズには,ユニットを一つしか登録できない」ということが書かれているはずだからだ。今回,そういう記述はない。

　一方,ひとつのユニット（熱交換器,水流制御器など）は,複数の製品シリーズで用いられていると考えるのも妥当だろう。「ひとつのユニットは,ひとつの製品シリーズでしか使ってはいけないというルールがある」という感じのことも書かれていないからだ。

　以上より,“製品シリーズ”エンティティと“ユニット”エンティティは多対多の関係にあると考えることができるので,この仮説どおりに次のように確定させる。

・“空欄あ”は“製品シリーズ”で確定させる。

・“空欄a”は,“製品シリーズ”と“ユニット”の連関エンティティで確定させる。

・空欄（キ）は,（ 製品シリーズコード, ユニットコード ）になる。

　　※連関エンティティの場合,双方の主キーを連結させて主キーとする

（ⅲ）「機能部品は,主要な部品で,」

　ここには「機能部品」の説明が記載されている。2ページ前の解説「(i)「ユニットは,部品の集合で,」」の最後では,「「部品」に関する記述はどこにあるのだろうか。」と考えているところで終わっているが,その答えはここにあった。「部品」とは,ここで説明されている「機能部品」のことを指していると考えられる。そして,この記述をそのまま受け取ると,次のようなエンティティが必要になる。

機能部品（ 機能部品番号, 機能部品名, 要管理内容, 製造開始時期, 製造終了時期 ）

午後Ⅰ問題の解答・解説　　455

しかし,「図3 修正改善要望に関する概念データモデル（未完成）」と「図4 修正改善要望に関する関係スキーマ（未完成）」には「**機能部品**」に関する記述がない。そこに記載されているのは,"**要管理機能部品**"エンティティになる。名称が違うだけで,主キーも属性も全く同じである。これをどのように考えればいいのだろうか？

"**空欄b**"が"**機能部品**"の可能性もあるし,図3と図4には"**機能部品**"はない場合もある。どう考えればいいのかは,この後の記述によって決めることになる。

(ⅳ)「機能部品は,複数ユニット間で共通化を進めている。」

この記述は,言い換えれば「**ひとつの機能部品が,複数のユニットで使われている**」ということになる。また,「(ⅰ)「**ユニットは,部品の集合で**」」のところで説明している通り「**ひとつのユニットには,複数の機能部品がある**」ということにもなる。この二つの観点から,"**機能部品**"エンティティと"**ユニット**"エンティティが多対多の関係になることがわかる。先に説明したとおり,多対多のリレーションシップは連関エンティティを用いて1対多に分けなければならない。具体的には,次のようにする。

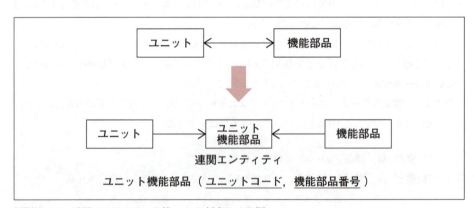

解説図12　連関エンティティを使って1対多にする例

しかし,上記のようなエンティティは「**図3 修正改善要望に関する概念データモデル（未完成）**」の中では実現できない。"**機能部品**"エンティティが無いからだ。そこをどうするのかは,次の記述によって決まる。

(ⅴ)「機能部品に起因する故障の頻発を予見した場合,その機能部品を要管理機能部品として要管理内容を登録し,組み込んでいるユニットと関連付ける。」

ここに,「**機能部品**」と「**要管理機能部品**」の説明が記載されている。この記述から「(ⅲ)「**機能部品は,主要な部品で,**」」のところで疑問に感じた（問題文をそのまま受け取って書いてみた）

"**機能部品**"の属性と,図4に記載されている"**要管理機能部品**"の属性とが全く同じになっていることにも納得がいく。対象が同じだからだ。

ただ,ユニットと関連付けるタイミングは「**機能部品に起因する故障の頻発を予見した場合**」になるらしい。ここにはそう記載されている。そのため,図3と図4では"**機能部品**"ではなく"**要管理機能部品**"という名称にしているのだろう。だとすれば,解説図の中の"**機能部品**"を"**要管理機能部品**"に変えて考えればいいので,次のように空欄を埋めることができ,リレーションシップを追加できる。

・図3の"**要管理機能部品**"から"**空欄b**"に対して1対多のリレーションシップを追加する(解説図13の追加G)。

・空欄(ク)は,(<u>ユニットコード,機能部品番号</u>)になる

● 概念データモデル(図3)への追加(その1)

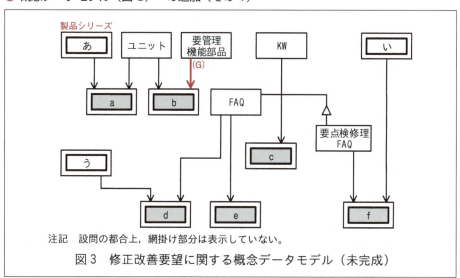

図3　修正改善要望に関する概念データモデル(未完成)

解説図13　ここで追加するリレーションシップ(赤線)と空欄の穴埋め

● 関係スキーマ(図4)への追加(その1)

解説図14　空欄の解答(枠内)

STEP-2. 問題文3ページ目〜4ページ目の「2. FAQ及びキーワードの整備」の読解

```
2. FAQ 及びキーワードの整備
  (1) 既出の問合せ内容と回答内容の組を FAQ として登録することで，新たな問合せ
    に対して FAQ を確認して迅速に正しい回答ができるようにする。
 (i)      主キー OK!
    ① FAQ は，FAQ 番号で識別し，問合せ内容，回答内容，点検修理の必要性を分
      類する要点検修理フラグ，発生度ランクをもつ。
 (ii) ② FAQ は，点検修理が必要となる要点検修理 FAQ とその必要のないその他の
      FAQ に分類し，要点検修理フラグで分類する。
    ③ 要点検修理 FAQ には，対象のユニットが何か設定するとともに，対応する点
      検修理項目を関連付けておく。
             (iii)              (iv)
 (v) ④ FAQ には，問合せ内容の解釈によって類似の FAQ が複数存在し得るので，類
      似する FAQ を関連 FAQ として関連付け，関連度合いを A〜C の 3 段階に分けて
      関連度ランクとして設定する。
  (2) FAQ 中に存在するキーワード（以下，KW という）をあらかじめ登録し，FAQ と
 (vi) その中で用いられる KW を関連付ける。KW は KW そのもので識別し，補足説明をも
      つ。
 (vii) (3) 案件で EU への回答に適用した FAQ は，案件適用 FAQ として案件に関連付け，
      可能性の高い FAQ の順に可能性順位を記録する。
```

解説図 15　問題文の読み進め方

　最後に，「**2. FAQ 及びキーワードの整備**」を順番に読解していく。

（ⅰ）「FAQ は」

　この記述から，ここには「**図 3 修正改善要望に関する概念データモデル（未完成）**」と「**図 4 修正改善要望に関する関係スキーマ（未完成）**」内の"**FAQ**"エンティティに関して記述されていることが確認できる。とは言うものの，図 4 の"**FAQ**"エンティティは完成形であり，図 3 にも特に追加するリレーションシップもないので，主キーや属性の確認だけをしておくだけになる（時間が無ければ無視してもいい。念のための確認レベル）。

（ⅱ）「FAQ は，点検修理が必要となる要点検修理 FAQ とその必要のないその他の FAQ に分類し，要点検修理フラグで分類する。」

　この記述から，"**FAQ**"エンティティをスーパータイプ，"**要点検修理 FAQ**"エンティティをサブタイプとするリレーションシップが必要だということがわかる。このリレーションシップも図 3 には既に記載されているので，特に追加するものはない。確認だけしておこう。

458　令和4年度秋期 本試験問題・解答・解説

（iii）「要点検修理 FAQ には，対象のユニットが何か設定する」

　この記述は，「図 4 修正改善要望に関する関係スキーマ（未完成）」の"要点検修理 FAQ"エンティティの属性に，外部キーとして'ユニットコード'が存在している理由になる。そして，この記述によって"要点検修理 FAQ"エンティティと"ユニット"エンティティの間にリレーションシップが必要になることもわかる。常識的に，ひとつのユニットがひとつの要点検修理 FAQ に制限する必要はないので，"要点検修理 FAQ"エンティティと"ユニット"エンティティは多対 1 になる。このリレーションシップは「図 3 修正改善要望に関する概念データモデル（未完成）」には記載されていないので，"要点検修理 FAQ"エンティティと"ユニット"エンティティの間に多対1 のリレーションシップを追加する（解説図 16 の追加 H）。

（iv）「対応する点検修理項目を関連付けておく」

　この記述の「関連付けておく」という表現から，"要点検修理 FAQ"エンティティと"点検修理項目"エンティティの間にリレーションシップが必要だということがわかる。

　しかし，図 4 で既に完成形になっている"要点検修理 FAQ"エンティティの属性には，"点検修理項目"エンティティの主キー'MT コード'は存在しないため，"要点検修理 FAQ"エンティティに外部キーとして持たせるというリレーションシップの張り方ではないことがわかる。そこで，"要点検修理 FAQ"エンティティと"点検修理項目"エンティティが多対多の関係にあるので，連関エンティティを持たせてリレーションシップを張っているのではないかと考える。"空欄 f"が連関エンティティで"空欄い"が"点検修理項目"エンティティになると考えればすべてが納得できる。時間が無ければ，これだけで確定してもいいだろう。それくらい正解に近い仮説だと言える。

　時間があれば，"要点検修理 FAQ"エンティティと"点検修理項目"エンティティが多対多になることを検証しておこう。点検修理項目は，「出張による点検修理で発生し得る CE の作業項目」だとしていて「動作確認，分解点検，ユニット交換など」を例として挙げている。対して，要点検修理 FAQ は，問合せ内容単位で発生する FAQ になる。常識的に考えて，ひとつの（点検修理が必要となる）FAQ に対する点検箇所がひとつに限定はできない。「動作確認をしてからユニット交換をする」ようなケースでは複数になる。また，これも常識的に考えてのことになるが，ひとつの点検修理項目（動作確認など）がひとつの FAQ に限定できるわけがない。以上より，特に例外的に「一つに限定する」という記述もないので，"要点検修理 FAQ"エンティティと"点検修理項目"エンティティは多対多になると考えられる。そう考えるのが妥当だろう。

　以上より，次の解答が可能になる。

　　・"空欄い"は"点検修理項目"になる。
　　・"空欄 f"は，"要点検修理 FAQ"と"点検修理項目"の連関エンティティになる。
　　・空欄（シ）は，（FAQ 番号，MT コード）になる。

（ⅴ）「FAQには，問合せ内容の解釈によって類似のFAQが複数存在し得るので，類似する FAQ を関連 FAQ として関連付け，関連度合いを A 〜 C の 3 段階に分けて関連度ランクとして設定する。」

この文を解釈してシンプルに言い換えると「**よく似ている FAQ を二つピックアップして，その関連度合いを A 〜 C にランク付けしよう**」ということになる。グルーピングに似ているが，類似の FAQ をまとめてグループ化するのではなく，一対の FAQ（FAQ のペア）ごとにランクを付けなければならないところがポイントになる。

リレーションシップで考えると **"FAQ のペア"** の組合せは多対多になる。ひとつの FAQ には様々なランクの類似 FAQ が複数存在する可能性があるからだ。類似 FAQ 側から見ても，（それは FAQ なので）様々なランクの FAQ が複数存在する可能性がある。したがって，ここでも連関エンティティを用いて 1 対多に分解しなければならない。

では，多対多の関係にあるエンティティは何と何になるのだろうか。それは両方とも **"FAQ"** なので，**"FAQ"** エンティティと **"FAQ"** エンティティになる。FAQ 同士の組合せなので，それしかない。図 3 を見る限り，今回の連関エンティティは（**"FAQ"** のみから二本の 1 対多のリレーションシップを記入できるのは）**"空欄 e"** しかないので，以下を解答だと考える。なお，**"空欄 e"** の属性には **'関連度ランク'** を持たせることを忘れないようにしよう。

- **"空欄 e"** は，**"FAQ"** と **"FAQ"** の連関エンティティになる。
- **図 3 の "FAQ" から "空欄 e" に対して 1 対多のリレーションシップを追加する（解説図 16 の追加 I）**。
- 空欄（サ）は，（ <u>FAQ 番号</u>，<u>関連 FAQ 番号</u>，関連度ランク ）になる。

（ⅵ）「FAQ とその中で用いられる KW を関連付ける。」

この記述から，**"FAQ"** エンティティと **"KW"** エンティティの間にリレーションシップが必要だということがわかる。

しかし，ここでも図 4 で既に完成形になっている **"FAQ"** エンティティの属性にも，**"KW"** エンティティの属性にも相手の外部キーらしきものが存在しない。**"FAQ"** エンティティと **"KW"** エンティティが多対多の関係にあるのだろう。だとすれば **"空欄 c"** が連関エンティティだろう。ここでも時間が無ければ，これだけで確定して解答してもいい。これまでの流れから，まず間違いないと判断できるからだ。

念のため，**"FAQ"** エンティティと **"KW"** エンティティが多対多になるかどうかを考えてみよう。ひとつの FAQ に複数のキーワードが入るのはよくあることだ。普通そうなるだろう。また，ひとつのキーワードは複数の FAQ で使われる可能性がある。これらをひとつに制限する記述も問題文にはないので，常識的に考えれば多対多になる。

以上より，次の解答が可能になる。

- ・"空欄 c"は，"FAQ"と"KW"の連関エンティティになる。
- ・図3の"FAQ"から"空欄 c"に対して1対多のリレーションシップを追加する（解説図16の追加 J）。
- ・空欄（ケ）は，(FAQ 番号， KW ）になる。

(vii)「案件で EU への回答に適用した FAQ は，案件適用 FAQ として案件に関連付け，可能性の高い FAQ の順に可能性順位を記録する。」

　この記述の中にも**「関連付け」**という表現がある。案件と FAQ の関連付けなので，**"案件"**エンティティと**"FAQ"**エンティティの間にリレーションシップが必要だということがわかる。

　しかし，ここでも図2で既に完成形になっている**"案件"**エンティティの属性にも，図4で既に完成形になっている**"FAQ"**エンティティの属性にも相手の外部キーらしきものが存在しない。**"案件"**エンティティと**"FAQ"**エンティティが多対多の関係にあるのだろう。だとすれば**"空欄 d"**が連関エンティティだろう。ここでも時間が無ければ，これだけで確定して解答してもいい。これまでの流れから，まず間違いないと判断できるからだ。

　念のため，**"案件"**エンティティと**"FAQ"**エンティティが多対多になるかどうかを考えてみよう。ここの**「可能性の高い FAQ の順に」**という表現から，ひとつの案件に複数の FAQ を関連付けることができることがわかる。また，常識的に考えて，ひとつの FAQ が複数の案件に関連付けられるはずだ。**「1 回何かの案件で使った FAQ は，他の案件では使えない」**という意味不明の記述はない。したがって，**"案件"**エンティティと**"FAQ"**エンティティは多対多になる。

　以上より，次の解答が可能になる。ここでも**空欄（コ）**の属性に**'可能性順位'**を忘れないようにしよう。

- ・**"空欄 う"**は，**"案件"**になる。
- ・**"空欄 d"**は，**"案件"**と**"FAQ"**の連関エンティティになる。
- ・空欄（コ）は，(案件番号， FAQ 番号， 可能性順位 ）になる。

● 概念データモデル（図3）への追加（その2）

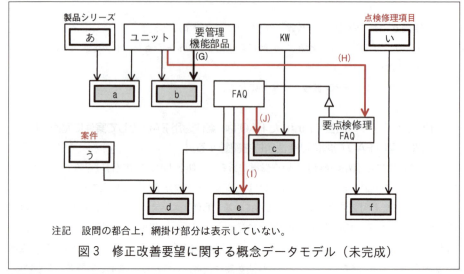

解説図 16　ここで追加するリレーションシップ（赤線）

● 関係スキーマ（図4）への追加（その2）

解説図 17　空欄の解答（枠内）

令和４年度　午後Ⅰ　問２　解説

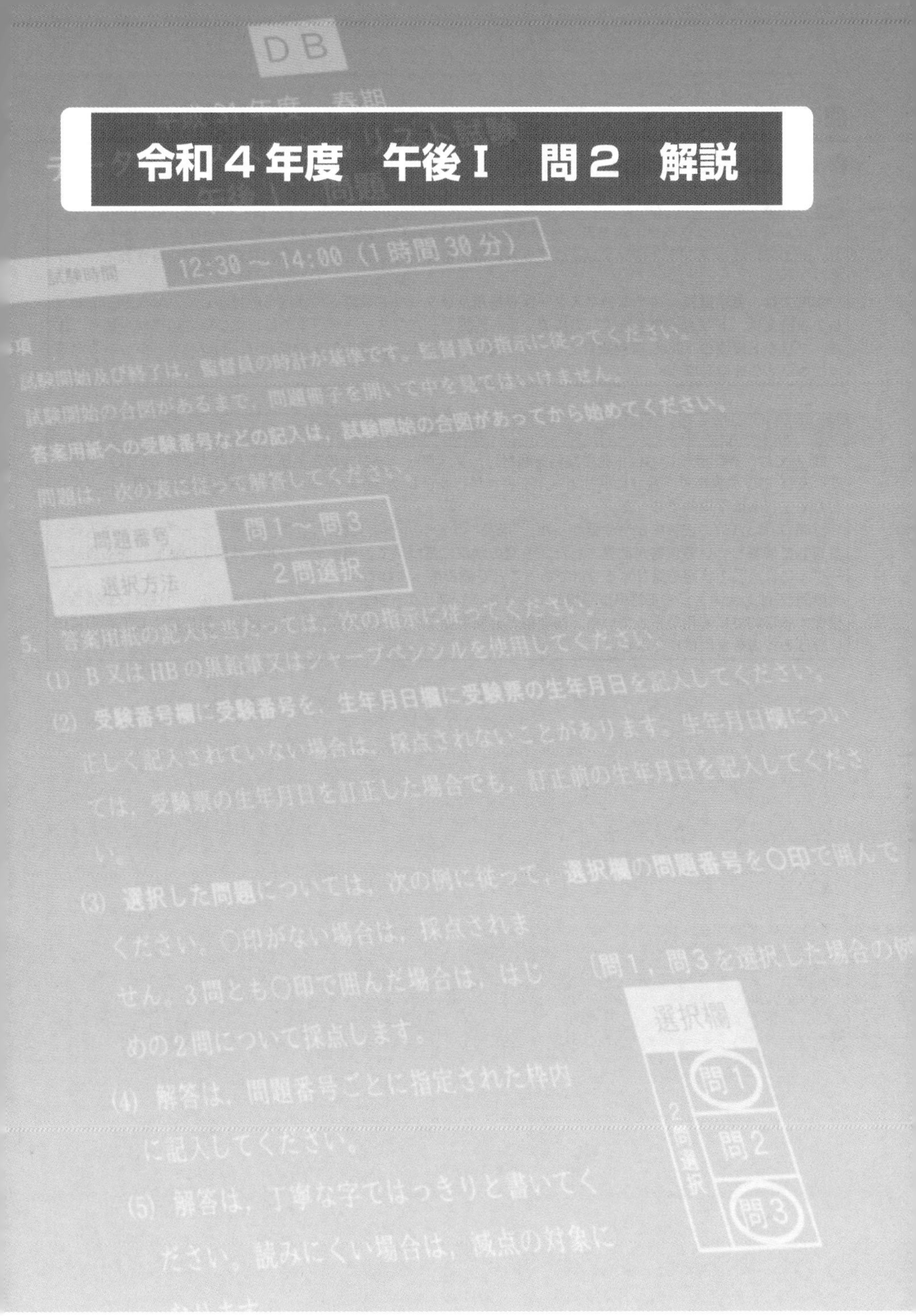

問 2

■ IPA 公表の出題趣旨と採点講評

出題趣旨

　近年，パブリッククラウドの普及に伴い，既存の業務システムをクラウド環境へ移行することがある。また，その際，既存アプリケーションプログラムに極力影響を与えずに，何らかの業務改善が期待されることが多い。

　本問では，見積業務システムのマスター保守業務及びクラウド環境への移行を題材として，マスターテーブルの設計変更，トリガーの実装，列の値の変更を前提としたマスターデータの移行についての理解を問う。また，クラウド環境の RDBMS 基盤設計でディスク障害を考慮した，RPO/RTO の見積り，レプリケーションの考慮点についての理解を問う。

採点講評

　問 2 では，専門商社における見積業務を題材に，マスターテーブルの変更履歴を保存するための設計変更，RPO 及び RTO の見積り，並びにトリガー，データ移行及びレプリケーションの考慮点について出題した。全体として正答率は平均的であった。

　設問 1 は，(5)の正答率がやや低かった。"商品"テーブルへの更新行，"商品履歴"テーブルへの挿入行を重複して解答している誤答が散見された。設問の状況に基づいて，商品テーブルには最新の状態，商品履歴テーブルには過去の状態を保存する設計であることを読み取ってほしい。

　設問 2 は，全体として正答率は平均的であった。レプリケーションは，データベースの可用性及び拡張性を確保する目的で広く用いられている。同期型と非同期型それぞれの特徴をよく理解し，要件に応じて適切に使い分ける技術を身に付けてほしい。

464　令和 4 年度秋期 本試験問題・解答・解説

■ 問題文を確認する

本問の構成は以下のようになっている。

問題タイトル：データベースの実装

題材：専門商社の見積システム

ページ数：7P

背景

第1段落　〔パブリッククラウドが提供するサービスの主な仕様〕

    1.　オブジェクトストレージ

    2.　RDBMS

      （1）ログ

      （2）バックアップ

      （3）レプリケーション

      （4）トリガー

第2段落　〔見積システムの概要〕

    図1　主なテーブルのテーブル構造（一部省略）

第3段落　〔"商品"テーブルの履歴管理〕

    図2　商品の変更を調べるSOL文（未完成）

    表1　"商品"テーブルの設計変更案

    表2　"商品"テーブルを変更するSQL文及びトリガーを定義するSQL文（未完成）

    図3　商品の変更履歴を調べるSQL文（未完成）

    表3　"見積回答"テーブルの内容

    表4　"見積回答明細"テーブルの内容

    表5　SQL文の結果（未完成）

第4段落　〔基盤設計〕

　問2はデータベースの実装に関する問題だ。と言っても，問題文をざっと俯瞰しただけでわかると思うがSQLの問題が中心になる。設問1は，ほとんどSQLの問題だ。残りの設問2はバックアップやログを使った復旧の問題とレプリケーションを題材にした問題になっている。

　なお，第1段落にRDBMSの仕様があるのは平成30年以後5年連続になる。今回のRDBMSの仕様は4つ。いずれも過去問題でも出題されているものだ。特に理解困難なものは含まれていないので，その場で（この問題の問題文を読んで）理解することも可能だが，ある程度過去問題で把握しておけば速く理解できる。時間との闘いの午後Iでは必須だろうと考えよう。

■ 設問を確認する

設問は次の表のようになっている。先に説明したとおり，この問題は設問1がSQLの問題になっている。SQL文中にある空欄の穴埋め問題が8問（a〜h），SQL文の結果を完成させる穴埋め問題（SQL文を把握しているかどうかを確認する問題）が3問（i〜k），テーブルの制約を変更する問題が1問，穴埋め問題ではないがSQL文を把握しているかどうかを確認する問題がもう1問出題されている。SQL文はトリガーに関するものを除けば，SELECT文や結合が中心のよくあるものばかりだ。

一方，設問2はバックアップやログを使った復旧の問題とレプリケーションを題材にした問題になっている。こちらも特に，これまでと違った目新しい切り口の設問はない。オーソドックスな設問になる。

設問	分類	過去頻出
1	SQLに関する設問	あり
2	バックアップ，ログに関する設問，レプリケーションに関する設問	あり

■ 解答戦略−45分の使い方−を考える

実際に解いてみないと難易度はわからないが，パッと見では，特に目新しい切り口の問題はなさそうだ。穴埋め問題が多いので，基本は穴埋め問題を順次解きながら問題文を読み進めていけばいいだろう。

設問1に対応している〔見積システムの概要〕段落と〔"商品"テーブルの履歴管理〕のページ数を確認すると，約4ページだということがわかる。そこに〔パブリッククラウドが提供するサービスの主な仕様〕段落の「(4) トリガー」を含めると約4.5ページになる。これは，全体の3分の2ぐらいのボリュームだ。問題数も設問1の方が多くて，明らかに時間がかかりそうなので30分ぐらいはかかってしまうかもしれないと考えよう。もちろんそれよりも短時間で解ければ万々歳だ。その場合は何の問題もない。しかし，それ以上かかりそうなら注意が必要になる。設問2を解く時間として15分は残しておきたいからだ。

設問2では，設問2に対応している〔基盤設計〕段落を読みながら順次穴埋めの部分を解いていくのに5分程度，最後に記述式の2問（30字×2）を解くのに5分×2問で10分程度，合計15分を使いたい。30字の解答を書くのに1分程度はかかるから，15分ぐらいは残しておいた方が良いだろう。そう考えながら時間を意識して解いていこう。

■ 設問 1

設問 1 の解答例

設問			解答例・解答の要点		備考
設問 1	(1)	a	商品コード		
		b	OR		
	(2)	**テーブル名**	見積依頼明細，見積回答明細		
		制約	外部キー制約		
	(3)	c	商品コード		順不同
		d	適用開始日		
		e	BEFORE		
		f	AFTER		
		g	OLD2		
		h	NEW2		
	(4)	i	2022-08-31		
		j	2022-09-01		
		k	NULL		
	(5)	**商品**	3, 5, 6		
		商品履歴	1, 2, 4		

　設問 1 は SQL 文の穴埋め問題が中心になっている。問題文を順次読み進めながら空欄を埋めていき，必要に応じて穴埋め問題以外の問題を解くように考えればいいだろう。基本は設問 1（1）から順番に（2）（3）（4）（5）と進めていく。

　SQL 文を完成させる設問では，問題文中に必ず**「何をしようとしているのか？」**が書かれているので，それを探し出して SQL 文と対比しながら紐解いていく。ある程度構文を知っていないと解けないが，知らない構文であっても諦めずに紐解いていこう。

設問 1（1）

SQL を完成させる問題。図 2 の SQL 文の空欄 a，空欄 b について解答する。

● 空欄 a：商品コード

空欄 a は，SELECT 文の FROM 句内にあるもので，INNER JOIN の ON の後にあるので INNER JOIN の結合条件になる。一つ目の空欄 a の前にある **'A'** は **"見積回答明細"** テーブル，二つ目の空欄 a の前にある **'C'** は **"商品"** テーブルなので，**"見積回答明細"** テーブルと **"商品"** テーブルの結合条件になる。

「図 1　主なテーブルのテーブル構造（一部省略）」 で，両テーブルをチェックすると **"見積回答明細"** テーブルに **'商品コード'** が外部キーとして存在しているので，**"商品"** テーブルと結合する場合には，この **'商品コード'** で結合させることがわかる。以上より，空欄 a は **「商品コード」** になる。

● 空欄 b：OR

空欄 b は，SELECT 文の WHERE 句内にあるので，抽出条件の一部だということがわかる。この抽出条件に関して，問題文には（図 2 のすぐ上に）**「モデル名又は定価のいずれかが変更されたが，変更が "商品" テーブルへ反映されていない商品」**（を抽出する SQL）だと記載されている。

・B. 見積回答日 ＞ C. 更新日　…　①
・(A. モデル名 ＜＞ C. モデル名 　　b　　 A. 定価 ＜＞ C. 定価) …　②
・上記の①　AND　上記の②

上記のような空欄 b を含む SELECT 文の WHERE 句の条件式と，問題文の記載を突き合わせてチェックすると，空欄 b の左側は **「モデル名が異なる」** ということを示し，右側は **「定価が異なる」** ということを示しているのではないかと容易に推測できるだろう。そして条件式なので，AND や OR だということも推測できる。

問題文では **「モデル名又は定価のいずれかが」** と記載されているので，どちらか片方が異なっていれば条件に合致するということなので，空欄 b には **「OR」** が入ると考えられる。簡単な問題なので，あまり深く考えずにサクッと解いて次にいこう。

なお，WHERE 句の **「B. 見積回答日 ＞ C. 更新日」**（上記の①）は，問題文 3 ページ目の最初に記載されている次の箇所に記載されている仕様に関係している。

> （3）仕入先からの回答を入力する。対応する見積依頼の見積依頼番号を参照し，
> "見積回答"，"見積回答明細"テーブルに見積回答の内容を登録する。商品の
> モデル名，定価が変更されたことが分かることがある。この場合，当該商品は，
> "見積回答明細"テーブルに変更後の内容を登録する。ただし，"商品"テーブ
> ルへの反映は後日行う。

解説図 1　問題文の関連箇所

　ここに記載されている通り，モデル名もしくは定価が変更された場合，**"見積回答"**テーブル及び**"見積回答明細"**テーブルに登録する日と，**"商品"**テーブルへ反映する日にタイムラグが発生するからだ。これ（**"商品"**テーブルへの反映は後日行うという仕様）を利用して抽出しているので，**"見積回答"**テーブルの**'見積回答日'**の方が**"商品"**テーブルの**'更新日'**より大きい（まだ変更が**"商品"**テーブルへ反映されていない）ものだけを対象に抽出しようとしていることになる。問題文中に出てくる**「ただし，…」**という記述は，やはり要注意だ。

設問 1（2）

　当初の**"商品"**テーブルの設計では，**「"商品"テーブルを更新すると，過去の属性情報は失われてしまう」**ので，変更履歴を管理するために設計変更を行うこととした。その時に考えられたのが**「表 1 "商品"テーブルの設計変更案」**の案 1 と案 2 である。このうち，案 1 を採用した場合には他のテーブルも設計変更しないといけないとしており，設問 1（2）では，それがどのテーブルの，どの制約を変更する必要があるのかが問われている。

　表 1 の案 1 と案 2 の違いは次のようになる。

案 1 は，"商品"テーブルの主キーを'商品コード'単体から{商品コード，適用開始日}に変更して履歴を保持する。

表 1　"商品"テーブルの設計変更案

	変更後のテーブル構造
案 1	商品（<u>商品コード</u>，メーカー名，商品名，モデル名，定価，更新日，<u>適用開始日</u>，適用終了日）
案 2	商品（<u>商品コード</u>，メーカー名，商品名，モデル名，定価，更新日，適用開始日，適用終了日） 商品履歴（商品コ　ド，メ　カ　名，商品名，モデル名，定価，更新日，適用開始日，適用終了日）

注記 1　"商品履歴"テーブルの主キーは表示していない。
注記 2　適用開始日は，その行の適用が開始される日，適用終了日は，その行の適用が終了される日。適用終了日が未定の場合は NULL が設定される。

案 2 は，"商品"テーブルはそのままにしておき，それとは別に"商品履歴"テーブルを用いて履歴を保持する。但し，旧"商品"テーブルが持っていた属性はすべて残している。

解説図 2　問題文の表 1 の案 1 と案 2 の違い

案1は，要するに**"商品"テーブルの主キーを変える**という変更だ。したがって，**"商品"**テーブルの**'商品コード'**を外部キーに持っているテーブルは，その外部キーを｛商品コード，適用開始日｝に変更しなければ参照できなくなる。そのテーブルを「**図1　主なテーブルのテーブル構造（一部省略）**」から探し出せばいい。

結果，**'商品コード'**を外部キーに持っているテーブルは，**"見積依頼明細"テーブル**と**"見積回答明細"テーブル**になる。これが対象のテーブル名になる。また，ここでは制約名が問われているので，制約名で解答すると「**外部キー制約**」になる。

設問1 (3)

続いても SQL を完成させる問題になる。対象となる SQL は「**表2　"商品"テーブルを変更する SQL 文及びトリガーを定義する SQL 文（未完成）**」で，その中にある**空欄 c～空欄 h** を埋めるというもの。

この**表2**では，上段に SQL の目的（SQL の解釈）が書いてあるので，その目的と下段にある SQL 文とを突き合わせながら解答していけばいいだろう。この時に，「**図1　主なテーブルのテーブル構造（一部省略）**」と，「**表1　"商品"テーブルの設計変更案**」をチェックするのはもちろんのこと，**表2**には「トリガーを定義する」と記載されているので，**〔パブリッククラウドが提供するサービスの主な仕様〕**段落の「2.RDBMS」-「**(4) トリガー**」（問題文の2ページ目）にも目を通して解答しよう。なお，「**(4) トリガー**」に関する説明は，これまでにも（過去問題に）何度か登場しているので，事前に知識として頭の中に叩き込んでおくと「**過去問題との差を確認する**」だけでいいので時間短縮につながる。

● 空欄 c：商品コード，空欄 d：適用開始日

SQL1 は，「**"商品"テーブルへ適用開始日列，適用終了日列を追加する。"商品履歴"テーブルを作成し，主キーを追加する。**」ことを目的としたものになる。そのまま次のように対応付ければ解答できる。

```
ALTER TABLE 商品 ADD COLUMN 適用開始日 DATE/DEFAULT CURRENT_DATE/NOT NULL;
①"商品"テーブルに'適用開始日'を追加する。②日付型, 初期値が現在日付, NULL 値不可

ALTER TABLE 商品 ADD COLUMN 適用終了日 DATE;
③"商品"テーブルに'適用終了日'を追加する。④日付型

CREATE TABLE 商品履歴 LIKE 商品;

注記 1　CREATE TABLE A LIKE B は，テーブル B を基にして
　　　　同じ列構成のテーブル A を定義する。
```

解説図3　表2のSQL1の解釈

解説図3の①のSQLで、**"商品"**テーブルに**'適用開始日'**を追加している。既にあるテーブルに列名を追加する時に使う**「ALTER TABLE 〜 ADD」**を使っている。追加するのは、その後に続く**「COLUMN（＝列）」**だ。おそらく、この構文を知らなくても雰囲気だけで分かるだろう。この際なので覚えておくといいと思う。

> 構文：ALTER TABLE テーブル名 ADD 追加するもの
> ※1. 追加するものが**「列名」**の場合**「COLUMN 追加する列名」**
> ※2. 追加するものが**「主キー」**の場合**「PRIMARY KEY (主キー)」**

その後に続く②の部分で、追加する列**'適用開始日'**が日付型であること（DATE）、初期値として現在日付を持ってきていること、NULL値を許容しないこと（非NULL制約）を指定している。

二つ目のSQL文では**"商品"**テーブルに**'適用終了日'**を追加している（③）。**'適用開始日'**と違って、適用終了のその日が来るまではNULL値を設定することになるので非NULL制約を付けていないのはもちろんのこと、初期値も設定していない。日付型だということだけを指定している。

次の三つ目のSQL文は、注記1にも書いている通り**「"商品履歴"テーブルを作成し」**というところに対応するものだ。そして、四つ目のSQL文で**「主キーを追加」**している。この時にも前述の**「ALTER TABLE ADD」**を使っている。追加するのは**「主キー」**なので、その後に**「PRIMARY KEY ( )」**を続けているのだということさえわかれば、**空欄c、空欄d**は容易に分かるだろう。**"商品履歴"**テーブルに必要な主キーを考えればいい。テーブル構造は**「表1 "商品"テーブルの設計変更案」**にあるので確認しながら、（表2では**「注記1 "商品履歴"テーブルの主キーは表示していない。」**ということなので）設定すればいいだろう。**"商品"**テーブルを強エンティティだと考えれば、**'商品コード'**と**'適用開始日'**が妥当だと判断できる。案1も参考になる。

● 空欄e：BEFORE

SQL2には、（上段の目的のところに記載されているように）2つの**「トリガーを定義する」**文が用意されている。その一つ目のCREATE TRIGGER文は**「"商品"テーブルの更新時に、適用開始日がNULLの場合、現在日付に更新する。」**というものだ。空欄以外の部分の解釈は解説図4のようになる。CREATE TRIGGERの基本構文に関しては、本書の第1章を確認しておこう。

このうち空欄eには、CREATE TRIGGER文の構文と、〔パブリッククラウドが提供するサービスの主な仕様〕段落の**「2.RDBMS」**‐**「(4) トリガー」**（問題文の2ページ目）のところに記載されている仕様から**'BEFORE'**か**'AFTER'**が入ることまではわかるが、表2の目的には**「"商品"テーブルの更新時に」**としか書いていないので、どちらかまではわからない。

```
基本構文 ： CREATE TRIGGER トリガー名 BEFORE 操作 ON テーブル名
              REFERENCING ～ FOR EACH ROW
              被トリガー名 SQL 文

CREATE TRIGGER トリガー1 [ e ] UPDATE ON 商品
  REFERENCING OLD AS OLD1 NEW AS NEW1 FOR EACH ROW ← 1 行ずつ処理をする
  SET NEW1.適用開始日 = COALESCE(NEW1.適用開始日, CURRENT_DATE);
```

REFERENCING 句を使って，OLD と NEW に相関名を付けている。

適用開始日が NULL の場合，適用開始日に現在日付をセットする。
（COALESCE が，NULL でない最初の値を返すので）

解説図 4　表 2 の SQL2 の一つ目の SQL 文の解釈

　そこで，解説図 4 のトリガーで，例えば商品コードが「1」の商品の単価が「800」から「900」にだけ変わった時のことを想像して，トリガーの動きを考えてみよう。

<変更前：OLD1 >　商品コード = 1，単価 =800，適用開始日 =2022-02-11
<変更後：NEW1 >　商品コード = 1，単価 =900，適用開始日 =NULL

　変更前が OLD1，変更後が NEW1 になるので，この例のように**「適用開始日が NULL の場合，現在日付に更新する」**必要がある。そこで COALESCE を使って NEW1. 適用開始日に現在日付をセットしているわけだ。そこを変換してから（つまり，その操作を行ってから）でないと**"商品"**テーブルを更新してはいけない。つまり**空欄 e には「BEFORE」**が入る。

　ここに**「BEFORE」**が入るのは，**'適用開始日'** に NOT NULL 制約を付けている点からも想像できるし，**〔パブリッククラウドが提供するサービスの主な仕様〕**段落の**「2.　RDBMS」**-**「(4) トリガー」**の次の仕様にもストレートに書いている点からも想像できる（下記の赤下線）。

> ① 実行タイミングを定義することができる。<u>BEFORE トリガーは，テーブルに対する変更操作の前に実行され，更新中又は挿入中の値を実際の反映前に修正することができる。</u>AFTER トリガーは，変更操作の後に実行され，ほかのテーブルに対する変更操作を行うことができる。

　それに，実は更新中または挿入中の **NEW（操作後の行）の内容を変更できるのは，（DB に保存される前の）BEFORE トリガーだけになる。**AFTER トリガーではできない操作だ。この問題のトリガーの仕様も，よく見るとそう書いているし，BEFORE トリガーと AFTER トリガーの**「できること」**が全然違っている。そこに気付きさえすれば容易に解答できるだろう。

● 空欄 f：AFTER，空欄 g：OLD2，空欄 h：NEW2

　二つ目の CREATE TRIGGER 文は「"商品"テーブルの更新時に，対象行の更新前の行を"商品履歴"テーブルに挿入する。このとき，挿入行の適用終了日には，更新後の行の適用開始日の前日を設定する。」というものだ。空欄を正確に埋めるには，この長い文を読解できるかどうかにかかっている。それぞれの文を解説図 5 のように SQL 文に当てはめてみるといいだろう。

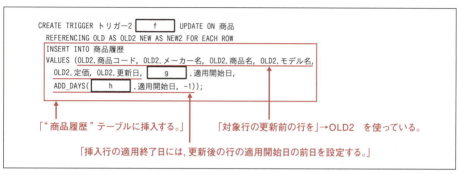

解説図 5　表 2 の SQL2 の二つ目の SQL 文の解釈

　最初に，**空欄 g**と**空欄 h**から考える。ここには REFERENCING 句の相関名 OLD2 か NEW2 が入る。「**表 1 "商品"テーブルの設計変更案**」で**"商品履歴"**テーブルの持つ属性を確認すると，**空欄 g**は'適用開始日'で**空欄 h**が'適用終了日'だということもわかると思う。

　ここで，改めて**"商品履歴"**テーブルと**"商品"**テーブルの関係を整理しておこう。例えば「**2020 年 9 月 1 日にモデル名を M1 から M1-1 に変更する**」というケースでは，解説図 6 のような変更になる。

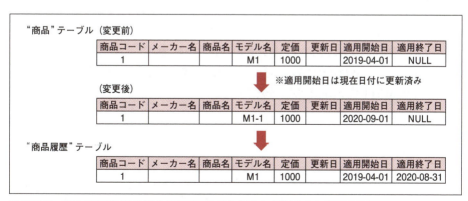

解説図 6　（例）2020 年 9 月 1 日にモデル名を M1 から M1-1 に変更するケース

この解説図5と解説図6を比較してみると，この変更に伴って作成される"**商品履歴**"テーブルの'**商品コード**'から'**適用開始日**'までは，変更前の"**商品**"テーブルの値をそのまま設定していることがわかる。最新は"**商品**"テーブルに保持しているので履歴に残す必要はない。履歴として残すのは変更前のものになる。したがって空欄gには変更前の値なので「OLD2」が入る。

一方，空欄hは'**適用終了日**'に関するものだ。改めて「表2 "**商品**"テーブルを変更するSQL文及びトリガーを定義するSQL文（未完成）」の目的を確認すると，「**挿入行の適用終了日には，更新後の行の適用開始日の前日を設定する。**」と記載されている。ここにストレートに「**更新後の行の適用開始日の前日**」と書いているので，空欄hは「NEW2」だと確定することができる。

解説図6のように，何かしらの事例を適用してみて考えても容易にわかるだろう。"**商品履歴**"テーブルの適用終了日には，"**商品**"テーブルの変更後に設定される'**適用開始日**'の前日が設定されている。

なお，ADD_DAYS（引数1，引数2）に関しては，「表2 "**商品**"テーブルを変更するSQL文及びトリガーを定義するSQL文（未完成）」の注記3に記載されている。「**引数1（日付型）から引数2（整数型）日後の日付を返すユーザー定義関数**」なので，引数2に「－1」を設定すると「引数1の1日前」になる。

次に空欄fについて考える。ここには（前述の通り）BEFOREかAFTERが入る。トリガーの契機は"**商品**"テーブルが更新された時で，トリガーで実行するのは"**商品履歴**"テーブルへの追加だ。今度は別テーブルの操作になる。問題文のトリガーの仕様には「**AFTERトリガーは，変更操作の後に実行され，ほかのテーブルに対する変更操作を行うことができる。**」と書いてあるので，空欄fにはAFTERが入るのではないかと想像できる。

今回の場合は，"**商品**"テーブルの更新後の適用開始日（NEW2.適用開始日）を計算で使用して，"**商品履歴**"テーブルの'**適用終了日**'にセットしている。それを可能にするのは"**商品**"テーブルの変更後になる。つまりAFTERトリガーを使うことになる。問題文に記載されている仕様どおりに空欄fを「AFTER」で確定させることができる。

ちなみに，空欄eの場合のNEW1の値の変更はあくまでも"**商品**"テーブル内（自テーブル内）の話だ。したがってBEFOREになる。対して，空欄fの場合は他のテーブルを更新する話になる。そのためAFTERになる。その違いを理解しておこう。

設問 1 (4)

　続いては，SQL 文の実行結果を解答する問題。この設問も，SQL 文を理解していないといけない問題になるが，問題文中に書いている**「やりたいこと」**，すなわち SQL 文の目的を把握していれば解答できる。

● 表 3，表 4，表 5 の理解

　この問題は，**「図 3　商品の変更履歴を調べる SQL 文（未完成）」**を把握しなくても解くことができる。**図 3** には改めて埋めなければならない空欄もない。したがって，まずは速く解くために**図 3** を解釈せずに解くことを考えてみる。

　「表 3　"見積回答"テーブルの内容」を見る限り，仕入先から 4 回の見積回答を受け取っている。2019 年 4 月 1 日，2020 年 9 月 1 日，2022 年 5 月 1 日，2022 年 9 月 1 日の 4 回だ。**「表 4　"見積回答明細"テーブルの内容」**を合わせてチェックすると，最初の 1 回（2019 年 4 月 1 日）だけ明細行が 3 行あり，他の 3 回は 1 行ずつになっている。

　一方，**「表 5　SQL 文の結果（未完成）」**は，'商品コード'ごとの履歴としてまとめられている。問題文には，**「商品のモデル名又は定価のいずれかが変更されたことの履歴を，図 3 の SQL 文で調べた。」**という記載があるから，表 5 はその SQL 文の結果だということも容易に分かるだろう。

　後は，表 3 と表 4 から**「4 回の見積回答」**をチェックしながら，商品コード単位に**「商品のモデル名又は定価のいずれかが変更された」**ケースをチェックして空欄を埋めていけばいいだろう。

● 空欄 i：2022-08-31，空欄 j：2022-09-01，空欄 k：NULL

　空欄 i は**空欄 j** の前日になるので，先に**空欄 j** と**空欄 k** を求める。**「表 4　"見積回答明細"テーブルの内容」**より，'商品コード'が「1」の行の'モデル名'と'定価'の遷移を読み取る。'商品コード'が「1」の行は 1 行目と 4 行目と 6 行目の 3 行ある。その 3 行では，'モデル名'が「M1 → M1-1 → M1-2」に，'定価'は「1000 → 1000 → 1100」に変わっている。定価は 1 度据え置きのケースがあるが，3 回とも定価もしくはモデル名の少なくともいずれかは変わっている。これが**表 5** に'商品コード'が「1」の行が 3 行ある根拠になる。**表 5** の'行番号'順に'定価'と'モデル名'の履歴と突き合せても同じだということが確認できるだろう。

　したがって**空欄 j** と**空欄 k** は，**表 4** の 6 行目に対する処理なので，**表 3** の 4 行目（4 回目の見積回答）の'見積回答日'である**「2022-09-01」**が**空欄 j** の適用開始日になる。その後に定価とモデル名の変更がないので，**空欄 k** の適用終了日には**「NULL」**が入る。

　そして，**空欄 i** は**空欄 j** の前日になるので**「2022-08-31」**になる。

● 図 3 の SQL 文の解釈

　念のため，図 3 の SQL 文の解釈についてもチェックしておこう。問題文を読むだけでは空欄が埋められない場合，この SQL 文を解釈する必要もあるからだ。

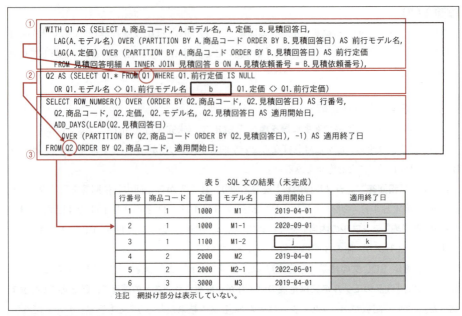

解説図7 問題文の図3のSQL文の解釈

最終的に「**表5 SQL文の結果（未完成）**」を示すSELECT文は三つ目のSELECT文になる（解説図7の③）。ROW_NUMBERは行番号を返すSQLだ。注釈には記載されていないが「**行番号**」という相関名を付けていることから推測は可能だと思う。その後，**表5**の列と順番に対応付けられていることを確認していく。

その SELECT 文（解説図7の③）内で使われている「**Q2**」と，さらに「**Q2**」の中で使われている「**Q1**」が WITH 句を使って作成しているサブクエリになる（解説図7の①と②）。

「**Q1**」（解説図7の①）では，"**見積回答**"テーブルと"**見積回答明細**"テーブルを'見積依頼番号'で結合して，解説図8のようなサブクエリを作っている。

見積回答明細より			見積回答より	見積回答明細より	
商品コード	モデル名	定価	見積回答日	前行モデル名	前行定価

解説図8 Q1によって作成されるサブクエリのイメージ

このうち，'商品コード'，'モデル名'，'定価'は"見積回答明細"テーブルから，'見積回答日'は"見積回答"テーブルから取ってきているが，'前行モデル名'と'前行定価'は図3の注記3に記載されているように，LAG関数を使って「**ウィンドウ区画内で順序付けられた各行に対して，現在行の1行前の行の列の値**」を取ってきている。LAG関数をチェックすると，「**PARTITION BY　A．商品コード**」となっているので「**同一商品コード**」で，「**ORDER BY B．見積回答日**」となっているので「**見積回答日で順序付けられた**」ものの「**前行**」になっていることがわかる。結果，次のようになる。

同一商品コード内において，見積回答日の昇順に並べた場合，1行前の行がないのでNULLを設定している。

商品コード	モデル名	定価	見積回答日	前行モデル名	前行定価
1	M1	1000	2019-04-01	NULL	NULL
1	M1-1	1000	2020-09-01	M1	1000
1	M1-2	1100	2022-09-01	M1-1	1000
2	M2	2000	2019-04-01	NULL	NULL
2	M2-1	2000	2022-05-01	M2	2000
3	M3	3000	2019-04-01	NULL	NULL

※わかりやすくするために{商品コード，見積回答日}順に並べています。

解説図9　問題文の表3のSQL文のうちWITH句で作成するサブクエリQ1の実行結果イメージ

そして「Q2」では，「'Q1．前行定価'がNULL値のもの」か，「'Q1．モデル名'と'Q1．前行モデル名'が異なるもの」，「'Q1．定価'と'Q1．前行定価'が異なるもの」を条件に，Q1よりQ1の列値を全て抽出している。後者の二つは問題文に記載されている条件なのですぐに分かると思う。では「'Q1．前行定価'がNULL値のもの」というのはどう考えればいいのだろう。

「'Q1．前行定価'がNULL値のもの」も抽出対象にしているのは，商品コード単位にまとめたものの先頭行の場合も抽出するからだ。「**表5　SQL文の結果（未完成）**」でも，そうなっている。解説図9を見れば明らかだが，「'Q1．前行定価'がNULL値」の場合，「'Q1．前行モデル名'もNULL値」になる。したがって，どちらか片側のNULL値だけをチェックすれば初出であることがわかる。「'Q1．前行モデル名'もNULL値」は抽出条件に必要ない。

解説図9をもとにQ2の結果をまとめると次のようになる（解説図10）。今回は全行が抽出対象になる。

午後I問題の解答・解説　477

商品コード	モデル名	定価	見積回答日	前行モデル名	前行定価
1	M1	1000	2019-04-01	NULL	NULL
1	M1-1	1000	2020-09-01	M1	1000
1	M1-2	1100	2022-09-01	M1-1	1000
2	M2	2000	2019-04-01	NULL	NULL
2	M2-1	2000	2022-05-01	M2	2000
2	M3	3000	2019-04-01	NULL	NULL

※ 網掛け部分が抽出条件に合致する根拠になる。

解説図 10　Q2 の実行結果

　最後に，このサブクエリ Q2 を元に，三つ目の SQL 文で**表5**の結果を求めるというわけだ。ここでは適用終了日に注記 4 に記載されている LEAD 関数が使われている。同一商品コードの見積回答日順に並んだ行で，次の 1 行の見積回答日から 1 を引いて前日をセットしている。次の 1 行が無い場合は NULL 値を返す。

設問 1（5）

　設問 1 の最後の問題は，「**表5　SQL 文の結果（未完成）**」の 6 行を基に，**"商品"**テーブルを更新，又は**"商品履歴"**テーブルへ挿入した場合にどうなるのかが問われている。

　これまで見てきた通り，**"商品"**テーブルには当該商品の最新の状態を保持し，**"商品履歴"**テーブルには，当該商品の最新の状態を除いてそれまでの履歴を保持することになる。それさえわかっていれば，表 5 を商品コード単位で見ていき最後の行を**"商品"**テーブルに，それ以外の行を**"商品履歴"**テーブルにすればいいと判断できるだろう。結果，**"商品"テーブルの更新行は「3，5，6」**，**"商品履歴"テーブルへの挿入行は「1，2，4」**になる。

■ 設問2

設問2の解答例

設問			解答例・解答の要点	備考
設問2	(1)	ア	ログの量	
		イ	5	
		ウ	1,800	
		エ	864,000	
		オ	1,728	
	(2)		・非同期型では複製先へのログの到達を待たないから	
			・同期型では複製先でのログのディスク出力を待つから	
	(3)		・複製元の変更操作が複製先で未反映だった場合	
			・複製元と複製先の間の通信が切断されていた場合	
			・複製先のインスタンスが停止していた場合	

　設問2は〔**基盤設計**〕段落に関する問題になる。ここも問題文を順次読み進めながら空欄を埋め，必要に応じて設問2（2），設問2（3）の30字以内で解答する記述式の解答を考えればいいだろう。

設問2（1）

　一つ目の問題は空欄ア～空欄オの穴埋め問題になる。問題文を読み進めながらひとつずつ考えていく。

● 空欄ア：ログの量

　まずは「**RDBMSのディスク障害時のRPO**」に関する問題だ。RPOはRecovery Point Objectiveの略で「**目標復旧時点**」という意味になる。障害発生時に，どの時点まで復旧させるのかという目標値になる。例えばRPOを1時間に設定すれば，それは1時間前の状態まで回復させる必要があることを意味している。別の言い方をすれば，障害発生の1時間前までの1時間分のデータは失われても許容できるということだ。

　そうしたRPOの決定要素はデータの量になる。データ量次第で失われることを許容できるのか否かが判断できるからだ。手作業で再入力可能だと判断すれば，そこまでは許容する。したがって，**空欄ア**にデータの量となる「**ログの量**」が入ると考えられる。

午後Ⅰ問題の解答・解説　　479

● 空欄イ：5

　続いても RPO に関する問題になる。RPO が最大で何分になるのかというものだ。

　今回のケースでは，ここの記述の直前の（1）に「**回復時にはオブジェクトストレージに保存したフルバックアップとアーカイブログを使って回復する，という前提で見積もる。**」と記載されている。問題文の1ページ目の〔**パブリッククラウドが提供するサービスの主な仕様**〕段落の「**2. RDBMS**」の「**(2) バックアップ**」にも「**オブジェクトストレージに保存したフルバックアップとアーカイブログを使って，データベースを回復することができる。**」と書かれている。これは，「**1. オブジェクトストレージ**」の仕様のところにも記載されている通り「**RDBMS とは独立して稼働し，RDBMS の障害時にも影響を受けずに，ファイルにアクセスすることができる**」からだ。

　〔**基盤設計**〕段落の「**1. RPO, RTO の見積り**」の（1）には「**利用するパブリッククラウドの仕様に基づいて，データベースのフルバックアップは1日に1回取得し，ログの切替えは5分に1回行い**」という設定にしていることが記載されている。

　この5分に1回行う「**ログの切替え**」に関しても，問題文の1ページ目に記載されている。〔**パブリッククラウドが提供するサービスの主な仕様**〕段落の「**2. RDBMS**」の「**(1) ログ**」の「**ログファイルの切替え時に，切替え前に使用していたログファイル（以下，アーカイブログという）を，オブジェクトストレージに保存する。**」という部分だ。つまり，5分に1回オブジェクトストレージに退避しているということになる。

　RDBMS のディスク障害時には，RDBMS 内のログも失われる。したがって，ディスク交換後にデータベースを回復する場合は「**オブジェクトストレージに保存したフルバックアップとアーカイブログ**」からになるわけだが，オブジェクトストレージへの退避は5分に1回行うので，仮にオブジェクトストレージに書き込む直前に RDBMS のディスク障害が発生すると，最大の5分間分のデータが消失することになる。それが RPO になるので空欄イには「5」が入る。

● 空欄ウ：1,800

　続いては単純な計算問題になる。「**データベース容量が180G バイト，リストア時のディスク転送速度を100M バイト／秒と仮定**」して，リストア時間を秒単位で求める。「**1G バイトは 10^9 バイト，1M バイトは 10^6 バイト**」で計算するという条件なので，単純に次のように計算すればいい。空欄ウは「1,800」になる。

　　180G バイト（ $= 180 \times 10^9$ バイト） ÷ 100M バイト／秒（ $= 100 \times 10^6$ バイト／秒）
　　$= 1.8 \times 10^3$ 秒 $= 1,800$ 秒

● 空欄エ：864,000

　これも単純な計算問題だ。適用するログの量が最大で何ページになるのかを求める問題になる。フルバックアップ取得後の経過時間が最大になるのは 24 時間。その間，ログが毎秒 10 ページ出力されると仮定するので，次の計算式で求めることができる。以上より，**空欄エ**は「**864,000**」になる。

　　10 ページ / 秒 × 24 時間（= 86,400 秒（= 24 時間 × 3600 秒））
　　= 864,000 ページ

● 空欄オ：1,728

　最後も単純な計算問題だ。ログを適用するのに掛かる最大時間を求める問題になる。ログの最大ページ数は空欄エで算出したとおり 864,000 ページになる。「**同期入出力時間がページ当たり 2 ミリ秒と仮定する**」し，「**バッファヒット率を 0%**」とするので，次の計算式で算出する。**空欄オ**は「**1,728**」秒になる。

　　864,000 ページ × 2 ミリ秒／ページ = 1,728,000 ミリ秒
　　　　　　　　　　　　　　　　　　 = 1,728 秒

設問 2（2）

　「**2. 参照専用インスタンス**」に関する問題。見積業務システムをクラウド環境へ移行するに際して実施するマスター保守業務を，見積業務システムに影響を出さないように実施したいため，全テーブルについて，本番インスタンスから参照専用インスタンスへ，非同期型のレプリケーションを行うことにした。この時に，「**参照専用インスタンスへのレプリケーションを非同期型にすると，見積システムへの影響を最小化できる**」理由について問われている。

　「**レプリケーションの仕様に基づいて**」という条件なので，問題文 1 ページ目の〔**パブリッククラウドが提供するサービスの主な仕様**〕段落の「**2. RDBMS**」の「**(3) レプリケーション**」の内容を確認する。同期型では「**複製先でログをディスクに出力した後，複製元のトランザクションがコミットされる**」のに対し，非同期型では「**複製先へのログの到達を待たずに，複製元のトランザクションがコミットされる**」。つまり，同期型の場合は非同期型に比べて，複製先でログをディスクに書き込んでいる時間分コミットが待たされるために遅くなってしまう。これがそのまま答えになる。解答例のように「**非同期型では複製先へのログの到達を待たないから（23 字）**」や「**同期型では複製先でのログのディスク出力を待つから（24 字）**」と解答すればいいだろう。

設問 2 (3)

最後は「**3. 参照専用インスタンスへのフェイルオーバーによる業務継続**」に関する問題になる。参照専用インスタンスでは，本番インスタンスでコミット済みの変更が失われる可能性があるが，それがどのような場合かというものだ。

ここでも「**レプリケーションの仕様に基づいて**」ということなので，設問 2 (2) を解く過程でチェックした「**(3) レプリケーション**」の内容を再度確認する。すると，非同期型では「**複製先へのログの到達を待たずに，複製元のトランザクションがコミットされる**」と書いている。つまり，本番インスタンス（複製元のトランザクション）では複製先の状態に関わらずコミットして確定する場合がある。それが本番インスタンスでのコミット済みの変更だ。したがって，何かしらの要因で複製先に反映されていなくても本番インスタンスはお構いなしでコミットしてしまう。同期型の場合は，複製先でログ出力したことが確認されないとコミットしないわけだから同期は取れるが（だから同期型という），非同期型ではそうはいかないケースがある。あとはその「**何かしらの要因**」にどのようなものがあるのかを考えればいいだろう。

解答例では，次のようなケースを挙げている。

- 複製元の変更操作が複製先で未反映だった場合（21 字）
- 複製元と複製先の間の通信が切断されていた場合（22 字）
- 複製先のインスタンスが停止していた場合（19 字）

この解答例を見る限り，「**通信が切断されていた**」とか「**複製先のインスタンスが停止していた**」というように具体的なケースで解答してもいいし，抽象的に「**複製先で未反映だった**」と表現しても良いようだ。答えはイメージできてもどう表現したらいいのか迷う問題だが，さほど気にする必要はないようである。こういう問題もあることを覚えておいて，試験本番時には，あまり時間をかけずに解答したい。

令和4年度　午後Ⅰ　問3　解説

問3

■ IPA 公表の出題趣旨と採点講評

出題趣旨

　システムが安定稼働している本番環境でも，予測し難い性能の低下が見られることがあり，現場の運用部門は，早急に，しかし慎重にリスクを考慮した対策を講じることが求められる。

　本問では，販売管理システムの倉庫管理業務を題材として，RDBMS に時折見受けられる性能低下の問題について，初期対応の考え方，原因究明のためのデータ分析に有用なウィンドウ関数を用いた SQL 設計への理解，起こり得るリスクを予測して提案された対策の採否を決定する能力を問う。

採点講評

　問 3 では，販売管理システムを題材に，データベースの実装と性能について出題した。全体として正答率は平均的であった。

　設問 1 では，(1) に比べて (2) の正答率が低かった。再編成を行う場合，空き領域を予約する必要があるとは限らず，緊急時であればあるほど，起こり得るリスクを慎重に予測することを心掛けてほしい。

　設問 2 では，(1)c の正答率が低かった。バッチジョブの多重化は，スループットを向上させる常とう手段であるが，更新処理を伴う場合，ロック競合のリスクがある。しかし，ジョブを注文番号の範囲で分割し，多重で実行することに着目すれば，注文番号が異なる "注文明細" テーブルの行でジョブ同士がロック競合を起こすことはないと分かるはずである。マスター・在庫領域のテーブルとトランザクション系のテーブルとでは，ロック競合のリスクに違いがあることをよく理解してほしい。

　設問 3 では，(1)あ，いの正答率が低かった。ウィンドウ区画の B.出庫番号，A.ピッカーID，又は B.棚番号のそれぞれについて，どのような並びの出庫時刻が得られるかを考えることで，正答を得ることができる。ウィンドウ関数は，時系列データを多角的かつ柔軟に分析するのに役立つので，是非，習得してほしい。

■ 問題文を確認する

本問の構成は以下のようになっている。

問題タイトル：データベースの実装と性能

題材：事務用品を販売する会社の販売管理システム

ページ数：6P

背景

第 1 段落　〔RDBMS の仕様〕

第 2 段落　〔業務の概要〕

第 3 段落　〔システムの主なテーブル〕

　　　　　　図 1　テーブル構造（一部省略）

　　　　　　表 1　主な列の意味・制約（一部省略）

第 4 段落　〔システムの注文に関する主な処理〕

　　　　　　表 2　処理のプログラムの主な内容

第 5 段落　〔ピーク日の状況と対策会議〕

表3　デッドロックが起きるリスク（未完成）

表4　SQL 文の例（未完成）

図2　棚と商品の配置，及びピッカーの順路（一部省略）

　この問題は，データベースの実装と性能に関する問題である。問われているのは再編成とジョブの多重化によるデッドロックが中心になる。

　今回の問題の特徴は二つある。一つは再編成やデッドロックが中心に問われているが，技術面の知識はさほど必要なく，どちらかと言えば問題文中に記載されている業務仕様を正確に理解する必要があるという点だ。したがって，この問題で点数が悪いとか，難しく感じた人は，販売管理の物流業務に関する知識が乏しくはなかったかを再確認しておこう。仮にそうなら，短時間で解答するために業務知識を身に着けることを考えてもいいかもしれない。

　それともうひとつは，**「40字以内で述べよ」** などまとまった文章で解答させる記述式問題が中心になっているという点だ。そのため，ある程度解答がイメージできていても，どのように表現すればいいのか，どうやって字数内に収めようかという点で悩んだり，時間がかかったりしたかもしれない。最近は，こうした記述式で解答させる設問が全体的に増えてきている印象があるので，30字や40字の記述式の解答が苦手な人は練習が必要だと考えよう。但し，IPA 公表の解答例も30字や40字内に収めないといけないからだと思うが，言葉足らずになっている。ただ，データベーススペシャリスト試験は，特に国語の問題ではないので神経質にはならなくてもいい。どうすれば意味が通じるのかを考えて解答しよう。

■ 設問を確認する

　設問は以下のようになっている。

設問		分類	過去
1	1	再編成時に確保するページごとの空き領域に関する問題（40字）	なし
	2	再編成時に確保するページごとの空き領域に関する問題（40字）	なし
2	1	デッドロックに関する問題（30字×3） ※問題文の業務仕様を理解する必要がある	なし
	2	デッドロックを解消する方法（30字）	なし
3	1	SQL に関する問題（PARTITION BY）	なし
	2	デッドロックを解消する方法（40字） ※問題文の業務仕様を理解する必要がある	なし

　この問題の個々の設問が，過去に頻出かどうかという点だけで分けるなら，上記のようにすべて「なし」になる。少なくとも頻出の"パターン"とは言えないだろう。ほとんどが30字や40字

午後Ⅰ問題の解答・解説　　485

で解答する記述式問題になっているからだ。記述しなければならない総文字数もかなり多く，（設問3（1）を除き）240字になる。この記述量はテクニカル系の試験区分では珍しい。システム監査技術者試験やITストラテジスト試験，プロジェクトマネージャ試験並の分量である。したがって，記述式の苦手な人（30字や40字で解答を組み立てるのに時間がかかる人）や，問題文の状況を短時間で正確に把握するのが苦手な人には厳しいかもしれない。在庫引当等の業務知識がない人にも厳しいだろう。

ただ，頻出でないのはあくまでも記述式の解答だからだ。"出題パターン"としては頻出ではないものの，"問われていること"は再編成とデッドロックなので頻出のテーマと言える。特にデッドロックは，午後Iは当然のこと，それ以外でも頻出のテーマになる。

■ 解答戦略－ 45 分の使い方－を考える

問題文の全体構成を把握してどこに何が書いているのかをざっくりと押さえ，設問で何が問われているのかを確認した上で，この問題を解くと決めたら，時間配分を決める。

設問も入れて6ページで，設問を除けば5ページ半になる。ただ，これだけ30字と40字近い文字数で解答しなければならない場合，解答字数で時間配分をしておくのが最も安全だと考えられる。

設問1…10分〜15分　…　基本前詰めで考える。
設問2…15分〜20分　…　少々大目に時間配分する。
設問3…10分〜20分　…　前詰めできた場合大きく時間が余る。
　　　　　　　　　　　　できなくても10分は残しておきたい。

なお，令和4年に受験してこの問題を選択した人の多くが，自己採点よりも10点から20点高かったと言っている。筆者の知人や受講生，読者の方々だ。母数が少ないので，確かなことはわからないが，（採点基準をかなり甘くするとか）何かしら非公開の調整が入ったのかもしれない。30字や40字で答えさせる設問が多かったからだ。だとしたら光明だ。国語の問題ではなく，意味が合っていれば正解にしてくれると考えておくことができる。確かに解答例の表現の中にも，言葉足らずのものや誤解を招きかねない表現があったからだ。これは何も解答例を否定しているわけでは無く，問題文から厳密に抜粋するような解答ではない限り（自分の言葉で解答を組み立てる解答の場合），伝わることを信じて自信をもって解答していいということだ。

設問 1

設問 1 の解答例

設問		解答例・解答の要点	備考
設問 1	(1)	・主キーが単調に増加する番号なので過去の注文番号の近くに行を挿入しないから ・主キーの昇順に行を挿入するとき，表領域の最後のページに格納を続けるから	
	(2)	再編成後に追加した各ページで既定の空き領域分のページが増えるから	

　設問 1 は，「**2. 再編成の要否**」（解説図 1）に関する問題になる。対象になるのは**"注文明細"**テーブルだ。再編成時に確保する空き領域の役割や動きを把握できるかどうかが正解できるかどうかの鍵になる。

2.　再編成の要否　　　　　　　　　　　　　　　　　　　　　　　　　　設問 1 (1)

　　アクセスが多かったのは"注文明細"テーブルであった。この 1 年ほど行の削除は行われず，再編成も行っていないことから，時間が掛かる行の削除を行わず，直ちに再編成だけを行うことが提案されたが，この提案を採用しなかった。なぜならば，当該テーブルへの行の挿入では予約された空き領域が使われないこと，かつ空き領域の割合が既定値だったことで，割り当てたストレージが満杯になるリスクがあると考えられたからである。　　設問 1 (2)

解説図 1　設問 1 の該当箇所

設問 1 (1)

　ここでは「**注文登録処理が"注文明細"テーブルに行を挿入するとき，再編成で予約した空き領域が使われないのはなぜか。**」が問われている。さらに設問では「**行の挿入順に着目**」することと「**RDBMS の仕様に基づいて**」解答するように指示されている。ただ，この指示はヒントでもある。そこで，まずはそれぞれについて問題文の該当箇所をチェックしてみよう。

　ひとつめの「**行の挿入順に着目**」については，〔業務の概要〕段落の「**2. 注文の入力，注文登録，在庫引当，出庫指示，出庫の業務の流れ**」の中に，次のように記載されている。

午後 I 問題の解答・解説　　**487**

注文は，単調に増加する注文番号で識別する。注文する商品の入力順は自由で，入力後に商品の削除も同じ商品の追加もできる。

続いて「**RDBMS の仕様**」を確認する。

2. 再編成，行の挿入

設問 1 (2)
空き領域を確保するのは再編成をしたときだけ

(1) テーブルを再編成することで，行を主キー順に物理的に並び替えることができる。また，再編成するとき，テーブルに空き領域の割合（既定値は 30％）を指定した場合，各ページ中に空き領域を予約することができる。

設問 1 (1)
追加の時のルール

(2) INSERT 文で行を挿入するとき，RDBMS は，主キー値の並びの中で，挿入行のキー値に近い行が格納されているページを探し，空き領域があればそのページに，なければ表領域の最後のページに格納する。最後のページに空き領域がなければ，新しいページを表領域の最後に追加し，格納する。

この時には，空き領域を確保しない
設問 1 (2)

解説図 2　問題文中の〔RDBMS の仕様〕の「2. 再編成，行の挿入」

まず「**行の挿入順に着目**」する。問題文には「**注文は，単調に増加する注文番号で識別する**」と記載されている。「**単調に増加する**」というのは，例えば「**1**」から始まって次に「**2**」，その次が「**3**」と小さい値から順番に一定数ごとに増えていくようなイメージだ。注文番号は，EDI システム側で注文の都度そのように割り当てられる。それをいったん EDI システムに蓄え，「**毎日定刻（9 時と 14 時）に注文を締め**」て，「**バッチ処理でシステムに登録**」する。この時に，注文番号順に書き込まれることになるので，"**注文**"テーブルと"**注文明細**"テーブルは，物理的にも「**主キーの'注文番号'**」の順番に書き込まれる。"**注文明細**"テーブルの主キーは{**注文番号，明細番号**}で'**明細番号**'に関する記述は特にないが，これも同様に連番で単調に増加する番号だと思われるため，"**注文明細**"テーブルは，物理的にも{**注文番号，明細番号**}の順番に書き込まれると考える。

そして，その場合（「**RDBMS の仕様**」の INSERT 時の仕様から），自ずと直前の注文番号の後に書き込まれることになるので，常に表領域の最後のページに格納を続けることになる。後述の解説図 3 に例示しているように，この 1 年ほど再編成は行われていない。したがって，この仕様通りなら，この 1 年間に増加したページには空き領域は無い。そのため，「**（この 1 年間の）当該テーブルへの行の挿入では（前回の再編成時に）予約された空き領域が使われない**」。そう解釈す

れば，「**主キーが単調に増加する番号なので，表領域の最後のページに格納を続けるから**」などという解答が得られるだろう。解答例は次のように二つ用意されている。

・主キーが単調に増加する番号なので過去の注文番号の近くに行を挿入しないから
・主キーの昇順に行を挿入するとき，表領域の最後のページに格納を続けるから

一つ目の解答例の「**過去の注文番号の近くに行を挿入しない**」というのが，〔**RDBMS の仕様**〕段落の「**挿入行のキー値に近い行が格納されているページを探し**」ということはしないという意味なのだろう。現在の注文番号よりも前の注文番号は全て"**過去の注文番号**"になるので，表領域の最後のページでも何かしら"**過去の注文番号**"の近くにはなるので。したがって，非常に幅広く正解にしてくれていると思う。

設問 1 (2)

設問 1（2）では「**行の削除を行わず，直ちに再編成だけを行うと，ストレージが満杯になるリスクがあるのはなぜか**」が問われている。ここでも，設問で「**前回の再編成の時期及び空き領域の割合に着目**」して解答するように指示されているので，問題文の該当箇所をチェックしてから解答を考える。

問題文には，（設問 1 の対応箇所である）「**2. 再編成の要否**」で，対象となる"**注文明細**"テーブルについて「**この 1 年ほど行の削除は行われず，再編成も行っていない**」と記載されている。

また，〔**RDBMS の仕様**〕段落の「**2. 再編成，行の挿入**」には「**再編成するとき，テーブルに空き領域の割合（既定値は 30%）を指定した場合，各ページ中に空き領域を予約することができる。**」と記載されているので，この 1 年間増加したページについては空き領域を予約していないことになる。この仕様なら，空き領域を確保するのは再編成時だけだからだ。

ということは，この 1 年間追加された"**注文明細**"テーブルの行は「**表領域の最後のページに格納する。最後のページに空き領域がなければ，新しいページを表領域の最後に追加し，格納する。**」ため，新しいページが追加されていく。せっかく再編成によって空き領域を予約したにもかかわらず，その予約領域が使われないのは設問 1 (1) で解答した通りだ。

そして，表領域の最後に追加された新しいページは空き領域が予約されていないので，1 ページは 100% "**行**"だけで使われる。これを再編成すると（問題文では空き領域が規定値だったことと書いているので 30%で予約すると）70%になってしまい，行の削除も行われていないためページ数は増加する。行の削除が行われていたら，その分詰めるのでメリットは出てくるが，そうでないためストレージが満杯になるリスクが高まるというわけだ。この点に関しては，解説図 3 のように"**シンプルな例**"でイメージすればいいだろう。

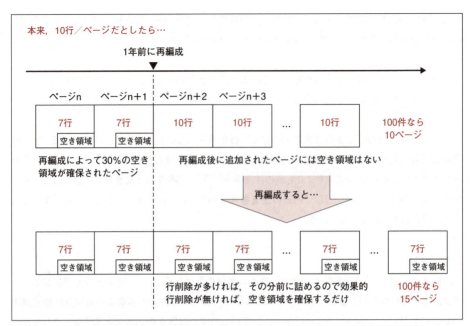

解説図3　設問1（2）の解答に必要な再編成前後のイメージ（例）

　解説図3では，1ページに10行の注文明細が登録可能としている。例えば，この1年間に100行増えたとする。そのページには空き領域を予約していないので100行の注文明細は10ページに登録される。それを**「この1年ほど行の削除は行われず」**の状態で（つまり100件のまま）再編成すると，その10ページにも30％の空き領域を確保するので1ページには7行しか登録できないことになり，10ページではなく15ページ必要になる。つまり必要な容量が増えるのでストレージが満杯になるリスクが出てくるというわけだ。

　以上より，解答例のように**「再編成後に追加した各ページで既定の空き領域分のページが増えるから」**とまとめればいいだろう。この解答例が，設問の条件である**「前回の再編成の時期及び空き領域の割合に着目」**している点には注意しよう。

設問2

設問2の解答例

設問			解答例・解答の要点			備考
設問2	(1)	a	異なる商品の"在庫"を逆順で更新することがあり得るから			
		b	"棚別在庫"を常に主キーの順で更新しているから			
		c	異なるジョブが同じ注文の明細行を更新することはないから			
	(2)	処理名	注文登録	又は	在庫引当	
		変更内容	・"注文明細"に行を商品コードの順に登録する。 ・商品コードの順に注文明細番号を付与する。		"在庫"の行を商品コードの順に更新する。	

　設問2は，「**3. バッチ処理のジョブの多重化**」に関する問題になる。バッチ処理のスループット向上のためジョブを多重化したいが，デッドロックが起きるリスクもあるという展開だ。デッドロックが発生する理由，デッドロックが発生しない理由，デッドロックを解消する対策について問われている。

設問2 (1)

　一つ目は「**表3　デッドロックが起きるリスク（未完成）**」の空欄（a）～空欄（c）に関する問題になる。デッドロックが発生するリスクがある理由と，ない理由が問われている。

ひとつのジョブ　　もうひとつのジョブ

表3　デッドロックが起きるリスク（未完成）

ケース	処理名	処理名	テーブル名	リスクの有無	リスクの有無の判断理由
1	在庫引当	在庫引当	在庫	ある	a
2	出庫指示	出庫指示	棚別在庫	ない	b
3	在庫引当	出庫指示	注文明細	ない	c

注記　ケース3は，ジョブの進み具合によって異なる処理のジョブが同時に実行される場合を表す。

対象となるテーブル

解説図4　表3の空欄（a）～空欄（c）

一般的にデッドロックが発生するケースは，二つのトランザクションが，同じテーブル（テーブル単位のロック）や同じ行（行単位のロック）を処理する順番がクロスする時になる。一つのトランザクションがA→Bの順番で処理し，別のトランザクションがB→Aの順番で処理するようなイメージになる。それを前提に考えていけばいい。

今回のケースではRDBMSの仕様などでロックの粒度については記載されていないが，**「表3 デッドロックが起きるリスク（未完成）」**の3つのケースでひとつのテーブルに対してデッドロックが発生するリスクがある時とない時があるようなので，行単位のロックだと考えておけばいいだろう。

また，**「表2　処理のプログラムの主な内容」**の注記2には**「いずれの処理も，ISOLATIONレベルはREAD COMMITTEDで実行する。」**と書かれているので，読み取り時と更新時にロックがかかる。読み取り時のロックは読み取り後に解放されるが，更新時のロックはトランザクション終了まで保持される。

空欄（a）

表3のケース1は，2つの在庫引当処理が同タイミングで処理される時に**"在庫"**テーブルでデッドロックが発生するリスクがあるというもの。そのリスクがあるとした判断理由が問われている。設問には**「在庫は適正に管理され，欠品はないものとする。」**という前提条件が付いているので，例外的な処理は考えなくてもいいということだ。

問われているのは在庫引当処理なので，問題文の**「表2　処理のプログラムの主な内容」**で在庫引当処理に関する記述と**「図1　テーブル構造（一部省略）」**の**"注文明細"**テーブルと**"在庫"**テーブルを確認する。

在庫引当	・注文状態が未引当の"注文明細"を主キー順に読み込み，その順で"在庫"を更新し，"注文明細"の注文状態を引当済に更新して注文ごとにコミットする。

注文明細（<u>注文番号</u>，<u>注文明細番号</u>，<u>商品コード</u>，注文数，注文額，注文状態，…）

在庫（<u>商品コード</u>，実在庫数，引当済数，引当可能数，基準在庫数，…）

解説図5　空欄（a）の解答に必要な問題文の表2と図1の該当箇所

具体的な処理は次のようになる。

① **"注文明細"**テーブルを1行読み込む。

② その**"注文明細"**テーブルの行の**'商品コード'**で**"在庫"**テーブルを読み込む。

③ **"在庫"**テーブルを更新する。
④ 同じ注文番号の**"注文明細"**テーブルの次の 1 行があれば①へ，なければ⑤へ。
⑤ コミットして**"在庫"**テーブルのロックを解放する。

　これを複数のジョブが実行する。この時，**"注文明細"**テーブルの**'商品コード'**がランダムに存在しているという点がポイントになる。そのため**「ジョブを注文番号の範囲で分割し，多重で実行する」**場合，すなわち複数のジョブを同時に実行する場合，同じ**'商品コード'**が同時実行する複数のジョブに存在する可能性がある。

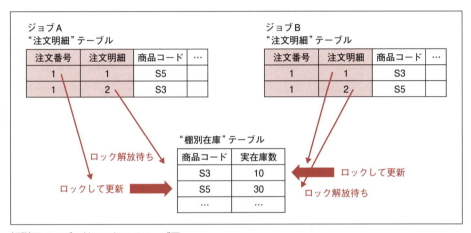

解説図 6　デッドロックのイメージ図

　具体例でイメージしてみるとわかりやすい。解説図 6 のように，ひとつのジョブ（解説図のジョブ A）が**「("注文明細"の 1 行目）商品 'S5'，("注文明細"の 2 行目）商品 'S3'」**の順番で処理をする。そしてもう一つのジョブ（解説図のジョブ B）が**「("注文明細"の 1 行目）商品 'S3'，("注文明細"の 2 行目）商品 'S5'」**の順番で処理をする。この二つのジョブを同時に実行する場合，デッドロックのリスクが出てくる。

　ジョブ A が商品 **'S5'** をロックして更新している間に，ジョブ B が商品 **'S3'** をロックして更新していると，ジョブ A が商品 **'S5'** の処理を終えて **'S3'** を更新しようとした時に，既にジョブ B でロックをかけられているため（ジョブ A は）ロックの解放待ちになる。一方，ジョブ B が商品 **'S3'** の処理を終えて **'S5'** を更新しようとした時に，こちらもジョブ A でロックをかけられているため（ジョブ B も）ロックの解放待ちになる。こうしてデッドロックが成立する。

　これを 30 字以内でまとめればいい。答えはわかっていても，それをどうまとめるのかがなかなか難しいが，とにかく意味が伝わっていれば正解だと考えよう。解答例も**「異なる商品の"在庫"**

を逆順で更新することがあり得るから」という解答になっている。こうしたデッドロックの可能性のある状態をわずか30字で説明するには，解答例のようにまとめるしかない。「**"在庫"を逆順で更新する**」という表現で意味が伝わると考えるしかない。したがって，こうした状況が伝われば，どのような表現でも正解だと考えて問題はないだろう。今後，同様の出題で制約の字数が増えている時に，しっかり解答できるのならば問題はない。

空欄（b）

表3のケース2は，2つの出庫指示処理が同タイミングで処理される時に**"棚別在庫"**テーブルではデッドロックが発生するリスクはないというもの。そのリスクがないとした判断理由が問われている。

問われているのは出庫指示処理なので，問題文の「**表2　処理のプログラムの主な内容**」で出庫指示処理に関する記述と（そこに出てくるテーブルを）「**図1　テーブル構造（一部省略）**」で確認する。

出庫指示	・当日が希望納品日である注文の出庫に，当日に出勤したピッカーを割り当てる。 ・注文状態が引当済の"注文明細"を主キー順に読み込む。 ・ピッカーの順路が1方向となる出庫指示を"出庫指示"に登録する。 ・"出庫指示"を主キー順に読み込み，その順で"棚別在庫"を更新し，"注文明細"の注文状態を出庫指示済に更新する。 ・注文ごとにコミットし，出庫指示書をピッカーの携帯端末に送信する。

出庫（<u>出庫番号</u>, <u>注文番号</u>, <u>ピッカーID</u>, 出庫日, 出庫開始時刻, …）

出庫指示（<u>出庫番号</u>, <u>棚番号</u>, <u>商品コード</u>, <u>注文番号</u>, <u>注文明細番号</u>, 出庫数, 出庫時刻, …）

棚別在庫（<u>棚番号</u>, <u>商品コード</u>, 棚別実在庫数, 出庫指示済数, 出庫指示可能数, …）

解説図7　空欄（b）の解答に必要な問題文の表2と図1の該当箇所

この出庫指示処理のポイントは2点ある。

ひとつは「**注文ごとにコミット**」しているという点だ。ひとつの注文に対し，ひとつの出庫指示が出される。これは，〔業務の概要〕段落の「**出庫は，ピッカーが出庫指示書の指示に基づいて1件の注文ごとに行う。**」という説明や，「**図1　テーブル構造（一部省略）**」で**"注文"**テーブルと**"出庫"**テーブルの関係とも一致している。つまり，ひとつのトランザクションはひとつの注文番号，すなわちひとつの出庫番号に対応しているということだ。

そして，もうひとつは「**"出庫指示"を主キー順に読み込み，その順で"棚別在庫"を更新し**」と説明しているところだ（解説図参照）。**"出庫指示"**テーブルの主キーは {**出庫番号, 棚番号, 商品**

コード}だ。一方，更新される"棚別在庫"テーブルの主キーは，その一部の{棚番号，商品コード}になっている。どちらも{棚番号，商品コード}の並びは同じになる。どのトランザクションも全て"出庫指示"テーブルを主キー順に読み込むわけだから，"棚別在庫"テーブルもその順番に更新される。ロックをかける順番がトランザクションによって逆順になることはないので，デッドロックは発生しない。30字以内にまとめると解答例の**「"棚別在庫"を常に主キーの順で更新しているから」**のようになる。更新される"棚別在庫"テーブルにロックがかかる視点の解答になっている点に注意しよう。**「"出庫指示"を主キー順に読み込んでいるから」**という点では不十分だと思われる。

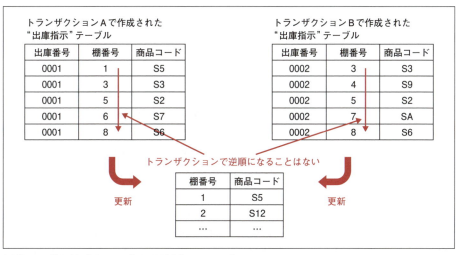

解説図8 "棚別在庫"テーブルの更新時のイメージ図

空欄（c）

　表3のケース3は，在庫引当処理と出庫指示処理によって**"注文明細"**テーブルでデッドロックが発生するリスクはないというもの。そのリスクがないとした判断理由が問われている。表3には「**ケース3は，ジョブの進み具合によって異なる処理のジョブが同時に実行される場合を表す。**」という注記がある。そこで，改めて問題文の**「表2　処理のプログラムの主な内容」**で，在庫引当処理の**"注文明細"**を更新する部分と出庫指示処理の**"注文明細"**を更新する部分に関する記述を確認する。合わせて，**「図1　テーブル構造（一部省略）」**で**"注文明細"**テーブルも再確認しておこう。

在庫引当	・注文状態が未引当の "注文明細" を主キー順に読み込み，その順で "在庫" を更新し，**"注文明細" の注文状態を引当済に更新して** 注文ごとにコミットする。
出庫指示	・当日が希望納品日である注文の出庫に，当日に出勤したピッカーを割り当てる。 ・注文状態が引当済の "注文明細" を主キー順に読み込む。 ・ピッカーの順路が1方向となる出庫指示を "出庫指示" に登録する。 ・"出庫指示" を主キー順に読み込み，その順で "棚別在庫" を更新し，**"注文明細" の注文状態を出庫指示済に更新する。** ・注文ごとにコミットし，出庫指示書をピッカーの携帯端末に送信する。

注文（<u>注文番号</u>，<u>顧客コード</u>，注文日，締め時刻，希望納品目，<u>発送先番号</u>，…）

注文明細（<u>注文番号</u>，<u>注文明細番号</u>，<u>商品コード</u>，注文数，注文額，注文状態，…）

解説図9　空欄（c）の解答に必要な問題文の表2と図1の該当箇所

　最初に在庫引当処理について考える。この処理では**「"注文明細" の注文状態を引当済に更新」**しているが，その対象は**「注文状態が未引当の "注文明細" を主キー順に読み込み」**をしたものだ。

　次に，出庫指示処理について考える。この処理では**「"注文明細" の注文状態を出庫指示済に更新」**しているが，その対象は**「注文状態が引当済の "注文明細" を主キー順に読み込む」**としたものだ。

　ここまでチェックしたらすぐにわかるだろう。在庫引当処理で処理するのは**'注文状態'**が「**0：未引当**」のものになる。それに対して，出庫指示処理で処理するのは**'注文状態'**が「**1：引当済**」のものになる。同時には成立しない（同じ対象の行にはならない）ので，デッドロックは発生しない。これを解答例の**「異なるジョブが同じ注文の明細行を更新することはないから」**のように30字以内でまとめればいい。

設問２（2）

表３中のケース１のデッドロックのリスクを回避するために，注文登録処理と在庫引当処理のプログラムを変更したいということなので，**「表２　処理のプログラムの主な内容」**で二つの処理を再度確認する。

注文 登録	・顧客が入力したとおりに注文及び商品を，それぞれ“注文”及び“注文明細”に登録し，注文ごとにコミットする。
在庫 引当	・注文状態が未引当の“注文明細”を主キー順に読み込み，その順で“在庫”を更新し，“注文明細”の注文状態を引当済に更新して注文ごとにコミットする。

解説図 10　設問 2（2）の解答に必要な問題文の表 2 の該当箇所

設問 1（1）の a で考えた通り，複数のジョブが**“在庫”**テーブルを更新する時に，**‘商品コード’**がランダムに並んでいることが原因になる。それを解消すればデッドロックにはならない。

ひとつは在庫引当処理をする時だ。現状の**「注文状態が未引当の“注文明細”を主キー順に読み込み，その順で“在庫”を更新」**しているのを止めて，**「注文状態が未引当の“注文明細”を商品コード順に読み込み，その順で“在庫”を更新」**するようにすればいい。解説図 2 の例でいうと**「S3 → S5」**の順番で読むようにすれば解消する。すべてのジョブが商品コードの順番で（昇順でも降順でも順番が同じならどちらでもいい）読み込まれるなら，その順で**“在庫”**を更新するため，デッドロックは解消される。これを解答例のように**「“在庫”の行を商品コードの順に更新する。」**と 30 字以内でまとめればいい。

ただ，注文登録処理を変更してもデッドロックは解消される。現状の**「顧客が入力したとおりに注文及び商品を，それぞれ“注文”及び“注文明細”に登録」**しているというところを，商品が順番に並ぶように**「商品順に“注文明細”に登録」**するようにすればいい。この点を，解答例のように**「“注文明細”に行を商品コードの順に登録する。」**や**「商品コードの順に注文明細番号を付与する。」**というように 30 字以内でまとめればいい。

午後Ⅰ問題の解答・解説　　497

設問 3 の解答例

設問			解答例・解答の要点	備考
設問 3	(1)	あ	A. ピッカー ID	
		い	B. 棚番号	
		う	6 番	
		え	S6	
		お	3 番	
		か	S3	
	(2)		・"出庫指示" の読込み順を出庫番号，商品コード，棚番号の順に変更する。	
			・"棚別在庫" の行を商品コード，棚番号の順に更新する。	

設問 3 は，「**4. 出庫作業の遅延原因の分析**」に関する問題になる。原因を探るために作成した SQL 文に関連する問題と，デッドロックに関する問題だ。

設問 3 (1)

一つ目は，問題文中にある**空欄（あ）~空欄（か）**を埋める問題だ。**空欄（あ）**と**空欄（い）**は SQL 文の PARTITION BY 句に関するもの。頻出のものではなく，一瞬戸惑うかもしれないが，**空欄（あ）**と**空欄（い）**を含む問題文が大きなヒントになり，初めて見た人でもおおよその意味は理解できると思う。実質，「**B. 出庫番号，A. ピッカー ID，B. 棚番号**」からの三択になるので，この SQL が意図していることと，出庫に関する状況を理解していれば解答は可能だろう。逆に，PARTITION BY 句を知っていても，この SQL が意図していること等を理解できていなければ間違える可能性が高い。

空欄（あ）~空欄（か）の解答を考える前に，まずは SQL 文を読解してみよう。

“出庫”と“出庫指示”を結合して，ホスト変数 h に指定した出庫日を抽出している

表 4　SQL 文の例（未完成）

SQL 文（上段：目的，下段：構文）
ホスト変数 h に指定した出庫日について，<u>出庫間隔時間の合計が長かった棚番号と商品コードの組合せ</u>を，出庫間隔時間の合計が長い順に調べる。　　　　　　　下の SELECT 文
WITH TEMP(出庫番号, ピッカーID, <u>棚番号, 商品コード</u>, 出庫時刻, 出庫間隔時間) AS (SELECT A.出庫番号, A.ピッカーID, B.棚番号, B.商品コード, B.出庫時刻, B.出庫時刻 － 　COALESCE(LAG(B.出庫時刻) OVER (PARTITION BY ［　x　］ ORDER BY B.出庫時刻), 　　　A.出庫開始時刻) AS 出庫間隔時間 FROM 出庫 A JOIN 出庫指示 B ON A.出庫番号 = B.出庫番号 AND 出庫日 = CAST(:h AS DATE)) SELECT <u>棚番号, 商品コード</u>, SUM(出庫間隔時間) AS 出庫間隔時間合計 FROM TEMP GROUP BY 棚番号, 商品コード ORDER BY 出庫間隔時間合計 DESC
注記　ここでの LAG 関数は，ウィンドウ区画内で出庫時刻順に順序付けられた各行に対して，現在 　　行の 1 行前の出庫時刻を返し，1 行前の行がないならば，NULL を返す。

解説図 11　表 4 の SQL 文の読解

　この問題を解くだけなら，出庫間隔時間の計算時に使用されている **"PARTITION BY 句"** の部分だけを読解すればいい。他は，あまり関係ないからだ。ただ，さほど難しい SQL 文でもないので，上段の目的と対応付けてざっとポイントだけでも把握しておこう。

　この SQL 文の目的の中にある**「出庫間隔時間の合計が長かった棚番号と商品コードの組合せを，出庫間隔時間の合計が長い順に調べる。」**というところは下 2 行の SELECT 文に対応する部分である。GROUP BY で棚番号と商品番号でグルーピングしている。ORDER BY と DESC で合計が長い順にソートしている。

　WITH TEMP では，その SELECT 文で読み込む一時表を作成している。**"出庫"** と **"出庫指示"** を結合し，出庫指示ごとに出庫間隔時間を計算して求めている。LAG 関数を使っているのは一つ前の行と比較するためだ。出庫時間間隔なので，一つ前の行の出庫時刻を引いて求めている。COALESCE 句を使っているのは，一つ前の行との比較なので 1 行目には一つ前の行が無いので，その場合に出庫開始時刻を返しているからだ。

　　2 行目以後は…**「B. 出庫時刻－1 行前の B. 出庫時刻」**※下線の部分を LAG 関数で
　　1 行目は　…**「B. 出庫時刻－A. 出庫開始時刻」**※これらのト線部分を COALESCE 句で

　「PARTITION BY ［　x　］ ORDER BY B.出庫時刻」の部分に関して，ウィンドウ関数でPARTITION BY 句を使えば（その後に指定する属性で）部分集合を作ることができる。この例のように，その後に ORDER BY を指定すると部分集合内にソートをかけることもできる。

したがって，上記の $\boxed{\quad x \quad}$ に‘**B. 出庫番号**’や‘**A. ピッカー ID**’，‘**B. 棚番号**’を指定すると次のようになる。

PARTITION BY **B. 出庫番号** ORDER BY B. 出庫時刻

　→ **出庫番号**単位に部分集合を作って，出庫時刻順に並べる。

PARTITION BY **A. ピッカー ID** ORDER BY B. 出庫時刻

　→ **ピッカー ID** 単位に部分集合を作って，出庫時刻順に並べる。

PARTITION BY **B. 棚番号** ORDER BY B. 出庫時刻

　→ **B. 棚番号**単位に部分集合を作って，出庫時刻順に並べる。

これらを前提に，**空欄（あ）**以後を考えてみよう。

■ 空欄（あ）

　ここに，出庫番号，ピッカー ID，棚番号のいずれかを指定すると「**棚の前での待ち時間を含むが，商品の梱包及び出荷担当者への受渡しに掛かった時間が含まれてしまう。**」ことになるらしい。これはピッカー ID 単位にまとめた場合になる。ピッカー ID 単位にまとめて出庫時間の順に並べると，自分自身の前の棚番号の出庫時間から次の自分の棚番号の出庫が終わるまでの時間になるから，棚の前での待ち時間は含まれる。また，出庫番号と出庫番号の間には，商品の梱包及び出荷担当者への受渡しに掛かった時間が含まれてしまう可能性もある。したがって，**空欄（あ）**は「**A. ピッカー ID**」になる。

■ 空欄（い）

　こちらは，出庫番号，ピッカー ID，棚番号のいずれかを指定すると「**棚の前での待ち時間が含まれない**」らしい。これは棚番号単位にまとめた場合になる。棚番号単位にまとめると，前の人の出庫が終わってから自分の出庫が終わるまでの時間になるから，棚の前で待ち時間があったとしてもわからない。自分自身の前の棚番号の出庫時間から，次の自分の出庫が終わるまでの時間ではない。したがって，**空欄（い）**は「**B. 棚番号**」になる。

　もしも，空欄（あ）や空欄（い）のイメージがわきにくければ，解説図のようにシンプルな例で考えてみればいい。

"出庫"

出庫番号	…	ピッカーID	…
0001		P01	
0002		P02	
0003		P01	

"出庫指示"

出庫番号	棚番号	商品コード	…	出庫時刻	…
0001	1	S5		12:30	
0001	3	S3		14:00	
0001	5	S2		15:30	
0002	1	S5		12:40	
0002	3	S3		14:10	
0003	1	S5		17:00	
0003	3	S3		18:20	

"出庫"と"出庫指示"をTEMP内のように単純に結合しただけだとこうなる。

出庫番号	ピッカーID	棚番号	商品コード	出庫時刻	出庫間隔時間
0001	P01	1	S5	12:30	
0001	P01	3	S3	14:00	
0001	P01	5	S2	15:30	
0002	P02	1	S5	12:40	
0002	P02	3	S3	14:10	
0003	P01	1	S5	17:00	
0003	P01	3	S3	18:20	

ピッカーIDごとにまとめて出庫時刻順に並べ替える

ピッカーID	出庫時刻
P01	12:30
P01	14:00
P01	15:30
P01	17:00
P01	18:20
P02	12:40
P02	14:10

出庫番号0001と出庫番号0002の間の時間
※商品の梱包及び出荷担当者への受け渡しにかかった時間を含む。

棚番号ごとにまとめて出庫時刻順に並べ替える

棚番号	出庫時刻
1	12:30
1	12:40
1	17:00
3	14:00
3	14:10
3	18:20
5	15:30

ピッカーIDがP01とP02の間の時間
※前の人 (P01) の出庫が終わってからの時間なので，棚の前での待ち時間 (P02がいつから棚1の前で待っていたのか?) はわからない。

解説図 12　空欄 (あ) と空欄 (い) を解答するために必要なイメージの例

午後I問題の解答・解説　501

解説図 12 の例では，ピッカーが 'P01' と 'P02' の二人で，前者が 2 回の出庫を，後者が 1 回の出庫をしている。試験中でも短時間で考えられるとてもシンプルな例だ。わかりやすく出庫時間の間隔も非現実的に大きくしている。

解説図 12 の上部の三つの表は，表 4 の SQL の WITH TEMP と同様に **"出庫"** と **"出庫指示"** を結合している途中まで（出庫間隔時間を算出する手前まで）を表現している。そして，下部の二つの表は上が「**PARTITION BY A. ピッカー ID ORDER BY B. 出庫時刻**」でピッカー ID 単位に部分集合を作って出庫時刻順に並べた時のもので，次が「**PARTITION BY B. 棚番号 ORDER BY B. 出庫時刻**」で棚番号単位に部分集合を作って，出庫時刻順に並べた時のものだ。出庫間隔時間は，個々の表内の上下の行で比較して算出する。

ピッカー ID 単位にまとめて出庫時間の順に並べた場合，（上下の）出庫時間間隔は，自分自身の前の棚番号の出庫時間から次の自分の出庫が終わるまでの時間になるから，仮に棚の前で待ち時間があった場合，その待ち時間も含まれた時間になる。また，この表の 15:30 と 17:00 の間の時間（赤字の部分）は，出庫番号と出庫番号の間で，商品の梱包及び出荷担当者への受渡しに掛かった時間が含まれてしまう。

一方，棚番号単位にまとめて出庫時間の順に並べた場合，（上下の）出庫時間間隔は，例えば 1 行目（棚番号 = 1，出庫時間 = 12:30）と 2 行目（棚番号 = 1，出庫時間 = 12:40）の間の 10 分間は，1 行目がピッカー ID = P01 で 2 行目がピッカー ID = P02 なので，P01 の出庫が終わってから P02 の出庫が終わった時間ということになる。仮に P02 が P01 と同じ時間（例えば 12:10）に棚番号 = 1 に到着し，20 分近く P01 の作業が終わるまで待っていたとしても，その時間は含まれない。実際には 12:10 到着〜 12:40 作業終了で 30 分（待ち時間 20 分，作業時間 10 分）かかっていたとしても，実際の作業時間の 10 分間だけになってしまうことがわかる。

■ 空欄（う）〜空欄（か）

空欄（う）〜空欄（か）はまとめて考えることができる。「**出庫作業の順路の方向を変えない条件で，多くのピッカーが同じ棚（ここでは，棚 3 番）に集中しないように出庫指示を作成する対策**」を適用すると，表 3 中のケース 2 でデッドロックが起きるリスクがあるということだ。

ただ，この設問だけを考えるなら簡単に解答できる。「**あるピッカーに，1 番目に棚 3 番の商品 S3 を出庫し，2 番目に棚 6 番の商品 S6 を出庫する指示を作成するとき，別のピッカー**」が何をどういう順番で出庫指示をするとデッドロックになるかということなので，順番が逆になるようにすればいいと容易にわかる。デッドロックが発生する時の基本中の基本なので，他に何かひっかけがあるのかと思えるくらい瞬殺できる空欄である。順番を逆にすればいいだけなので，それぞれ次のようになる。

空欄（う）：6番，空欄（え）：S6，空欄（お）：3番，空欄（か）：S3

設問3（2）

最後の問題もデッドロック回避のためのプログラム変更に関するものになる。「**棚3番の売行きの良い商品S3（商品コード）の出庫で長い待ちが発生した**」ため、「**出庫作業の順路の方向を変えない条件で，多くのピッカーが同じ棚（ここでは，棚3番）に集中しないように出庫指示を作成する対策**」を適用した。ただ，それによって「**表3　デッドロックが起きるリスク（未完成）**」のケース2でデッドロックが起きるリスクがある。それを「**表2　処理のプログラムの主な内容**」の出庫指示処理のプログラムを変更することで回避するというものだ。

まず、「**出庫作業の順路の方向を変えない条件で，多くのピッカーが同じ棚（ここでは，棚3番）に集中しないように出庫指示を作成する対策**」というのが何なのかわからない。わかっているのは，その対策を実施すると，その後に続く文のようなデッドロックが発生するリスクが出てくるということだけだ。空欄（う）～空欄（か）の解答は設問3（1）で求めた通りである。

ここで、設問2（1）で考察した「**表3**」のケース2でデッドロックが発生しなかった理由を思い出そう。デッドロックが発生しないのは，「**表2　処理のプログラムの主な内容**」の出庫指示処理で「**"出庫指示"を主キー順に読み込み，その順で"棚別在庫"を更新**」しているからだ。ということは，先の対策では，この主キー順に読み込む処理を止めたのだろう。何をどう変えても，「**"出庫指示"を主キー順に読み込み，その順で"棚別在庫"を更新**」している限り，空欄（う）～空欄（か）のようなデッドロックは100%発生しないからだ。したがって，「**"出庫指示"を主キー順に読み込み，その順で"棚別在庫"を更新**」するという処理を止めたのは間違いない。

それを前提に考えれば，ここで何かしらの順番を統一して，逆順にならないように"**出庫指示**"テーブルを読み込んで，その同じ順番で"**棚別在庫**"テーブルを更新すればいいことがわかるだろう。そして，その何かしらの順番というのが，「**商品コード，棚番号**」の順番になる。

改めて「**図2　棚と商品の配置，及びピッカーの順路（一部省略）**」を確認してみよう。売れ行きの良い商品S3（商品コード）は，棚3番だけではなく棚202番にもある。売行きが良い商品は数も多く複数の棚に分散して保管されているはずだ。にもかかわらず，今の「**棚番，商品コード**」順に引当てをしている限り特定の棚の前で長い待ちが発生する。そこで，どんな対策をしたのかは書かれていないが，「**出庫作業の順路の方向を変えない条件**」と「**通路は追い越しができる**」ことから，ピッキングの開始棚を人によって変えるなど，売行きの良い商品について一つの棚に集中しないように（分散して他の棚から取るように）出庫指示を作成する対策をしたのだろう。あくまでも推測だが。

仮にそういう対策なら，というかそれが前提だが，それをすると「**"出庫指示"の読込み順を出庫番号，商品コード，棚番号の順に変更する**」ことで，同じ棚に集中しないことと，デッドロックも発生しないことの両方を満たす対策が可能になる。例えばAさんの場合には「**商品コードS3，棚3番**」から引当てて，Bさんの場合には「**商品コードS3，棚202番**」という感じで引当てができる。ただし，そのように前処理をすることが大前提になるが。

午後Ⅰ問題の解答・解説　503

令和4年度　秋期
データベーススペシャリスト試験
午後II　問題

試験時間　14:30 〜 16:30（2時間）

注意事項

1. 試験開始及び終了は，監督員の時計が基準です。監督員の指示に従ってください。
2. 試験開始の合図があるまで，問題冊子を開いて中を見てはいけません。
3. 答案用紙への受験番号などの記入は，試験開始の合図があってから始めてください。
4. 問題は，次の表に従って解答してください。

問題番号	問1，問2
選択方法	1問選択

5. 答案用紙の記入に当たっては，次の指示に従ってください。
   (1) B又はHBの黒鉛筆又はシャープペンシルを使用してください。
   (2) 受験番号欄に受験番号を，生年月日欄に受験票の生年月日を記入してください。正しく記入されていない場合は，採点されないことがあります。生年月日欄については，受験票の生年月日を訂正した場合でも，訂正前の生年月日を記入してください。
   (3) 選択した問題については，次の例に従って，選択欄の問題番号を〇印で囲んでください。〇印がない場合は，採点されません。2問とも〇印で囲んだ場合は，はじめの1問について採点します。

   〔問2を選択した場合の例〕

   (4) 解答は，問題番号ごとに指定された枠内に記入してください。
   (5) 解答は，丁寧な字ではっきりと書いてください。読みにくい場合は，減点の対象になります。

注意事項は問題冊子の裏表紙に続きます。
こちら側から裏返して，必ず読んでください。

6. 退室可能時間中に退室する場合は，手を挙げて監督員に合図し，答案用紙が回収されてから静かに退室してください。

退室可能時間	15:10 ～ 16:20

7. **問題に関する質問にはお答えできません。** 文意どおり解釈してください。

8. 問題冊子の余白などは，適宜利用して構いません。ただし，問題冊子を切り離して利用することはできません。

9. 試験時間中，机上に置けるものは，次のものに限ります。

なお，会場での貸出しは行っていません。

受験票，黒鉛筆及びシャープペンシル（B 又は HB），鉛筆削り，消しゴム，定規，時計（時計型ウェアラブル端末は除く。アラームなど時計以外の機能は使用不可），ハンカチ，ポケットティッシュ，目薬

これら以外は机上に置けません。使用もできません。

10. 試験終了後，この問題冊子は持ち帰ることができます。

11. 答案用紙は，いかなる場合でも提出してください。回収時に提出しない場合は，採点されません。

12. 試験時間中にトイレへ行きたくなったり，気分が悪くなったりした場合は，手を挙げて監督員に合図してください。

試験問題に記載されている会社名又は製品名は，それぞれ各社又は各組織の商標又は登録商標です。

なお，試験問題では，™ 及び ® を明記していません。

©2022　独立行政法人情報処理推進機構

問1　データベースの実装・運用に関する次の記述を読んで，設問に答えよ。

　　D 社は，全国でホテル，貸別荘などの施設を運営しており，予約管理，チェックイン及びチェックアウトに関する業務に，5 年前に構築した宿泊管理システムを使用している。データベーススペシャリストの B さんは，企画部門からマーケティング用の分析データ（以下，分析データという）の提供依頼を受けてその収集に着手した。

〔分析データ収集〕
1.　分析データ提供依頼

　　企画部門からの分析データ提供依頼の例を表 1 に示す。表 1 中の指定期間には分析対象とする期間の開始年月日及び終了年月日を指定する。

表1　分析データ提供依頼の例

依頼番号	依頼内容
依頼1	施設ごとにリピート率を抽出してほしい。リピート率は，累計新規会員数に対する指定期間内のリピート会員数の割合（百分率）である。累計新規会員数は指定期間終了年月日以前に宿泊したことのある会員の総数，リピート会員数は過去 1 回以上宿泊し，かつ，指定期間内に 2 回目以降の宿泊をしたことのある会員数である。リピート会員がいない施設のリピート率はゼロにする。
依頼2	会員を指定期間内の請求金額の合計値を基に上位から 5 等分に分類したデータを抽出してほしい。
依頼3	客室の標準単価と客室稼働率との関係を調べるために，施設コード，標準単価及び客室稼働率を抽出してほしい。客室稼働率は，指定期間内の予約可能な客室数に対する同期間内の予約中又は宿泊済の客室数の割合（百分率）である。

2.　宿泊管理業務の概要

　　宿泊管理システムの概念データモデルを図 1 に，関係スキーマを図 2 に，主な属性の意味・制約を表 2 に示す。宿泊管理システムでは，図 2 中の関係 "予約"，"会員予約" 及び "非会員予約" を概念データモデル上のスーパータイプである "予約" にまとめて一つのテーブルとして実装している。

　　B さんは，宿泊管理業務への理解を深めるために，図 1，図 2，表 2 を参照して，表 3 の業務ルール整理表を作成した。表 3 では，B さんが想定する業務ルールの例が，図 1，図 2，表 2 に反映されている業務ルールと一致しているか否かを判定し，

一致欄に"○"（一致）又は"×"（不一致）を記入する。エンティティタイプ欄には，判定時に参照する一つ又は複数のエンティティタイプ名を記入する。リレーションシップを表す線及び対応関係にゼロを含むか否かの区別によって適否を判定する場合には，リレーションシップの両端のエンティティタイプを参照する。

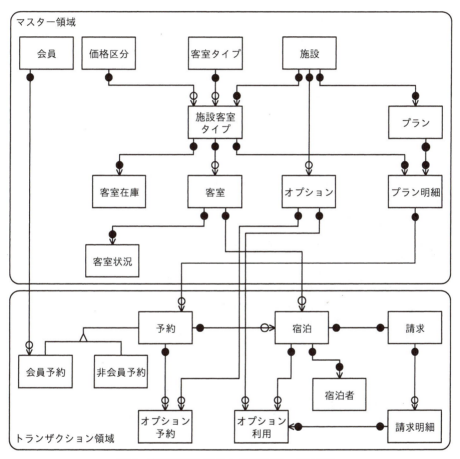

図1　宿泊管理システムの概念データモデル

施設（<u>施設コード</u>，施設区分，施設名，住所，電話番号，…）

客室タイプ（<u>客室タイプコード</u>，客室タイプ名，定員，階数，部屋数，間取り，面積，
　　　　　ペット同伴可否，備考，…）

価格区分（<u>価格区分コード</u>，価格区分名，標準単価，価格設定規則）

施設客室タイプ（<u>施設コード</u>，<u>客室タイプコード</u>，<u>価格区分コード</u>）

客室（<u>施設コード</u>，<u>客室タイプコード</u>，<u>客室番号</u>，禁煙喫煙区分，客室状態，備考）

客室状況（<u>施設コード</u>，<u>客室番号</u>，<u>年月日</u>，予約可否）

客室在庫（<u>施設コード</u>，<u>客室タイプコード</u>，<u>禁煙喫煙区分</u>，<u>年月日</u>，予約可能数，割当済数）

プラン（<u>施設コード</u>，<u>プランコード</u>，プラン名，チェックイン時刻，チェックアウト時刻，
　　　　開始年月日，終了年月日，朝食有無，夕食有無，禁煙喫煙区分，備考）

プラン明細（<u>施設コード</u>，<u>プランコード</u>，<u>客室タイプコード</u>，利用料金，連泊割引率）

会員（<u>会員番号</u>，氏名，カナ氏名，メールアドレス，電話番号，生年月日，住所，…）

オプション（<u>施設コード</u>，<u>オプション番号</u>，オプション名，単価，…）

予約（<u>施設コード</u>，<u>予約番号</u>，プランコード，客室タイプコード，予約状態，会員予約区分，
　　　当日予約フラグ，利用開始年月日，泊数，人数，客室数，キャンセル年月日，…）

　会員予約（<u>施設コード</u>，<u>予約番号</u>，会員番号）

　非会員予約（<u>施設コード</u>，<u>予約番号</u>，氏名，カナ氏名，メールアドレス，電話番号，住所）

オプション予約（<u>施設コード</u>，<u>予約番号</u>，<u>オプション予約明細番号</u>，オプション番号，
　　　　　　　利用数，…）

宿泊（<u>施設コード</u>，<u>宿泊番号</u>，客室番号，予約番号，人数，チェックイン年月日，
　　　チェックアウト年月日）

宿泊者（<u>施設コード</u>，<u>宿泊番号</u>，<u>明細番号</u>，氏名，カナ氏名，住所，電話番号，前泊地，
　　　　後泊地）

オプション利用（<u>施設コード</u>，<u>宿泊番号</u>，<u>オプション利用番号</u>，オプション番号，利用数，
　　　　　　　請求番号，請求明細番号）

請求（<u>請求番号</u>，施設コード，宿泊番号，宿泊料金，オプション利用料金，請求合計金額）

請求明細（<u>請求番号</u>，<u>請求明細番号</u>，請求金額）

図2　宿泊管理システムの関係スキーマ（一部省略）

表2　主な属性の意味・制約

属性名	意味・制約
施設コード	施設を識別するコード（3桁の半角英数字）
施設区分	'H'（ホテル），'R'（貸別荘）
客室タイプコード	ホテルはシングル，ツインなど，貸別荘はテラスハウス，グランピングなど客室の構造，定員などによる分類である。
標準単価，価格設定規則	標準単価は，各施設が利用料金を決める際に基準となる金額，価格設定規則は，その際に従うべきルールの記述である。
予約可否	'Y'（予約可），'N'（修繕中）
予約可能数，割当済数	予約可能数は，客室状況の予約可否が 'Y' の客室数で，手動で設定することもある。割当済数は，予約に割り当てられた客室数の合計である。
予約状態	'1'（予約中），'2'（宿泊済），'9'（キャンセル済）
会員予約区分	'1'（会員予約），'2'（非会員予約）
オプション番号	施設ごとに有償で提供する設備，物品，サービスを識別する番号である。
客室状態	'1'（準備中），'2'（チェックイン可），'3'（チェックイン済），'4'（チェックアウト）

表3　業務ルール整理表（未完成）

項番	業務ルールの例	エンティティタイプ	一致
1	施設ごと客室タイプごとに価格区分を設定し，価格区分ごとに標準単価を決めている。客室は施設ごとに一意な客室番号で識別する。	施設，客室タイプ，価格区分，施設客室タイプ，客室	○
2	全施設共通のプランがある。	プラン	a
3	会員は，予約時に登録済の会員番号を提示すれば氏名，住所などの提示を省略できる。	会員，会員予約	b
4	同一会員が，施設，プラン，客室タイプ，利用開始年月日が全て同じ複数の予約を取ることはできない。	会員，予約	c
5	予約のない宿泊は受け付けていない。飛び込みの場合でも当日の予約手続を行った上で宿泊を受け付ける。	予約，宿泊	d
6	連泊の予約を受け付ける場合に，連泊中には同じ客室になるように在庫の割当てを行うことができる。	予約	e
7	予約の際にはプラン及び客室タイプを必ず指定する。一つの予約で同じ客室タイプの複数の客室を予約できる。	ア	f
8	宿泊時には1名以上の宿泊者に関する情報を記録しなければならない。	イ	○

3.　問合せの設計

　　Bさんは，表1の依頼1〜依頼3の分析データ抽出に用いる問合せの処理概要及

び SQL 文をそれぞれ表 4〜表 6 に整理した。hv1, hv2 はそれぞれ指定期間の開始年月日，終了年月日を表すホスト変数である。問合せ名によって，ほかの問合せの結果行を参照できるものとする。

表 4　依頼 1 の分析データ抽出に用いる問合せ（未完成）

問合せ名	処理概要（上段）と SQL 文（下段）
R1	チェックイン年月日が指定期間の終了日以前の宿泊がある会員数を数えて施設ごとに累計新規会員数を求める。 SELECT A.施設コード, 　ウ　 AS 累計新規会員数 FROM 宿泊 A INNER JOIN 予約 B ON A.施設コード = B.施設コード AND A.予約番号 = B.予約番号 WHERE B.会員予約区分 = '1' AND A.チェックイン年月日 <= CAST(:hv2 AS DATE) GROUP BY A.施設コード
R2	チェックイン年月日が指定期間内の宿泊があり，指定期間にかかわらずその宿泊よりも前の宿泊がある会員数を数えて施設ごとにリピート会員数を求める。 SELECT A.施設コード, 　ウ　 AS リピート会員数 FROM 宿泊 A INNER JOIN 予約 B ON A.施設コード = B.施設コード AND A.予約番号 = B.予約番号 WHERE B.会員予約区分 = '1' AND A.チェックイン年月日 BETWEEN CAST(:hv1 AS DATE) AND CAST(:hv2 AS DATE) AND 　エ　 (SELECT * FROM 宿泊 C 　INNER JOIN 予約 D ON C.施設コード = D.施設コード AND C.予約番号 = D.予約番号 　WHERE A.施設コード= C.施設コード AND 　オ　 AND 　カ　) GROUP BY A.施設コード
R3	R1, R2 から施設ごとのリピート率を求める。 SELECT R1.施設コード, 100 * 　キ　 AS リピート率 FROM R1 LEFT JOIN R2 ON R1.施設コード = R2.施設コード

表 5　依頼 2 の分析データ抽出に用いる問合せ

問合せ名	処理概要（上段）と SQL 文（下段）
T1	会員別に指定期間内の請求金額を集計する。 SELECT C.会員番号, SUM(A.請求合計金額) AS 合計利用金額 FROM 請求 A INNER JOIN 宿泊 B ON A.施設コード = B.施設コード AND A.宿泊番号 = B.宿泊番号 INNER JOIN 予約 C ON B.施設コード = C.施設コード AND B.予約番号 = C.予約番号 WHERE B.チェックイン年月日 BETWEEN CAST(:hv1 AS DATE) AND CAST(:hv2 AS DATE) 　AND C.会員予約区分 = '1' GROUP BY C.会員番号
T2	T1 から会員を 5 等分に分類して会員ごとに階級番号を求める。 SELECT 会員番号, NTILE(5) OVER (ORDER BY 合計利用金額 DESC) AS 階級番号 FROM T1

510　令和 4 年度秋期 本試験問題・解答・解説

表6　依頼3の分析データ抽出に用いる問合せ

問合せ名	処理概要（上段）と SQL 文（下段）
S1	予約から利用開始年月日が指定期間内に含まれる予約中又は宿泊済の行を選択し，施設コード，価格区分コードごとに客室数を集計して累計稼働客室数を求める。 SELECT A.施設コード, B.価格区分コード, SUM(A.客室数) AS 累計稼働客室数 FROM 予約 A INNER JOIN 施設客室タイプ B 　ON A.施設コード = B.施設コード AND A.客室タイプコード = B.客室タイプコード WHERE A.利用開始年月日 BETWEEN CAST(:hv1 AS DATE) AND CAST(:hv2 AS DATE) 　AND A.予約状態 <> '9' GROUP BY A.施設コード, B.価格区分コード
S2	客室状況から年月日が指定期間内に含まれる予約可能な客室の行を選択し，施設コード，価格区分コードごとに行数を数えて累計予約可能客室数を求める。 SELECT A.施設コード, C.価格区分コード, COUNT(A.客室番号) AS 累計予約可能客室数 FROM 客室状況 A INNER JOIN 客室 B ON A.施設コード = B.施設コード AND A.客室番号 = B.客室番号 INNER JOIN 施設客室タイプ C ON B.施設コード = C.施設コード 　AND B.客室タイプコード = C.客室タイプコード WHERE A.予約可否 = 'Y' 　AND A.年月日 BETWEEN CAST(:hv1 AS DATE) AND CAST(:hv2 AS DATE) GROUP BY A.施設コード, C.価格区分コード
S3	S1，S2 及び価格区分から施設コード，価格区分コードごとに標準単価，客室稼働率を求める。 SELECT A.施設コード, A.価格区分コード, C.標準単価, 100 * COALESCE(B.累計稼働客室数,0) / A.累計予約可能客室数 AS 客室稼働率 FROM S2 A LEFT JOIN S1 B ON A.施設コード = B.施設コード 　　　　　　　　AND A.価格区分コード = B.価格区分コード INNER JOIN 価格区分 C ON A.価格区分コード = C.価格区分コード

4.　問合せの試験

　　B さんは，各 SQL 文の実行によって期待どおりの結果が得られることを確認する試験を実施した。B さんが作成した，表5の T2 の試験で使用する T1 のデータを表7に，T2 の試験の予想値を表8に示す。

表7 T2の試験で使用するT1のデータ

会員番号	合計利用金額
100	50,000
101	42,000
102	5,000
103	46,000
104	25,000
105	8,000
106	5,000
107	12,000
108	17,000
109	38,000

表8 T2の試験の予想値（未完成）

会員番号	階級番号
100	1
101	
102	
103	
104	
105	
106	
107	
108	
109	

5. 問合せの実行

　Bさんは，実データを用いて，2022-09-01から2022-09-30を指定期間として表4～表6のSQL文を実行して結果を確認したところ，表6の結果行を反映した図3の標準単価と客室稼働率の関係（散布図）に客室稼働率100%を超える異常値が見られた。

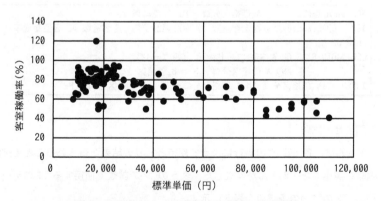

図3　標準単価と客室稼働率の関係（散布図）

〔異常値の調査・対応〕

1. 異常値発生原因の調査手順

　Bさんは，次の(1)～(3)の手順で調査を行った。

(1) ①S3 の SQL 文を変更して再度問合せを実行し，異常値を示している施設コー
ド，価格区分コードの組だけを求める。

(2) (1)で求めた施設コード，価格区分コードについて，S1，S2 の SQL 文を変更し
て，施設コード，価格区分コード，客室タイプコードごとの累計稼働客室数，
累計予約可能客室数をそれぞれ求める。

(3) (2)の結果から累計稼働客室数，累計予約可能客室数のいずれかに異常が認め
られたら，その集計に関連するテーブルの行を抽出する。

2. 異常値発生原因の調査結果

調査手順の(1)から施設コード‘103’，価格区分コード‘C4’を，調査手順の
(2)から表 9，表 10 を得た。調査手順の(3)では，累計予約可能客室数に異常があ
ると判断して表 11〜14 を得た。

表 9　(2)の S1 で得た結果行

施設コード	価格区分コード	客室タイプコード	累計稼働客室数
103	C4	71	5
103	C4	72	10
103	C4	73	14
103	C4	74	7

表 10　(2)で得た S2 の結果行

施設コード	価格区分コード	客室タイプコード	累計予約可能客室数
103	C4	71	30

表 11　(3)で得た“客室状況”テーブルの行（一部省略）

施設コード	客室番号	年月日	予約可否
103	1050	2022-09-01	Y
103	1050	2022-09-02	Y
⋮	⋮	⋮	⋮
103	1050	2022-09-30	Y

表 12　(3)で得た“客室”テーブルの行（一部省略）

施設コード	客室タイプコード	客室番号	…
103	71	1050	…

表13　(3)で得た"施設客室タイプ"テーブルの行

施設コード	客室タイプコード	価格区分コード
103	71	C4
103	72	C4
103	73	C4
103	74	C4

表14　(3)で得た"客室タイプ"テーブルの行（一部省略）

客室タイプコード	客室タイプ名	定員	…
71	貸会議室タイプA 9時～11時	25	…
72	貸会議室タイプA 11時～13時	25	…
73	貸会議室タイプA 13時～15時	25	…
74	貸会議室タイプA 15時～17時	25	…

3. 異常値発生原因の推測

　　Bさんは，調査結果を基に，施設コード'103'の施設で異常値が発生する状況を次のように推測した。

・客室を会議室として時間帯に区切って貸し出している。

・客室タイプに貸会議室のタイプと時間帯とを組み合わせて登録している。一つの客室（貸会議室）には時間帯に区切った複数の客室タイプがあり，客室と客室タイプとの間に事実上多対多のリレーションシップが発生している。

・②これをS2のSQL文によって集計した結果，累計予約可能客室数が実際よりも小さくなり，客室稼働率が不正になった。

4. 施設へのヒアリング

　　該当施設の管理者にヒアリングを行い，異常値の発生原因は推測どおりであることを確認した。さらに，貸会議室の運用について次の説明を受けた。

・客室の一部を改装し，会議室として時間貸しする業務を試験的に開始した。

・貸会議室は，9時～11時，11時～13時，13時～15時のように1日を幾つかの連続する時間帯に区切って貸し出している。

・貸会議室ごとに，定員，価格区分を決めている。定員，価格区分は変更することがある。

・宿泊管理システムの客室タイプに時間帯を区切って登録し，客室タイプごとに

予約可能数を設定している。さらに，貸会議室利用を宿泊として登録することで，宿泊管理システムを利用して，貸会議室の在庫管理，予約，施設利用，及び請求の手続を行っている。

・貸会議室は全て禁煙である。

・1回の予約で受け付ける貸会議室は1室だけである。

・音響設備，プロジェクターなどのオプションの予約，利用を受け付けている。

・一つの貸会議室の複数時間帯の予約を受けることもある。現在は時間帯ごとに異なる予約を登録している。貸会議室の業務を拡大する予定なので，1回の予約で登録できるようにしてほしい。

5. 対応の検討

(1) 分析データ抽出への対応

　　Bさんは，③表6中のS2の処理概要及びSQL文を変更することで，異常値を回避して施設ごとの客室稼働率を求めることにした。

(2) 異常値発生原因の調査で判明した問題への対応

　　Bさんは，異常値発生原因の調査で，④このまま貸会議室の業務に宿泊管理システムを利用すると，貸会議室の定員変更時にデータの不整合が発生する，宿泊登録時に無駄な作業が発生する，などの問題があることが分かったので，宿泊管理システムを変更する方がよいと判断した。

〔RDBMSの主な仕様〕

　宿泊管理システムで利用するRDBMSの主な仕様は次のとおりである。

1. テーブル定義

　　テーブル定義には，テーブル名を変更する機能がある。

2. トリガー機能

　　テーブルに対する変更操作（挿入，更新，削除）を契機に，あらかじめ定義した処理を実行する。

(1) 実行タイミング（変更操作の前又は後。前者をBEFOREトリガー，後者をAFTERトリガーという），列値による実行条件を定義することができる。

(2) トリガー内では，変更操作を行う前の行，変更操作を行った後の行のそれぞれに相関名を指定することで，行の旧値，新値を参照することができる。

515

(3) ある AFTER トリガーの処理実行が，ほかの AFTER トリガーの処理実行の契機となることがある。この場合，後続の AFTER トリガーは連鎖して処理実行する。

〔宿泊管理システムの変更〕
1. 概念データモデルの変更
　Bさんは，施設へのヒアリング結果を基に，宿泊管理業務の概念データモデルに，貸会議室の予約業務を追加することにした。Bさんが作成した貸会議室予約業務追加後のトランザクション領域の概念データモデルを図4に示す。図4では，マスター領域のエンティティタイプとのリレーションシップを省略している。

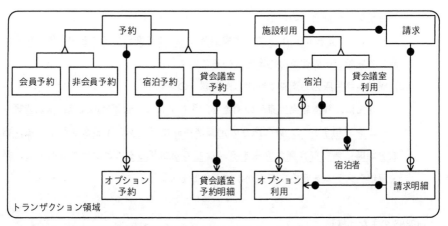

図4　貸会議室予約業務追加後のトランザクション領域の概念データモデル

2. テーブル構造の変更
　Bさんは，施設へのヒアリングで聴取した要望に対応しつつ，現行のテーブル構造は変更せずに，貸会議室の予約，利用を管理するためのテーブルを追加することにして図5の追加するテーブルのテーブル構造を設計した。

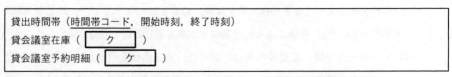

図5　追加するテーブルのテーブル構造（未完成）

3. テーブル名の変更

　図4の概念データモデルでは，エンティティタイプ"宿泊"及び"貸会議室利用"は，エンティティタイプ"施設利用"のサブタイプである。現行の"宿泊"テーブルはエンティティタイプ"施設利用"を実装したものだが，概念データモデル上サブタイプのエンティティタイプ名をテーブル名に用いることによる誤解を防ぐために，"宿泊"テーブルは"施設利用"に名称を変更することにした。

　D社では，アプリケーションプログラム（以下，APという）の継続的な改善を実施しており，APのアクセスを停止することなくAPのリリースを行う仕組みを備えている。

　貸会議室予約機能のリリースに合わせてテーブル名の変更を行いたいが，"宿泊"テーブルには多くのAPで行の挿入，更新を行っていて，これら全てのAPの改定，試験を行うとリリース時期が遅くなる。そこで，一定の移行期間を設け，移行期間中は新旧両方のテーブル名を利用できるようにデータベースを実装し，必要な全てのAPの改定後に移行期間を終了して"宿泊"テーブルを廃止することにした。

　実装に当たって，更新可能なビューを利用した更新可能ビュー方式，トリガーを利用したトリガー同期方式の2案を検討し，移行期間前，移行期間中，移行期間後の手順を表15に，表15中の手順[b2]，[b4]のトリガーの処理内容を表16に整理した。

表15　更新可能ビュー方式，トリガー同期方式の手順

実施時期	更新可能ビュー方式の手順	トリガー同期方式の手順
移行期間前	[a1] 更新可能な"施設利用"ビューを作成する。	[b1] "施設利用"テーブルを新規作成する。 [b2] "宿泊"テーブルの変更を"施設利用"テーブルに反映するトリガーを作成する。 [b3] "宿泊"テーブルから，施設コード，宿泊番号順に，"施設利用"テーブルに存在しない行を一定件数ごとにコミットしながら複写する。 [b4] "施設利用"テーブルの変更を"宿泊"テーブルに反映するトリガーを作成する。
移行期間中	なし	なし
移行期間後	[c1] "施設利用"ビューを削除する。 [c2] "宿泊"テーブルを"施設利用"テーブルに名称を変更する。	[d1] 作成したトリガーを削除する。 [d2] "宿泊"テーブルを削除する。

注記1　[ ]で囲んだ英数字は，手順番号を表す。
注記2　手順内で発生するトランザクションの ISOLATION レベルは，READ COMMITTED である。

表16　表15中の手順[b2]，[b4]のトリガーの処理内容（未完成）

手順	変更操作	処理内容
[b2]	INSERT	"宿泊"テーブルの追加行のキー値で"施設利用"テーブルを検索し，該当行がない場合に"施設利用"テーブルに同じ行を挿入する。
	UPDATE	"宿泊"テーブルの変更行のキー値で"施設利用"テーブルを検索し，該当行があり，かつ，　　コ　　場合に，"施設利用"テーブルの該当行を更新する。
[b4]	INSERT	"施設利用"テーブルの追加行のキー値で"宿泊"テーブルを検索し，該当行がない場合に"宿泊"テーブルに同じ行を挿入する。
	UPDATE	"施設利用"テーブルの変更行のキー値で"宿泊"テーブルを検索し，該当行があり，かつ，　　　　　　　　場合に，"宿泊"テーブルの該当行を更新する。

注記　網掛け部分は表示していない。

設問1　〔分析データ収集〕について答えよ。

(1) 表3中の　　a　　～　　f　　に入れる"○"，"×"を答えよ。また，表3中の　　ア　　，　　イ　　に入れる一つ又は複数の適切なエンティティタイプ名を答えよ。

(2) 表4中の　　ウ　　～　　キ　　に入れる適切な字句を答えよ。

（3）表 8 中の太枠内に適切な数値を入れ，表を完成させよ。

設問2　〔異常値の調査・対応〕について答えよ。

（1）本文中の下線①で，調査のために表 6 中の S3 をどのように変更したらよいか。変更内容を 50 字以内で具体的に答えよ。

（2）本文中の下線②で，累計予約可能客室数が実際よりも小さくなった理由を 50 字以内で具体的に答えよ。

（3）本文中の下線③で，表 6 中の S2 において，"客室状況"テーブルに替えてほかのテーブルから累計予約可能客室数を求めることにした。そのテーブル名を答えよ。

（4）本文中の下線④について，(a)どのようなデータの不整合が発生するか，(b)どのような無駄な作業が発生するか，それぞれ 40 字以内で具体的に答えよ。

設問3　〔宿泊管理システムの変更〕について答えよ。

（1）図 5 中の　ク　，　ケ　に入れる一つ又は複数の列名を答えよ。なお，　ク　，　ケ　に入れる列が主キーを構成する場合，主キーを表す実線の下線を付けること。

（2）表 15 中の更新可能ビュー方式の手順の実施に際して，AP のアクセスを停止する必要がある。AP のアクセスを停止するのはどの手順の前か。表 15 中の手順番号を答えよ。また，AP のアクセスを停止する理由を 40 字以内で具体的に答えよ。

（3）表 15 中のトリガー同期方式において，AP のアクセスを停止せずにリリースを行う場合，表 15 中の手順では"宿泊"テーブルと"施設利用"テーブルとが同期した状態となるが，手順[b2]，[b3]の順序を逆転させると，差異が発生する場合がある。それはどのような場合か。50 字以内で具体的に答えよ。

（4）表 16 中の　コ　の条件がないと問題が発生する。どのような問題が発生するか。20 字以内で具体的に答えよ。また，この問題を回避するために　コ　に入れる適切な条件を 30 字以内で具体的に答えよ。

問2　フェリー会社の乗船予約システムのデータベース設計に関する次の記述を読んで，
　　設問に答えよ。

　　Ｘ社は，複数航路でフェリーを運航している。乗船予約システムを構築してから時
　間が経過していることから，改めて現行業務を分析し，更に新規要件を洗い出し，
　乗船予約システムを再構築することになった。予約，乗船手続，下船手続などに関
　する業務について，概念データモデルとテーブル構造を設計した。

〔現行業務の分析結果〕
1.　フェリーの概要
　(1) フェリー
　　　①　12隻のフェリーを運航している。フェリーはフェリー番号で識別している。
　　　②　一つの設計図で複数のフェリーを造っている。同じ設計図から造られたフ
　　　　ェリーを同じ船型のフェリーと呼ぶ。同じ船型であれば，外見だけでなく，
　　　　船内施設，宿泊区画などの構成も同じとなる。船型は船型番号で識別してい
　　　　る。
　　　③　現在，三つの船型があり，船型ごとに4隻のフェリーがある。
　　　④　フェリーが乗船客のほかに積載できるのは，次のとおりである。
　　　　・乗用車・トラック・バス（以下，車両という）
　　　　・ペット持込み用のペットケージ
　　　　・自転車・原動機付自転車・自動二輪車（以下，二輪車という）
　　　⑤　どれだけの車両を積載できるかは，車両の長さが基準となる。船型ごとに
　　　　積載可能車両長合計を決めており，積載する車両の車両長の合計が，積載可
　　　　能車両長合計を超えない範囲であれば積載可能となる。
　　　⑥　ペットケージ，二輪車については，船型ごとに積載可能数をそれぞれ決め
　　　　ている。
　(2) 宿泊区画
　　　①　宿泊区画とは，乗客の宿泊のための販売単位であり，大部屋に設置された
　　　　ベッド（定員1名）と個室（定員1名から4名まで）とがある。
　　　②　宿泊区画には一意な宿泊区画番号を付与している。宿泊区画番号には，個

520　　令和4年度秋期 本試験問題・解答・解説

室の場合は個室番号，ベッドの場合はベッド番号を用いる。

(3) 等級

① 宿泊区画は等級に分かれており，等級を等級コードで識別している。個室の等級には，ロイヤルスイート，スイート，デラックス，レディースデラックスなどがあり，大部屋の等級には，ステート，ツーリストなどがある。

② 船型ごとに存在する等級が異なる。例えば，ある船型にはロイヤルスイートが存在しないということがある。

③ 一部の等級のエリアは，後述するカードキーをタッチしないとドアが開かず立ち入ることができない。

④ 同じ等級でも船型ごとに定員，面積が異なる場合がある。

(4) 航路

① 出発港から幾つかの経由港を経て到着港までを航路と呼ぶ。ただし，経由港のない航路もある。A 港と B 港との間を運航している場合，A 港発 B 港行と B 港発 A 港行とは別の航路となる。航路ごとに航路番号を決めている。

② 航路ごとに配船する船型を決めている。

③ 航路ごとに航路明細として出発港，経由港，到着港，標準入港時刻，標準出港時刻を決めている。港は港コードで識別している。航路明細の例を表 1 に示す。

表 1　航路明細の例

航路番号	航路名	港コード	港名	寄港順	港区分	標準入港時刻	標準出港時刻
01	C 港発 F 港行	003	C 港	1	出発港		当日 17:00
01	C 港発 F 港行	004	D 港	2	経由港	当日 19:00	当日 21:00
01	C 港発 F 港行	005	E 港	3	経由港	翌日 14:00	翌日 18:00
01	C 港発 F 港行	006	F 港	4	到着港	翌々日 10:00	
02	F 港発 C 港行	006	F 港	1	出発港		当日 18:00
02	F 港発 C 港行	005	E 港	2	経由港	翌日 10:00	翌日 14:00
02	F 港発 C 港行	004	D 港	3	経由港	翌々日 07:00	翌々日 09:00
02	F 港発 C 港行	003	C 港	4	到着港	翌々日 11:00	

(5) 運航スケジュール

① 航路について，出発年月日ごとに配船するフェリーを決める。ある航路に

おいて，同日に複数のフェリーが出発することはない。運航スケジュールの
例を表 2 に示す。

表 2　運航スケジュールの例

航路番号	航路名	出発年月日	フェリー名
01	C 港発 F 港行	2022-03-14	○○丸
02	F 港発 C 港行	2022-03-14	△△丸
02	F 港発 C 港行	2022-03-16	○○丸
01	C 港発 F 港行	2022-03-16	△△丸
01	C 港発 F 港行	2022-03-18	○○丸

② 　出発港，経由港，到着港にいつ入出港するかの運航スケジュール明細を決
める。同じ航路でも出発年月日によって出発港，経由港，到着港の入港日時
及び出港日時が，標準入港時刻及び標準出港時刻と異なる場合がある。運航
スケジュール明細の例を表 3 に示す。

表 3　運航スケジュール明細の例

航路番号	航路名	出発年月日	港コード	港名	入港日時	出港日時
01	C 港発 F 港行	2022-03-14	003	C 港		2022-03-14 17:30
01	C 港発 F 港行	2022-03-14	004	D 港	2022-03-14 19:00	2022-03-14 21:00
01	C 港発 F 港行	2022-03-14	005	E 港	2022-03-15 14:30	2022-03-15 18:30
01	C 港発 F 港行	2022-03-14	006	F 港	2022-03-16 10:00	
02	F 港発 C 港行	2022-03-14	006	F 港		2022-03-14 18:00
02	F 港発 C 港行	2022-03-14	005	E 港	2022-03-15 09:30	2022-03-15 13:30
02	F 港発 C 港行	2022-03-14	004	D 港	2022-03-16 07:00	2022-03-16 09:00
02	F 港発 C 港行	2022-03-14	003	C 港	2022-03-16 11:00	
01	C 港発 F 港行	2022-03-16	003	C 港		2022-03-16 17:45
01	C 港発 F 港行	2022-03-16	004	D 港	2022-03-16 19:15	2022-03-16 21:15
⋮	⋮	⋮	⋮	⋮	⋮	⋮

(6) 販売区間

　　航路内の販売可能な乗船港と下船港との組合せを販売区間と呼ぶ。宿泊を伴
わない区間は販売区間とならない。C 港と F 港の間を運航し，D 港，E 港を経由す
る航路の場合，C 港〜E 港，C 港〜F 港，D 港〜E 港，D 港〜F 港，E 港〜F 港が販
売区間となり得る。販売区間は販売区間名をもち，航路番号，乗船港コード，

下船港コードで識別する。

(7) 運賃

① 販売区間ごとに乗船客，車両，ペットケージ，二輪車の運賃表がある。

② 乗船客の運賃は，等級ごとに大人運賃を決めている。小人運賃は大人運賃の半額としている。中学生以上には大人運賃，小学生には小人運賃を適用する。小学生未満の乳幼児は，大人1名につき1名分が無料となり，2人目以降は小人運賃となる。

③ 車両の運賃は，車両の長さの範囲（4m 未満，4m 以上 5m 未満など）ごとに決めている。

④ ペットの運賃は，ペットケージ1個ごとに決めている。

⑤ 二輪車の1台当たりの運賃は，自転車・原動機付自転車・自動二輪車の種類ごとに決めている。

⑥ 等級に，車両の長さの範囲，ペットケージ，二輪車の種類を併せて運賃種類と呼び，運賃種類コードで識別している。運賃種類コードのうち，乗船客の運賃を表すものは等級コードである。

⑦ 乗船客，車両及び二輪車については，通常期運賃とは別に繁忙期運賃を設定している。

⑧ 復路の乗船年月日が往路の乗船年月日から 30 日以内であれば往復割引を適用し，復路は 10%割引としている。

⑨ 運賃表は燃油の価格変動に伴い，数か月ごとに見直す。運賃表の運用開始日を決めている。

(8) 船内施設

フェリーの船内には，レストラン，ショップなどの施設があり，フェリーごとの施設コードで識別している。

(9) 船内商品

船内施設で提供する商品として，レストランでの飲食メニュー，ショップでのお土産品・雑貨品などがある。これらは，全フェリー共通の商品コードで識別している。

2. 予約業務

(1) 予約登録

① 予約は，予約受付順の予約番号で一意に識別している。予約登録は，航路と販売区間を指定した上で次のように行う。

・宿泊区画：個室の場合は1部屋，大部屋の場合は同じ等級の6人まで

・車両：1台まで

・ペットケージ，二輪車：数に制限無し

② 往復予約の場合は，往路と復路とは別の予約番号を振り，復路の予約に往路予約番号をもたせる。

③ 航路，乗船港，下船港，乗船年月日，等級，大人人数，小人人数，乳幼児人数，車両の有無（有りの場合は車両の長さ），ペットケージ，二輪車の数を登録する。併せて乗船予定者全員の氏名，性別，生年月日，住所，大人運賃・小人運賃・無料のいずれかを表す適用運賃区分を予約客として登録する。

④ 予約内容の変更は受け付けていない。

(2) 予約キャンセル

① 予約キャンセルは，出港時刻までであれば，予約番号ごとに可能である。ただし，乗船年月日の6日前以降のキャンセルは，キャンセル料が発生する。乗船年月日までの日数によってキャンセル期間区分を決め，キャンセル料率を変えている。出港後はキャンセルできず，全額請求する。往復で予約している場合，往路復路それぞれの乗船年月日に対してキャンセル料を算出する。

② 天候不良などによる欠航の場合，翌日以降の運航に振り替えるか，キャンセルするかを，予約客に選択してもらう。キャンセルの場合，キャンセル料は請求せず，全額を返金する。

③ 往復予約の往路が天候不良などで欠航になったときの復路をキャンセルする場合，キャンセル料は請求せず，全額を返金する。

(3) 在庫の把握

① 個室については利用可能個室残数を，大部屋については利用可能ベッド残数を等級別在庫としてそれぞれ記録している。出発港，経由港を出港する時点での等級ごとの残数を記録する。予約受付時又は予約無しでの乗船時に，個

室であれば利用可能個室残数を，大部屋であれば利用可能ベッド残数を更新（利用分を減算）する。

② 車両については積載可能車両残長を，ペットケージについては積載可能ペットケージ残数を，二輪車については積載可能二輪車残数をそれぞれ記録する。出発港，経由港を出港する時点の残長・残数を記録する。予約受付時又は予約無しでの乗船時に，車両であれば積載可能車両残長を，ペットケージであれば積載可能ペットケージ残数を，二輪車であれば積載可能二輪車残数を更新（積載分を減算）する。

③ 上述の残長・残数について，乗船港と下船港との間に経由港がある場合には乗船港を出港する時点の残長・残数だけではなく，経由港を出港する時点の残長・残数も更新する。C 港を出港し，D 港，E 港を経由し，F 港に到着する航路で，C 港で乗船し，F 港で下船する場合，C 港を出港する時点の残長・残数だけではなく，D 港，E 港を出港する時点の残長・残数も更新する。

④ 予約キャンセル時には，予約登録時と逆に更新（キャンセル分を加算）する。

3. 入金業務

　(1) 運賃の支払には，乗船前の支払と乗船当日の乗船窓口での支払とがある。

　(2) 乗船前の支払方法には，クレジットカード決済と現金振込みとがある。支払が完了すると乗船前支払フラグを‘支払済’にする。

　(3) 乗船当日の乗船窓口での支払方法には，クレジットカード決済と現金払とがある。

4. 顧客管理業務

　(1) リピーターを確保する目的で顧客管理を行っており，希望する顧客には，氏名，性別，生年月日，住所，電話番号，メールアドレスを登録してもらい，顧客番号が記載された顧客カードを渡す。

　(2) 顧客は，顧客カードに記載された顧客番号を伝えることで，予約時及び乗船時に氏名，性別などを記入する必要がなくなる。

5. 乗船手続（チェックイン）

　(1) 乗船当日に乗船窓口において，予約有りの場合は予約の単位に，予約無しの場合は乗船する個人又はグループ単位に乗船客の乗船手続をする。乗船手続では運航スケジュールごとの乗船番号を発番する。

(2) 予約有りの乗船手続

① 乗船窓口の担当者が予約を確認する。予約が確認できたら，予約の記録を乗船の記録に引き継ぐ。

② 予約時に申請した予約客に変更がある場合には，変更後の内容を乗船客として記録する。

③ 運賃が未払の場合は，運賃を請求する。

(3) 予約無しの乗船手続

① 乗船窓口の担当者が，乗船客の航路，乗船港，下船港，乗船年月日，等級，大人人数，小人人数，乳幼児人数，車両の有無，ペットケージ，二輪車の数を確認する。これらは予約の記録ではなく，乗船の記録とする。

② 次に乗船客を確認する。氏名，性別，生年月日，住所，適用運賃区分を乗船客の記録とする。顧客登録している場合，顧客番号を提示してもらうことで，氏名，性別などを確認する必要がなくなる。

③ 運賃を請求する。

(4) 予約の有無にかかわらず，乗船手続時に乗船窓口の担当者が個室又はベッドを決定する。宿泊区画状態区分が乗船の全区間を通して'チェックイン可'の個室又はベッドを割り当てる。

(5) 乗船手続時に個室・大部屋の解錠ができるカードキーを手渡す。カードキーは乗船客ごとに作成する。カードキーには，航路番号，出発年月日，乗船客番号，宿泊区画番号を登録する。

(6) 乗船手続終了後，乗船ステータス及び宿泊区画状態区分を'チェックイン'に変更する。

6. 船内売上

(1) 乗船中に乗船客が船内商品を購入する場合の支払方法には，クレジットカード決済，現金払がある。

(2) 乗船客が購入した船内商品及び個数・金額を船内売上明細に，購入ごとの合計金額を船内売上に記録する。

7. 下船手続（チェックアウト）

下船口で乗船客から受領したカードキーを読み取り，乗船ステータス及び宿泊区画状態区分を'チェックアウト'にする。

〔概念データモデルとテーブル構造〕

　現行業務の分析結果に基づいて，概念データモデルとテーブル構造を設計した。テーブル構造は，概念データモデルでサブタイプとしたエンティティタイプを，スーパータイプのエンティティタイプにまとめた。現行業務の概念データモデルを図 1 に，現行業務のテーブル構造を図 2 に示す。

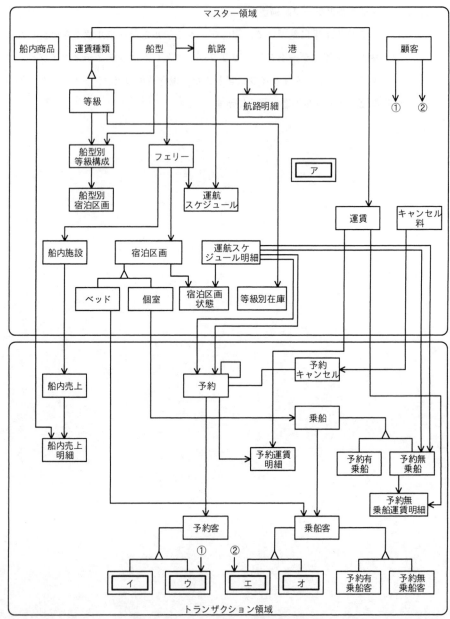

図1 現行業務の概念データモデル（未完成）

港（港コード，港名）
航路（航路番号，航路名，船型番号）
航路明細（航路番号，港コード，寄港順，港区分，標準入港時刻，標準出港時刻）
船型（船型番号，乗船客数，全長，積載可能車両長合計，積載可能ペットケージ数，積載可能二輪車数）
フェリー（フェリー番号，フェリー名，船型番号）
運航スケジュール（航路番号，出発年月日，フェリー番号）
運航スケジュール明細（航路番号，出発年月日，港コード，入港日時，出港日時，積載可能車両残数，
　　　　　　　　　　　積載可能ペットケージ残数，積載可能二輪車残数）
等級別在庫（航路番号，出発年月日，港コード，等級コード，利用可能個室残数，利用可能ベッド残数）
宿泊区画状態（航路番号，出発年月日，港コード，宿泊区画番号，宿泊区画状態区分，フェリー番号）
運賃種類（運賃種類コード，等級フラグ，運賃種類名，個室大部屋区分）
船型別等級構成（船型番号，等級コード，個室数，ベッド数，定員，面積，立ち入り区分）
船型別宿泊区画（船型番号，宿泊区画番号，等級コード）
宿泊区画（フェリー番号，宿泊区画番号）
船内商品（商品コード，商品名，単価）
船内施設（フェリー番号，施設コード，施設名）

　　　ア　　（　　カ　　）

運賃（航路番号，乗船港コード，下船港コード，運賃種類コード，運用開始日，通常期運賃，繁忙期運賃）
キャンセル料（キャンセル期間区分，キャンセル料率）
顧客（顧客番号，氏名，性別，生年月日，住所，電話番号，メールアドレス）

予約（予約番号，予約年月日時刻，往復区分，乗船年月日，航路番号，出発年月日，乗船港コード，
　　　下船港コード，大人人数，小人人数，乳幼児人数，ペットケージ数，二輪車数，車両全長，
　　　請求金額，乗船前支払フラグ，支払方法区分，往路予約番号）
予約キャンセル（予約番号，キャンセル年月日，キャンセル期間区分，キャンセル料）
予約運賃明細（予約番号，予約運賃明細番号，航路番号，乗船港コード，下船港コード，運賃種類コード，
　　　　　　　運用開始日，運賃金額）
予約客（予約番号，予約客番号，顧客登録有無区分，氏名，性別，生年月日，住所，適用運賃区分，
　　　　顧客番号）
乗船（航路番号，出発年月日，乗船番号，乗船当日支払フラグ，支払方法区分，フェリー番号，
　　　乗船時個室宿泊区画番号，予約有無区分，予約番号，往復区分，乗船年月日，乗船港コード，
　　　下船港コード，大人人数，小人人数，乳幼児人数，ペットケージ数，二輪車数，車両全長）
予約無乗船運賃明細（航路番号，出発年月日，乗船番号，乗船運賃明細番号，乗船港コード，
　　　　　　　　　　下船港コード，運賃種類コード，運用開始日，運賃金額）
乗船客（航路番号，出発年月日，乗船客番号，乗船番号，フェリー番号，乗船時大部屋宿泊区画番号，
　　　　顧客登録有無区分，氏名，性別，生年月日，住所，適用運賃区分，顧客番号，予約有無区分，
　　　　予約番号，予約客番号，乗船ステータス）
船内売上（フェリー番号，売上番号，施設コード，合計金額，支払方法区分）
船内売上明細（フェリー番号，売上番号，売上明細番号，商品コード，個数，金額）

注記　図中の　　ア　　には，図1の　　ア　　と同じ字句が入る。

図2　現行業務のテーブル構造（未完成）

〔新規要件〕

1．予約業務

（1）航路の出発港から到着港まで全て乗船する予約に限り，個室又はベッドを指

定できるようにする。乗船手続（チェックイン）までならば，指定した個室又はベッドを変更することもできるようにする。

(2) 1回の予約で複数個室又は大部屋に7人以上の予約ができるようにする。

(3) キャンセル待ちをできるようにする。キャンセル待ちは，通常の予約と同様に航路，乗船年月日，乗船港，下船港，等級，人数などを指定する。出港までにキャンセルが発生した場合，キャンセル待ちを仮予約に変更し，予約希望者に確認の上，本予約に変更する。複数のキャンセル待ちがある場合は，キャンセル待ちの予約番号順かつ条件に合致するものを優先する。

2. 下船手続（下船時精算）

(1) レストラン及びショップでの船内精算の際にカードキーを提示すると，その場で都度支払うのではなく，下船時に乗船客ごとに一括して支払うことができるようにする。この場合，下船時にフロントで精算する。下船時の一括支払方法としては，クレジットカード決済，現金払がある。下船時精算額を記録する。

(2) 下船時にフロントで精算する場合，乗船客の家族が持つ複数のカードキーをまとめて精算することができるようにする。精算合計金額を記録する。

解答に当たっては，巻頭の表記ルールに従うこと。ただし，エンティティタイプ間の対応関係にゼロを含むか否かの表記は必要ない。

なお，エンティティタイプ間のリレーションシップとして"多対多"のリレーションシップを用いないこと。エンティティタイプ名は，意味を識別できる適切な名称とすること。また，識別可能なサブタイプが存在する場合，他のエンティティタイプとのリレーションシップは，スーパータイプ又はサブタイプのいずれか適切な方との間に記述せよ。同一のエンティティタイプ間に異なる役割をもつ複数のリレーションシップが存在する場合，役割の数だけリレーションシップを表す線を記述せよ。また，テーブル構造は第3正規形の条件を満たしていること。列名は意味を識別できる適切な名称とすること。

設問1　現行業務の概念データモデルとテーブル構造について答えよ。

(1) 図1中のマスター領域は，エンティティタイプ及びリレーションシップが未完成である。　　ア　　に入れる適切なエンティティタイプ名を答えよ。ま

530　令和4年度秋期 本試験問題・解答・解説

た，欠落しているリレーションシップを補い，図を完成させよ。

なお，マスター領域のエンティティタイプとトランザクション領域のエンティティタイプ間のリレーションシップは不要である。

(2) 図1中のトランザクション領域は，サブタイプ及びリレーションシップが未完成である。　　イ　　〜　　オ　　に入れる適切なサブタイプ名を答えよ。また，欠落しているリレーションシップを2本補い，図を完成させよ。

なお，マスター領域のエンティティタイプとトランザクション領域のエンティティタイプ間のリレーションシップは不要である。

(3) 図2中の　　カ　　に入れる一つ又は複数の適切な列名を答えよ。主キーを表す実線の下線，外部キーを表す破線の下線についても答えること。

設問2　現行業務の業務処理及び制約について答えよ。

(1) 出港時に乗船客が予約有りで乗船した場合には更新の必要がないが，予約無しで乗船した場合には行の更新が必要となるテーブルがある。

　(a) 車両・ペットケージ・二輪車を伴わない場合について，そのテーブル名及び更新する可能性のある列名を，図2中から選び，全て答えよ。

　(b) 表1〜表3の例において，ある乗船客1名が出発年月日'2022-03-14'，航路番号'01'（C港発F港行），販売区間'C港〜F港'，等級コード'DX'（デラックスの等級コード）を乗船した場合，(a)で答えたテーブルの主キーの列名及び列値，並びに変更する列名及び変更内容を答えて，次の表を完成させよ。

なお，表は全て埋まるとは限らない。

主キー	列名				
	列値				
変更する列名					
変更内容					

(2) 車両・ペットケージ・二輪車有りの予約の場合に挿入行に対して必要とな

る制約条件を表4にまとめた。表4中の　　a　　,　　b　　に入れる適切な字句を答えよ。

表4　予約時の制約条件（未完成）

制約番号	チェック契機	制約条件
1	車両有りの予約時	予約しようとしている航路，乗船港，下船港，乗船年月日に該当する"運航スケジュール明細"テーブルの全ての行の　a　が"予約"テーブルの　b　であること
2	ペットケージ有りの予約時	予約しようとしている航路，乗船港，下船港，乗船年月日に該当する"運航スケジュール明細"テーブルの全ての行の　　　　が"予約"テーブルの　　　　であること
3	二輪車有りの予約時	予約しようとしている航路，乗船港，下船港，乗船年月日に該当する"運航スケジュール明細"テーブルの全ての行の　　　　が"予約"テーブルの　　　　であること

注記　網掛け部分は表示していない。

(3) 顧客都合で往復予約をキャンセルした場合，往路だけにキャンセル料が発生する場合がある。そのときの条件を50字以内で具体的に答えよ。

設問3　〔新規要件〕について答えよ。

(1) "1. 予約業務"の(1)を実現する方法として，図2中の二つのテーブルに列を追加する案を考えた。該当するテーブル名及び追加する列名をそれぞれ答えよ。

(2) "1. 予約業務"の(2)を実現する方法として，現行と同じ単位（個室であれば1部屋，大部屋であれば同じ等級の6人まで）に分けて複数の予約とし，予約客には複数の予約の中から代表の予約番号だけを提示して代表の予約番号以外を意識させないようにすることにした。このために，図2中の一つのテーブルに列を追加する案を考えた。該当するテーブル名及び追加する列名を答えよ。

(3) "1. 予約業務"の(3)を実現する方法について答えよ。

(a) 図2中の"予約"テーブルに列を追加する案を考えた。追加する列の役割を25字以内で答えよ。

(b) 予約のキャンセルが発生した場合に，キャンセル待ちから仮予約への変更処理を起動するトリガーを定義する。トリガーを定義する図2中のテーブ

ル名を答えよ。また，トリガーの実行契機を答えよ。

（4）"2．下船手続（下船時精算）"の(1)を実現する方法として，図2中の二つのテーブルに列を追加する案を考えた。該当するテーブル名及び追加する列名をそれぞれ答えよ。

（5）"2．下船手続（下船時精算）"の(2)を実現する方法として，"まとめ精算"テーブルを追加する。"まとめ精算"テーブルは，運航スケジュールごとのまとめ精算番号で一意に識別することとする。"まとめ精算"テーブルの構造を答えよ。主キーを表す実線の下線，外部キーを表す破線の下線についても答えること。

また，図2中の一つのテーブルに列を追加する。該当するテーブル名及び追加する列名を答えよ。

令和4年度　午後Ⅱ　問1　解説

問 1　データベースの実装・運用

　令和 4 年の問 1 は「**データベースの実装・運用**」である。問 1 でデータベースの実装が問われているという点は例年と変わりはないが，問われている内容は例年と大きく変わっている。設問や小問のひとつひとつは，結果的にそれほど難しいものはなかった。しかし，それは解く前にはわからないので選択の可否や時間配分が難しい問題だと思う。問題を見てから，その場で判断する柔軟性が求められる問題だと思う。

■ IPA 公表の出題趣旨

出題趣旨
長年運用を続けたデータベースは，開発時の論理モデルから逸脱したデータをテーブル構造の変更なしに格納していることがある。 　本問では，宿泊施設の予約業務における分析データ抽出を題材として，データ設計後の論理モデルを理解・検証する能力，問合せを設計・試験する能力，データの異常を調査し修正する能力，継続的な改善をデータベース領域で実践する能力を問う。

■ IPA 公表の採点講評

採点講評
問 1 では，宿泊施設の予約業務における分析データ抽出を題材に，データベースの実装・運用について出題した。全体として正答率は平均的であった。 　設問 1 では，(2)ウ，キの正答率が低かった。SQL 文をデータ分析の一環に用いるケースも増えている。SQL の構文及び関数を理解し，データを操作する技術を身に付けてほしい。 　設問 2 では，(2)及び(4)(b)の正答率が低かった。(2)では，テーブル構造とデータの意味との相違に着目した解答を求めたが，SQL 文の構文の問題を指摘する解答が散見された。(4)(b)では，宿泊施設予約の業務ルールをそのまま貸会議室予約に適用することで生じる問題の指摘を求めたが，定員を確認するなど通常の業務を指摘する解答が散見された。 　設問 3 では，(1)及び(4)の正答率が低かった。(1)では，定義すべき列が欠落している解答，主キーが誤っている解答が散見された。テーブル上で管理する具体的な業務データをイメージしながら，設計したテーブル構造が業務要件を満たしていることを入念に確認するように心掛けてほしい。(4)では，アプリケーションプログラムの継続的な改善を行うために，システムを停止せずにデータベースを変更する手法について理解を深めてほしい。

■ 問題文の全体構成を把握する

　午後Ⅱ（事例解析）の問題に取り組む場合，まずは問題文の全体像を把握して「**どこに何が書かれているのか？**」，「**何が問われているのか？**」を事前に把握しておくことが必要になる。その上で，時間配分を決めてから解答するための手順を決めよう。本問の構成は次頁のようになっている。

1. 全体像の把握

下記の解説図1に示したように、【　】で囲まれた段落のタイトルの確認と、問題文と設問の対応付けを実施する。その上で図表を確認する。特に過去問題で見慣れている頻出の図表（概念データモデル、関係スキーマ、属性の意味・制約、SQLなど）は要チェックだ。それによって「**何が問われているのか？**」や「**どういう手順で解答すればいいか？**」、「**時間配分**」などが推測できる。

問題タイトル：データベースの実装・運用
題材：ホテル・貸別荘などの運営会社の宿泊管理システム

第1段落〔分析データ収集〕
 1. 分析データ提供依頼
 　　表1 分析データ提供依頼の例
 2. 宿泊管理業務の概要
 　　図1 宿泊管理システムの概念データモデル
 　　図2 宿泊管理システムの関係スキーマ（一部省略）
 　　表2 主な属性の意味・制約
 　　表3 業務ルール整理表（未完成）
 3. 問合せの設計
 　　表4 依頼1の分析データ抽出に用いる問合せ（未完成）
 　　表5 依頼2の分析データ抽出に用いる問合せ
 　　表6 依頼3の分析データ抽出に用いる問合せ
 4. 問合せの試験
 　　表7 T2の試験で使用するT1のデータ
 　　表8 T2の試験の予想値（未完成）
 5. 問合せの実行
 　　図3 標準単価と客室稼働率の関係（散布図）

> **設問1**
>
> 対応する問題文
> ＝約7ページ

第2段落〔異常値の調査・対応〕
 1. 異常値発生原因の調査手順
 2. 異常値発生原因の調査結果
 　　表9 (2) のS1で得た結果行
 　　表10 (2) で得たS2の結果行
 　　表11 (3) で得た"客室状況"テーブルの行（一部省略）
 　　表12 (3) で得た"客室"テーブルの行（一部省略）
 　　表13 (3) で得た"施設客室タイプ"テーブルの行
 　　表14 (3) で得た"客室タイプ"テーブルの行（一部省略）
 3. 異常値発生原因の推測
 4. 施設へのヒアリング
 5. 対応の検討

> **設問2**
>
> 対応する問題文
> ＝約3ページ

第3段落〔RDBMSの主な仕様〕
 1. テーブル定義
 2. トリガー機能

第4段落〔宿泊管理システムの変更〕
 1. 概念データモデルの変更
 　　図4 貸会議室予約業務追加後のトランザクション領域の概念データモデル
 2. テーブル構造の変更
 　　図5 追加するテーブルのテーブル構造（未完成）
 3. テーブル名の変更
 　　表15 更新可能ビュー方式、トリガー同期方式の手順
 　　表16 表15中の手順 [b2],[b4] のトリガーの処理内容（未完成）

> **設問3**
>
> 対応する問題文
> ＝約3.5ページ

設問1 概念データモデルと関係スキーマの読解、SQL文の完成
設問2 SQL文の読解と問題の把握
設問3 テーブルの改造、移行時の問題、トリガーに関する問題

解説図1　全体構成の把握

午後Ⅱ問題の解答・解説　　537

(1) 〔RDBMS の主な仕様〕段落と設問をチェック

データベースの実装に関する問題は，〔**RDBMS の主な仕様**〕段落をチェックして，過去に出題された問題か否か，多いか少ないかをチェックするのが王道だ。

しかし令和 4 年の問題は，テーブル定義とトリガー機能について書いているだけで，0.5 ページほどしか書かれていない。しかも，テーブル定義には大したことが書かれてないし，トリガー機能に関しては設問 3 だけで問われている。今回は，あまり意識する必要はないと考えられる。それとともに，例年と違うパターンだと判断して対応しなければならない。

例年と違うパターンで出題された場合，予定よりも多くの時間を使っても構わないので（と言っても問題文にはざっと目を通す程度。熟読している時間はもったいないので），設問のひとつひとつをチェックして，過去問題を解いたときに見たことがある問題（ゆえに，ある程度解答手順を知っていて，かつどれくらいで解けるのかを把握している問題）がどれくらいの比率で出題されているのかを確認するといいだろう。特に，しっかりと過去問題を解いて対策を十分取ってきた受験生は効果的だと思う。この問題の場合は，次の表のようになる。

設問		分類	過去問題で頻出のパターン
1	(1)	概念データモデルと関係スキーマを読解する問題（8 問）	なし
	(2)	未完成の SQL 文を完成させる問題（5 問）	あり
	(3)	実行結果の表を完成させる問題（1 問）	あり
2	(1)	SQL 文を修正する問題（50 字以内の記述式）	なし
	(2)	SQL 文を読解する問題（50 字以内の記述式）	なし
	(3)	SQL 文を読解し，一部を修正する問題	あり
	(4)	問題文の状況を把握して解答する問題（40 字以内の記述式×2）	なし
3	(1)	追加するテーブルの属性を答える問題（2 問）	あり
	(2)	移行時に配慮する問題	なし
	(3)	移行時に配慮する問題	なし
	(4)	SQL（トリガー）を完成させる問題	あり

設問のひとつひとつをチェックしてみると，例年の傾向とは違っているものの約半分は過去問題でも頻出のパターンになっていることがわかる。また，問題文に書かれた状況を把握しなければならない問題が多いとか，SQL 文に関する問題が多いという感覚は掴めるだろう。SQL 文に強い人はそれほど時間がかからないと予想できる。

(2) 時間配分を確定させる

個々の設問で「**何が問われているのか？**」がおおよそ把握できたら，その内容に配慮しながら時間配分を決める。

538　令和 4 年度秋期 本試験問題・解答・解説

正確な配点はわからないので，問題文を読むページ数によって配分すると次のようになる。

- 設問 1：約 7 ページ　→　60 分
- 設問 2：約 3 ページ　→　30 分
- 設問 3：約 3.5 ページ　→　30 分

　ただ，設問 2 の解答で記述式が多い点，個々の配点も高いかもしれないという点，解答をまとめるのに時間がかかる可能性が高い点などを考慮して，設問 2 にかける時間を多めにとりたい。そこで，次のように計画を補正するのが妥当だろう。

- 設問 1：約 7 ページ　→　45 分〜 50 分
- 設問 2：約 3 ページ　→　40 分〜 45 分
- 設問 3：約 3.5 ページ　→　30 分

IPA の解答例

設問			解答例・解答の要点	備考
設問 1	(1)	a	×	
		b	○	
		c	×	
		d	○	
		e	×	
		f	○	
		ア	プラン明細，予約	
		イ	宿泊，宿泊者	
	(2)	ウ	COUNT（DISTINCT B. 会員番号）　又は　COUNT（DISTINCT 会員番号）	
		エ	EXISTS	
		オ	B. 会員番号 = D. 会員番号	順不同
		カ	A. チェックイン年月日 > C. チェックイン年月日	
		キ	COALESCE（リピート会員数 , 0）/ 累計新規会員数	

設問		解答例・解答の要点	備考
設問 1	(3)	<table><tr><td>会員番号</td><td>階級番号</td></tr><tr><td>100</td><td>1</td></tr><tr><td>101</td><td>2</td></tr><tr><td>102</td><td>5</td></tr><tr><td>103</td><td>1</td></tr><tr><td>104</td><td>3</td></tr><tr><td>105</td><td>4</td></tr><tr><td>106</td><td>5</td></tr><tr><td>107</td><td>4</td></tr><tr><td>108</td><td>3</td></tr><tr><td>109</td><td>2</td></tr></table>	
設問 2	(1)	・累計稼働客室数が累計予約可能客室数よりも大きい行を選択する条件の WHERE 句を追加する。 ・客室稼働率が 100% よりも大きい行を選択する条件を WHERE 句に追加する。	
	(2)	・時間帯に区切った客室タイプのうち，客室に対応しないものが累計予約可能客室数に含まれないから ・客室タイプ 72 〜 74 に対応する客室数が累計予約可能客室数にカウントされないから	
	(3)	客室在庫	
	(4)	(a) 同じ貸会議室の異なる客室タイプの定員に異なる値が設定される。	
		(b) 宿泊者がないにもかかわらず，1 名以上の宿泊者を記録しなければならない。	
設問 3	(1)	ク 施設コード，客室タイプコード，年月日，時間帯コード，予約可能数，割当済数	
		ケ 施設コード，予約番号，時間帯コード	
	(2)	手順番号　c1	
		理由　新 AP が "施設利用" テーブルにアクセスすると異常終了するから	

540　令和 4 年度秋期 本試験問題・解答・解説

設問			解答例・解答の要点	備考
	(3)		"施設利用"テーブルへのデータの複写が済んだ"宿泊"テーブルの行への更新が発生した場合	
	(4)	問題	処理の無限ループが発生する。	
		コ	"宿泊"テーブルの行の旧値と新値が一致しない。	

午後II問題の解答・解説　　541

設問 1

設問 1 は〔**分析データ収集**〕段落に対応する問題になる。スーパータイプ，サブタイプのテーブルへの実装方法に関する問題，参照制約を設定したテーブルの登録順に関する問題，参照制約以外の制約を設定する問題，トランザクションに関する問題の 4 つの小問に分かれている。

設問 1（1）

| 設問 | (1) 表 3 中の ☐ a ☐ ～ ☐ f ☐ に入れる "○"，"×" を答えよ。また，表 3 中の ☐ ア ☐，☐ イ ☐ に入れる一つ又は複数の適切なエンティティタイプ名を答えよ。 |

表 3　業務ルール整理表（未完成）

項番	業務ルールの例	エンティティタイプ	一致
1	施設ごと客室タイプごとに価格区分を設定し，価格区分ごとに標準単価を決めている。客室は施設ごとに一意な客室番号で識別する。	施設，客室タイプ，価格区分，施設客室タイプ，客室	○
2	全施設共通のプランがある。	プラン	a
3	会員は，予約時に登録済の会員番号を提示すれば氏名，住所などの提示を省略できる。	会員，会員予約	b
4	同一会員が，施設，プラン，客室タイプ，利用開始年月日が全て同じ複数の予約を取ることはできない。	会員，予約	c
5	予約のない宿泊は受け付けていない。飛び込みの場合でも当日の予約手続を行った上で宿泊を受け付ける。	予約，宿泊	d
6	連泊の予約を受け付ける場合に，連泊中には同じ客室になるように在庫の割当てを行うことができる。	予約	e
7	予約の際にはプラン及び客室タイプを必ず指定する。一つの予約で同じ客室タイプの複数の客室を予約できる。	ア	f
8	宿泊時には 1 名以上の宿泊者に関する情報を記録しなければならない。	イ	○

解説図 2　設問 1 (1) で問われていることと問題文の関連箇所

解答例

設問			解答例・解答の要点	備考
設問1	(1)	a	×	
		b	○	
		c	×	
		d	○	
		e	×	
		f	○	
		ア	プラン明細，予約	
		イ	宿泊，宿泊者	

解説

設問1 (1) は，これまで見られなかった新しいパターンの出題である。「**表3 業務ルール整理表（未完成）**」でBさんが想定する業務ルールの例を提示して，それがデータベースの概念データモデル（図1）や関係スキーマ（図2），主な属性の意味・制約（表2）に反映されているかどうかを判定するというものである。

新しいパターンではあるものの難易度は高くない。図1でエンティティ間のリレーションシップの有無をチェックしたり，図2や表2で主キーや属性をチェックしたりして，個々の業務ルールについて判定していけばいいだろう。表3の項番1には空欄が無いので，項番1で法則性を確認すればいいだろう。ひとつひとつ落ち着いて解いていけばいい。

■ 空欄 (a)：×

空欄aは"プラン"エンティティだけを対象にしたものになるので，「**図2 宿泊管理システムの関係スキーマ (一部省略)**」の"プラン"を確認する。

> プラン（施設コード，プランコード，プラン名，チェックイン時刻，チェックアウト時刻，
> 　　　　開始年月日，終了年月日，朝食有無，夕食有無，禁煙喫煙区分，備考）

「**全施設共通のプラン**」を持たせる場合は，主キーを'**プランコード**'にしなければならない。しかし，図2の"**プラン**"の主キーは**{施設コード，プランコード}**になっている。これは施設ごとに一意のプランコードになるので，全施設共通のプランにはならない。よって，**空欄 (a) は「×」**になる。

午後Ⅱ問題の解答・解説　　**543**

■ 空欄 (b)：○

「会員は，予約時に登録済の会員番号を提示すれば氏名，住所などの提示を省略できる。」というのは，データベースの処理として考えれば「"会員予約"を登録する時に"会員"を呼び出し（結合し）"会員"に登録済の氏名，住所などを参照する」というイメージになる。したがって，"会員"エンティティと"会員予約"エンティティの間にリレーションシップがあるかどうかをチェックすればいいと考える。

解説図3　問題文の図1の"会員"と"会員予約"間のリレーションシップ

"会員"と"会員予約"の間には1対多のリレーションシップが存在した。しかも，"会員予約"から見て，"会員"に対応するインスタンスは必ず存在する（●なので）。これによって，会員の場合は予約時に登録されている氏名や住所を（"会員"を参照すればいいので）省略できることになる。したがって，**空欄 (b) は「○」**になる。

■ 空欄 (c)：×

「同一会員が，施設，プラン，客室タイプ，利用開始年月日が全て同じ複数の予約を取ることはできない。」というのは，「同じ複数の予約を取ることはできない。」という点で一意性制約のかかる主キーをチェックすればいいと考える。図2で"予約"エンティティをチェックする。

予約（<u>施設コード</u>，<u>予約番号</u>，プランコード，客室タイプコード，予約状態，会員予約区分，当日予約フラグ，利用開始年月日，泊数，人数，客室数，キャンセル年月日，…）
会員予約（<u>施設コード</u>，<u>予約番号</u>，会員番号）
非会員予約（<u>施設コード</u>，<u>予約番号</u>，氏名，カナ氏名，メールアドレス，電話番号，住所）

問題文の1ページ目の「2. 宿泊管理業務の概要」には「図2中の関係"予約"，"会員予約"及び"非会員予約"を概念データモデル上のスーパータイプである"予約"にまとめて一つのテーブルとして実装している。」と書いているので，"会員予約"と"非会員予約"の主キー以外の属性は，"予約"テーブルの主キー以外の属性になっていると考えればいい。

そう考えた時の"予約"テーブルの主キーは（図2中のそれぞれの主キーと同じ）**{施設コード，予約番号}**になる。特に一意性制約もないので**{会員番号，施設コード，プランコード，客室タイプコード，利用開始年月日}**で一意になることはない。「同一会員が，施設，プラン，客室タイプ，利用開始年月日が全て同じ複数の予約」は登録できてしまう。したがって，**空欄 (c) は「×」**になる。

■ 空欄 (d)：○

「予約のない宿泊は受け付けていない。飛び込みの場合でも当日の予約手続を行った上で宿泊を受け付ける。」というのは，図1で"宿泊"エンティティから見て，"予約"エンティティに対応するインスタンスが必ず存在する"●"になっているかどうかをチェックすることで確認できる。

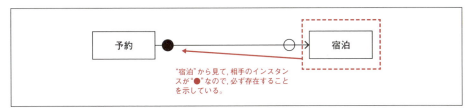

解説図4　問題文の図1の"予約"と"宿泊"間のリレーションシップ

"宿泊"エンティティから見て，"予約"エンティティに対応するインスタンスが必ず存在しないといけないということは，"宿泊"テーブルを登録する時に入力する{施設コード，予約番号}の組合せで，対応する"予約"テーブルが存在しないといけないということになる。これは，「予約のない宿泊は受け付けていない。」ことであり，「飛び込みの場合でも当日の予約手続を行った上で宿泊を受け付ける。」必要があることになる。したがって，空欄 (d) は「○」になる。

■ 空欄 (e)：×

空欄 e は"予約"エンティティだけを対象にしたものになるので，「図2 宿泊管理システムの関係スキーマ（一部省略）」の"予約"を確認する。

予約（施設コード，予約番号，プランコード，客室タイプコード，予約状態，会員予約区分，
　　　当日予約フラグ，利用開始年月日，泊数，人数，客室数，キャンセル年月日，…）
会員予約（施設コード，予約番号，会員番号）
非会員予約（施設コード，予約番号，氏名，カナ氏名，メールアドレス，電話番号，住所）

ここで問われているのは「連泊の予約を受け付ける場合に，連泊中には同じ客室になるように在庫の割当てを行うことができる。」というもの。このうち「連泊の予約」は'泊数'に2以上の数値を登録することで成立するから，連泊でも登録されるデータは1件になる。その1件のデータでは'プランコード'や'客室タイプコード'はひとつなので連泊時でも同じになるが，「同じ客室」になるのは図2中の属性だと'客室番号'になるので必ずしも一つにはならない。"予約"テーブルには'客室番号'を保持していないし，ひとつの'プランコード'やひとつの'客室タイプコード'には，複数の'客室番号'があるからだ。

また，客室番号を保持している"客室状況"エンティティや，在庫を管理している"客室在庫"エンティティ（そもそも"客室在庫"エンティティでは'客室番号'を保持していない）との間に

リレーションシップもないので（表3のエンティティタイプにはこれらエンティティの記載はないので），「連泊の予約を受け付ける場合に，連泊中には同じ客室になるように在庫の割当てを行うことができる。」ということはない。したがって**空欄 (e)** は「×」になる。

■ **空欄 (f)：○，空欄 (ア)：プラン明細，予約**

ここではエンティティタイプも解答する必要があるので，まずは**「予約の際にはプラン及び客室タイプを必ず指定する。」**からチェックする。これは図1と図2でリレーションシップの部分を確認するだけでわかるからだ。

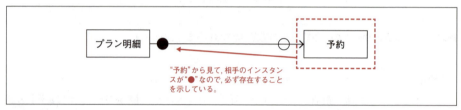

解説図5　問題文の図1の"プラン明細"と"予約"間のリレーションシップ

解説図5より，予約の際には必ず，対応するプラン明細が存在していなければいけないことまではわかる。後はそれがプラン及び客室タイプかどうかだ。そこで，図2を確認する。

　　客室タイプ（<u>客室タイプコード</u>，客室タイプ名，定員，階数，部屋数，間取り，面積，
　　　　　　　ペット同伴可否，備考，…）
　　プラン（<u>施設コード</u>，<u>プランコード</u>，プラン名，チェックイン時刻，チェックアウト時刻，
　　　　　開始年月日，終了年月日，朝食有無，夕食有無，禁煙喫煙区分，備考）
　　プラン明細（<u>施設コード</u>，<u>プランコード</u>，<u>客室タイプコード</u>，利用料金，連泊割引率）

図2より，「**客室タイプ**」は"**客室タイプ**"エンティティの"**客室タイプコード**"で識別していること，「**プラン**」は"**プラン**"エンティティの｛**施設コード，プランコード**｝で識別していることが確認できる。そして，"予約"から見て必ず存在していないといけない"**プラン明細**"の主キーは，それらを組み合わせた｛**施設コード，プランコード，客室タイプコード**｝である。以上より，「**予約の際にはプラン及び客室タイプを必ず指定する。**」というのは「○」になる。**空欄アに入るエンティティタイプはひとまず「予約，プラン明細」になる。**

次に，「**一つの予約で同じ客室タイプの複数の客室を予約できる**」かどうかを考える。「予約」なので，図2で"予約"エンティティをチェックする。

　　予約（<u>施設コード</u>，<u>予約番号</u>，<u>プランコード</u>，<u>客室タイプコード</u>，予約状態，会員予約区分，
　　　　当日予約フラグ，利用開始年月日，泊数，人数，客室数，キャンセル年月日，…）
　　会員予約（<u>施設コード</u>，<u>予約番号</u>，会員番号）
　　非会員予約（<u>施設コード</u>，<u>予約番号</u>，氏名，カナ氏名，メールアドレス，電話番号，住所）

"**予約**"エンティティの属性には'**客室数**'がある。ひとつの"**予約**"（施設番号ごとのひとつの予約番号）で，その'**客室数**'に２以上の数値を指定すれば，同じ客室タイプ（＝'**客室タイプコード**'）の客室を複数予約できる。したがって「○」になる。

以上より，エンティティタイプの入る**空欄（ア）**は「**予約，プラン明細**」になり，**空欄（f）**は「○」になる。

■ 空欄（イ）：宿泊，宿泊者

最後の項番８は「**宿泊時には１名以上の宿泊者に関する情報を記録しなければならない。**」というもので，**空欄（a）**から**空欄（f）**まで考えてきた表３の「**一致**」のところは「○」になっている。したがって，どうやって実現するのかを考える。

まず「**宿泊時**」，「**宿泊者**」ということなので，図２から"**宿泊**"と"**宿泊者**"のエンティティをチェックする。その結果，宿泊時には"**宿泊**"と"**宿泊者**"のエンティティの両方を登録すれば，項番８が実現できるということが確認できる。

次に，図１で"**宿泊**"と"**宿泊者**"エンティティとの間のリレーションシップを確認する。

解説図６　問題文の図１の"**宿泊**"と"**宿泊者**"間のリレーションシップ

結果，宿泊時に作成される"**宿泊**"テーブル１件に対し，"**宿泊者**"テーブルも必ず１件作成されるので「**１名以上の宿泊者に関する情報を記録しなければならない。**」という要件は満たされる。以上より，**空欄（イ）**は「**宿泊，宿泊者**」になる。

設問1（2）

設問	(2) 表4中の ┃ ウ ┃ ～ ┃ キ ┃ に入れる適切な字句を答えよ。

表1　分析データ提供依頼の例

依頼番号	依頼内容
依頼1	施設ごとにリピート率を抽出してほしい。リピート率は，累計新規会員数に対する指定期間内のリピート会員数の割合（百分率）である。累計新規会員数は指定期間終了年月日以前に宿泊したことのある会員の総数，リピート会員数は過去1回以上宿泊し，かつ，指定期間内に2回目以降の宿泊をしたことのある会員数である。リピート会員がいない施設のリピート率はゼロにする。

表4　依頼1の分析データ抽出に用いる問合せ（未完成）

問合せ名	処理概要（上段）とSQL文（下段）

R1	チェックイン年月日が指定期間の終了日以前の宿泊がある会員数を数えて施設ごとに累計新規会員数を求める。
	
	`SELECT A.施設コード, `┃ ウ ┃` AS 累計新規会員数 FROM 宿泊 A`
	`INNER JOIN 予約 B ON A.施設コード = B.施設コード AND A.予約番号 = B.予約番号`
	`WHERE B.会員予約区分 = '1' AND A.チェックイン年月日 <= CAST(:hv2 AS DATE)`
	`GROUP BY A.施設コード`

R2	チェックイン年月日が指定期間内の宿泊があり，指定期間にかかわらずその宿泊よりも前の宿泊がある会員数を数えて施設ごとにリピート会員数を求める。
	
	`SELECT A.施設コード, `┃ ウ ┃` AS リピート会員数 FROM 宿泊 A`
	`INNER JOIN 予約 B ON A.施設コード = B.施設コード AND A.予約番号 = B.予約番号`
	`WHERE B.会員予約区分 = '1'`
	`AND A.チェックイン年月日 BETWEEN CAST(:hv1 AS DATE) AND CAST(:hv2 AS DATE)`
	`AND `┃ エ ┃` (SELECT * FROM 宿泊 C`
	`  INNER JOIN 予約 D ON C.施設コード = D.施設コード AND C.予約番号 = D.予約番号`
	`  WHERE A.施設コード= C.施設コード AND `┃ オ ┃` AND `┃ カ ┃` )`
	`GROUP BY A.施設コード`

R3	R1，R2から施設ごとのリピート率を求める。
	
	`SELECT R1.施設コード, 100 * `┃ キ ┃` AS リピート率 FROM R1`
	`LEFT JOIN R2 ON R1.施設コード = R2.施設コード`

解説図7　設問1（2）で問われていることと問題文の関連箇所

548　令和4年度秋期 本試験問題・解答・解説

解答例

設問			解答例・解答の要点	備考
設問1	(2)	ウ	COUNT（DISTINCT B.会員番号） 又は COUNT（DISTINCT 会員番号）	
		エ	EXISTS	
		オ	B.会員番号 = D.会員番号	順不同
		カ	A.チェックイン年月日 > C.チェックイン年月日	
		キ	COALESCE（リピート会員数, 0）/ 累計新規会員数	

解説

　設問1（2）は，定番の SQL を完成させる問題になる。表にまとめられていて，上段に処理概要，下段に SQL 文を記載しているのも最近の傾向なので，戸惑うこともないだろう。落ち着いてひとつずつ解いていけばいい。この設問も関連箇所は，解答すべき空欄を含む（SQL 文が記載されている）**「表4　依頼1の分析データ抽出に用いる問合せ（未完成）」**だけではなく，その SQL 文で実現したい要件の**「表1　分析データ提供依頼の例」**も対象になる。表1の依頼1をチェックしてから，表4の SQL 文と対応付けて解答していこう。

■ 空欄（ウ）

　空欄（ウ）は，表4の**「問合せ名」**が**「R1」**と**「R2」**に含まれているので，R1 と R2 を解析して求める。解説図8のように対応付けるといいだろう。

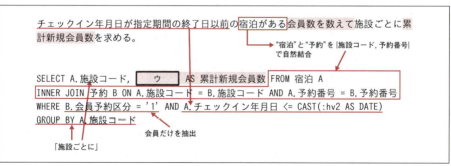

解説図8　問題文の表4の「R1」の処理概要と SQL 文の対応付け

解説図8のように処理概要とSQL文を対応付けと,**空欄（ウ）**は「**会員数を数えて，累計新規会員数を求める**」ということだと容易にわかるだろう。したがってCOUNT関数を使って集計することはわかる。後は，重複している会員の数を含むのか，含まないのかを考える。

そこで，改めて「**表1　分析データ提供依頼の例**」の依頼内容を確認すると，そこには「**累計新規会員数は指定期間終了年月日以前に宿泊したことのある会員の総数**」という記載がある。これは，指定期間終了年月日以前に同じ会員が複数回宿泊していたとしても，その場合は新規会員1人とカウントしなければならないことを示している。つまり，"**予約**"テーブルと"**宿泊**"テーブルを結合し，施設ごとにグルーピングした中で会員番号が重複している場合には，それを"1"とカウントしなければならないということになる。したがって，DISTINCTを使って'**会員番号**'をカウントすればいい。**空欄（ウ）**は「**COUNT（DISTINCT　会員番号）**」になる。

■ 空欄（エ），（オ），（カ）

続いて，表4の「**問合せ名**」が「**R2**」の空欄について考えよう。空欄（エ）〜空欄（カ）までを解答する。ここも解説図9のように処理概要とSQL文を対応付ける。

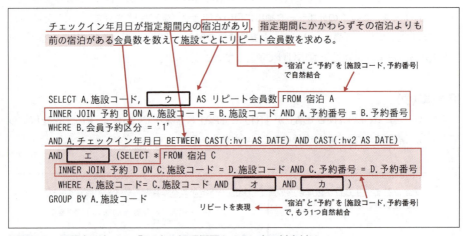

解説図9　問題文の表4の「R2」の処理概要とSQL文の対応付け

解説図9のように対応付けてみると，SQL文の空欄（エ）以後（　）内のSELECT文までに記載されている条件（解説図9の網掛け部分）は「**指定期間にかかわらずその宿泊よりも前の宿泊がある**」という部分（解説図9の網掛け部分）が対応しているということがわかる。

その部分のFROM句に，"**予約**"と"**宿泊**"を自然結合しているところなので，その部分を除けば，空欄（エ）には「〜**がある**」という意味の記述が入ると考えれば「**EXISTS**」だということがわかるだろう。空欄（エ）の後のSELECT文が（　）でくくられていること，その（　）内の

WHERE 句で外側の表と内側の表を結合していることなども決め手になる。この解答を思いつかなかった人は，今後は「EXISTS を使った相関副問合せ」を常に警戒しておく（常に仕様を想定する）ようにしよう。

空欄（エ）が相関副問合せだとわかったら，後は，空欄（オ）と空欄（カ）に入る二つの条件を考える（これらは順不同）。ひとつは簡単だ。主問合せと副問合せの結合条件は‘施設コード’だけでは不十分である。同じ顧客の中での存在チェックが必要なので‘会員番号’も結合条件に含めなければならない。したがって，空欄（オ）と空欄（カ）のどちらかひとつは「B. 会員番号＝D. 会員番号」になる。なお，‘会員番号’は“予約”テーブルの属性なので，B と D になる点には注意しよう。

もう一つの条件は，「指定期間にかかわらずその宿泊よりも前」という条件になる。ここでいう「宿泊日」は“宿泊”テーブルの‘チェックイン年月日’だ。これは，R1，R2 のどちらの SQL 文でも確認できる。そして，この文の中の「その宿泊」という部分は（「指定期間内の宿泊」ということなので）主問合せの‘チェックイン年月日’なので「A. チェックイン年月日」になる。それと比較するのは副問合せの「C. チェックイン年月日」なので，もうひとつの空欄は「A. チェックイン年月日 ＞ C. チェックイン年月日」ということになる。「その宿泊」よりも「前」の宿泊が存在することが条件なので，「「その宿泊」＞「それよりも前の宿泊」」の関係になることに注意しよう。不等号の向きを間違えないように気を付けないといけない。

■ 空欄（キ）

最後に，表4 の「問合せ名」が「R3」の空欄について考える。空欄（キ）はリピート率を百分率で表現しているところになる。R1 で求めた「累計新規会員数」と，R2 で求めた「リピート会員数」を使って算出する。

普通に考えれば「リピート会員数／累計新規会員数」になる。しかし，そんな簡単すぎるものが設問になるわけないと考えた方が良い。簡単すぎるから何かあるはずだと。そこで改めて問題文の関連箇所をチェックする。すると，「表1　分析データ提供依頼の例」の「依頼1」の中に「リピート会員がいない施設のリピート率はゼロにする。」という要件を見つけるだろう。

R3 では，R1 と R2 を左外部結合で結合している。つまり，R1 で求めた「累計新規会員数」はすべて対象となるが，その中に R2 で抽出されなかった施設（つまり，リピート会員がゼロだった施設）も含まれるということだ。その場合，R2 で求めた「リピート会員数」は‘0（ゼロ）’ではなく NULL になる。そのため，そのまま「リピート会員数／累計新規会員数」としてしまうと，リピート会員がいない施設のリピート率は NULL になってしまう。これは要件を満たさないので，リピート会員数が NULL の場合は，COALESCE を使ってゼロに置き換える必要がある。以上より，空欄（キ）は「COALESCE（リピート会員数，0）／累計新規会員数」になる。

設問 1 (3)

設問	(3) 表 8 中の太枠内に適切な数値を入れ，表を完成させよ。

表 1　分析データ提供依頼の例

依頼番号	依頼内容
依頼 2	会員を指定期間内の請求金額の合計値を基に上位から 5 等分に分類したデータを抽出してほしい。

表 5　依頼 2 の分析データ抽出に用いる問合せ

問合せ名	処理概要（上段）と SQL 文（下段）
T1	会員別に指定期間内の請求金額を集計する。
	SELECT C.会員番号, SUM(A.請求合計金額) AS 合計利用金額 FROM 請求 A INNER JOIN 宿泊 B ON A.施設コード = B.施設コード AND A.宿泊番号 = B.宿泊番号 INNER JOIN 予約 C ON B.施設コード = C.施設コード AND B.予約番号 = C.予約番号 WHERE B.チェックイン年月日 BETWEEN CAST(:hv1 AS DATE) AND CAST(:hv2 AS DATE) 　AND C.会員予約区分 = '1' GROUP BY C.会員番号
T2	T1 から会員を 5 等分に分類して会員ごとに階級番号を求める。
	SELECT 会員番号, NTILE(5) OVER (ORDER BY 合計利用金額 DESC) AS 階級番号 FROM T1

表 7　T2 の試験で使用する T1 のデータ

会員番号	合計利用金額
100	50,000
101	42,000
102	5,000
103	46,000
104	25,000
105	8,000
106	5,000
107	12,000
108	17,000
109	38,000

表 8　T2 の試験の予想値（未完成）

会員番号	階級番号
100	1
101	
102	
103	
104	
105	
106	
107	
108	
109	

解説図 10　設問 1 (3) で問われていることと問題文の関連箇所

解答例

設問		解答例・解答の要点		備考
設問 1	(3)			

会員番号	階級番号
100	1
101	2
102	5
103	1
104	3
105	4
106	5
107	4
108	3
109	2

解説

　設問 1（3）も定番の問題だ。SQL の実行結果がどうなるのかを答えさせる問題になる。実行したいこと，その SQL，処理対象のデータを確認して解答する。

　実行したいことは「**表1　分析データ提供依頼の例**」の「**依頼2**」に記載されている。「**会員を指定期間内の請求金額の合計値を基に上位から 5 等分に分類したデータを抽出してほしい。**」という依頼だ。その SQL 文は「**表5　依頼2の分析データ抽出に用いる問合せ**」に，処理対象のデータは「**表7　T2 の試験で使用する T1 のデータ**」に，それぞれまとめられている。したがって，これらをチェックしながら空欄を考える。

　ただ，結論から言うと表 5 の SQL 文を読解しなくても，表 1 の依頼 2 と表 5 の T2 の処理概要，及び表 7 の処理対象のデータをチェックすれば解答できてしまう。表 7 の合計利用金額を降順に並べて 5 等分する。全部で 10 行あるので二つずつにする（解説図 11 参照）。そして，二つずつ階級番号を 1 から 5 まで割り当てていけばいい。

　NTILE 関数を知っていれば，より速く解ける。NTILE 関数はウィンドウ関数のひとつだ。対象を指定した数のグループに分けるとともに，グループに順位を付ける関数になる。この問題の例では，T1 のデータを合計利用金額の降順に並べ**（ORDER BY 合計利用金額 DESC）**，それを上位から 5 つのグループに分けている**（NTILE(5)）**。そして，最上位のグループから順番に階級番号を付けていく。最上位グループが**「1」**，次のグループが**「2」**という感じだ。その結果，解答例のようになる。今回はきれいに割り切れたが，割り切れない時は上位から順番にひとつ多く割り当てられる（その場合は均等にはならない）。

午後Ⅱ問題の解答・解説　**553**

表7 T2の試験で使用するT1のデータ　　　　　　　　　　　　　　　　　　　解答例

会員番号	合計利用金額
100	50,000
101	42,000
102	5,000
103	46,000
104	25,000
105	8,000
106	5,000
107	12,000
108	17,000
109	38,000

会員番号	合計利用金額	階級番号
100	50,000	1
103	46,000	1
101	42,000	2
109	38,000	2
104	25,000	3
108	17,000	3
107	12,000	4
105	8,000	4
102	5,000	5
106	5,000	5

会員番号	階級番号
100	1
101	2
102	5
103	1
104	3
105	4
106	5
107	4
108	3
109	2

解説図11　表7を合計利用金額の降順に並び替えて階級番号を振り解答を求める流れ

　なお，表5のSQL文で使われている**「NTILE関数」**に関しては問題文中に説明が無かった。NTILE関数はウィンドウ関数のひとつだが，これまで（過去問題で）ウィンドウ関数が出題された時には，問題文中に必ず説明がついていた。今年の問題（令和4年の問題）も，午後Ⅰの問2や問3では説明が付いている。それが，この問題では説明がなくなっている。NTILE関数を知らなくても正解できるレベルとはいえ，設問にもなっている。これは，「今後は説明なく出題するよ」という予告かもしれない。本書も「第1章　SQL」にウィンドウ関数の解説を加えたので，念のため，説明なく出題されても対応できるようにしておこう。

設問 2

　設問2は〔**異常値の調査・対応**〕段落に対応する問題になる。但し内容を考えれば，問題文の6ページ目の「**4. 問合せの試験**」以後が対象だ。設問2全体を通しては，問合せの試験を実施したが異常値が発生したので，その異常値に関する調査や対応について展開されている部分になる。

　設問は全部で4つあり，そのうち3つが記述式で解答するものになる。記述式の問題は，何が問われているのかを正確に把握して，適切な表現で解答するようにしなければならない。きちんと会話のキャッチボールが成立するように解答しよう。解答例と自分の解答が違っている場合には，同じ意味の解答になっているかどうかをじっくり考えて，時には，なぜ解答例のような解答にならなかったのかを考えることも必要になる。

設問2(1)

設問	(1) 本文中の下線①で,調査のために表6中のS3をどのように変更したらよいか。変更内容を50字以内で具体的に答えよ。

| 問題文の関連箇所 | 下線①を含む文
(1) ①S3のSQL文を変更して再度問合せを実行し,異常値を示している施設コード,価格区分コードの組だけを求める。
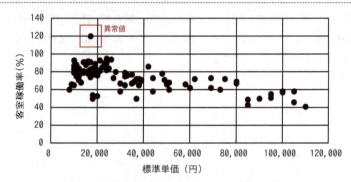
図3 標準単価と客室稼働率の関係(散布図)

表6 依頼3の分析データ抽出に用いる問合せ

\| \| \|
\|---\|---\|
\| S3 \| S1,S2及び価格区分から施設コード,価格区分コードごとに標準単価,客室稼働率を求める。
`SELECT A.施設コード, A.価格区分コード, C.標準単価,`
`100 * COALESCE(B.累計稼働客室数,0) / A.累計予約可能客室数 AS 客室稼働率`
`FROM S2 A`
`LEFT JOIN S1 B ON A.施設コード = B.施設コード`
`            AND A.価格区分コード = B.価格区分コード`
`INNER JOIN 価格区分 C ON A.価格区分コード = C.価格区分コード` \| |

解説図12 設問2(1)で問われていることと問題文の関連箇所

解答例

設問		解答例・解答の要点	備考
設問2	(1)	・累計稼働客室数が累計予約可能客室数よりも大きい行を選択する条件の WHERE 句を追加する。 ・客室稼働率が 100% よりも大きい行を選択する条件を WHERE 句に追加する。	

解説

　ここで問われていることは，「図3　標準単価と客室稼働率の関係（散布図)」では，異常値が「どの施設コード，価格区分コードの組」なのかがわからないので，それを求めるというものになる。

　「表6　依頼3の分析データ抽出に用いる問合せ」の「問合せ名」が「S3」の SQL 文は，「S1，S2 及び価格区分から施設コード，価格区分コードごとに標準単価，客室稼働率を求める。」というものだ。つまり，S1 と S2 で求めたすべての「施設コード，価格区分コード」の組が抽出される。

　これを変更するということなので，その異常値だけを抽出するという条件にすればいい。問題文には「客室稼働率 100% を超える異常値」と記載されているので，WHERE 句で「客室稼働率が 100% を超える」という条件を付ければいいことになる。そこまで分かれば，後は 50 字でどうまとめるのかを考えればいいだけになる。なお，解答例には同じ意味合いになる客室稼働率を計算する前の「累計稼働客室数が累計予約可能客室数よりも大きい行を選択する条件の WHERE 句を追加する。」という例も公表されている。意味が合っていれば正解になると言うことだ。

午後II問題の解答・解説　　557

設問 2（2）

設問	(2) 本文中の下線②で，累計予約可能客室数が実際よりも小さくなった理由を 50 字以内で具体的に答えよ。
問題文の関連箇所	**下線②を含む文とその前の部分** 3. 異常値発生原因の推測 　 B さんは，調査結果を基に，施設コード '103' の施設で異常値が発生する状況を次のように推測した。 ・客室を会議室として時間帯に区切って貸し出している。 ・客室タイプに貸会議室のタイプと時間帯とを組み合わせて登録している。一つの客室（貸会議室）には時間帯に区切った複数の客室タイプがあり，客室と客室タイプとの間に事実上多対多のリレーションシップが発生している。 ・②これを S2 の SQL 文によって集計した結果，累計予約可能客室数が実際よりも小さくなり，客室稼働率が不正になった。

表6　依頼3の分析データ抽出に用いる問合せ

	客室状況から年月日が指定期間内に含まれる予約可能な客室の行を選択し，施設コード，価格区分コードごとに行数を数えて累計予約可能客室数を求める。
| S2 | ```sql
SELECT A.施設コード, C.価格区分コード, COUNT(A.客室番号) AS 累計予約可能客室数
FROM 客室状況 A
INNER JOIN 客室 B ON A.施設コード = B.施設コード AND A.客室番号 = B.客室番号
INNER JOIN 施設客室タイプ C ON B.施設コード = C.施設コード
  AND B.客室タイプコード = C.客室タイプコード
WHERE A.予約可否 = 'Y'
  AND A.年月日 BETWEEN CAST(:hv1 AS DATE) AND CAST(:hv2 AS DATE)
GROUP BY A.施設コード, C.価格区分コード
``` |

解説図 13　設問 2（2）で問われていることと問題文の関連箇所

解答例

設問		解答例・解答の要点	備考
設問 2	(2)	・時間帯に区切った客室タイプのうち，客室に対応しないものが累計予約可能客室数に含まれないから ・客室タイプ 72 〜 74 に対応する客室数が累計予約可能客室数にカウントされないから	

558　令和 4 年度秋期 本試験問題・解答・解説
```

解説

　問題文を下線②までを読み進めていくと，なぜ異常値になったのかが確認できる。問題文の **「2.　異常値発生原因の調査結果」** によると，下線①で書かれている通りに変更した SQL 文を実行した結果，異常値は **「施設コード‘103’，価格区分コード‘C4’」** の組だということがわかった。そこからの流れは解説図 14 のようになる。

（2）（1）で求めた施設コード，価格区分コードについて，S1，S2 の SQL 文を変更して，施設コード，価格区分コード，客室タイプコードごとの累計稼働客室数，累計予約可能客室数をそれぞれ求める。

（3）（2）の結果から累計稼働客室数，累計予約可能客室数のいずれかに異常が認められたら，その集計に関連するテーブルの行を抽出する。

2.　異常値発生原因の調査結果

　調査手順の(1)から施設コード‘103’，価格区分コード‘C4’を，調査手順の(2)から表 9，表 10 を得た。調査手順の(3)では，累計予約可能客室数に異常があると判断して表 11～14 を得た。

表 9　(2)の S1 で得た結果行

施設コード	価格区分コード	客室タイプコード	累計稼働客室数
103	C4	71	5
103	C4	72	10
103	C4	73	14
103	C4	74	7

貸会議室を時間帯で分けて貸し出しているので同じ客室番号の1日を4分割している。

合計は36

表 10　(2)で得た S2 の結果行

施設コード	価格区分コード	客室タイプコード	累計予約可能客室数
103	C4	71	30

累計予約可能客室数を超えている

解説図 14　設問 2（2）に関連する問題文の該当箇所の読解

　要するに，ひとつの客室番号 **「1050 番」** の部屋が，通常であれば 1 日 1 部屋で計算しなければならないところ，1 部屋を時間帯で 4 つに分けているので，1 日に 4 部屋として計算しているということになる。これを **「累計予約可能客室数」**，**「累計稼働客室数」**，**「客室タイプ」** などの言葉を用いて解答にまとめればいい。なお，解答にまとめる上で注意しないといけないのは，単に，なぜ異常値になったのかという点ではなく，**「累計予約可能客室数が実際よりも小さくなった理由」** が問われているという点だ。注意しよう。

ひとつめの解答例は，表9と表12を比較した観点で組み立てた解答だ。客室（今回は客室番号「1050」）に対応している客室タイプは「71」だけで，客室タイプ「72 ～ 74」に対する客室番号が設定されていないので累計予約可能客室数に反映されていないという点を指摘した解答になる。

そしてもうひとつの解答例は，表9と表10を比較して，（表10の）累計予約可能客室数の計算が客室タイプコード「71」しか対象になっていない点を指摘している。「72 ～ 74」を含めて累計予約可能客室数を計算していれば異常値にはならなかった。

設問2（3）

設問	(3) 本文中の下線③で，表6中のS2において，"客室状況"テーブルに替えてほかのテーブルから累計予約可能客室数を求めることにした。そのテーブル名を答えよ。
問題文の関連箇所	**下線③を含む文** （1）分析データ抽出への対応 　　Bさんは，③表6中のS2の処理概要及びSQL文を変更することで，異常値を回避して施設ごとの客室稼働率を求めることにした。 表6　依頼3の分析データ抽出に用いる問合せ

表6　依頼3の分析データ抽出に用いる問合せ

	客室状況から年月日が指定期間内に含まれる予約可能な客室の行を選択し，施設コード，価格区分コードごとに行数を数えて累計予約可能客室数を求める。
S2	SELECT A.施設コード, C.価格区分コード, COUNT(A.客室番号) AS 累計予約可能客室数 FROM 客室状況 A INNER JOIN 客室 B ON A.施設コード = B.施設コード AND A.客室番号 = B.客室番号 INNER JOIN 施設客室タイプ C ON B.施設コード = C.施設コード 　 AND B.客室タイプコード = C.客室タイプコード WHERE A.予約可否 = 'Y' 　 AND A.年月日 BETWEEN CAST(:hv1 AS DATE) AND CAST(:hv2 AS DATE) GROUP BY A.施設コード, C.価格区分コード

解説図15　設問2（3）で問われていることと問題文の関連箇所

解答例

設問		解答例・解答の要点	備考
設問2	(3)	客室在庫	

解説

　設問 2 （2）で，今回の異常値がひとつの部屋を時間帯によって 4 つに分けてカウントしていたことが原因だということがわかった。表 6 の S2 の SQL で対象としている **‘客室タイプ’** で「**71**」しか計算対象にしていないからだ。これによって「**累計予約可能客室数が実際よりも小さくなった**」わけだ。

　S2 では，累計予約可能客室数を **“客室状況”** テーブルの **‘予約可否’** が **‘Y’** の条件に合致する **‘客室番号’** をカウントすることで算出している（解説図 15 の赤枠参照）。図 2 で，その **“客室状況”** テーブルの主キーを確認すると，**“客室状況”** テーブルでは「**施設コードの客室番号の年月日単位**」にカウントされている。

　　　客室状況（施設コード，客室番号，年月日，予約可否）

「**施設コードの客室番号の年月日単位**」で集計するから「**客室番号が 1050，客室タイプが 71**」しか対象にならない。客室タイプが「**72 〜 74**」が集計されない結果になる。そこで，この **“客室状況”** テーブルを別のテーブルに変えて，正しい累計予約可能客室数を算出するというわけだ。

　考え方としては，「**施設コードの客室番号の年月日単位**」を「**施設コードの客室タイプごとの年月日単位**」に変えることができるテーブルにするということ。S2 では **“客室状況”** テーブルと結合している **“客室”** テーブル，**“施設客室”** テーブルのいずれにも **‘客室タイプコード’** があるので，「**施設コードの客室タイプごとの年月日単位**」に変えて **“客室”** 及び **“施設客室”** テーブルと結合することで実現可能でもある。そうしたテーブルを図 2 から探し出す。

　その視点で図 2 を探せば，すぐに見つけるだろう。**“客室在庫”** テーブルは「**施設コードの客室タイプごとの年月日単位**」で累計予約可能客室数を算出することができる。

　　　客室在庫（施設コード，客室タイプコード，禁煙喫煙区分，年月日，予約可能数，割当済数）

　以上より，解答は「**客室在庫**」になる。

午後II問題の解答・解説　　561

設問 2（4）

設問	（4）本文中の下線④について，（a）どのようなデータの不整合が発生するか，（b）どのような無駄な作業が発生するか，それぞれ 40 字以内で具体的に答えよ。
問題文の関連箇所	**下線④を含む文** （2）異常値発生原因の調査で判明した問題への対応 　　B さんは，異常値発生原因の調査で，④このまま貸会議室の業務に宿泊管理システムを利用すると，貸会議室の定員変更時にデータの不整合が発生する，宿泊登録時に無駄な作業が発生する，などの問題があることが分かったので，宿泊管理システムを変更する方がよいと判断した。 　　表 14　（3）で得た"客室タイプ"テーブルの行（一部省略） 表の内容は下記

表 14　（3）で得た"客室タイプ"テーブルの行（一部省略）

客室タイプコード	客室タイプ名	定員	…
71	貸会議室タイプ A 9 時～11 時	25	…
72	貸会議室タイプ A 11 時～13 時	25	…
73	貸会議室タイプ A 13 時～15 時	25	…
74	貸会議室タイプ A 15 時～17 時	25	…

解説図 16　設問 2（4）で問われていることと問題文の関連箇所

解答例

設問			解答例・解答の要点	備考
設問 2	（4）	(a)	同じ貸会議室の異なる客室タイプの定員に異なる値が設定される。	
		(b)	宿泊者がないにもかかわらず，1 名以上の宿泊者を記録しなければならない。	

解説

　この下線④の「**このまま貸会議室の業務に宿泊管理システムを利用すると**」という部分は，設問 2（3）で考えた部分までの対応をした場合になる。「**5. 対応の検討**」の「**（1）分析データ抽出への対応**」のところまでだ。それを前提に，二つのケースについて考えていく。

562　令和 4 年度秋期 本試験問題・解答・解説

設問２(4) の (a)

ひとつは「貸会議室の定員変更時にデータの不整合が発生する」ということで「**表14　(3) で得た"客室タイプ"テーブルの行（一部省略）**」を見ながら考えると良いだろう。そこに「**定員**」が記載されているからだ。

これを見れば明らかだが，表14 で示されている「**客室タイプが 71 ～ 74**」は同じ一つの部屋である。したがって，その部屋の定員を変更する場合，これら全てを正確に変更しなければならない。例えば「**客室番号が 1050**」の貸会議室の定員が 25 名から 20 名に変更しようとした場合，「**客室タイプが 71 ～ 74**」の全ての行を正確に 20 に変更しなければならないというわけだ。もしも間違ってひとつの客室タイプを '**200**' としてしまったら「**データの不整合が発生する**」ことになる。

問われているのは「**どのようなデータの不整合が発生するか**」ということなので，解答例のように「**同じ貸会議室の異なる客室タイプの定員に異なる値が設定される。**」というようにまとめればいいだろう。

設問２(4) の (b)

もうひとつは「**どのような無駄な作業が発生するか**」というものだ。タイミングは「**宿泊登録時**」になる。そこで，宿泊登録時に，何をしなければならないのかを把握するために，問題文中の「**宿泊登録時**」の業務要件を確認する。

この問題では，業務要件に関する記述がほとんどない。そのため，この設問を解く時に覚えているかもしれないし，仮に覚えていなくても問題文の頭から順にざっと目を通していけばすぐに見つかるだろう。業務要件に関する記述は「**表3　業務ルール整理表（未完成）**」しかない。その表3の項番8には次のような記載がある。

「宿泊時には 1 名以上の宿泊者に関する情報を記録しなければならない。」

この点に関しては，設問1で空欄（イ）を解答する時にチェックしていると思うが，"**宿泊**"テーブルのインスタンスに対して，"**宿泊者**"テーブルのインスタンスは必ず 1 件以上登録しなければならないように設計されている。

現状の宿泊管理システムをそのまま利用すると，貸会議室を使用する場合でも"**宿泊**"テーブルに登録が必要になるので，そのまま"**宿泊者**"テーブルにも 1 件以上登録が必要になる。しかし，業務要件では「**1 名以上の宿泊者に関する情報を記録しなければならない**」のは，「**宿泊時**」だけでいい。会議室を使用する場合には宿泊者の登録は必要ないのに，データベースの仕様上，宿泊者の登録も必要になる。これが無駄な作業になる。

以上より，解答例のように「**宿泊者がないにもかかわらず，1 名以上の宿泊者を記録しなければならない。**」と解答すればいいだろう。

午後II問題の解答・解説　　563

設問3

設問3は,〔**宿泊管理システムの変更**〕段落に対応する問題になる。設問は全部で四つ。新たに作成するテーブルに関する問題,システムを止めずに移行する時の実施方法に関する問題が二つ。更新可能なビューを使うケースと,トリガーを使うケースである。そして最後にトリガーに関する問題が一つである。これも順番に解いていけばいいだろう。

設問3(1)

ひとつめは,「**図5　追加するテーブルのテーブル構造（未完成）**」についての問題になる。空欄を埋めて完成させるというオーソドックスなものだ。

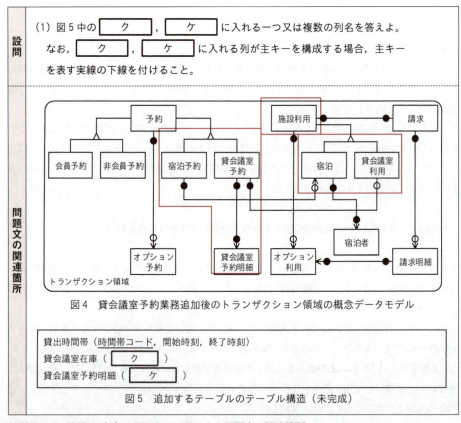

解説図17　設問3（1）で問われていることと問題文の関連箇所

解答例

設問			解答例・解答の要点	備考
設問 3	(1)	ク	施設コード，客室タイプコード，年月日，時間帯コード，予約可能数，割当済数	
		ケ	施設コード，予約番号，時間帯コード	

解説

空欄（ク）及び**空欄（ケ）**を解答する上で，何をどう変更したのかを「**図 4　貸会議室予約業務追加後のトランザクション領域の概念データモデル**」と「**図 5　追加するテーブルのテーブル構造（未完成）**」をチェックしながら確認する。変更点なので，変更前の図 1 及び図 2 と比較しながら確認するといいだろう。問題文 12 ページ目の（**〔宿泊管理システムの変更〕**段落の）「**3. テーブル名の変更**」の説明も読んでおこう。

確認した結果，変更点は大きく次の四点だということがわかるだろう。

<概念データモデルの変更>

① 旧**"予約"**のサブタイプとして**"宿泊予約"**と**"貸会議室予約"**を追加する

② 旧**"宿泊"**のサブタイプとして**"宿泊"**と**"貸会議室利用"**を追加する

③ 上記の②では名称が同じになるので，旧**"宿泊"**を**"施設利用"**に変更する

<テーブル構造の変更>

④ 図 5 の三つのテーブルを新たに追加する。

最大のポイントは現行のテーブル構造は変更しないという点だ。つまり概念データモデルの変更は行っても**"予約"**テーブルと**"宿泊"**テーブルさえ変更しないという点だ。但し，**"宿泊"**テーブルは名称を**"施設利用"**テーブルに変更するとしている。これは，問題文中に理由が説明されている。「**概念データモデル上サブタイプのエンティティタイプ名をテーブル名に用いることによる誤解を防ぐために，"宿泊"テーブルは"施設利用"に名称を変更することにした。**」という点だ。以上を踏まえて，ひとつずつ考えていく。

■ 空欄（ク）

最初に**"貸会議室在庫"**テーブルの属性を考える。この時，それまでは客室として扱うことができていたことから，図 2 の**"客室在庫"**テーブルを参考にする。これに近くなるはずだからだ。

午後Ⅱ問題の解答・解説　**565**

客室在庫（<u>施設コード</u>，<u>客室タイプコード</u>，<u>禁煙喫煙区分</u>，<u>年月日</u>，予約可能数，割当済数）

　合わせて「**2. テーブル構造の変更**」の中で「施設へのヒアリングで聴取した要望に対応しつつ」
と記載されているので，〔異常値の調査・対応〕段落の「**4. 施設へのヒアリング**」をチェックする。
ここに記載されている要件が，参考にしている **"客室在庫"** テーブルの属性で実現できるかどう
かを考えていけばいいだろう。

　4.　施設へのヒアリング

　　　該当施設の管理者にヒアリングを行い，異常値の発生原因は推測どおりである
　　ことを確認した。さらに，貸会議室の運用について次の説明を受けた。

　　・客室の一部を改装し，会議室として時間貸しする業務を試験的に開始した。

　　・貸会議室は，9時～11時，11時～13時，13時～15時のように1日を幾つかの連
　　　続する時間帯に区切って貸し出している。 …①

　　・貸会議室ごとに，定員，価格区分を決めている。定員，価格区分は変更するこ
　　　とがある。 …②

　　・宿泊管理システムの客室タイプに時間帯を区切って登録し，客室タイプごとに
　　　予約可能数を設定している。さらに，貸会議室利用を宿泊として登録すること
　　　で，宿泊管理システムを利用して，貸会議室の在庫管理，予約，施設利用，及
　　　び請求の手続を行っている。

　　・貸会議室は全て禁煙である。 …③

　　・1回の予約で受け付ける貸会議室は1室だけである。

　　・音響設備，プロジェクターなどのオプションの予約，利用を受け付けている。

　　・一つの貸会議室の複数時間帯の予約を受けることもある。現在は時間帯ごとに
　　　異なる予約を登録している。貸会議室の業務を拡大する予定なので，1回の予約
　　　で登録できるようにしてほしい。 …④

解説図 18　問題文の「施設へのヒアリング」で検討すべき要件（①～④）

　解説図18の中の①の記述より，会議室の在庫は（宿泊時のように1日ごとではなく）時間帯ご
とに管理する必要があるので，**"会議室在庫"** テーブルの在庫の主キーには **'時間帯コード'** が必
要になる。逆に，解説図18の中の③の記述より **"貸会議室在庫"** テーブルの主キーには **'禁煙喫
煙区分'** は不要になる。それ以外は，在庫には関係ないことだし，他の要件もクリアできるので，

"客室在庫" テーブルを参考に，これら2点を変更して次のように作成する。属性のところが空欄（ク）の解答になる。

貸会議室在庫（施設コード，客室タイプコード，年月日，時間帯コード，予約可能数，割当済数）

■ 空欄（ケ）

続いて，同様に **"貸会議室予約明細"** テーブルの属性を考える。但し，**"貸会議室予約明細"** テーブルについては，図1に宿泊時の類似テーブルは特にないので **「図4　貸会議室予約業務追加後のトランザクション領域の概念データモデル」** と〔異常値の調査・対応〕段落の **「4. 施設へのヒアリング」** を参考にしながら考える。

図4を見て，**"貸会議室予約明細"** テーブルは **"貸会議室予約"** テーブルの弱エンティティではないかと考える。その名称からもそう考えるのが妥当だろう。仮にそうなら，**"貸会議室予約明細"** テーブルの主キーは，**"貸会議室予約"** テーブルの主キー＋何らかの属性になる可能性が高い。**"貸会議室予約"** テーブルの主キーは，**"貸会議室予約"** テーブルが **"予約"** テーブルのサブタイプなので（図4），**"予約"** テーブルと同じ {施設コード，予約番号} である。したがって，ここまでで **"貸会議室予約明細"** テーブルの主キーは {施設コード，予約番号，何らかの属性} になると考える。

後は，その **「何らかの属性」** が何かを考えればいい。その答えは，**"貸会議室予約"** テーブルと **"貸会議室予約明細"** テーブルに分けて考えられている理由にある。具体的には，**「施設へのヒアリングで聴取した要望」** の中にある **"1回の予約"** で **"複数時間帯の予約"** を登録できるようにしてほしいという要望だ（解説図18の中の④）。この要望に対応すべく，予約自体は **"貸会議室予約"** テーブルで管理し，複数時間帯を **"貸会議室予約明細"** テーブルで管理するように考えたのだろう。そう考えれば，**"貸会議室予約明細"** テーブルの主キーに加える **「何らかの属性」** は '時間帯コード' で確定できる。その他の属性は特に必要ないので，これで **"貸会議室予約明細"** テーブルの属性を次のように確定させる。この属性部分が空欄（コ）の解答になる。

貸会議室予約明細（施設コード，予約番号，時間帯コード）

なお，解説図18の中の②に関しては，図2の **"施設客室タイプ"** テーブルと **"客室タイプ"** テーブルで実現できているので **"貸会議室予約明細"** テーブルに持たせる必要はない。

設問3 (2)

設問3 (2) は，移行時に考慮すべきことを題材にした問題になる。「**表15　更新可能ビュー方式，トリガー同期方式の手順**」の手順のうちの更新可能ビュー方式について問われている。

設問	(2) 表15中の更新可能ビュー方式の手順の実施に際して，APのアクセスを停止する必要がある。APのアクセスを停止するのはどの手順の前か。表15中の手順番号を答えよ。また，APのアクセスを停止する理由を40字以内で具体的に答えよ。
問題文の関連箇所	**移行に関する記載部分** 　D社では，アプリケーションプログラム（以下，APという）の継続的な改善を実施しており，APのアクセスを停止することなくAPのリリースを行う仕組みを備えている。 　貸会議室予約機能のリリースに合わせてテーブル名の変更を行いたいが，"宿泊"テーブルには多くのAPで行の挿入，更新を行っていて，これら全てのAPの改定，試験を行うとリリース時期が遅くなる。そこで，<u>一定の移行期間を設け，移行期間中は新旧両方のテーブル名を利用できるようにデータベースを実装し</u>，必要な全てのAPの改定後に移行期間を終了して"宿泊"テーブルを廃止することにした。 　実装に当たって，更新可能なビューを利用した更新可能ビュー方式，トリガーを利用したトリガー同期方式の2案を検討し，移行期間前，移行期間中，移行期間後の手順を表15に，表15中の手順[b2]，[b4]のトリガーの処理内容を表16に整理した。 表15　更新可能ビュー方式，トリガー同期方式の手順 ※表は下記参照 注記1　[ ]で囲んだ英数字は，手順番号を表す。 注記2　手順内で発生するトランザクションのISOLATIONレベルは，READ COMMITTEDである。

表15　更新可能ビュー方式，トリガー同期方式の手順

実施時期	更新可能ビュー方式の手順	トリガー同期方式の手順
移行期間前	[a1] 更新可能な"施設利用"ビューを作成する。	[b1] "施設利用"テーブルを新規作成する。 [b2] "宿泊"テーブルの変更を"施設利用"テーブルに反映するトリガーを作成する。 [b3] "宿泊"テーブルから，施設コード，宿泊番号順に，"施設利用"テーブルに存在しない行を一定件数ごとにコミットしながら複写する。 [b4] "施設利用"テーブルの変更を"宿泊"テーブルに反映するトリガーを作成する。
移行期間中	なし	なし
移行期間後	[c1] "施設利用"ビューを削除する。 [c2] "宿泊"テーブルを"施設利用"テーブルに名称を変更する。	[d1] 作成したトリガーを削除する。 [d2] "宿泊"テーブルを削除する。

解説図19　設問3 (2) で問われていることと問題文の関連箇所

解答例

設問		解答例・解答の要点	備考
設問3	(2)	手順番号	c1	
		理由	新 AP が "施設利用" テーブルにアクセスすると異常終了するから	

解説

　問われているのは「**更新可能ビュー方式の手順の実施**」時に「**AP のアクセスを停止するのはどの手順の前か**」ということなので，対象箇所は解説図 19 の赤枠の部分になる。[a1]，[c1]，[c2] からの三択だ。移行期間前にビューを作成しても何の影響もないことから [a1] ではないことは容易にわかると思うので，実質二択だ。

　移行に関する記載部分には「**移行期間中は新旧両方のテーブル名を利用できるようにデータベースを実装し**」という記述があるので，表 15 の「**移行期間中**」の動作は次のようになる。

＜ AP を順次改定中＞

① 　未改定の AP は従来通り **"宿泊"** テーブルにアクセスして処理をする。
② 　改定が完了した AP は新たに作成した **"施設利用"** ビューにアクセスして処理をする。

　すべての AP の改定が終われば移行期間が終了する。この時の状態は，上記の①がなくなり，②だけになっている。その後，移行期間が終了すると移行期間後の作業 **[c1]** と **[c2]** に着手するわけだが，上記の②の状態で **[c1]** を実行してしまうと，**[c2]** が実行されるまでの間は **"施設利用"** ビューも **"施設利用"** テーブルも存在しない状況になり，アクセスすると「**"施設利用" が見つからない**」というメッセージとともに異常終了してしまう。したがって，**[c1]** を実行する前に AP のアクセスを停止しないといけないわけだ。

　以上より，「**手順番号**」は「**c1**」で，「**理由**」は「**新 AP が "施設利用" テーブルにアクセスすると異常終了するから**」という解答になる。改定済みの AP（新 AP）である点，**"施設利用"** テーブルにアクセスする時である点を明確にして解答しよう。

設問3 (3)

設問 3 (3) も，移行時に考慮すべきことを題材にした問題になる。「**表 15　更新可能ビュー方式，トリガー同期方式の手順**」の手順のうち，今度はトリガー同期方式の手順について問われている。

設問	(3) 表 15 中のトリガー同期方式において，AP のアクセスを停止せずにリリースを行う場合，表 15 中の手順では"宿泊"テーブルと"施設利用"テーブルとが同期した状態となるが，手順[b2]，[b3]の順序を逆転させると，差異が発生する場合がある。それはどのような場合か。50 字以内で具体的に答えよ。

表 15　更新可能ビュー方式，トリガー同期方式の手順

実施時期	更新可能ビュー方式の手順	トリガー同期方式の手順
移行期間前	[a1] 更新可能な"施設利用"ビューを作成する。	[b1] "施設利用"テーブルを新規作成する。 [b2] "宿泊"テーブルの変更を"施設利用"テーブルに反映するトリガーを作成する。 [b3] "宿泊"テーブルから，施設コード，宿泊番号順に，"施設利用"テーブルに存在しない行を一定件数ごとにコミットしながら複写する。 [b4] "施設利用"テーブルの変更を"宿泊"テーブルに反映するトリガーを作成する。
移行期間中	なし	なし
移行期間後	[c1] "施設利用"ビューを削除する。 [c2] "宿泊"テーブルを"施設利用"テーブルに名称を変更する。	[d1] 作成したトリガーを削除する。 [d2] "宿泊"テーブルを削除する。

注記1　[ ]で囲んだ英数字は，手順番号を表す。
注記2　手順内で発生するトランザクションの ISOLATION レベルは，READ COMMITTED である。

解説図 20　設問 3 (3) で問われていることと問題文の関連箇所

解答例

設問		解答例・解答の要点	備考
設問 3	(3)	"施設利用"テーブルへのデータの複写が済んだ"宿泊"テーブルの行への更新が発生した場合	

570　令和4年度秋期 本試験問題・解答・解説

解説

まずは，トリガー同期方式の手順で，[b1] から [b4] までで何をしているのかを理解する。この時のポイントは次の３点だ。

・[b1] から [b4] はいずれも移行開始前
・移行開始前でも**"宿泊"**テーブルを停止せずに随時更新されている
・移行開始前なので**"施設利用"**テーブルは更新されることはない。

そして [b1] から [b4] までは，次のような処理になっている。

[b1]：**"施設利用"**テーブルを作成する
[b2]：**"宿泊"**テーブル→**"施設利用"**テーブルのトリガーを作成する
[b3]：**"宿泊"**テーブルを**"施設利用"**テーブルにコピー
[b4]：**"施設利用"**テーブル→**"宿泊"**テーブルのトリガーを作成する

ここで，[b3] が単純に**「"宿泊"テーブルを"施設利用"テーブルにコピーする」**と書いていないのは，**"宿泊"**テーブルを停止せずに随時更新しているからだ。**"宿泊"**テーブルを停止しても構わないなら，いったん停止してコピーすればいい。しかし，停止させないため，コピーに例えば２時間かかるとしたら，その２時間の間にも**"宿泊"**テーブルはどんどん更新されていく。最初の数分でコピーし終えた行に対し，その２時間の間にコピー済みの行が更新されていた場合，それは反映されないことになる。

それを避けるために，[b2] でトリガーを先に作成しているわけだ。[b2] を作成しておけばそれを作成した後に**"宿泊"**テーブルが更新された場合，すべて**"施設利用"**テーブルにも反映される。

ただ，[b2] のトリガーを新規作成しても**"宿泊"**テーブルの全ての行を**"施設利用"**テーブルに反映できたわけではない。[b2] のトリガーを新規作成する前から存在していた行（＝起動前に更新があった行）は反映されていない。そのため [b3] でコピーしなければならないことになる。この時，トリガーを作成した後に更新された**"宿泊"**テーブルの行は反映済なので，それはコピーする必要はないし，タイミングによっては古い情報で上書きしてしまうかもしれない。そこで**「"宿泊"テーブルから，…"施設利用"テーブルに存在しない行を」**対象にコピーしている。

トリガー同期方式の [b1] から [b4] の手順の意図を理解できたら，[b2] と [b3] の順序でなければならないという理由もわかると思う。これを逆転させて [b3] のコピーを先にしてしまうと，[b3] のコピー開始後から [b2] のトリガーを作成して起動するまでの間に，[b3] でコピー済みの行に対して**"宿泊"**テーブル側で変更が発生しても**"施設利用"**テーブルには反映されない。これが，差異が発生する理由になる。以上より**「"施設利用"テーブルへのデータの複写が済んだ"宿泊"テーブルの行への更新が発生した場合」**という解答になる。

設問 3 (4)

設問 3 (4) は，トリガーを実装する時に考慮しなければならない条件について問われている。空欄（コ）にある条件を入れないと問題が発生する。その問題と，空欄（コ）に入る条件を解答するという問題だ。

設問	(4) 表 16 中の ┌─ コ ─┐ の条件がないと問題が発生する。どのような問題が発生するか。20 字以内で具体的に答えよ。また，この問題を回避するために ┌─ コ ─┐ に入れる適切な条件を 30 字以内で具体的に答えよ。

表 16　表 15 中の手順[b2]，[b4]のトリガーの処理内容（未完成）

手順	変更操作	処理内容
[b2]	INSERT	"宿泊"テーブルの追加行のキー値で"施設利用"テーブルを検索し，該当行がない場合に"施設利用"テーブルに同じ行を挿入する。
	UPDATE	"宿泊"テーブルの変更行のキー値で"施設利用"テーブルを検索し，該当行があり，かつ，┌─ コ ─┐ 場合に，"施設利用"テーブルの該当行を更新する。
[b4]	INSERT	"施設利用"テーブルの追加行のキー値で"宿泊"テーブルを検索し，該当行がない場合に"宿泊"テーブルに同じ行を挿入する。
	UPDATE	"施設利用"テーブルの変更行のキー値で"宿泊"テーブルを検索し，該当行があり，かつ，（網掛け）場合に，"宿泊"テーブルの該当行を更新する。

注記　網掛け部分は表示していない。

2.　トリガー機能

テーブルに対する変更操作（挿入，更新，削除）を契機に，あらかじめ定義した処理を実行する。

(1) 実行タイミング（変更操作の前又は後。前者を BEFORE トリガー，後者を AFTER トリガーという），列値による実行条件を定義することができる。

(2) トリガー内では，変更操作を行う前の行，変更操作を行った後の行のそれぞれに相関名を指定することで，行の旧値，新値を参照することができる。

(3) ある AFTER トリガーの処理実行が，ほかの AFTER トリガーの処理実行の契機となることがある。この場合，後続の AFTER トリガーは連鎖して処理実行する。

解説図 21　設問 3 (4) で問われていることと問題文の関連箇所

解答例

設問			解答例・解答の要点	備考
設問 3	(4)	問題	処理の無限ループが発生する。	
		コ	"宿泊"テーブルの行の旧値と新値が一致しない。	

解説

　これは，表16で，特に条件を設けず（[b2]の空欄（コ）と[b4]の空欄を無視して），[b2]と[b4]の両方が稼働しているところを想像してみるとわかると思う。該当行が存在するだけで更新をすると無限ループに陥ってしまう。

　例えば，**"宿泊"**テーブルの更新が契機となって[b2]のトリガーが実行され**"施設利用"**テーブルを更新したとしよう。その場合，**"施設利用"**テーブルが更新されたことが契機になって[b4]のトリガーが実行される。この時，当然**"宿泊"**テーブルには該当行が存在するので[b4]のトリガーは問題なく実行され，**"宿泊"**テーブルは更新されてしまう。するとまた，それが契機となって[b2]のトリガーが実行されて，結局，延々と繰り返されることになる。

　これは〔RDBMSの主な仕様〕段落の「**2. トリガー機能**」にも機能として明記されている。「**(3)ある AFTER トリガーの処理実行が，ほかの AFTER トリガーの処理実行の契機となることがある。この場合，後続の AFTER トリガーは連鎖して処理実行する。**」という記述だ。連鎖して処理実行してしまうから無限ループになってしまう。この記述は，これまでのトリガーの機能説明では無かったものなので，この記述がヒントになって気付くかもしれない。

　したがって，**「問題」**は**「処理の無限ループが発生する。」**という解答になる。ちなみに，INSERTの場合は，[b2]でも[b4]でも**「(相手の) テーブルを検索し，該当行がない場合に」**限定しているので，INSERTで追加された後に連鎖して実行されることはない。

　それでは，空欄（コ）にはどういう条件を入れればいいのだろうか。改めて〔**RDBMSの主な仕様**〕段落の「**2. トリガー機能**」をチェックすると「**(2) トリガー内では，変更操作を行う前の行，変更操作を行った後の行のそれぞれに相関名を指定することで，行の旧値，新値を参照することができる。**」という記述が確認できる。これは，過去問題でもトリガー機能を説明する時には必ず付いていた標準的な説明（仕様）になる。これを使って，変更前と変更後が同じ値なら更新しないという条件を入れれば無限ループを防ぐことができる。以上より，空欄（コ）を**「"宿泊"テーブルの行の旧値と新値が一致しない。」**として，その場合に限り更新するとすればいい。

令和4年度　午後Ⅱ　問2　解説

問 2

■ IPA 公表の出題趣旨と採点講評

出題趣旨

データベースを構築してから時間が経過すると，開発時の業務要件に加えて，新規の業務要件が発生する。
本問では，フェリー会社の乗船予約システムの再構築におけるデータベース設計を題材として，現行の業務
要件に基づく概念データモデルを読み取る能力，現行業務での更新対象となるテーブル及び制約条件を見抜く
能力，新規業務要件を基に概念データモデルとテーブル構造を見直す能力を問う。

採点講評

問 2 では，フェリー会社の乗船予約システムの再構築を題材に，現行業務の概念データモデルとテーブル構
造，更新対象となるテーブル及び制約条件，新規要件を反映した概念データモデルとテーブル構造について出
題した。全体として正答率は平均的であった。
設問 1 では，(1)の航路明細とア（販売区間）とのリレーションシップ，(2)の 2 本のリレーションシップの
正答率が低かった。同一のエンティティタイプ間に異なる役割をもつ複数のリレーションシップが存在するか
どうか，スーパータイプとサブタイプが存在する場合にスーパータイプとサブタイプのいずれとの間にリレー
ションシップが存在するかを注意深く読み取ってほしい。
設問 2 では，(1)(b)の正答率が低かった。変更対象となる行を 4 行とした解答が散見された。等級別在庫テ
ーブルには到着港の行が存在しないことを現行業務から注意深く読み取ってほしい。
設問 3 では，(4)，(5)の正答率が低かった。新規要件を注意深く読み取り，変更・追加するテーブル構造を
見極めてほしい。例えば(5)は，既存テーブルの行を集計したテーブルを追加し，既存テーブルに外部キーを
追加する方法を求めたものである。これは，実務でもよくあることであり，是非知っておいてもらいたい。

■ 問題文の全体像を把握する

午後Ⅱ（事例解析）の問題に取り組む場合，最初に問題文の全体像を把握して 120 分の使い方
の戦略を練る。午後Ⅱ（事例解析）は時間との闘いなので，最初に計画する時間配分がとても重
要になるからだ。

戦略を練る時の**"判断基準"**になるのが過去問題になる。過去問題を利用して，問題の構成パ
ターンごとにおおよその時間配分を決めておいて，それをベースに本番時には時間を割り振る。
ページ数，問題の種類や数によって時間配分をどうするか，どういう手順で何から着手すればい
いのかを予め過去問題を活用して決めておき，試験本番でページ数，問題の種類や数を確認して
120 分の使い方を決めるようにすればいいだろう。

1. 全体像の把握

下記の解説図1に示したように，〔　〕で囲まれた段落のタイトル，その中の連番の振られた業務説明，設問を確認して，まずは何が問われているのかを把握する。

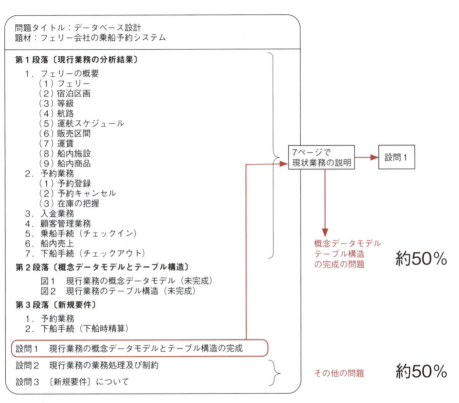

解説図1　全体構成の把握

(1) 概念データモデル，関係スキーマの完成の設問をチェック

第1に確認するのは，**「未完成の概念データモデルと関係スキーマを完成させる設問」**の配点割合になる。この設問が全体の設問に占める割合をチェックして配点割合を予想し，この設問を解くために使用する時間を決定する。特に，この設問を解く練習を中心に対策を進めてきた人（データベース設計の問題を解くと決めている人）は，このチェックから始めなければならない。

この確認は，解答用紙が配られてから試験開始を待っている間に実施するのがベストだ。着席してから試験開始までの時間は結構長い（もしくは長く感じる）。その時間を活用して**"解答戦略"**や**"時間配分"**を（ある程度）決めることができれば，時間との闘いで有利に展開できるのは間違いない。少なくとも，試験開始後に**"解答戦略"**や**"時間配分"**を決めるよりもじっくりと考えら

れるはずだ。心にゆとりが出てくることもあるだろう。そうした多くのメリットが得られるので，そのタイミングで（解答用紙が配られてから試験開始を待っている間に），解答用紙を凝視しながらおおよその割合を見極めるようにしよう。問題冊子は開くことができないので注意しよう。解答用紙の空欄から想像する。問題冊子を開くと退場させられるので絶対にしないように。解答用紙だけで想像しきれない場合は，試験が開始されてからチェックしよう。

この問題では，「**未完成の概念データモデルと関係スキーマを完成させる設問**」は設問1だけになる。配点割合にすると（正確な配点割合はもちろんわからないが）約50%程度だろう。仮にそうなら，設問1に使える時間は（2時間のうち半分の）最大1時間程度になる。設問2や設問3の難易度は解いてみないとわからないが，難易度の高い問題が残されている前提で考えれば，それくらいの時間が妥当になる。

なお，この比率に戸惑った受験生もいたかもしれない。ここ数年なかった比率だからだ。令和3年は約95%，令和2年は約75%，平成31年は約90%だったから仕方がない。ただ，平成26年のように約40%という年もあった。今回の比率が定常化するかどうかはわからないが，今回のような比率も想定しておいて冷静に解答できるようにしておかなければならないだろう。

それともうひとつ。今回の問題は**"関係スキーマ"**ではなく**"テーブル構造"**になっている点についても注意が必要だ。概念データモデルではスーパータイプとサブタイプの関係になっているエンティティを，スーパータイプにまとめる形でテーブルに実装したものになっている。基本的な考え方は変わらないが，この部分はこれまでと違っている。留意しておこう。

(2) ページ数の確認

試験が始まったらページ数を確認しよう。時間配分を決める上でページ数の確認は重要だからだ。特に，未完成の概念データモデルと関係スキーマを完成させる設問は，1ページずつ処理していくことになる。まずはページ数を確認しよう。

本問は全部で14ページ。昨年（令和3年）や一昨年（令和2年）よりも2ページも多いが，それ以前はおおよそ13ページ〜15ページだったので，その頃に戻った分量になる。

但し，設問1の対象になっているのは実質7ページになる。この分量は例年通りだ。ただ，先に説明したとおり，ここ数年は概念データモデルや関係スキーマを完成させる問題の比率が75%〜95%になる。そのため，そこに使える時間もたっぷりある。しかし今回は1時間しか割り当てられない。そのため，約2倍の速度で解答していかないといけないことになる。これは，かなりの解答速度になるだろう。救いは，関係スキーマ（この問題ではテーブル構造）を完成させる設問が少ないことだ。1問しかない。そこで，次のような方針で解答していくと決めないといけない。

＜設問 1 を 1 時間で解くためにすること＞

①不足するリレーションシップを追加する問題が中心なので，それを見つけることに特化した解き方をする。

・「**図 1　現行業務の概念データモデル（未完成）**」と「**図 2　現行業務のテーブル構造（未完成）**」だけを見て解く

・問題文を読まなくてもいいところは極力読まないようにする。問題文を熟読するのは設問 1 の複雑なところと設問 2・設問 3 を解く時に限定する

②1 ページを最大 8 分のペースで解いていく。

(3) 設問 2 と設問 3 の確認

　設問 1 の時間配分及び解答戦略を決定したら，設問 2 と設問 3 で何が問われているのかを確認する。この段階では（まだ解いていないので）難易度はわからないが，どのような出題パターンなのかは確認できる。この問題だと次のようなことが確認できるだろう。

・配点割合は，設問 2 が 15 ～ 25％で設問 3 が 25％～ 35％程度と予想
　→時間配分は設問 2 が 20 分，設問 3 が 30 分ぐらいにしておくといいだろう。前詰で。
・設問 2 は〔**現行業務の分析結果**〕段落の業務処理と制約について問われている
　→設問 1 を 1 ページ目から順番に解いていく過程で，設問 2 の該当箇所が出てきたら一緒に解きながら進めていくことも可能。その場合，設問 1 と設問 2 で合わせて 80 分になる。1 ページ当たり 10 分ぐらいはかけることができる
・設問 3 は〔**新規要件**〕段落にある 5 つの新規要件に対して，ひとつずつ問題が用意されている。〔**新規要件**〕段落は 1 ページにも満たない。半ページぐらいだ。それほど時間はかからないと推測できる

　設問 2 と設問 3 も，試験開始前に解答用紙を眺めている間に，ある程度なら**「何が問われているのか」**がわかるだろう。

・テーブル名と列名を解答する問題が 8 問ある（解答用紙にテーブル名，列名は記載されている）
・記述式の解答は，25 字と 50 字が 1 問ずつ
・設問 2（1）（b）が具体的な列値を当てはめる問題（たぶん難しくない）

午後Ⅱ問題の解答・解説　　**579**

(4) 解答戦略の決定

　以上より，解答戦略を決定する。時間との闘いで，120分を最大限に有効に使うためだ。もちろん，実際に解きながら柔軟に微調整や軌道修正を行うことも重要なので，あまり縛られないように気を付けながら。

・今回は設問1の配点割合が50%なので，「**図1　現行業務の概念データモデル（未完成）**」と「**図2　現行業務のテーブル構造（未完成）**」の対応付けを最初に実施するのではなく，問題文を読み進めていく過程で実施する

＜設問1と設問2を合わせて80分で解いていく場合＞
・1ページ約10分のペースで7ページを処理
・設問2は問われていることを先に把握しておいて，各ページに来た時に一緒に解いていく
＜設問1を先に，設問2をその後に解く場合＞
・1ページ約8分のペースで7ページを処理
・設問1に60分，設問2に20分を割り当てて順番に解いていく
・設問2は，後で解く前提なので，どこに何が書いているのか体系化して記憶しておく
　→設問2で問われていることに対し，ピンポイントで該当箇所をチェックできるようにしておくため
・設問1は不足するリレーションシップを追加する問題が中心なので，それを見つけることに特化した解き方をする。具体的には「**図1　現行業務の概念データモデル（未完成）**」と「**図2　現行業務のテーブル構造（未完成）**」だけを見て解く。問題文を読まなくてもいいところは極力読まないようにする
・設問3には40分ほど残しておきたい。全部で5問なので1問あたり8分以内に解答する

IPAの解答例

設問			解答例・解答の要点	備考
設問1	(1)	ア	販売区間	
			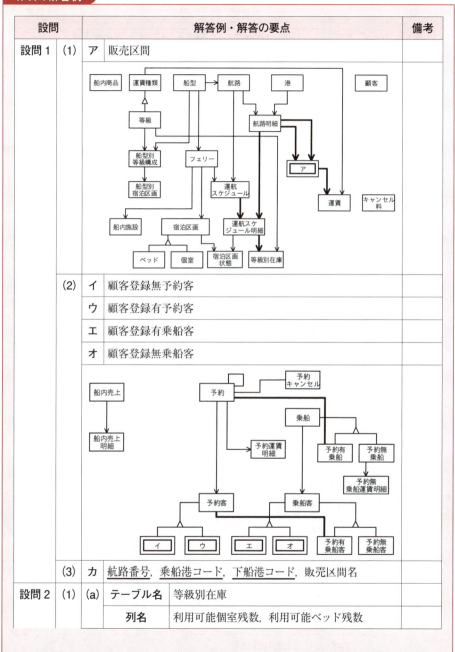	
	(2)	イ	顧客登録無予約客	
		ウ	顧客登録有予約客	
		エ	顧客登録有乗船客	
		オ	顧客登録無乗船客	
	(3)	カ	航路番号, 乗船港コード, 下船港コード, 販売区間名	
設問2	(1)	(a)	テーブル名 等級別在庫	
			列名 利用可能個室残数, 利用可能ベッド残数	

設問			解答例・解答の要点	備考

| 設問2 | (1) | (b) | 主キー / 列値 の表 | |

設問2 (1)(b):

	列名	航路番号	出発年月日	港コード	等級コード
主キー	列値	01	2022-03-14	003	DX
		01	2022-03-14	004	DX
		01	2022-03-14	005	DX

変更する列名	利用可能個室残数
変更内容	1減算する。

設問2 (2)

a　積載可能車両残長

b　車両全長以上

設問2 (3)

・キャンセル日が往路乗船年月日の6日前以降，かつ，復路乗船年月日の6日前よりも前の場合

・キャンセル日が往路乗船年月日の6日前以降，かつ，復路乗船年月日の7日前以前の場合

・キャンセル日が往路乗船年月日の6日前以降，かつ，復路乗船年月日の6日前以降でない場合

設問3

(1)	①	テーブル名	予約	①と②は順不同
		列名	個室宿泊区画番号	
	②	テーブル名	予約客	
		列名	大部屋宿泊区画番号	

(2)	テーブル名	予約
	列名	代表予約番号

(3)	(a)	キャンセル待ちと仮予約と本予約とを区分する。
	(b)	テーブル名	予約キャンセル
		実行契機	行の挿入後

(4)	①	テーブル名	船内売上	①と②は順不同
		列名	航路番号，出発年月日，乗船客番号	
	②	テーブル名	乗船客	
		列名	下船時精算額，下船時一括支払方法区分	

(5) まとめ精算（<u>航路番号</u>，<u>出発年月日</u>，<u>まとめ精算番号</u>，精算合計金額）

テーブル名	乗船客
列名	まとめ精算番号

設問 1

　設問1は，午後II試験で最もオーソドックスな，未完成の概念データモデルと未完成のテーブルを完成させる問題になる。解答するのは次の4点だ。欠落しているリレーションシップはいくつ必要なのかは解いてみないとわからないが，エンティティタイプは一つ，サブタイプは4つ解答する。

　　・図1に欠落しているリレーションシップを補う（追加する）
　　・空欄ア：エンティティタイプ名（以下，エンティティとする）
　　・空欄カ：上記空欄アの列名
　　・空欄イ～空欄オ：サブタイプ名

　これら以外に不足しているものはないので，空欄に適宜対応しながら「**リレーションシップの追加が必要か否か**」をメインに考えていけばいいだろう。

　年度によっては設問がこれだけの時もあるが，今回は，設問2と設問3が違う問題になる。したがって，ここだけで120分すべてを使うことはできない。設問2と設問3のボリュームを考えれば，設問1は，できれば半分の60分をめどに解答したいところだ。

■ ルール等の事前確認

　最初にざっと，（設問1を解答していく上で）必要になるルールを確認していこう。

（1）図2がテーブル構造だという点（NEW）

　今年のデータベース設計の問題は，図2が関係スキーマではなく，関係スキーマを実装したテーブル構造になっている。問題文の8ページ目の〔**概念データモデルとテーブル構造**〕段落には，この件に関して次のように記載されている。

テーブル構造は，概念データモデルでサブタイプとしたエンティティタイプを，スーパータイプのエンティティタイプにまとめた。

　図1と図2を比べてみると明白だが，図1にあるサブタイプは，図2には記載されていない。これは例年と違って新しい視点になるので注意しよう。スーパータイプとサブタイプに関するところは慎重に読解していくことを心掛ける。

午後II問題の解答・解説　583

(2) マスター領域とトランザクション領域の間のリレーションシップは不要

こちらは例年通りのルールになる。追加するリレーションシップにマスターとトランザクション間のリレーションシップは含まないという点だ。設問1（1）と（2）に書いている。図1にはマスターとトランザクション間のリレーションシップが書かれているが，解答用紙は分かれているはずだ。例年同じルールなので大丈夫だろう。

(3) 念のための"デフォルトルール"の確認

データベース設計の問題には，**「解答に当たっては」**から始まる定番のルールが記載されている（解説図2参照）。これらは解答する上で前提になるルールで，絶対に守らないといけない重要なものだ。通常は設問に入る直前に記載されているので，最初にざっと確認しておく。できれば，これらは事前に頭の中に入れておこう。そうすれば，瞬時にチェックできるようになる。

問題文（P.11）

　解答に当たっては，巻頭の表記ルールに従うこと。ただし，エンティティタイプ間の対応関係にゼロを含むか否かの表記は必要ない。

　なお，エンティティタイプ間のリレーションシップとして[①]"多対多"のリレーションシップを用いないこと。エンティティタイプ名は，[②]意味を識別できる適切な名称とすること。また，[③]識別可能なサブタイプが存在する場合，他のエンティティタイプとのリレーションシップは，スーパータイプ又はサブタイプのいずれか適切な方との間に記述せよ。同一のエンティティタイプ間に異なる役割をもつ複数のリレーションシップが存在する場合，[④]役割の数だけリレーションシップを表す線を記述せよ。また，[⑤]テーブル構造は第3正規形の条件を満たしていること。列名は意味を識別できる適切な名称とすること。

> 問題冊子の3ページから5ページに記載されている「問題文中で共通に使用される表記ルール」のこと。ここもざっと例年と変わっていないことを確認する。

解説図2　毎回決まった定番のルール

こうしたルールは，時に予告なく変更されることがあるが，今回も，巻頭の表記ルールをはじめ，①から④にまとめたすべてのルールが従来通りだった。特に変更された点はなかった。

(4) 概念データモデル，関係スキーマ，問題文を対応付ける

今年の問題は，未完成の概念データモデルと関係スキーマを完成させる問題だけではない。その割合は50％程度だ。令和3年度の問2のように，未完成の概念データモデルと関係スキーマを完成させる問題だけなら，ここでそれをまとめて説明しているが，今回はSTEP-1からSTEP-16の中で対応付けている。

STEP-1. 問題文の冒頭部分の確認

問題文は，企業の概要や対象システムの概要から始まる（問題タイトルの後の最初の部分）。今回はわずか4行で，特に解答に必要となる重要な記載もなさそうだ。

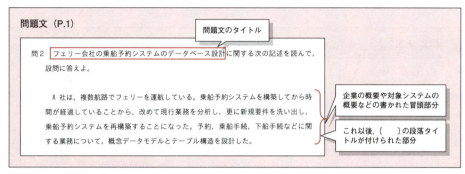

解説図3　問題文の読み進め方

STEP-2. 問題文１ページ目「1. フェリーの概要」の「(1) フェリー」の読解

それでは，問題文を先に読み進めていこう。まずは「**1. フェリーの概要**」に関する説明だ。速く解答するために，対応する概念データモデル（図1）とテーブル構造（図2）だけを見て，効率良くチェック（図1に追加するリレーションシップの有無を確認）できないかを考える。

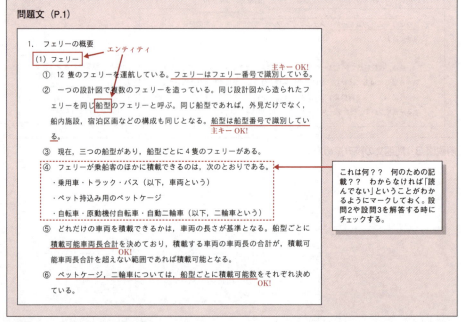

解説図4　問題文の読み進め方

ここは，一見するだけで"**フェリー**"エンティティに関する記述だということがわかるだろう。そこからチェックする。

■ 図１及び図２をチェックするだけで"フェリー"エンティティを確認し，リレーションシップを追加する必要があるかどうかを考える

最初に，図2の"**フェリー**"テーブルの破線の下線が付いた'**船型番号**'に着目する。外部キーだからだ。この'**船型番号**'を主キーに持つテーブルを図2で探すと，すぐに"**船型**"テーブルを見つけるだろう。以上より，'**船型番号**'は"**船型**"テーブルに対する外部キーだということがわかる。図1でチェックすると記載済みなので追加するものは無いと判断する。次に，"**フェリー**"テーブルの主キーである'**フェリー番号**'が，他のエンティティを参照する外部キーを兼ねている可能性を検討する。しかし，特に考えられないので追加するリレーションシップはないと判断する。

■ 図1及び図2をチェックするだけで"船型"エンティティを確認し、リレーションシップを追加する必要があるかどうかを考える

同様に図1及び図2で"船型"テーブルをチェックする。ここには破線の下線の付いた外部キーが存在しないので、"船型"テーブルの主キーである'**船型番号**'が他のテーブルを参照する外部キーを兼ねていないかをチェックする。しかし、特に考えられないので追加するリレーションシップはないと判断する。

以上より、追加するリレーションシップは不要だということが確認できるので、ここの記述は問題ないと判断し、(熟読せずに) **STEP-3** に進めた方がいいだろう。

■ 熟読してしっかりチェックする場合(省略可能)

ここでは、チェックするエンティティが複雑な構造ではないため、問題文を熟読しなくても図1と図2をチェックするだけで十分だと思われる。ケアレスミスが入る可能性もあるが、早く解くためにはそういう判断も必要になる。

逆にしっかりチェックしたい場合は、解説図4のように、ひとつずつチェックしていけばいいだろう。

● 概念データモデル(図1)への追加(その1)

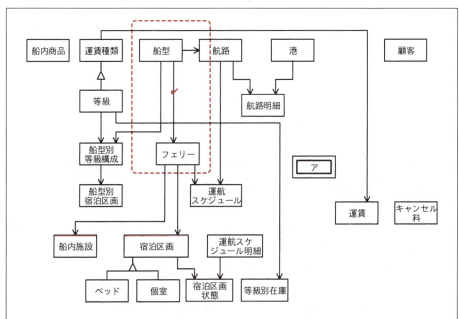

解説図5 ここで追記するリレーションシップ(赤線)(特に無し)

STEP-3. 問題文1ページ〜2ページ目「1. フェリーの概要」の「(2) 宿泊区画」の読解

続いては「**(2) 宿泊区画**」に関する説明だ。ここも，対応する概念データモデル（図1）とテーブル構造（図2）をチェックするだけで速く解答できないかを考える。

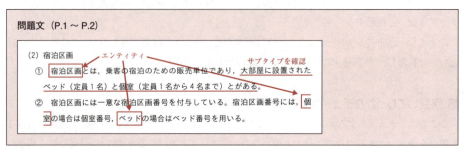

解説図6　問題文の読み進め方

■ 図1及び図2をチェックするだけで"宿泊区画"エンティティを確認し，リレーションシップを追加する必要があるかどうかを考える

"**宿泊区画**"テーブルの主キーの一部である'**フェリー番号**'は，"**フェリー**"テーブルに対する外部キーでもあると考えて，図1をチェックする。すると，"**宿泊区画**"エンティティと"**フェリー**"エンティティの間に，多対1のリレーションシップが存在していることが確認できる。一方，もうひとつの'**宿泊区画番号**'は，図2を見る限り，'**宿泊区画番号**'を主キーに持つエンティティが存在しないので，他のエンティティとの間のリレーションシップは必要ないと判断する。

なお，図1の"**宿泊区画**"エンティティには，サブタイプの"**ベッド**"と"**個室**"の両エンティティがある。図2では，サブタイプの"**ベッド**"と"**個室**"をスーパータイプの"**宿泊区画**"にまとめる形で実装されていることも確認しておこう。

■ 図1及び図2をチェックするだけで"宿泊区画状態"エンティティを確認し，リレーションシップを追加する必要があるかどうかを考える

続いて，（解説図6で説明している問題文の中にはないが）図1には"**宿泊区画**"エンティティと"**宿泊区画状態**"エンティティの間にリレーションシップがあるので，ついでに"**宿泊区画状態**"テーブルもチェックしておこう。このリレーションシップより，"**宿泊区画状態**"テーブルの{フェリー番号, 宿泊区画番号}の組合せが"**宿泊区画**"テーブルに対する外部キーになっていることが確認できる。

さらに，図1の"**宿泊区画状態**"エンティティと"**運航スケジュール明細**"エンティティとの間の多対1のリレーションシップに着目する。これは，"**宿泊区画状態**"テーブルに"**運航スケジュー**

ル明細"テーブルに対する外部キーが存在することを示している。"運航スケジュール明細"テーブルの主キーを図2で確認すると**{航路番号, 出発年月日, 港コード}**だということがわかる。いずれも"**宿泊区画状態**"テーブルの主キーの一部になっている。

これ以外に，図1及び図2を見る限りでは"**宿泊区画状態**"テーブルの主キー（下線）の中に，他のテーブルに対する外部キーが存在しているようには見えないので，この観点でのリレーションシップの追加は必要ないと判断できる。

■ 熟読してしっかりチェックする場合（省略可能）

ここでの5行を読み進めていくと，スーパータイプの"**宿泊区画**"エンティティとサブタイプの"**ベッド**","**個室**"エンティティに関する説明だということはわかるものの，特に図1に追加すべきリレーションシップに関係しそうな記述はない。

● 概念データモデル（図1）への追加（その2）

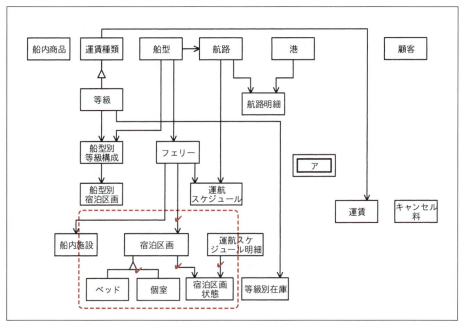

解説図7　ここで追記するリレーションシップ（赤線）（特に無し）

STEP-4. 問題文2ページ目「1. フェリーの概要」の「(3) 等級」の読解

そして「**(3) 等級**」に関する説明をチェックする。ここも対応する概念データモデル（図1）とテーブル構造（図2）をチェックするだけで速く解答することを考える。

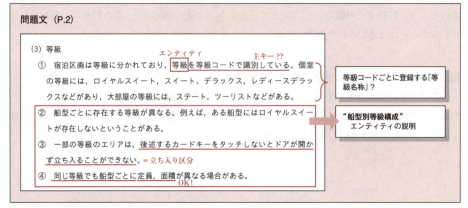

解説図8　問題文の読み進め方

　ここも，まずは「**等級**」の名称の付いたエンティティを図1と図2だけでチェックする。図1には"**等級**"と"**船型別等級構成**"，"**等級別在庫**"の三つのエンティティがある。

　そのうちの"**等級**"エンティティと"**等級別在庫**"エンティティの二つの間には1対多のリレーションシップが確認できる。加えて，"**等級**"エンティティと"**船型別等級構成**"エンティティの間にも1対多のリレーションシップが確認できる。図2には"**等級**"テーブルの記載がなく，残りの二つのテーブルの主キーも複合キーのため一見しただけでは図1に追加するリレーションシップが存在するのか否かがわからない。

　そのため「**ここは問題文を熟読しよう**」と切り替えて，問題文を読んで確認するのが望ましい。但し，はっきりと追加の必要性が確認できないだけなので，時間が無ければ後回しにしても構わない。

■ 熟読してしっかりチェック

　問題文の①から，図2には記載されていない"**等級**"テーブルの主キーが'**等級コード**'で，かつ列に'**等級名称**'が必要なことがわかる。

　また，問題文の②から④は"**船型別等級構成**"エンティティの説明だということもわかる。②からは｛船型番号，等級コード｝が主キーで，このエンティティが"**船型**"エンティティと"**等級**"エンティティが多対多になるので作られた連関エンティティだということも確認できる（図1には，そのリレーションシップは記載済み）。

③からは"**船型別等級構成**"テーブルの'**立ち入り区分**'列の説明で，④は'**定員**''**面積**'という二つの列だということも確認できる。

そして，"**等級別在庫**"エンティティの説明は無いことも確認できた。この後に出てくると思うので，ひとまず未チェックだということを覚えておいて，次のSTEP-5に向かおう。

ここまでは特に，設問1の解答になり得るものはないことは確認できた。

● 概念データモデル（図1）への追加（その3）

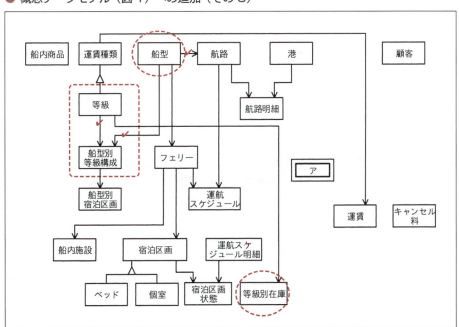

解説図9　ここで追記するリレーションシップ（赤線）（特に無し）

STEP-5. 問題文2ページ目「1. フェリーの概要」の「(4) 航路」の読解

次に「**(4) 航路**」に関する説明をチェックする。時間短縮のため，ここでもまずは対応する概念データモデル（図1）とテーブル構造（図2）だけでチェックしていくことを試みよう。

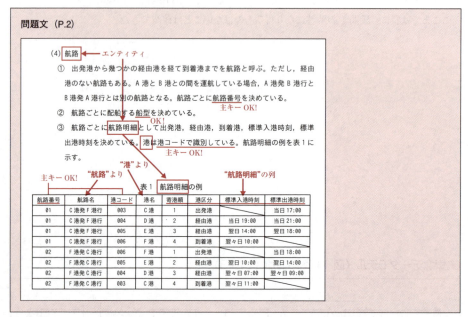

解説図 10　問題文の読み進め方

図1と図2だけをチェックして，「**航路**」に近い名称のエンティティを探してみる。その結果，"**港**"と"**航路**"，"**航路明細**"の三つのエンティティに着目する。

■ 図1及び図2をチェックするだけで"港"と"航路"，"航路明細"の三つのエンティティを確認し，リレーションシップを追加する必要があるかどうかを考える

まず，この三つのエンティティの関係が，"**港**"と"**航路**"が多対多になるため，"**航路明細**"を連関エンティティとして1対多に分解しているのではないかという仮説を立てる。つまり，"**航路明細**"エンティティは"**航路**"エンティティと"**港**"エンティティの組合せであるという推測だ。それぞれのテーブルの主キーと図1のリレーションシップを確認すれば，その推測を確定させることができる。"**航路明細**"テーブルの主キーのうち，'**航路番号**'は"**航路**"テーブルに対する外部キーであり，'**港コード**'は"**港**"テーブルに対する外部キーになる。いずれも，そのリレーションシップは図1に記載済みだ。

また，"**航路**"テーブルには外部キーの'**船型番号**'がある。これは"**船型**"テーブルに対する

ものになるが,そのリレーションシップも図1に記載済みである。

以上より,設問1を解くことだけを考えれば,問題文も表1も読まなくてもいいと判断できる。設問2や設問3があるので先に進めてもいい。ここでの記述によって追加すべきリレーションシップも,空欄アもないと考えられるからだ。

■ 熟読してしっかりチェックする場合（省略可能）

"港"と"航路","航路明細"の三つのエンティティに関する記述を探す感じで読み進めていく。問題文を熟読するとしても,今回は図2が完成形なので,図1に記載されているリレーションシップと図2に記載されている主キー,その他の列などを念頭に置きながら,解説図10の赤字部分のようにチェックしていく。特に"航路明細"テーブルの列に関しては**「表1　航路明細の例」**があるのでイメージ通りかどうかを確認する。いずれも消去法的にチェックしていき,図1に追加すべきリレーションシップが無いかを確認する。その結果,特にないということで確定させる。

● 概念データモデル（図1）への追加（その4）

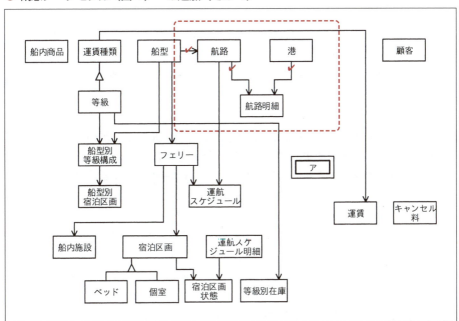

解説図11　ここで追記するリレーションシップ（赤線）（特に無し）

STEP-6. 問題文２ページ目〜３ページ目「1. フェリーの概要」の「(5) 運航スケジュール」前半の読解

次に「**(5) 運航スケジュール**」に関する部分をチェックする。ここも，まずは対応する概念データモデル（図1）とテーブル構造（図2）だけでチェックしていくことを試みよう。

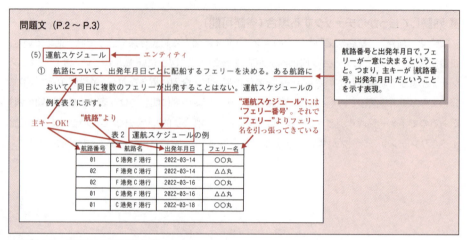

解説図 12　問題文の読み進め方

　図1と図2だけをチェックして，「**運航スケジュール**」に近い名称のエンティティを探してみる。その結果，"**運航スケジュール**"と"**運航スケジュール明細**"の二つのエンティティに着目する。但し，解説図12でピックアップしている問題文の①は，"**運航スケジュール**"エンティティだけが対象になるので，まずは"**運航スケジュール**"エンティティからチェックしていく。

■ 図１及び図２をチェックするだけで"**運航スケジュール**"エンティティを確認し，リレーションシップを追加する必要があるかどうかを考える

　図2の"**運航スケジュール**"テーブルには外部キー'**フェリー番号**'がある。これは"**フェリー**"テーブルに対するものなので，図1でそのリレーションシップの存在を確認する。結果，記載済みなので追加するものはない。

　また，図1には"**運航スケジュール**"エンティティと"**航路**"エンティティとの間に多対1のリレーションシップが記載されている。図2で確認すると，"**運航スケジュール**"テーブルの主キーの一部に'**航路番号**'（"**航路**"エンティティの主キー）があるので，これが外部キーでもあると判断できる。

　これら以外に，"**運航スケジュール**"テーブルの主キー（もしくはその一部）が他のテーブルの外部キーとして存在している可能性は，図2を見る限り考えられないので，他に追加すべきリ

レーションシップはないと考える。

■ 熟読してしっかりチェックする場合（省略可能）

問題文も熟読して確認する場合は，解説図12の赤字部分のようにチェックしていく。ここでも「**表2 運航スケジュールの例**」があるのでイメージ通りかどうかを確認する。いずれも消去法的にチェックしていき，図1に追加すべきリレーションシップが無いことを確認する。

● 概念データモデル（図1）への追加（その5）

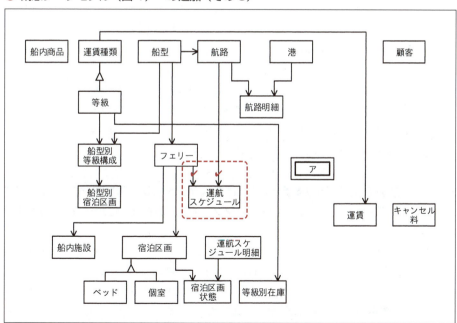

解説図13　ここで追記するリレーションシップ（赤線）（特に無し）

STEP-7. 問題文3ページ目「1. フェリーの概要」の「(5) 運航スケジュール」後半の読解

引き続き「(5) 運航スケジュール」の「②」の部分をチェックする。対応する概念データモデル（図1）とテーブル構造（図2）だけをチェックすることで解けないかを試みる。

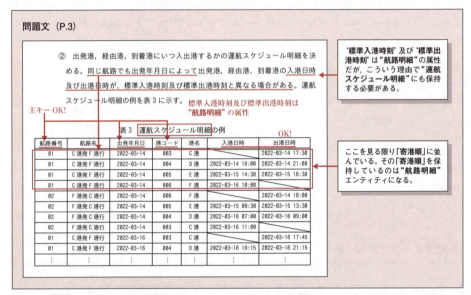

解説図14　問題文の読み進め方

　解説図14でピックアップしている後半の「②」は、"運航スケジュール明細"エンティティが対象になる。「(5) 運航スケジュール」の中に"運航スケジュール"と"運航スケジュール明細"の説明があることと，それぞれのエンティティ名の関係性から，これらは強エンティティと弱エンティティの関係にあると推測できる。そこから確認していこう。

■ 図1及び図2をチェックするだけで"運航スケジュール"，"運航スケジュール明細"の両エンティティを確認し，リレーションシップを追加する必要があるかどうかを考える

　前述の通り，両エンティティが強エンティティと弱エンティティの関係の可能性から考える（"運航スケジュール"が強エンティティ，"運航スケジュール明細"が弱エンティティ）。図2で両テーブルの主キーをチェックすればすぐにわかるだろう。"運航スケジュール明細"テーブルの主キーのうち{航路番号，出発年月日}が，"運航スケジュール"テーブルに対する外部キーになっていると考えられるので，両者は推測通り強エンティティと弱エンティティの関係だと確定できる。

そして，その関係を図1でチェックする。すると，そのリレーションシップは存在しないので追加が必要だと考える。具体的には**"運航スケジュール"エンティティと"運航スケジュール明細"エンティティの間に1対多のリレーションシップを追加する（追加A）**。ちなみに，1対多になるのはそれぞれの主キーを見れば一目瞭然だ。ひとつの**"運航スケジュール"**に対して複数の**'港コード'**がある。

■ 図1及び図2をチェックするだけで"運航スケジュール明細"エンティティを確認し，リレーションシップを追加する必要があるかどうかを考える

さらに，**"運航スケジュール明細"**エンティティをチェックする。図2を見る限り，破線の下線のある外部キーは存在しない。そこで，主キーの中に外部キーが存在する可能性について考える。**"運航スケジュール明細"**テーブルの主キーのうち**{航路番号, 出発年月日}**が，**"運航スケジュール"**テーブルに対する外部キーになっていることは確認済みだ。それ以外だと**'港コード'**がある。その**'港コード'**が主キーのテーブル，もしくは主キーの一部になっているテーブルは**"港"**や**"航路明細"**，**"宿泊区画状態"**他，いろいろある。そこで，ここでは問題文を熟読しなければ判断できないと考えて，問題文を読んで解くことに切り替える。

■ 問題文を熟読してしっかりチェックする

問題文を読みながら，必要に応じて図1及び図2，表3を突き合せて紐解いていく。表3の列の中で**「航路番号」**，**「出発年月日」**，**「港コード」**，**「入港日時」**，**「出港日時」**の5つは**"運航スケジュール明細"**テーブルから引っ張ってくることができる。**"運航スケジュール明細"**テーブルの属性にあるからだ。

しかし，**「航路名」**と**「港名」**は**"運航スケジュール明細"**テーブルにはない。**「航路名」**は**"航路"**テーブル，**「港名」**は**"港"**テーブルの持つ列だ。そのため，**"運航スケジュール明細"**と**"航路"**テーブル，及び**"港"**テーブルとの間には，それぞれ何かしらのリレーションシップが必要になることがわかる。

まず，表3の**「航路名」**から考えよう。これは，先に追加した**"運航スケジュール"**エンティティと**"運航スケジュール明細"**エンティティの間のリレーションシップと，元からある**"航路"**エンティティと**"運航スケジュール"**エンティティの間のリレーションシップで保持できている。したがって，新たに**"航路"**エンティティと**"運航スケジュール明細"**エンティティの間に1対多のリレーションシップを追加する必要はないし，追加してはいけない。冗長になるからだ。

続いて，表3の**「港名」**について考える。**'港コード'**は**"運航スケジュール明細"**テーブルに持っている。この**'港コード'**を外部キーにすることでリレーションシップを保持する必要があるが，その相手は二つの可能性がある。**"港"**エンティティと**"航路明細"**エンティティだ。どちらも主キーの中に**'港コード'**を持っている。ここで，表3の行の並びに着目する。出発港，経由港，

到着港の順番，つまり寄港順に並んでいることに気付くだろう。しかし，図2の"**運航スケジュール明細**"の主キーや他の属性を見ても，寄港順を保持している属性は見当たらない。あるのは'**入港日時**'と'**出港日時**'だけだ。そこで，どこで寄港順を管理しているのかを考える。その結果，'**寄港順**'を属性に持っているのは"**航路明細**"テーブルだとわかる。そこまでわかれば，"**運航スケジュール明細**"エンティティのリレーションシップの相手は"**航路明細**"エンティティの方だと確定できるだろう。

以上より，"**運航スケジュール明細**"エンティティと"**港**"エンティティとの間にはリレーションシップを追加せず，"**運航スケジュール明細**"エンティティと"**航路明細**"エンティティとの間に多**対1のリレーションシップを追加する（追加B）**。1対1ではなく多対1になるのは，ひとつの"**航路明細**"に対して，出発年月日の異なる複数の"**運航スケジュール明細**"が存在する可能性があるからだ。問題文にも「**同じ航路でも出発年月日によって出発港，経由港，到着港の入港日時及び出港日時が，標準入港時刻及び標準出港時刻と異なる場合がある**」と記載されている。ちなみに，"**航路明細**"テーブルに'**標準入港時刻**'と'**標準出港時刻**'があるのに，"**運航スケジュール明細**"テーブルに'**入港日時**'と'**出港日時**'を保持する必要があるのも，この業務要件を実現するためだ。

● 概念データモデル（図1）への追加（その6）

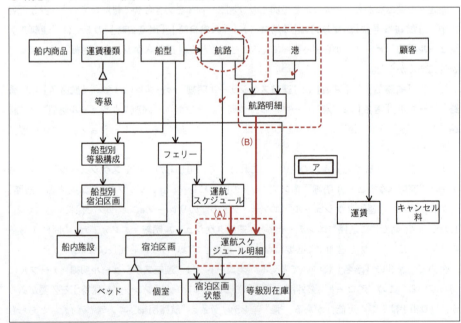

解説図15　ここで追記するリレーションシップ（赤線）

午後Ⅰ問 午後Ⅰ答 午後Ⅱ問 午後Ⅱ答

STEP-8. 問題文３ページ目～４ページ目の「1. フェリーの概要」の「(6) 販売区間」の読解

続いて「**(6) 販売区間**」に対応する概念データモデル（図１）とテーブル構造（図２）をチェックする。しかし今回は「**販売区間**」に関するエンティティが見当たらない。そこで，空欄アが"**販売区間**"エンティティではないかと考え，問題文を熟読して判断する。

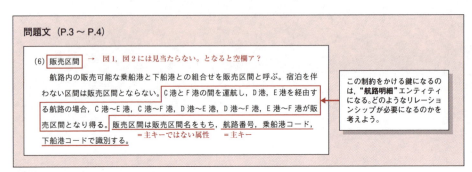

解説図 16 問題文の読み進め方

■ 問題文を熟読してしっかりチェックする

問題文を熟読すると，次の特長を持つテーブルが図２には見当たらないので，"**販売区間**"エンティティが空欄アだということが確定できる。

- ・「販売区間は…，航路番号，乗船港コード，下船港コードで識別する。」
  - → 主キーが ｜航路番号，乗船港コード，下船港コード｜
- ・「販売区間は販売区間名をもち」
  - → （航路番号，乗船港コード，下船港コード，販売区間名）

以上より，空欄アが「**販売区間**」，空欄カが「**航路番号，乗船港コード，下船港コード，販売区間名**」になる。

■ "販売区間"エンティティと他のエンティティのリレーションシップを考える

"**販売区間**"エンティティの存在とテーブル構造が判明したので，図１の空欄アと他のエンティティとの間にリレーションシップの追加が必要か否かを考える。具体的には，主キーもしくはその一部が外部キーになっている可能性を検討する。"**販売区間**"テーブルの主キーから，一見すると"**航路**"エンティティや"**港**"エンティティとの間にリレーションシップが必要のように見えるが，気になるのは「**C 港と F 港の間を運航し，D 港，E 港を経由する航路の場合，C 港～E 港，C**

港〜F港，D港〜E港，D港〜F港，E港〜F港が販売区間となり得る」という記述部分だ。"航路"エンティティや"港"エンティティとの間に直接リレーションシップを引いてしまうと，この部分は全く考慮されない。プログラム等で何かしらの制約をかけるとしたら，"航路明細"エンティティとの間のリレーションシップが必要になる。"販売区間"テーブルの主キーの「航路と乗船港の組合せ」も「航路と下船港の組合せ」も，少なくとも"航路明細"に登録されているものでないといけないからだ。したがって，次のようになっている必要がある。

- {航路番号, 乗船港コード} は，"航路明細"テーブルに対する外部キー
- {航路番号, 下船港コード} は，"航路明細"テーブルに対する外部キー

以上より，空欄カの解答は変わらないが（主キーを示す実線の下線），図1には**"販売区間"エンティティ（空欄ア）と"航路明細"エンティティとの間に多対1のリレーションシップを追加する（追加C，追加D）**。1対1ではなく多対1になるのは，ひとつの"航路明細"に対して"販売区間"は（乗船港と下船港の組合せの数だけ存在するので）複数になるからだ。問題文を見てもC港やD港他複数ある。

● 概念データモデル（図1）への追加（その7）

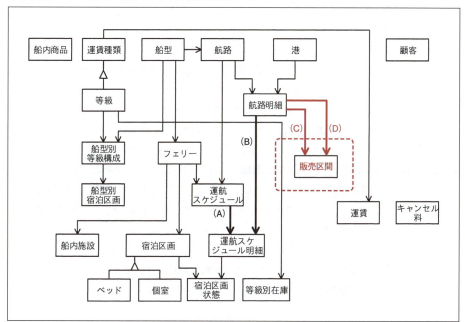

解説図17　ここで追記するリレーションシップ（赤線）

STEP-9. 問題文4ページ目の「1. フェリーの概要」の「(7) 運賃」前半部分の読解

続いて「**(7) 運賃**」をチェックする。対応する概念データモデル（図1）とテーブル構造（図2）だけでチェックを試みる。ざっと見てみると"**運賃**"と"**運賃種類**"の二つだ。

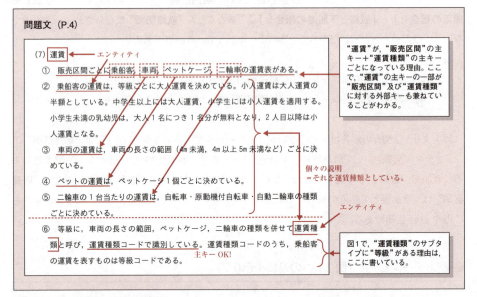

解説図18　問題文の読み進め方

■ 図1及び図2をチェックするだけで"運賃"エンティティを確認し，リレーションシップを追加する必要があるかどうかを考える

"**運賃**"テーブルの主キーは **{航路番号，乗船港コード，下船港コード，運賃種類コード，運用開始日}** である。このうち'**運賃種類コード**'は，"**運賃種類**"テーブルの主キーでもあり，両エンティティの間の多対1のリレーションシップが図1には記載済みなので，"**運賃**"テーブルの主キーの一部の'**運賃種類コード**'は"**運賃種類**"に対する外部キーだと判断できる。

また，空欄カ（"**販売区間**"テーブルの列）が正しい解答にたどり着いていることが前提だが，"**運賃**"テーブルの主キーのうち，**{航路番号，乗船港コード，下船港コード}** は"**販売区間**"テーブルに対する外部キーだと判断できる。図1には，そのリレーションシップがないので"**運賃**"エンティティと"**販売区間**"エンティティの間に多対1のリレーションシップを追加する（**追加 E**）。多対1になるのは，"**運賃**"テーブルの主キーに'**運用開始日**'が含まれているからだ。問題文を読まずともひとつの"**販売区間**"に対して複数の"**運賃**"が存在することがわかる。

■ 図1及び図2をチェックするだけで"運賃種類"エンティティを確認し、リレーションシップを追加する必要があるかどうかを考える

続いて"**運賃種類**"エンティティについて図1及び図2をチェックする。"**運賃種類**"テーブルには破線の下線の外部キーはなく、主キーも'**運賃種類コード**'だけなので他のテーブルに対する外部キーになっていることもない。追加すべきリレーションシップはないと判断できる。

■ 熟読してしっかりチェックする場合(省略可能)

問題文を読む場合は、解説図18の赤字部分のようにチェックしていく。①は"**運賃**"テーブルと"**販売区間**"テーブルとの間にリレーションシップがあると判断できる記述だ。そして②から⑤は運賃表に関する説明で、⑥で、それらの違いを"**運賃種類**"エンティティにまとめていることについて記述している。

ちなみに、問題文を熟読する場合でも「**先に図1、図2に目を通しておくこと**」が短時間で処理するためには必須だということがわかるだろう。①なども、先入観をもって読むことで「**これは主キー及び外部キーの説明だな**」ということに短時間で反応できるようになる。

● 概念データモデル(図1)への追加(その8)

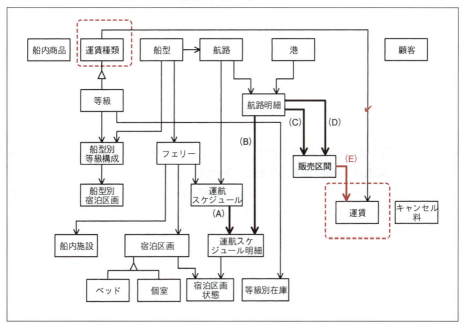

解説図19　ここで追記するリレーションシップ(赤線)

STEP-10. 問題文4ページ目の「1. フェリーの概要」の「(7) 運賃」の後半部分と「(8) 船内施設」,「(9) 船内商品」の読解

いよいよ「**1. フェリーの概要**」の最後までやってきた。ここでも，対応する概念データモデル（図1）とテーブル構造（図2）だけを見て，効率良くチェック（図1に追加するリレーションシップの有無を確認）できないかを考える。

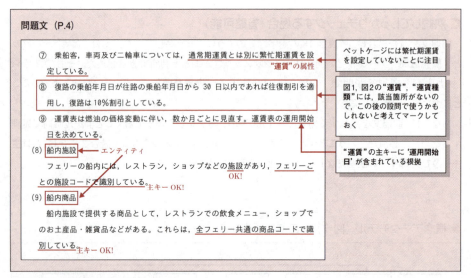

解説図20　問題文の読み進め方

図1と図2をチェックするだけの場合，「**運賃**」に関するエンティティはSTEP-9で完了している。したがって，ここでは「**船内施設**」と「**船内商品**」関連のエンティティについてだけ説明する。

■ 図1及び図2をチェックするだけで"船内施設"エンティティを確認し，リレーションシップを追加する必要があるかどうかを考える

"**船内施設**"テーブルの主キーは**{フェリー番号, 施設コード}**である。このうち'**フェリー番号**'は，"**フェリー**"テーブルの主キーでもあり，両エンティティの間の多対1のリレーションシップが図1には記載済みであることが確認できる。一方'**施設コード**'は，他のテーブルの主キーになっていないので外部キーにはなっていないと判断できる。以上より，"**船内施設**"エンティティに関して追加すべきリレーションシップはない。

■ 図1及び図2をチェックするだけで"船内商品"エンティティを確認し,リレーションシップを追加する必要があるかどうかを考える

"船内商品"テーブルの主キーは'商品コード'である。その'商品コード'が,他のテーブルの主キーになっていないので,他のテーブルに対する外部キーではないと判断できる。以上より,"船内商品"エンティティに関するリレーションシップも図1に追加すべきものはない。

■ 熟読してしっかりチェックする場合(省略可能)

問題文を熟読して確認する場合は,解説図20の赤字部分のようにチェックしていく。⑦から⑨までは"運賃"エンティティに関する記載になる。⑦は'通常期運賃'と'繁忙期運賃'に関する記述で,⑨は主キーに'運用開始日'が必要な理由になる。

ここで重要なのは,どうせ熟読するなら後続の設問の解答を速く解くことを考えて,**「設問で問われそうなことは,しっかりとマークして記憶しておくこと」**になる。⑦はペットケージには繁忙期運賃がないこと(NULLになる?)や,⑧の復路の割引については図2には見当たらないことなどだ。設問で割引の話が出てきたら素早くここをチェックできるようにしておきたい。

● 概念データモデル(図1)への追加(その9)

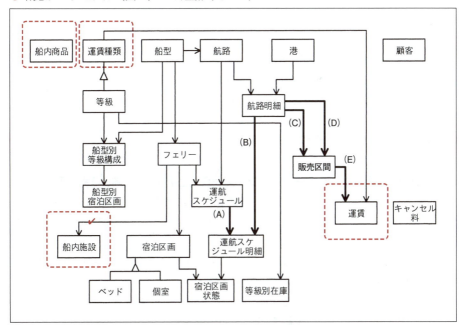

解説図21　ここで追記するリレーションシップ(赤線)(特に無し)

STEP-11. 問題文5ページ目の「2. 予約業務」の「(1) 予約登録」の読解

問題文の5ページ目からは「**2. 予約業務**」になる。最初が「**(1) 予約登録**」なので，トランザクション領域がメインになるところだ。

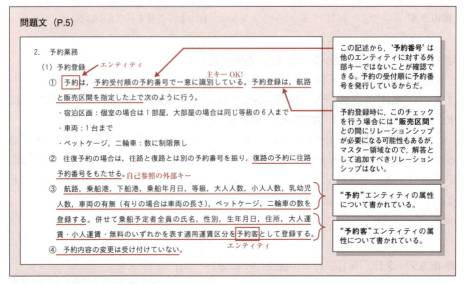

解説図22　問題文の読み進め方

　図1と図2を見る限り「**(1) 予約登録**」で説明しているエンティティは"**予約**"だと推測できる。加えて，この後が「**(2) 予約キャンセル**」，「**(3) 在庫の把握**」なので，図1で"**予約**"とリレーションシップを持つ"**予約客**"，"**予約運賃明細**"などの説明もあると思われる。
　さらに"**予約客**"には，解答しなければならないサブタイプも存在するので，ここは問題文を熟読しながら進めていくという解答戦略を取った方が良いだろう。

■ 問題文を熟読しながらリレーションシップの追加と空欄イ，空欄ウを考える

　①には，"**予約**"テーブルの主キーである'**予約番号**'の説明がある。予約番号は予約受付順に発行するというニュアンスの表現で書かれているので，他のテーブルに対する外部キーの可能性は考えなくてもいいだろう。
　また，「**航路と販売区間を指定した上で**」と書いているので，予約登録時に参照制約をかける場合等で"**販売区間**"との間にリレーションシップが必要になる可能性もあるが，相手がマスター領域なので，特に解答として追加すべきリレーションシップはない。続く宿泊区画等の制約に関する記述と，図2の"**予約**"及び"**予約客**"テーブルの列とを突き合わせても，特に外部キーらしきも

のはないため,少なくとも設問1とは無関係だと考えればいいだろう。この後の設問で問われる可能性もあるのでマークだけしておくといいだろう。

続く②と③に関するチェックは解説図22のようになる。③の後半は"**予約客**"についての説明になっている。「**併せて乗船予定者全員の**」という記述から,"**予約**"エンティティと"**予約客**"エンティティの間に1対多のリレーションシップが必要だということがわかるので図1で確認する。

最後に,図1に存在しているリレーションシップを確認しておく。"**予約**"テーブルには破線の下線が引かれた5つの外部キーがある。{**航路番号, 出発年月日, 乗船港コード, 下船港コード, 往路予約番号**}だ。これらの外部キーを図1のリレーションシップと対応付けると次のようになる。

- {航路番号, 出発年月日, 乗船港コード} = "**運航スケジュール明細**"(図1に記載済)
- {航路番号, 出発年月日, 下船港コード} = "**運航スケジュール明細**"(図1に記載済)
- {往路予約番号} = "**予約**"(自己参照)(図1に記載済)

以上より,トランザクション領域のエンティティにおいて,最初に発生するインスタンスということもあり問題文を熟読してみたが,結果的にトランザクション領域の中で追加すべきものは特に見当たらなかった。

● 概念データモデル(図1)のトランザクション領域への追加(その1)

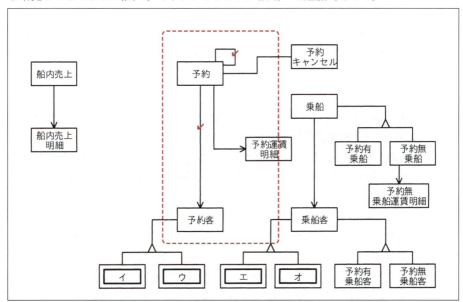

解説図23 ここで追記するリレーションシップ(赤線)(特に無し)

STEP-12. 問題文5ページ目の「2. 予約業務」の「(2) 予約キャンセル」の読解

続いて**「(2) 予約キャンセル」**についてチェックする。ここでも，対応する概念データモデル（図1）とテーブル構造（図2）だけを見て，効率良くチェック（図1に追加するリレーションシップの有無を確認）していこう。

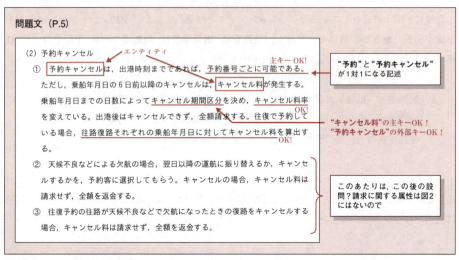

解説図24　問題文の読み進め方

問題文をパッと見しただけで，ここで説明しているエンティティはおそらく**"予約キャンセル"**だけだと推測できるので，図1と図2だけで，追加すべきリレーションシップの有無を判断するという戦略を取る。

■ 図1及び図2をチェックするだけで"予約キャンセル"エンティティを確認し，リレーションシップを追加する必要があるかどうかを考える

図2の**"予約キャンセル"**テーブルには，破線の下線がついている明らかに外部キーだとわかる**'キャンセル期間区分'**が存在する。この**'キャンセル期間区分'**は**"キャンセル料"**テーブルの主キーなので，これは**"キャンセル料"**テーブルに対するものだと判断できる。図1にも，そのリレーションシップは記載されている。

次に，**"予約キャンセル"**テーブルの主キー（実線の下線がついている）**'予約番号'**が外部キーでもある可能性を考える。常識的に考えて，予約キャンセルは既に予約されている予約に対して予約単位に行うものである。したがって，多くのケースでは**"予約"**と**"予約キャンセル"**には1対1のリレーションシップが存在する。もちろん，予約の一部だけをキャンセルできるようにする場合もある。その場合，一つの予約に複数のキャンセルを対応付けることもあるが，（そういう

ケースでは，問題文にその旨が記載されているはずなので）必要なら確認すればいいだろう。ただ今回は，図1には既に1対1のリレーションシップが記載済みなので，確認の必要もない。

■ 熟読してしっかりチェックする場合（省略可能）

問題文を熟読して確認する場合は，解説図24の赤字部分のようにチェックしていく。「**1. フェリーの概要**」でマスター領域を中心にチェックしていた時にはなかった**"キャンセル料"**エンティティに関する説明が確認できる。しかし，特に追加するリレーションシップも，空欄イから空欄オの解答に関する記述も無い。

①の一部と②，③には，キャンセル料の請求や返金に関することが記載されている。これらは図2の列の中には存在しない。何かしらのプログラムで求めるのかどうかわからないが，いずれにせよ設問1の解答には無関係だ。この後の設問で出てくる可能性はあるので頭の片隅に置いておくだけでいいだろう。

● 概念データモデル（図1）のトランザクション領域への追加（その2）

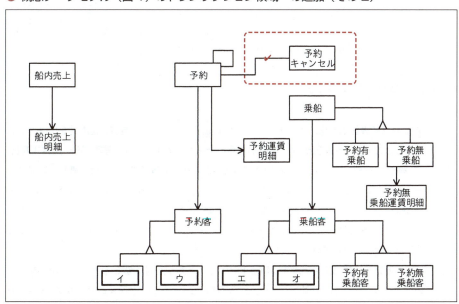

解説図25　ここで追記するリレーションシップ（赤線）（特に無し）

STEP-13. 問題文5ページ目～6ページ目の「2. 予約業務」の「(3) 在庫の把握」の読解

続いて「**3. 在庫の把握**」になる。ここは問題文を熟読するようにしよう。在庫関連は複雑になりがちだからだ。短時間で効率よく設問1を解答するには，柔軟な判断が必要になる。

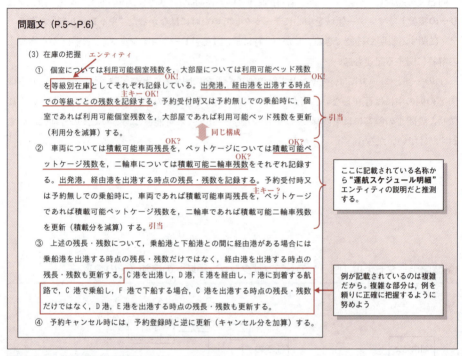

解説図26　問題文の読み進め方

　問題文の①は"**等級別在庫**"エンティティに関する記述である。「**出発港，経由港を出港する時点での等級ごとの**」という表現から，"**等級別在庫**"テーブルの主キーが {**航路番号，出発年月日，港コード，等級コード**} だということが確認できる。このうち，'等級コード'は"等級"に対する外部キーにもなっている（図1に，そのリレーションシップは記載済み）。また，「**出発港，経由港を出港する時点**」というのは，"**運航スケジュール明細**"テーブルで管理されているものだ。このあたりはSTEP-7，STEP-8で確認済みだと思うので，そこで確認した事項と合わせてリレーションシップが必要だと結論付ければいいだろう。

　ひとつの「**出発港，経由港を出港する時点**」に対して，複数の「**等級ごと**」の在庫が存在するので，"**運航スケジュール明細**"エンティティと"**等級別在庫**"エンティティとの間のリレーションシップは1対多になる（追加 F）。

問題文②に関しては，問題文中に明確に対応するエンティティが書かれていない。これは，これまでの問題（過去問題）でも結構珍しいパターンだ。そこで，そこに記載されている列を頼りに，図2から対応するエンティティを探し出す。その結果 **"運航スケジュール明細"** の列だということがわかるだろう。

それともうひとつ反応したいことがある。それは①と②の文章の構成が同じだという点だ。両者を対応させてチェックしてみるとよくわかるだろう。そこから，①が乗船客に対する個室等の在庫で，②が乗船客以外（車両，ペットケージ，二輪車）の収容可能数について記載されていることが確認できる。

以上より，乗船客に対する個室等の空き状況は **"等級別在庫"** エンティティで，乗船客以外の車両等の収容可能数の空き状況は **"運航スケジュール明細"** に（直接。別エンティティにせずに）持たせていると理解しておけばいいだろう。

そして問題文の③と④をチェックする。ここは，在庫を更新するケースについて書かれているので，図1に追加すべきリレーションシップとは関係ない。この後の設問で，必要に応じて考えよう。

● 概念データモデル（図1）のマスター領域への追加（その10）

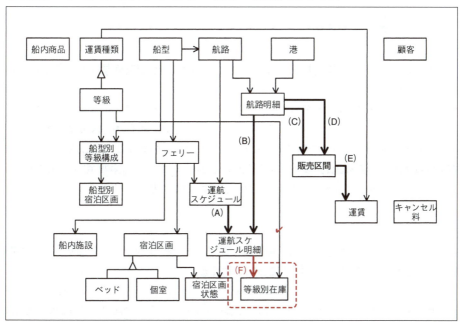

解説図27　ここで追記するリレーションシップ（赤線）

STEP-14. 問題文6ページ目の「3. 入金業務」と「4. 顧客管理業務」の読解

続いて「3. 入金業務」と「4. 顧客管理業務」をチェックする。引き続きここも問題文を熟読しながら進めた方が良いところになる。「3. 入金業務」に関しては，対応するエンティティが一見するだけではわからないし，「4. 顧客管理業務」に関しても，空欄イ～オの解答に関わる可能性があるからだ。問題文が短いから短時間でチェックできると思うので。

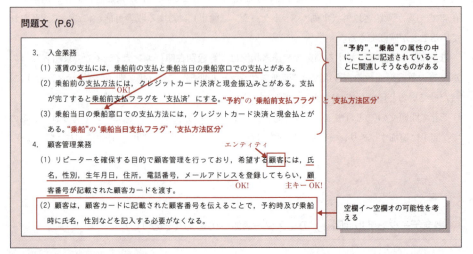

解説図28　問題文の読み進め方

■ 問題文の「3. 入金業務」を読解して，リレーションシップを追加する必要があるかどうかを考える

まずは「3. 入金業務」の部分のチェックから始めるが，一見しただけでは対応するエンティティがわからない。そこで，この中に記載されている**「支払方法」**や**「乗船前支払フラグ」**に関する列を図2から探す。すると**"予約"**と**"乗船"**の各テーブルの列の中に'**支払方法区分**'や'**乗船前支払フラグ**'，'**乗船当日支払フラグ**'を見つけるだろう。ここでの記載事項は，これらの列の説明になる。いずれも外部キーではないことから，特に図1に追加すべきリレーションシップはないと判断できる。

■ 問題文の「4. 顧客管理業務」を読解して，リレーションシップを追加する必要があるかどうかと，空欄イ～空欄オについて考える

問題文の(1)は，マスター領域の**"顧客"**エンティティに関する記述である。登録時に主キーの'**顧客番号**'を発行するような書き方なので，他のテーブルに対する外部キーを兼ねているとは考えられない。したがって，図1に新たなリレーションシップを追加することは考えられない。

問題文の(2)の**「予約時及び乗船時に氏名,性別などを記入する必要がなくなる」**という記述は重要になる。これは,予約時の**"予約"**テーブルと乗船時の**"乗船"**テーブルには顧客番号だけを登録し,**"顧客"**エンティティとの間にリレーションシップを設ける形で実現できると考えられるからだ。図1の空欄イ～空欄オが**"予約客"**と**"乗船客"**のサブタイプになっている点と,空欄ウと空欄エに**"顧客"**に対する多対1のリレーションシップが引かれている点からも,この記述に反応できるようになっておきたいところだ。これらのことから総合的に判断すれば,次の解答が得られるだろう。

空欄イ:顧客登録無予約客(顧客登録なしの予約客)
空欄ウ:顧客登録有予約客(顧客登録有りの予約客)
空欄エ:顧客登録有乗船客(顧客登録有りの乗船客)
空欄オ:顧客登録無乗船客(顧客登録なしの乗船客)

● 概念データモデル(図1)のトランザクション領域への追加(その3)

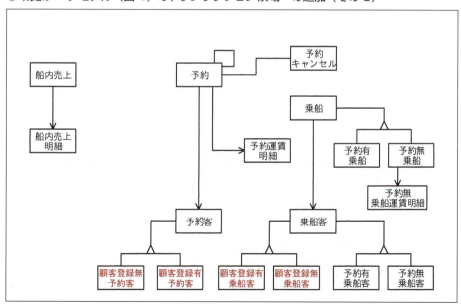

解説図29 ここで追記するリレーションシップ(赤線)(特に無し)

STEP-15. 問題文6ページ目～7ページ目の「5. 乗船手続（チェックイン）」前半部分の読解

続いて「**5. 乗船手続（チェックイン）**」をチェックする。引き続きここも問題文を熟読しながら進めた方が良いところになる。図1と図2をチェックすると「**乗船**」に関するエンティティは非常に多くて，個々のエンティティの列も複雑そうだからだ。

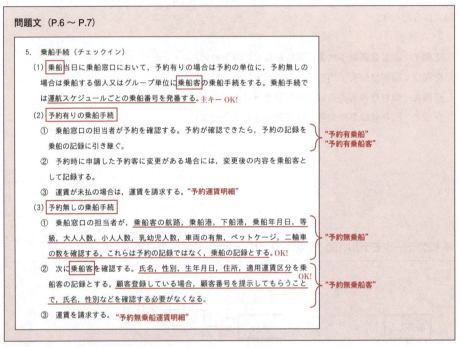

解説図30　問題文の読み進め方

解説図30の（1）～（3）に対応するエンティティは"**乗船**"と"**予約有乗船**"，"**予約無乗船**"及び"**乗船客**"と"**予約有乗船客**"，"**予約無乗船客**"に，"**予約無乗船運賃明細**"を加えた7つのエンティティになる。ひとつずつ，問題文と図1及び図2を対応付けて，追加すべき必要なリレーションシップがないかをチェックしていこう。

■ "**乗船**"，"**予約有乗船**"，"**予約無乗船**" の各エンティティ

問題文と，図1及び図2の"**乗船**"，"**予約有乗船**"，"**予約無乗船**"の各エンティティを突き合せながら，リレーションシップを追加する必要があるかどうかを考える。ここでのポイントは，"**乗船**"のサブタイプの"**予約有乗船**"と"**予約無乗船**"の列は図2には記載されていない点である。

これは，図2が関係スキーマではなく，実装されたテーブル構造だからだ。その点を考慮しながら進めていこう。

問題文（1）の「**乗船手続では運航スケジュールごとの乗船番号を発番する。**」という記述から，**"運航スケジュール"** テーブルに対する外部キーが必要となる可能性があるので，そこを検討する。図1を確認すると，このあたりは **"運航スケジュール"** エンティティの弱エンティティにあたる **"運航スケジュール明細"** エンティティと，（これまた **"乗船"** ではなく）**"予約無乗船"** との間に二つのリレーションシップが存在していることが確認できる。これで保持されているのだろう。図2はあくまでも実装されたテーブルなので，そう考えるのが妥当だ。この考えによって，**{航路番号，出発年月日，乗船港コード}** と，**{航路番号，出発年月日，下船港コード}** が，**"運航スケジュール明細"** テーブルに対する外部キーだと判断できる。

続いて，図2で **"乗船"** テーブルの中の残りの破線の下線の外部キーを順番にチェックしていく。ひとつめは **{フェリー番号，乗船時個室宿泊区画区分}** の組合せだ。この組合せは **"宿泊区画"** のサブタイプである **"個室"** エンティティとの間に存在している多対1のリレーションシップを保持するためのものになる。図2はテーブル構造なので，**"個室"** エンティティの主キーは，スーパータイプの **"宿泊区画"** と同じ **{フェリー番号，宿泊区画区分}** になるからだ。

最後は **"予約番号"** だ。これは **"予約"** エンティティに対する外部キーになる。このリレーションシップはトランザクション内にもかかわらず記載されていないので，追加する必要がある。とはいえ安直に **"予約"** エンティティと **"乗船"** エンティティの間にリレーションシップを追加してはいけない。図2の **"乗船"** はエンティティを実装したテーブルだからだ。その中に **"乗船"**，**"予約有乗船"**，**"予約無乗船"** の三つの意味合いのエンティティが存在しているので，**"予約"** とのリレーションシップをどれにするのかを考えないといけない。ただ，そのことにさえ気付けば簡単だ。普通に **"予約有乗船"** になる。予約有りの乗船なので問題文の（2）に目を通すと，そこに「**予約が確認できたら，予約の記録を乗船の記録に引き継ぐ。**」という記載があるので，対応関係も1対1だということがわかる。以上より，**"予約"** と **"予約有乗船"** の間に1対1のリレーションシップを追加する（追加 G）。

なお，このリレーションシップを追加することで，**"予約有乗船"** エンティティも **"予約"** エンティティを通じて **"運航スケジュール明細"** とのリレーションシップが保持されることも確認できる。

■ "乗船客"，"予約有乗船客"，"予約無乗船客" の各エンティティ

"予約" に対する **"予約客"** と同じ考え方で，**"乗船"** に対しても **"乗船客"** が存在する。そして **"乗船客"** にも **"予約有乗船客"**，**"予約無乗船客"** が存在する。そのあたりの関係性を問題文と図1及び図2でチェックしていこう。

図2で **"乗船客"** テーブルの破線の下線の外部キーを順番にチェックしていく。ひとつめは '**乗**

船番号’だ。これは，主キーの一部の**{航路番号，出発年月日}** と組合せて **{航路番号，出発年月日，乗船番号}** として**"乗船"** に対する外部キーになっている。そのリレーションシップは図1にも記載済みである。

続いては **{フェリー番号，乗船時大部屋宿泊区画区分}** の組合せだ。この組み合わせは**"宿泊区画"** のサブタイプである**"ベッド"** エンティティとの間に存在している多対1のリレーションシップを保持するためのものになる。これも**"乗船"** のところで説明した理由と同じである。

続く**'顧客番号'** は空欄エの**"顧客登録有乗船客"** テーブルで必要な列なので，**"顧客"** エンティティとの間にリレーションシップが必要になる（既に記載済み）。

そして最後の **{予約番号，予約客番号}** は**"予約客"** テーブルに対する外部キーになる。このリレーションシップを追加する必要がある。**"予約"** と**"予約有乗船"** の間にリレーションシップを追加した時と同様の理由で，**"予約客"** と**"予約有乗船客"** の間に**1対1のリレーションシップを追加する（追加H）。**

■ "予約無乗船運賃明細" エンティティ

問題文には**"予約無乗船運賃明細"** エンティティに関する記載はほとんど無かった。**「運賃を請求する」**だけだ。そこで図1と図2だけで追加すべき必要なリレーションシップがないかをチェックしておく。

まずは破線の下線の外部キーからチェックする。**{乗船港コード，下船港コード，運賃種類コード，運用開始日}** の4つは，これに主キーの一部の**'航路番号'** を組み合わせて**"運賃"** に対する外部キーになっている。図1には記載済みだ。

続いて主キーの一部の **{航路番号，出発年月日．乗船番号}** は**"予約無乗船"** テーブルに対する外部キーになっている。これも図1には記載済みである。

以上より，特に追加すべきリレーションシップはない。

■ "予約運賃明細" エンティティ

最後に**"予約運賃明細"** エンティティに関しても，図1と図2でチェックしておこう。ここもまずは破線の下線の外部キーからチェックする。**{航路番号，乗船港コード，下船港コード，運賃種類コード，運用開始日}** の5つで**"運賃"** に対する外部キーになっている。図1には記載済みだ。続いて主キーの**'予約番号'** は**"予約"** テーブルに対する外部キーになっている。これも図1には記載済みである。以上より，特に追加すべきリレーションシップはない。

● 概念データモデル（図1）のトランザクション領域への追加（その4）

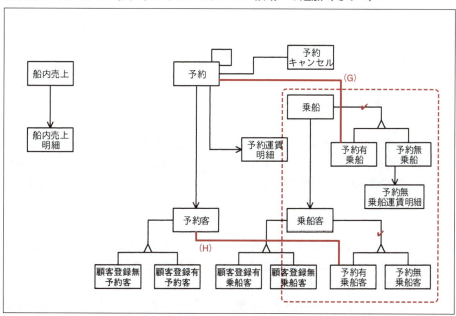

解説図31　ここで追記するリレーションシップ（赤線）（特に無し）

STEP-16. 問題文 7 ページ目の「5. 乗船手続（チェックイン）」後半部分,「6. 船内売上」,「7. 下船手続（チェックアウト）」の読解

いよいよ最後になる。残りのところをチェックしていこう。残り僅かなので, そのまま読み進めていけばいいだろう。但し**「5. 乗船手続（チェックイン）」**の残りのところは, 図 1 及び図 2 のチェックが終わっているのでざっとでいいし,**「6. 船内売上」**は図 1 と図 2 をチェックするだけでもいい。

問題文（P.7）

(4) 予約の有無にかかわらず, 乗船手続時に乗船窓口の担当者が個室又はベッド
　　を決定する。宿泊区画状態区分が乗船の全区間を通して 'チェックイン可' の
　　個室又はベッドを割り当てる。　　　　　　　　　エンティティ

(5) 乗船手続時に個室・大部屋の解錠ができるカードキーを手渡す。カードキー
　　は乗船客ごとに作成する。カードキーには, 航路番号, 出発年月日, 乗船客番
　　号, 宿泊区画番号を登録する。カードキーに関するもので, 図1・図2には無い

(6) 乗船手続終了後, 乗船ステータス及び宿泊区画状態区分を 'チェックイン'
　　に変更する。ステータスの変更なので, 図1に追加するリレーションシップは関係ない

6.　船内売上　← エンティティ

(1) 乗船中に乗船客が船内商品を購入する場合の支払方法には, クレジットカー
　　ド決済, 現金払がある。　　　　　支払方法区分

(2) 乗船客が購入した船内商品及び個数・金額を船内売上明細に, 購入ごとの合
　　計金額を船内売上に記録する。OK!　　　　　OK!

7.　下船手続（チェックアウト）
　　下船口で乗船客から受領したカードキーを読み取り, 乗船ステータス及び宿泊
　　区画状態区分を 'チェックアウト' にする。ここも, ステータスの変更

解説図 32　問題文の読み進め方

「5. 乗船手続（チェックイン）」の（4）〜（6）には, 解説図 32 内に赤字で書いている通り, 図 1 に追加すべきリレーションシップに関する記述は無い。**「7. 下船手続（チェックアウト）」**も同様だ。そこで, **"船内売上"** と **"船内売上明細"** の両エンティティのみチェックして設問 1 を終了しよう。

■ 問題文と, 図 1 及び図 2 の "船内売上" と "船内売上明細" エンティティを突き合せながら, リレーションシップを追加する必要があるかどうかを考える

図 1 には **"船内売上"** と **"船内施設"** エンティティの間に多対 1 のリレーションシップがある。図 2 で参照する側（外部キーのある方）の **"船内売上"** テーブルをチェックすると, 点線の下線の付いた **'施設コード'** を見つけるだろう。これと主キーの一部の **'フェリー番号'** とを組み合わ

せた{フェリー番号, 施設コード}が, "船内施設"エンティティに対する外部キーだと判断できる。また, 主キーの一部である'売上番号'は, 問題文に特に記載はないが売上時に発生する番号だと想像できるので, 少なくとも他のエンティティの外部キーにはなっていないと思われる。以上より, "船内売上"に関わるリレーションシップの追加はない。

また, 図1には"船内売上"と"船内売上明細"の間のリレーションシップがあることに気付くだろう。このリレーションシップから"船内売上明細"テーブルの{フェリー番号, 売上番号}が"船内売上"テーブルに対する外部キーになっていることも確認できる。そして最後に, "船内売上明細"テーブルの'商品コード'("船内商品"テーブルに対する外部キー)のリレーションシップを確認する(図1に記載済み)。以上より, 図1に追加するリレーションシップは, これ以上ないことが確認できるので設問1を終了する。

● 概念データモデル(図1)のトランザクション領域への追加(その5)

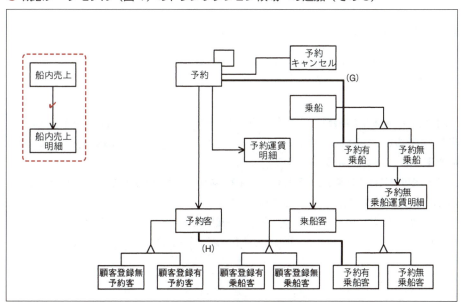

解説図33　ここで追記するリレーションシップ(赤線)(特に無し)

設問 2

設問 2 は，現行業務の業務処理及び制約に関する問題である。これは，図 2 が例年の関係スキーマではなく，それを実装したテーブル構造になっているから発生する問題だ。

設問 2 (1)

> 出港時に乗船客が予約有りで乗船した場合には更新の必要がないが，予約無しで乗船した場合には行の更新が必要となるテーブルがある。

この設問を見て，乗船客，予約有りの乗船客，予約無しの乗船客などの話なので，問題文の 6 ページ目「**5. 乗船手続（チェックイン）**」が対象範囲だと考える（ここでの解説だと STEP-15 と STEP-16 になる）。加えて，乗船時に更新が必要なテーブルは**一般的に在庫関連になる**と反応することも重要になる。そう反応できれば「**この問題では，どこで在庫を管理しているのか？**」を考えるようになるからだ。

この問題でいうと，個室やベッド数の在庫は**"等級別在庫"**テーブルで管理し，車両・ペットケージ・二輪車の在庫（収容可能数）は**"運航スケジュール明細"**テーブルで管理している。そこが理解できていれば容易に解答できる。そこが最大のポイントだと思う。

設問 2 (1)(a)

> 車両・ペットケージ・二輪車を伴わない場合について，そのテーブル名及び更新する可能性のある列名を，図 2 中から選び，全て答えよ。

「**予約無しで乗船した場合**」で，かつ「**車両・ペットケージ・二輪車を伴わない場合**」とは乗船客だけが予約無しで乗船した場合になる。このケースについては，「**2. 予約業務**」の「**(3) 在庫の把握**」に，次のように記載されている。

「**予約受付時又は予約無しでの乗船時に，個室であれば利用可能個室残数を，大部屋であれば利用可能ベッド残数を更新（利用分を減算）する。**」

利用可能個室残数，利用可能ベッド残数は，**"等級別在庫"**テーブルで保持しているので，**テーブル名は "等級別在庫"，列名は '利用可能個室残数'，'利用可能ベッド残数' になる。**容易な問題だ。

620　令和 4 年度秋期 本試験問題・解答・解説

設問2 (1) (b)

表1～表3の例において，ある乗船客1名が出発年月日 '2022-03-14'，航路番号 '01'（C港発F港行），販売区間 'C港～F港'，等級コード 'DX'（デラックスの等級コード）を乗船した場合，(a) で答えたテーブルの主キーの列名及び列値，並びに変更する列名及び変更内容を答えて，次の表を完成させよ。なお，表は全て埋まるとは限らない。

主キー	列名				
	列値				
変更する列名					
変更内容					

(a) で答えたテーブルが **"等級別在庫"** テーブルであること（正解していること）が大前提だが，**"等級別在庫"** テーブルの主キーは **{航路番号，出発年月日．港コード，等級コード}** である。それをまずは主キーの列名に書く。

次に，表1もしくは表3を参考にしながら列値を埋めていく。ここで注意が必要なのは，'港コード' の列値になる。表1や表3では航路番号が '01' の行は4行ある。しかし，「2. 予約業務」の「(3) 在庫の把握」のところに「出発港，経由港を出港する時点での等級ごとの残数を記録する」と書いているため，**"等級別在庫"** テーブルの主キーの一部の '港コード' は，出発港と経由港だけにしないといけない。したがって，表1の港区分が到着港になっている1行は含めずに，'003'，'004'，'005' の三つの港コードだけを記入しなければならない。出発年月日は '2022-03-14' で，等級コードは 'DX' になるから，列値に関しては次のようになる。

主キー	列名	航路番号	出発年月日	港コード	等級コード
	列値	01	2022-03-14	003	DX
		01	2022-03-14	004	DX
		01	2022-03-14	005	DX

後は，「等級コード 'DX'（デラックスの等級コード）」が個室なのかベッドなのかを問題文で確認して，'利用可能個室残数' と '利用可能ベッド残数' のどちらの列を変更するのかを確定させる。常識的に考えても，これまでの記憶を頼りに考えても '利用可能個室残数' になることはわかるだろう。時間が無ければそれで解答して次の問題に着手した方が良い。しっかり確認したい場

合には，問題文の〔**現行業務の分析結果**〕段落の「**1. フェリーの概要**」の「**(3) 等級**」を確認しよう。そこに「**個室の等級には，ロイヤルスイート，スイート，デラックス，レディースデラックスなどがあり**」と明記されているので，**変更する列名は「利用可能個室残数」になる。変更内容は乗客 1 名なので「1 減算する。」になる。**

設問 2 (2)

> (2) 車両・ペットケージ・二輪車有りの予約の場合に挿入行に対して必要となる制約条件を表 4 にまとめた。表 4 中の　　a　　，　　b　　に入れる適切な字句を答えよ。

表 4　予約時の制約条件（未完成）

制約番号	チェック契機	制約条件
1	車両有りの予約時	予約しようとしている航路，乗船港，下船港，乗船年月日に該当する "運航スケジュール明細" テーブルの全ての行の　a　が "予約" テーブルの　b　であること
2	ペットケージ有りの予約時	予約しようとしている航路，乗船港，下船港，乗船年月日に該当する "運航スケジュール明細" テーブルの全ての行の　　　　　が "予約" テーブルの　　　　　であること
3	二輪車有りの予約時	予約しようとしている航路，乗船港，下船港，乗船年月日に該当する "運航スケジュール明細" テーブルの全ての行の　　　　　が "予約" テーブルの　　　　　であること

注記　網掛け部分は表示していない。

　設問 2 (2) は，車両・ペットケージ・二輪車の在庫（収容可能数）に関する問題だ。車両有りの予約時の制約条件について問われている。

　"運航スケジュール明細" テーブルに関しては STEP-13 で確認済みだ。問題文の「**2. 予約業務**」の「**(3) 在庫の把握**」になる。そこで確認したとおり，**"運航スケジュール明細"** テーブルでは，車両・ペットケージ・二輪車の在庫（収容可能数）を管理している。したがって，それさえ覚えていれば（もしくは，そこに反応できさえすれば），車両有りの予約時の制約条件とは，車両・ペットケージ・二輪車の在庫（収容可能数）があるかどうかという観点になる。

　空欄 a は，**"運航スケジュール明細"** テーブルの「**車両**」の収容可能数のことなので，'**積載可能車両残長**' になる（次ページ参照）。ちなみに '**積載可能ペットケージ残数**' は「**ペットケージ有りの予約時**」で，'**積載可能二輪車残数**' は「**二輪車有りの予約時**」になる。また，「**テーブルの全ての行の**」という記載があるのは，予約は「**航路と販売区間を指定した上で**」行うので，同じ {**航路番号，出発年月日**} で複数行の **"運航スケジュール明細"** テーブルの行が存在するからだ。

運航スケジュール明細（航路番号，出発年月日，港コード，入港日時，出港日時，**積載可能車両残長**，積載可能ペットケージ残数，積載可能二輪車残数）

　空欄 b には，"**予約**"テーブル内の「**車両**」の在庫引当時に使われる列が入る。"**運航スケジュール明細**"テーブルの'**積載可能車両残長**'に対する列だ。それを探す。

予約（予約番号，予約年月日時刻，往復区分，乗船年月日，航路番号，出発年月日，乗船港コード，下船港コード，大人人数，小人人数，乳幼児人数，ペットケージ数，二輪車数，**車両全長**，請求金額，乗船前支払フラグ，支払方法区分，往路予約番号）

　"**予約**"テーブルの中で，車両に関する列は'**車両全長**'だ。"**運航スケジュール明細**"の'**積載可能車両残長**'は，この'**車両全長**'以上でなければならない。
　以上より，**空欄 a には「積載可能車両残長」が，空欄 b には「車両全長以上」が入る。**

設問 2（3）

顧客都合で往復予約をキャンセルした場合，往路だけにキャンセル料が発生する場合がある。そのときの条件を 50 字以内で具体的に答えよ。

　設問 2（3）は，予約をキャンセルした時の問題になる。問題文の該当箇所は，問題文 5 ページ目の「**2. 予約業務**」の「**(2) 予約キャンセル**」になる。このうち，解答に必要な部分は次のところになる。2 か所だけだ。

　　・乗船年月日の 6 日前以降のキャンセルは，キャンセル料が発生する。
　　・往復で予約している場合，往路復路それぞれの乗船年月日に対してキャンセル料を算出する。

　ここで問われているケースは，あくまでも「**顧客都合**」の時だけだ。問題文に記載されている「**天候不良などによる欠航**」は考慮しなくてもいいので，上記の二つの条件だけで「**往路だけにキャンセル料が発生する**」ケースを 50 字で説明すればいい。
　イメージがわかなければ，解説図 34 のように余白に書いて考えればいいだろう。注意するところは，「**以降**」という表現が「**以後**」と同じでその日を含むという点だけだ。そこさえ注意して解答すれば，容易に正解を得られると思う。

午後II問題の解答・解説　623

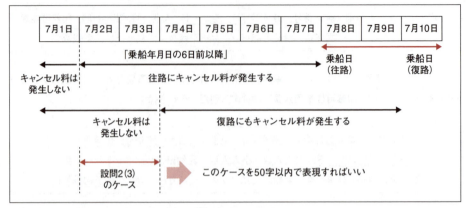

解説図 34　往路だけにキャンセル料が発生するケースの例

解答例には，次の三つの例が示されている。

- キャンセル日が往路乗船年月日の 6 日前以降，かつ，復路乗船年月日の 6 日前よりも前の場合（42 字）
- キャンセル日が往路乗船年月日の 6 日前以降，かつ，復路乗船年月日の 7 日前以前の場合（39 字）
- キャンセル日が往路乗船年月日の 6 日前以降，かつ，復路乗船年月日の 6 日前以降でない場合（42 字）

すべてに共通しているのは，**「往路にキャンセル料が発生するキャンセル日」**と**「復路にはキャンセル料が発生しないキャンセル日」**を and でつなげているところだ。この二つの条件は必須になると考えよう。50 字なので二つの文で構成されていると考えても，この考えに及ぶだろう。

また，**「キャンセル日」**，**「往路乗船年月日」**，**「復路乗船年月日」**なども正確に表現しなければならない点にも注意が必要だ。**「往路乗船日」**程度なら部分点はあるかもしれないが，正確な表現は日頃から心掛けておきたいことになる。

そしてもう 1 点は，**「以前」**，**「以後」**，**「以降」**がその日を含む概念になるという点だ。**「より前」**や**「より後」**はその日を含まない概念になる。解答例として複数示されているのは，この点の違いになる。内容はすべて同じことを言っている。したがって，これらの表現の使い方を間違えれば不正解になる。">"と"≧"の違いと同じだからだ。ここも注意しよう。

設問 3

設問 3 は〔**新規要件**〕段落に関する問題になる。問題文の 10 ページ目の下 3 行から始まる段落で，翌 11 ページ目の中央付近まで約半ページにわたる。設問 1 と設問 2 を解く過程で現行業務を把握してきたので，それらのどこがどのように変わるのかを読み取って解答していく。

具体的には「**予約業務**」に対する新規要件が三つ（1 ～ 3）と，「**下船手続（下船時精算）**」に対する新規要件が二つ（1 ～ 2）ある。そして，それぞれに対して設問がひとつずつ用意されている（設問 3（1）～設問 3（5））。順番に読解しながら解いていけばいいだろう。

設問 3（1）

> "1. 予約業務" の（1）を実現する方法として，図 2 中の二つのテーブルに列を追加する案を考えた。該当するテーブル名及び追加する列名をそれぞれ答えよ。

設問に記載されている「**"1. 予約業務" の (1)**」は次の新規要件になる。

> 航路の出発港から到着港まで全て乗船する予約に限り，個室又はベッドを指定できるようにする。乗船手続（チェックイン）までならば，指定した個室又はベッドを変更することもできるようにする。

現在，個室又はベッドを指定するのは乗船時になっている。このことは，問題文の 6 ページ目から始まる「**5. 乗船手続（チェックイン）の (4)**」で次のように記載されている。つまり，現状は（予約時ではなく）「**乗船手続時**」というわけだ。

> (4) 予約の有無にかかわらず，乗船手続時に乗船窓口の担当者が個室又はベッドを決定する。宿泊区画状態区分が乗船の全区間を通して 'チェックイン可' の個室又はベッドを割り当てる。

後は，乗船時に個室又はベッドを決定した時に，その記録をどのテーブルのどの列にしているのかを確認し，それらを予約時に登録しているテーブルに持たせるようにすればいい。

乗船手続時に，それらの必要事項を登録しているテーブルは**乗船**テーブルと**乗船客**テーブルになる。このうち個室の情報を登録しているのは**乗船**テーブルの '**乗船時個室宿泊区画番号**' であり，ベッドの情報を登録しているのは**乗船客**テーブルの '**乗船時大部屋宿泊区画番号**' である。

午後Ⅱ問題の解答・解説　　625

これら二つの列を予約時に登録する**"予約"**テーブルと**"予約客"**テーブルに持たせれば，予約時に個室またはベッドを決定することができる。

以上より，ひとつは**"予約"テーブルで，'個室宿泊区画番号'**の列を追加する。そしてもうひとつは**"予約客"テーブルで，'大部屋宿泊区画番号'**の列を追加する。

設問3（2）

> **"1. 予約業務"**の（2）を実現する方法として，現行と同じ単位（個室であれば1部屋，大部屋であれば同じ等級の6人まで）に分けて複数の予約とし，予約客には複数の予約の中から代表の予約番号だけを提示して代表の予約番号以外を意識させないようにすることにした。このために，図2中の一つのテーブルに列を追加する案を考えた。該当するテーブル名及び追加する列名を答えよ。

設問に記載されている「**"1. 予約業務"**の（2）」は次の新規要件になる。

> 1回の予約で複数個室又は大部屋に7人以上の予約ができるようにする。

現在，1回の予約でかかっている制限は，設問の中にも記載されているが，問題文の5ページ目から始まる「**2. 予約業務**」の「**(1) 予約登録**」の①にも記載されている。「**個室の場合は1部屋，大部屋の場合は同じ等級の6人まで**」というものだ。新規要件では，その制約を廃止するのだが，その方法について設問で示していることをデータベースの観点から見ると，次のようになる。

   ① 1回の予約で，複数の予約番号を割り当てた複数行を作成する

   ② 1回の予約で作成された複数の予約番号を持つ複数行を代表予約番号に紐づける

①は，現行の**"予約"**テーブルを変更しなくてもプログラムを変えれば実現できそうだ。しかし，②については，そうはいかない。**"予約"**テーブルに**'代表予約番号'**を追加して，参照先の**"予約"**テーブル（これが代表の予約番号になる）とリレーションシップを持つようにしておかなければならない（自己参照）。以上より，**テーブル名は「予約」，列名は「代表予約番号」**と解答する。

626 令和4年度秋期 本試験問題・解答・解説

設問 3 (3)

> "1. 予約業務" の (3) を実現する方法について答えよ。

設問に記載されている〔**新規要件**〕段落の「"1. 予約業務" の (3)」は次の新規要件になる。

> キャンセル待ちをできるようにする。キャンセル待ちは，通常の予約と同様に航路，乗船年月日，乗船港，下船港，等級，人数などを指定する。出港までにキャンセルが発生した場合，キャンセル待ちを仮予約に変更し，予約希望者に確認の上，本予約に変更する。複数のキャンセル待ちがある場合は，キャンセル待ちの予約番号順かつ条件に合致するものを優先する。

設問 3 (3) では二つのことが問われているので，ひとつずつ解答していく。まずは設問 3 (3) (a) からだ。

設問 3 (3) (a)

> 図 2 中の "予約" テーブルに列を追加する案を考えた。追加する列の役割を 25 字以内で答えよ。

〔**新規要件**〕段落の「"1. 予約業務" の (3)」を実現するために "**予約**" テーブルに列を追加する。この問われ方だと追加する列はひとつのようだ。その視点で，改めて図 2 で "**予約**" テーブルをチェックしてみる。

> 予約（予約番号，予約年月日時刻，往復区分，乗船年月日，<u>航路番号</u>，<u>出発年月日</u>，
> <u>乗船港コード</u>，<u>下船港コード</u>，大人人数，小人人数，乳幼児人数，ペットケージ数，
> 二輪車数，車両全長，請求金額，乗船前支払フラグ，支払方法区分，<u>往路予約番号</u>）

〔**新規要件**〕段落の「"1. 予約業務" の (3)」の「キャンセル待ちは，通常の予約と同様に航路，**乗船年月日，乗船港，下船港，等級，人数などを指定する**」は，そのまま実現できる。「**通常の予約と同様に**」という表現から確認しなくてもわかることだ。

ただ，現行は全ての予約が予約成立だったから必要はなかったが，新規要件を実現するにはその予約が「**キャンセル待ち**」なのか否かを判別できなくてはならない。さらに，「"1. 予約業務" の (3)」には「**キャンセル待ち**」を「**仮予約**」に変え，その後「**本予約**」に変わっていくとしている。これらを反映する列が必要だと判断できる。したがって，列の役割としては「**キャンセル待ちと仮**

午後Ⅱ問題の解答・解説　　627

予約と本予約とを区分する。(22 字)」となる。

なお,「複数のキャンセル待ちがある場合は,キャンセル待ちの予約番号順かつ条件に合致するものを優先する」という要件に関しても追加する列が必要だと思ってしまうかもしれないが,この要件に関して追加する列は必要はない。現行の予約番号は「予約受付順」に割り当てられているので（問題文 5 ページ目の「2. 予約業務」の「(1) 予約登録」の①参照）,キャンセル待ちの順番は予約番号で把握できるからだ。少なくとも,キャンセル待ちと仮予約と本予約とを区分するための列ほど必須ではないと考えて,解答を確定させよう。

設問 3 (3) (b)

予約のキャンセルが発生した場合に,キャンセル待ちから仮予約への変更処理を起動するトリガーを定義する。トリガーを定義する図 2 中のテーブル名を答えよ。また,トリガーの実行契機を答えよ。

設問にある通り「予約のキャンセルが発生した場合」なので,(これが契機になるから) 予約キャンセル時に作成するテーブルを思い出す。設問 1 を解く過程（STEP-12）で確認済みだろうから容易に思い出せるはずだ。予約キャンセル時には,"予約キャンセル"テーブルが登録される。これがトリガーを定義するテーブル名になる。そして,そのトリガーの実行契機は登録された後なので"INSERT"の後になる。つまり「行の挿入後」になる。以上より,テーブル名は「予約キャンセル」,実行契機は「行の挿入後」という解答になる。

なお,実行契機の解答は,解答例のように正確に表現することが望ましい。「行の挿入"時"」や「予約キャンセルの登録後」という表現だと,どこまで正解にしてくれるのかわからないから注意しよう。最近午後Ⅰ・午後Ⅱの SQL 文の問題でも,トリガーが取りあげられていることが多い（令和 4 年度も午後Ⅰの問 2 で出題されている）から可能だと思う。過去問題で説明されている時は RDBMS の仕様として,実行契機を「INSERT・UPDATE・DELETE」と (その処理をする前か後かで)「BEFORE・AFTER」の組合せで指定することが求められている。SQL 文でそのように記述しないといけないからだ。したがって,この設問でも実行契機の処理が「挿入」で,前か後かは「後」を使って解答する必要があると考えるのが妥当だと思う。どこまでを正解にしてくれるのかわからないので,できる限り正確に解答することを心がけよう。

設問 3（4）

> "2. 下船手続（下船時精算）"の（1）を実現する方法として，図 2 中の二つのテーブルに列を追加する案を考えた。該当するテーブル名及び追加する列名をそれぞれ答えよ。

設問に記載されている「"2. 下船手続（下船時精算）"の（1）」は次の新規要件になる。

> レストラン及びショップでの船内精算の際にカードキーを提示すると，その場で都度支払うのではなく，下船時に乗船客ごとに一括して支払うことができるようにする。この場合，下船時にフロントで精算する。下船時の一括支払方法としては，クレジットカード決済，現金払がある。下船時精算額を記録する。

まずは，この要件に関連する二つのテーブルを確定させる必要がある。ここまで解いてきた記憶を頼りに図 2 をチェックすればいいだろう。

一つは，「船内精算の際に」ということで"船内売上"テーブルだと考える。"船内売上"テーブルには'合計金額'と'支払方法区分'があるので，まず間違いないと考えていい。問題文 6 ページ目の「6. 船内売上」を確認しても構わないが，ある程度記憶に残っていたら，それも必要ないほど確実になる。

そしてもう一つのテーブルを考える。「"2. 下船手続（下船時精算）"の（1）」の要件に「下船時に乗船客ごとに一括して支払うことができるようにする」という記載がある。「乗船客ごとに」ということなので，「下船時精算額を記録する」のは，図 2 の中の"乗船客"テーブルだと考えよう。これだけで解答を確定させても構わないが，念のため確認するのなら問題文の「カードキー」に関する記述箇所を再確認するといいだろう。カードキーに関する記述は，問題文 5 ページ目から始まる「5. 乗船手続（チェックイン）」の（5）に記載されている。

> （5）乗船手続時に個室・大部屋の解錠ができるカードキーを手渡す。カードキーは乗船客ごとに作成する。カードキーには，航路番号，出発年月日，乗船客番号，宿泊区画番号を登録する。

ここに「カードキーは乗船客ごとに作成する」と記載されているので"乗船客"テーブルで確定できる。以上より，列の追加が必要となる二つのテーブルは，「船内売上」テーブルと「乗船客」テーブルになる。

続いて，"船内売上"テーブルと"乗船客"テーブルに追加する列を考える。

"船内売上"テーブルに追加する列は簡単だ。「船内精算の際にカードキーを提示する」わけだ

午後Ⅱ問題の解答・解説　629

から，誰のカードキーなのかを記録していく必要があるからだ。精算は乗船客ごとなので，乗船客を識別できるものを追加する。つまり**"乗船客"**テーブルの主キーを，外部キーとして追加する。**"乗船客"**テーブルの主キーは **{航路番号，出発年月日，乗船客番号}** なので，**"船内売上"**テーブルに追加する列は「**航路番号，出発年月日，乗船客番号**」の三つになる。

　他方，**"乗船客"**テーブルに追加する列は，「**"2. 下船手続（下船時精算）"**の（1）」の要件に「**下船時精算額を記録する**」と明記されていることから，最低限「**下船時精算額**」は必要になる。そして，現行では**"船内売上"**テーブルに記録されている **'支払方法区分'** 列を，新規要件では**"乗船客"**テーブルに持たせる必要がある。新規要件では**"船内売上"**テーブルには記録されなくなるわけだから，こちらも必須になる。以上より，**"乗船客"**テーブルに追加する列は「**下船時精算額，下船時一括支払方法区分**」の二つになる。

設問 3（5）

> **"2. 下船手続（下船時精算）"**の（2）を実現する方法として，**"まとめ精算"**テーブルを追加する。**"まとめ精算"**テーブルは，<u>運航スケジュールごとのまとめ精算番号で一意に識別することとする</u>。**"まとめ精算"**テーブルの構造を答えよ。主キーを表す実線の下線，外部キーを表す破線の下線についても答えること。
>
> 　また，図 2 中の一つのテーブルに列を追加する。該当するテーブル名及び追加する列名を答えよ。

　設問に記載されている「**"2. 下船手続（下船時精算）"**の（2）」は次の新規要件になる。

> 　下船時にフロントで精算する場合，<u>乗船客の家族が持つ複数のカードキーをまとめて精算することができるようにする</u>。<u>精算合計金額を記録する</u>。

　最後の問題は，新たに**"まとめ精算"**テーブルを作成せよというものだ。そのテーブル構造が求められている。設問 3（5）の中に「**運航スケジュールごとのまとめ精算番号で一意に識別することとする**」と主キーに関する記述を書いてくれているので，素直にそのまま**"運航スケジュール"**テーブルの主キー **{航路番号，出発年月日}** に **'まとめ精算番号'** を加える。

　　まとめ精算（<u>航路番号，出発年月日，まとめ精算番号</u>）

　そして，「**"2. 下船手続（下船時精算）"**の（2）」の中の「**精算合計金額を記録する。**」という記述から，**'精算合計金額'** を属性に含めて解答を確定させる。

まとめ精算（航路番号，出発年月日，まとめ精算番号，精算合計金額）

続いて「**図2中の一つのテーブルに列を追加する**」ことについて考える。まとめ精算は「**乗船客の家族が持つ複数のカードキーをまとめて精算する**」ためのものである。したがって，その複数のカードを限定できるようにしなければならない。ひとつの"**まとめ精算**"が複数のどのテーブルのものなのかを明白にしないといけない。つまり，言い換えると"**まとめ精算**"テーブルを1として多になるテーブルだ。そのテーブルを図2から探し出す。

ここも容易にわかるだろう。"**乗船客**"テーブルになる。カードキーは乗船客単位に発行されることは，設問3（4）を解く過程でもクリアになっているからだ。それがわかれば，後は次のようなリレーションシップになるように，追加する列を考える。

解説図35 "**まとめ精算**"テーブルと"**乗船客**"テーブルの1対多のリレーションシップ

解説図35のような関係にするには，"**乗船客**"テーブルに"**まとめ精算**"テーブルの主キーを外部キーとして保持しなければならない。"**まとめ精算**"テーブルの主キーは，先に求めた通り **{航路番号，出発年月日，まとめ精算番号}** になる。このうち **{航路番号，出発年月日}** は既に"**乗船客**"テーブルの列として存在しているので，残りの'**まとめ精算番号**'だけを追加すればいいことになる。以上より，**該当するテーブル名は「乗船客」で，追加する列名は「まとめ精算番号」になる**。

索引

数字・記号

−	94, 140
*	94
/	94
‖	94
+	94
∪	138
∩	142
1事実1箇所	358
1相コミットメント制御	390
1対1	224
1対多	222
2相コミットメント制御	391
2相ロック方式	373
3相コミットメント制御	391

A

ACID特性	368
ANSI/SPARC3層スキーマアーキテクチャ	367
AS	94
ASSERTION	184
AVG	96, 110

B

B＋木インデックス	398
BETWEEN	103
B木インデックス	396

C

candidate key	314
CASE	95
CHAR	169
CLOSE	209
COALESCE	95
COMMIT	210
COMMIT文	370
CONSTRAINT	185
COUNT	96, 110
CREATE	88, 166
CREATE ROLE	196
CREATE TABLE	167
CREATE TRIGGER	198
CREATE VIEW	186

D

DA	366
Data Administrator	366
Database Administrator	366
DATE	169
DBA	366
DECIMAL	169
DELETE	88, 165
DENSE RANK	96
dirty read	377
Disaster Recovery	386
DISTINCT	95
division	144
DOMAIN	184
DR	386
DROP	88, 197

E

END-EXEC	208
E-R図	218
EXCEPT	140
EXEC SQL	208

F

FETCH	209
foreign key	317

G

GRANT	202
GROUP BY句	110

H

HAVING句	115

I

IN	103
INSERT	88, 163
INTEGER	169
INTERSECT	142

is-a 関係 231	SELECT 88, 90
ISORATION LEVEL 376	serializability 371
	SERIALIZABLE 376
J	SKU 244
JIS X 3005 規格群 88	SMALLINT 169
join 126	SQL 88
	SQLSTATE 209
L	SUM 96, 110
LAG 96	super key 314
LEAD 96	surrogate key 316
LIKE 103	
	T
M	t ∈ R 138
MAX 96, 110	TIME 169
MIN 96, 110	TIMESTAMP 169
MPS 288, 291	
MRP 288, 291	**U**
	UNION 138
N	UNIQUE 制約 173
NCHAR 168, 169	UPDATE 88, 164
NOT 104	
NTILE 96	**V**
NULL 104, 314	VARCHAR 169
O	**W**
OPEN 209	WHERE 103
ORDER BY 句 120	WITH 句 153
OVER 句 96	
	ア
P	赤黒処理 282
PARTITION BY 句 96	赤伝 282
primary key 314	あふれ領域 403
R	**イ**
RANK 96	一意性 369
RDBMS の仕様 40	一意性制約 173
READ COMMITTED 376	一時表領域 403
READ UNCOMMITTED 376	入れ子ループ法 388
REPERTABLE READ 376	インスタンス 218
REVOKE 205	インデックス 393
ROLLBACK 210	
ROLLBACK 文 370	**ウ**
ROW NUMBER 96	ウィンドウ関数 96
RPO 386	売上・債権管理業務 280
RTO 386	
	エ
S	エンティティ 218
SAVEPOINT 212	エンティティタイプ 219

索引　　633

オ

オープンハッシュ法	402
オプショナリティ	220
オプティマイザの仕様	45

カ

概念スキーマ	367
概念データモデル	215
外部キー	317
外部結合	123, 128
外部スキーマ	367
隔離性水準	376
合併律	305
関係スキーマ	304
関数従属性	305
完全	237

キ

キー	314
基準在庫数量	253
擬推移律	305
強エンティティ	227
共存的サブタイプ	234
共有ロック	372
極小	315, 339

ク

クラスタ索引	44, 394
黒伝	282

ケ

結合	122, 126, 128
結合従属性	352
権限	202
検査制約	177
原子性	369

コ

更新時異状	358
更新処理	210
候補キー	314
コミット	370
コミットメント制御	370

サ

差	140
在庫管理業務	252
索引	44, 393

索引探索	44
サブスクリプション	49
サブタイプ	218, 231
差分バックアップ	385
サロゲートキー	316
参照制約	178

シ

シェアードエブリシング方式	48
シェアードナッシング方式	48
仕掛品	247
時刻印アルゴリズム	375
自己結合	135
システム障害	380
システム表領域	403
自然結合	127
実在庫数量	253
シノニム	402
自明な関数従属性	338, 350
射影	92
弱エンティティ	227
集約関数	97, 110
主キー	314
主キー制約	173
受注管理業務	259
出荷	271
出荷・物流業務	266
出庫	271
準決合法	389
商	144
障害回復機能	380
商品	244, 247
情報無損失分解	329
上流フェーズ	366
処理の完了	210
真部分集合	236, 339

ス

推移律	305
スーパーキー	314
スーパタイプ	218, 231
スキーマ	167

セ

正規化	328
整合性制約	172
生産管理業務	288
製造番号	294

製番	294
製品	247
制約名の付与	185
整列	120
セーブポイント	212
積	142
セキュア状態	391
セット商品	247
セミジョイン法	389
専化	231
全外部結合	123
全件検索	394
全体バックアップ	385
選択	93
専有ロック	372

ソ

増加律	305
相関副問合せ	154
倉庫内在庫数量	253
増分バックアップ	385
ソートマージ法	389

タ

ダーティリード	377
第1正規形	331
第2正規形	332
第3正規形	334
第4正規形	350
第5正規形	352
耐久性	369
多重度	220
多対多	225
多値従属性	350
棚卸処理	256
多分木	396
単一でない値	330

チ

チェインニング法	403
チェックポイント	380
直積	143
直列化可能性	371

ツ

都度発注方式	299, 300
積置在庫数量	253

テ

定義域	184
ディザスタリカバリ	386
ディスク共有方式	48
定量発注方式	300
データ型	168
データ操作言語	88
データ定義言語	88
データページ	40
デッドロック	374

ト

同期レプリケーション	392
等結合	127
同時実行制御	371
独立性	369
独立阻害要因	377
特化	231
トランザクション	368
トランザクション T1 ～ T5	383
トランザクション管理機能	368
トランザクション障害	380
トリガー	198
トレーザビリティ	272

ナ

内部結合	122
内部スキーマ	367

ニ

入荷予定数量	253

ネ

ネスト・ループ法	388

ノ

納入指示方式	299
ノンリピータブルリード	378

ハ

媒体障害	380
排他制御	371
排他的サブタイプ	234
バックアップ	380, 384
バックトレース	272
ハッシュ	400
ハッシュ関数	402
ハッシュ表	402

索引　635

ハッシュ法	389
発注・仕入(購買)・支払業務	295
バッファサイズ	405
汎化	231
反射律	305

ヒ

引当	253
引当可能数量	253
引当済数量	253
非キー属性	332
非クラスタ索引	44, 394
非正規形	330
左外部結合	123
ビットマップインデックス	399
非同期レプリケーション	392
非ナル制約	172
ビュー	186
非ユニーク索引	44, 394
標準 SQL	88
表探索	44
表明	184
表領域	402

フ

ファントムリード	379
フォワードトレース	272
不完全	237
副問合せ	148
部分集合	236
フルスキャン	394
フルバックアップ	385
分解律	305
分散データベース	387
分散問合せ処理	388
分散トランザクション	390
分析関数	96
分納発注方式	300

ヘ

ページサイズ	40

ホ

ボイス・コッド正規形	346
包含	236

マ

マージ結合法	389

マスタ系	242
待ちグラフ	375

ミ

右外部結合	123

ユ

ユーザ表領域	402
輸送中在庫数量	253
ユニーク索引	44, 394

ヨ

読取り処理	209

ラ

楽観アルゴリズム	375
楽観的方法	375

リ

リーフ	396
リストア	384
流通加工	297
リレーションシップ	219

ル

ルート	396

レ

レプリケーション	392
連関エンティティ	226

ロ

ロール	196
ロールバック	370
ロールバック	381
ロールバック表領域	403
ロールフォワード	381
ログ表領域	403
ログファイル	381
ロストアップデート	371
ロックの粒度	373
ロット番号	245

ワ

和	138
和両立	138

著者紹介

IT のプロ 46

IT 系の難関資格を複数保有している IT エンジニアのプロ集団。現在（2023 年 2 月現在）約 300 名。個々のメンバの IT スキルは恐ろしく高く，SE やコンサルタントとして第一線で活躍する傍ら，SNS やクラウドを駆使して，ネットを舞台に様々な活動を行っている。本書のような執筆活動もそのひとつ。ちなみに，名前の由来は，代表が全推ししている乃木坂 46 から勝手に拝借したもの。近年 46 グループも増えてきたので，拝借する部分を"46"ではなく"乃木坂"の方に変更し「IT のプロ乃木坂」としようかとも考えたが，気持ち悪いから止めた（代表談）。迷惑も負担もかけない模範的なファンを目指し，卒業生を含めて，いつでもいざという時に何かの力になれるように一生研鑽を続けることを誓っている。

HP：https://www.itpro46.com

代表　三好康之（みよし・やすゆき）

IT のプロ 46 代表。大阪を主要拠点に活動する IT コンサルタント。本業の傍ら，SI 企業の IT エンジニアに対して，資格取得講座や階層教育を担当している。高度区分において驚異の合格率を誇る。保有資格は，情報処理技術者試験全区分制覇（累計 36 区分，内高度系累計 26 区分，内論文系 15 区分）をはじめ，中小企業診断士，技術士（経営工学部門）など多数。代表的な著書に，『勝ち残り SE の分岐点』，『IT エンジニアのための【業務知識】がわかる本』，『情報処理教科書プロジェクトマネージャ』（以上翔泳社），『天使に教わる勝ち残るプロマネ』（以上インプレス）他多数。JAPAN MENSA 会員。"資格"を武器に！自分らしい働き方を模索している。趣味は，研修や資格取得講座を通じて数多くの IT エンジニアに"資格＝武器"を持ってもらうこと。何より乃木坂 46 をこよなく愛している。どうすれば奇跡のグループ＆パワースポットの"乃木坂 46"中心の働き方ができるのかを考えつつ…乃木坂 46 ファンとして，根拠ある絶賛を発信し続けて…棘のある言葉が，産まれにくくて埋もれやすい世界にしたいと考えている。なお，下記ブログや YouTube サイトでも資格試験に有益な情報を発信している。登録をしてもらえると喜びます。

mail：miyoshi@msnet.jp　　　HP：https://www.msnet.jp

アメーバ公式ブログ：https://ameblo.jp/yasuyukimiyoshi/

YouTube：https://www.youtube.com/user/msnetmiyomiyo/

装 丁	結城 亨（SelfScript）
編集	陣内 一徳
カバーイラスト	大野 文彰
DTP	株式会社シンクス

情報処理教科書

データベーススペシャリスト 2023年版

2023年 3月20日 初版 第1刷 発行

著　　者	ITのプロ46
	三好 康之
発 行 人	佐々木 幹夫
発 行 所	株式会社 翔泳社　（https://www.shoeisha.co.jp）
印　　刷	昭和情報プロセス 株式会社
製　　本	株式会社 国宝社

©2023 Yasuyuki Miyoshi

本書は著作権法上の保護を受けています。本書の一部または全部について（ソフトウェアおよびプログラムを含む）、株式会社 翔泳社から文書による許諾を得ずに、いかなる方法においても無断で複写、複製することは禁じられています。

本書へのお問い合わせについては、iiページに記載の内容をお読みください。

造本には細心の注意を払っておりますが、万一、乱丁（ページの順序違い）や落丁（ページの抜け）がございましたら、お取り替えします。03-5362-3705までご連絡ください。

ISBN978-4-7981-7991-9　　　　　　　　　　　　　　Printed in Japan